计算机网络技术

（第3版）

主　编　梅创社

副主编　李爱国　原建伟

参　编　张　晓

北京理工大学出版社

BEIJING INSTITUTE OF TECHNOLOGY PRESS

内 容 简 介

本书共分 8 个项目，分别为“认识计算机网络”“计算机网络体系结构”“规划网络地址”“组建局域网”“使用 TCP/IP 通信”“灵活使用 Internet”“网络攻击与防范”“网络故障检测与排除”，每个项目的最后增加了项目实战，将理论和实践更好地结合到一起。

本书可作为高等院校计算机专业的教材，也可作为其他计算机相关专业和工程技术人员的参考书，同时，对从事计算机工作的人员，本书也可提供一定的参考。

图书在版编目（CIP）数据

计算机网络技术 / 梅创社主编. —3 版. —北京：北京理工大学出版社，2019.11
ISBN 978-7-5682-7876-8

Ⅰ. ①计…　Ⅱ. ①梅…　Ⅲ. ①计算机网络–高等学校–教材　Ⅳ. ①TP393

中国版本图书馆 CIP 数据核字（2019）第 245130 号

出版发行 / 北京理工大学出版社有限责任公司
社　　址 / 北京市海淀区中关村南大街 5 号
邮　　编 / 100081
电　　话 /（010）68914775（总编室）
（010）82562903（教材售后服务热线）
（010）68948351（其他图书服务热线）
网　　址 / http://www.bitpress.com.cn
经　　销 / 全国各地新华书店
印　　刷 / 唐山富达印务有限公司
开　　本 / 787 毫米×1092 毫米　1/16
印　　张 / 20
字　　数 / 475 千字
版　　次 / 2019 年 11 月第 3 版　2019 年 11 月第 1 次印刷
定　　价 / 79.00 元

责任编辑 / 钟　博
文案编辑 / 钟　博
责任校对 / 周瑞红
责任印制 / 施胜娟

前　言

“计算机网络技术”是计算机及相关专业学生需要学习和掌握的一门专业基础课，该课程的理论性和实践性都较强，涉及的知识面较广，对学生来说应注重其应用和实践技能的培养，因此，本书根据计算机专业岗位能力标准，分析和归纳课程核心能力所对应的知识与技能要求，然后对知识技能进行归属性分析，按项目进行教学单元构建，以实际工作任务驱动，将知识融合到项目、任务中，通过项目、任务的训练加深学生对知识的理解、记忆和掌握运用，在项目、任务训练中提高学生的职业技能。通过本课程的学习，学生应具有简单的计算机网络的安装、调试、使用、管理和维护的能力，因此本书力求做到理论和实践密切结合。本书有以下几个特点：

（1）在保持必要的知识体系的前提下按项目、任务驱动模式组织教材编写体系，每个项目对应一项学生应掌握的核心能力。

（2）以工作任务驱动，通过项目任务的讲解加深对知识的理解并提升技能。

（3）注意将能力和技能培养贯穿始终。

（4）力求使学生学完本课程后即可组建和维护网络系统，碰到故障可查询解决方法。

（5）使教科书和技术资料融合为一体。

本书可作为计算机专业的教材，也可作为其他计算机相关专业和工程技术人员的参考书，同时，对从事计算机工作的人员，本书也可提供一定的参考。

经过几年的推广和使用，现对第 2 版教材进行修订。修订后的教材进行了更详细的内容设计和体例设计，更新并丰富了案例内容。

本书在编写的过程中参考了国内外近年来出版的教材和参考文献，在此对相关作者表示衷心的感谢。

由于编者水平有限，书中难免存在错误和不妥之处，恳请读者批评指正。

编　者

目　　录

项目 1　认识计算机网络

项目重点与学习目标

（1）掌握计算机网络的基本定义和基本功能；

（2）熟悉计算机网络的分类和特点；

（3）掌握常见网络拓扑结构的区别和适用场合；

（4）了解计算机网络的发展趋势。

项目情境

技术部的小张要给部门经理上交资料，资料大小为 16 GB，如果用 2 GB 的 U 盘复制，需要多次操作才能将资料全部提交，而且容易感染病毒，同时一个文件大于 2 GB 时就不能正常移动。怎样把计算机连接在一起，使之可以互相访问？需要通过什么来连接呢？

项目分析

通过计算机网络传输资料和管理共享资源，可以提高工作效率和数据的安全性。为此要组建什么类型的网络？需要什么硬件、连接线缆？为了完成本项目，需要解决下面几个问题：

（1）什么是计算机网络？计算机网络有哪些特点？

（2）计算机网络由什么组成？

（3）计算机网络能实现哪些功能？

（4）如何管理计算机网络？

（5）如何描述网络的拓扑结构？

1.1　任务 1：初识计算机网络

计算机网络是计算机技术和通信技术相结合的产物，是目前计算机应用技术中空前活跃的领域。人们借助计算机网络技术可以实现信息的交换和共享，计算机网络已成为信息存储、管理、传播和共享的有力工具，在当今信息社会中发挥着越来越重要的作用，计算机网络技术的发展深刻地影响和改变着人们的工作和生活方式。

1.1.1　计算机网络的基本概念

计算机网络就是“将分布在不同地理位置上的具有独立工作能力的多台计算机、终端及其附属设备用通信设备和通信线路连接起来，并配置网络软件，以实现计算机资源共享的系统”。

其包含 3 层含义：

（1）必须有至少两台或两台以上具有独立功能的计算机系统相互连接起来，以共享资源为目的。这两台或两台以上的计算机所处的地理位置不同、相隔一定的距离，且每台计算机均能独立地工作，即不需要借助其他系统的帮助就能独立地处理数据。

（2）必须通过一定的通信线路（传输介质）将若干台计算机连接起来，以交换信息。这条通信线路可以是双绞线、电缆、光纤等有线介质，也可以是微波、红外线或卫星等无线介质。

（3）计算机系统交换信息时必须遵守某种约定和规则，即“协议”。“协议”可以由硬件或软件来完成。

计算机网络的主要功能是共享资源和信息。其基本功能包括以下几个方面：

（1）数据通信。

数据通信是计算机网络的最基本的功能，可以使分散在不同地理位置的计算机之间相互传送信息。该功能是计算机网络实现其他功能的基础。通过计算机网络传送电子邮件、进行电子数据交换、发布新闻消息等，极大地方便了用户。

（2）资源共享。

计算机网络中的资源可分成三大类：硬件资源、软件资源和信息资源。相应的，资源共享也分为硬件共享、软件共享和信息共享。计算机网络可以在全网范围内提供如打印机、大容量磁盘阵列等各种硬件设备的共享及各种数据，如各种类型的数据库、文件、程序等资源的共享。

（3）进行数据信息的集中和综合处理。

将分散在各地计算机中的数据资料适时集中或分级管理，并经综合处理后形成各种报表，提供给管理者或决策者分析和参考，如自动订票系统、政府部门的计划统计系统、银行财政及各种金融系统、数据的收集和处理系统、地震资料的收集与处理系统、地质资料的采集与处理系统等。

（4）均衡负载，相互协作。

当某个计算中心的任务量很大时，可通过网络将此任务传递给空闲的计算机去处理，以调节忙闲不均的现象。此外，地球上不同区域的时差也为计算机网络带来很大的灵活性，一般白天计算机负荷较重，晚上则负荷较轻，地球时差正好为人们提供了调节负载均衡的余地。

（5）提高计算机的可靠性和可用性。

其主要表现在计算机连成网络之后，各计算机之间可以通过网络互为备份：当某个计算机发生故障后，可通过网络由别处的计算机代为处理；当网络中计算机负载过重时，可以将作业传送给网络中另一较空闲的计算机去处理，从而缩短了用户的等待时间、均衡了各计算机的负载，进而提高系统的可靠性和可用性。

（6）进行分布式处理。

对于综合性的大型问题可采用合适的算法，将任务分散到网络中不同的计算机上进行分布式处理，这对局域网尤其有意义，利用网络技术将计算机连成高性能的分布式计算机系统，它具有解决复杂问题的能力。

1.1.2 计算机网络的组成

从计算机网络各部分实现的功能来看，计算机网络可分成通信子网和资源子网两部分，其中通信子网主要负责网络通信，它是网络中实现网络通信功能的设备和软件的集合；资源子网主要负责网络的资源共享，它是网络中实现资源共享的设备和软件的集合。从计算机网络的实际构成来看，网络主要由网络硬件和网络软件两部分组成（图 1–1）。

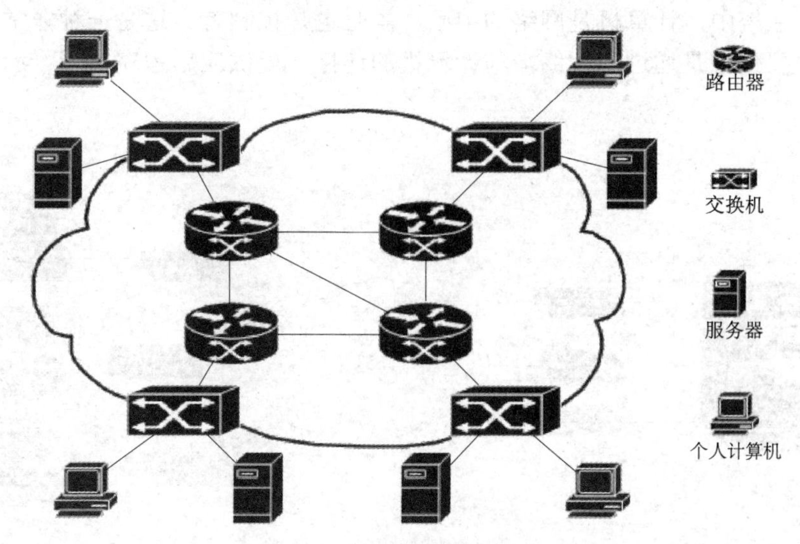

图 1–1　计算机网络的组成

1. 网络硬件

网络硬件包括网络拓扑结构、网络服务器（Server）、网络工作站（Workstation）、传输介质和网络连接设备等。

网络服务器是网络的核心，它为用户提供网络服务和网络资源。网络工作站实际上是一台入网的计算机，它是用户使用网络的窗口。网络拓扑结构决定了网络中服务器和工作站之间通信线路的连接方式。传输介质是网络通信用的信号线。常用的有线传输介质有双绞线、同轴电缆和光纤；无线传输介质有红外线、微波和激光等。网络连接设备用来实现网络中各计算机之间的连接、网络与网络的互连、数据信号的变换以及路由选择等功能，主要包括中继器、集线器、调制解调器、交换机和路由器等。

2. 网络软件

网络软件包括网络操作系统和通信协议等。网络操作系统一方面授权用户对网络资源的访问，帮助用户方便、安全地使用网络，另一方面管理和调度网络资源，提供网络通信和用户所需的各种网络服务。网络协议是实现计算机之间、网络之间相互识别并正确进行通信的一组标准和规则，它是计算机网络工作的基础。

1.1.3　计算机网络的发展

计算机网络技术是计算机技术与通信技术相结合的产物，它的发展与事物的发展规律吻合，经历了从简单到复杂、从单个到集合的过程。它先后经历了 4 个不同的阶段。

1. 主机互连

主机互连产生于 20 世纪 60 年代初期，基于主机（Host）之间的低速串行（Serial）连接的联机系统是计算机网络的雏形。在这种早期的网络中，终端借助电话线路访问计算机，计算机发送/接收的为数字信号，电话线传输的是模拟信号，这就要求在终端和主机间加入调制解调器（Modem），进行数/模转换（图1–2）。

这种联机系统中，计算机是网络的中心，同时也是控制者。这是一种非常原始的计算机网络，它的主要任务是通过远程终端与计算机的连接，提供应用程序执行、远程打印、数据服务等功能。

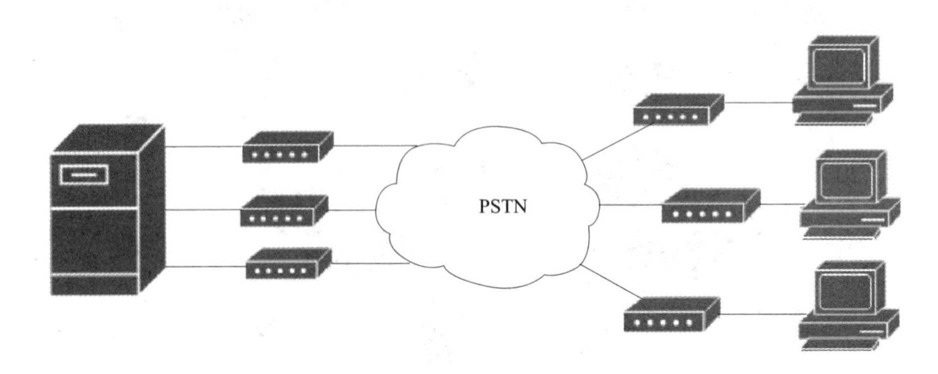

图1–2 主机互连

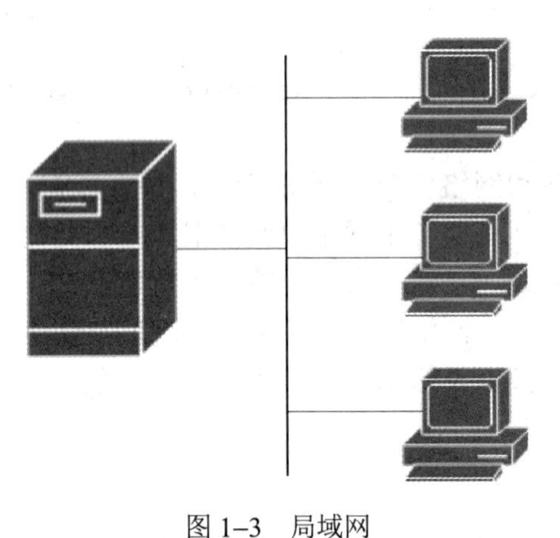

图1–3 局域网

2. 局域网

20世纪70年代初，随着计算机体积、价格的下降，出现了以个人计算机为主的商业计算模式。商业计算的复杂性要求大量终端设备的资源共享和协同操作，导致对本地大量计算机设备进行网络化连接的需求，局域网（Local Area Network，LAN）由此产生。局域网的出现大大将降低了商业用户高昂的成本，随之出现了网络互连标准和局域网标准，为局域网互连做好了准备工作（图1–3）。

3. 互联网

由于单一的局域网无法满足人们对网络的多样性要求，20世纪70年代后期，广域网技术逐渐发展起来，将分布在不同地域的局域网互相连接起来。1983年，ARPAnet采纳TCP和IP协议作为其主要的协议族，使大范围地网络互连成为可能。彼此分离的局域网被连接起来，形成互联网，如图1–4所示。

4. 因特网

20世纪80—90年代是网络互连的发展时间。在这一时期，ARPAnet网络的规模不断扩大，包含了全球无数的公司、校园、ISP和个人用户，最终演变成今天的延伸到全球每一个角落的因特网（Internet），如图1–5所示。1990年，ARPAnet正式被Internet取代，退出历史舞台。越来越多的机构、个人参与到Internet中，使Internet获得了高速发展。

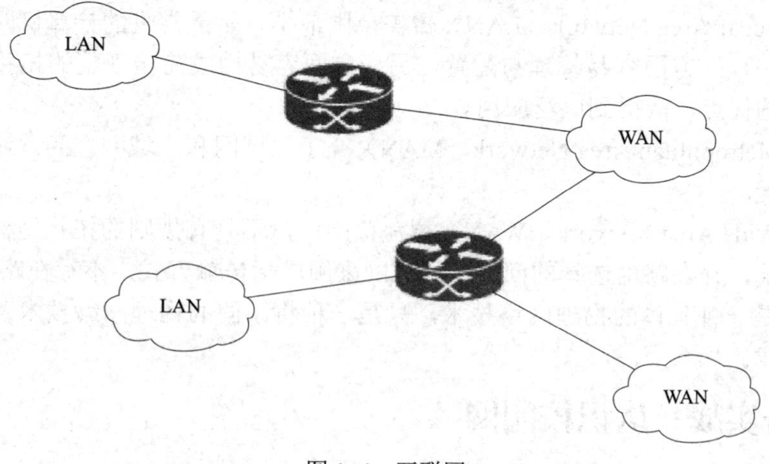

图 1–4 互联网

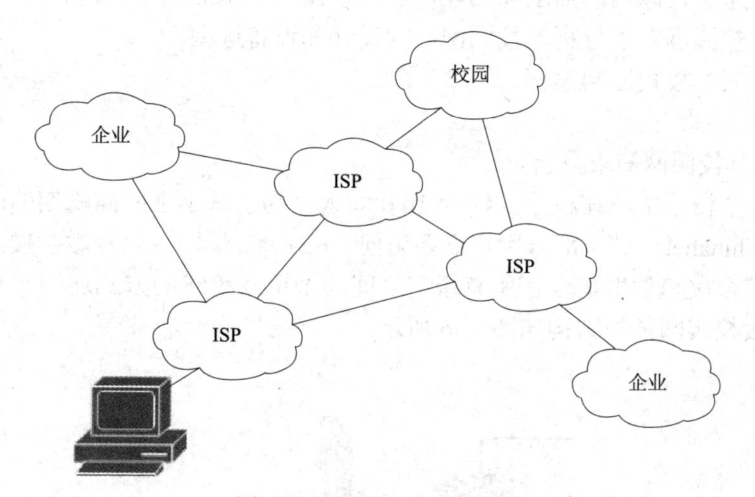

图 1–5 因特网（Internet）

1.1.4 计算机网络分类

计算机网络一般是按网络覆盖范围来划分的，见表 1–1。

表 1–1 计算机网络分类

覆盖范围	信息点分布位置	网络分类	速度
10 m	房间	局域网	4 Mb/s～10 Gb/s
100 m	建筑物		
1 km	校园		
10 km	城市	城域网	50 kb/s～100 Mb/s
100 km	国家	广域网	9.6 kb/s～45 Mb/s
1 000 km	洲或洲际		9.6 kb/s～45 Mb/s

局域网（Local Area Network，LAN）覆盖范围最小，是最常见的计算机网络。由于局域网覆盖范围极小，一方面容易管理与配置，另一方面容易构成简洁规整的拓扑结构，加上速度快、延时小的优点，故得到广泛应用。

城域网（Metropolitan Area Network，MAN）介于局域网和广域网之间。城域网包含负责路由的交换单元。

广域网（Wide Area Network，WAN）覆盖范围广，不具有规则的拓扑结构。广域网采用点到点方式传输，存在路由选择的问题；局域网采用广播传输方式，不存在路由选择问题。

互联网不是一种具体的物理网络技术，只是一种将不同的物理网络技术及其子技术统一起来的高层技术。

1.1.5 任务实战：认识校园网

任务目的：了解校园网的需求和功能，了解校园网采用的网络结构和网络设备。

任务内容：校园网需求分析、校园网结构设计和设备选型。

任务环境：某学校校园网案例。

任务步骤：

步骤 1：进行校园网需求分析。

某高校的一个校区中，在校生大约为 10 000 人。为了减小上网高峰期的网络负担，部分用户需要访问 Chinanet，另一部分用户需要访问 CERnet。学校主要有教学楼、信息楼、实验楼、图书馆、综合楼和学生宿舍，所有楼宇之间均采用双绞线的方式连接到交换机，并接入 Internet。某高校校园网拓扑结构如图 1–6 所示。

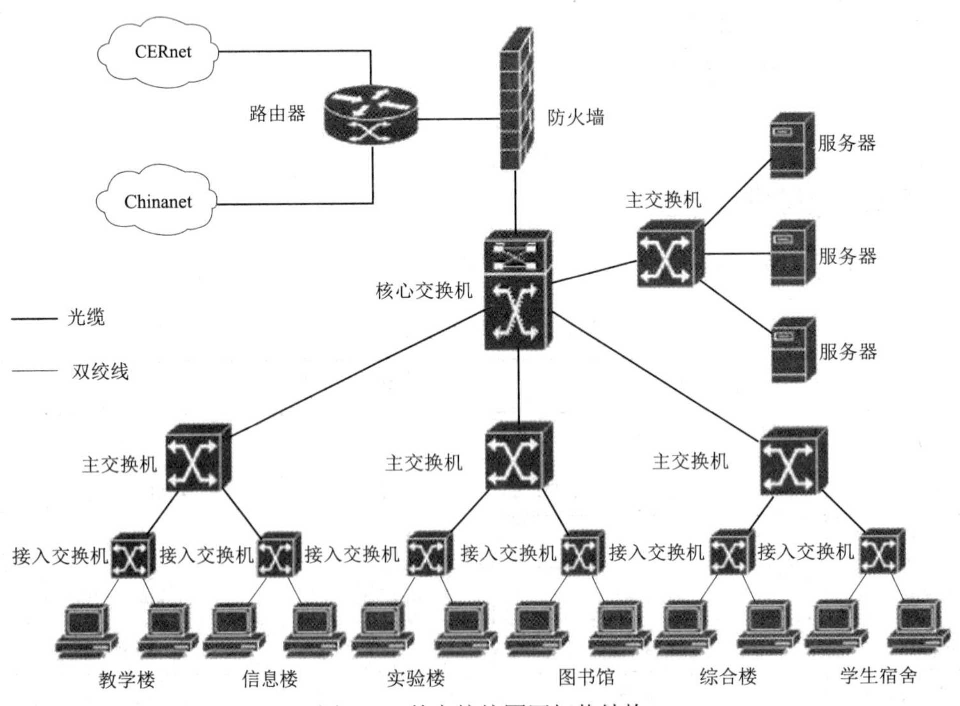

图 1–6 某高校校园网拓扑结构

学校对用户提供 OA 系统、FTP 应用系统、教务管理系统、视频点播系统等，并提供 DNS 服务和 DHCP 服务，使用的操作系统有 Windows、Linux 等，数据库有 SQL Server、Oracle 等。

通过建立校园网内部的局域网并接入广域网，可以实现内部办公及学生在线学习，并能访问 Internet。

步骤 2：制定校园网解决方案。

步骤 3：认识校园网传输介质。

主干网络和汇聚层均采用 1 000 Mb/s 光纤技术，接入层采用 100 Mb/s 双绞线到桌面。

步骤 4：认识校园网设备。

校园网设备分为硬件设备和软件设备，硬件设备包括交换机、路由器、防火墙、网络服务器等；软件设备包括专业网管软件、杀毒软件、网络操作系统和各种应用系统等。

步骤 5：认识组网技术。

为适应当前网络使用需求和今后网络规模的扩大，采用 3 层网络体系结构设计，采用千兆以太网作为网络主干链路技术，接入网络采用 100 Mb/s 快速以太网技术。

1.2　任务 2：规划网络拓扑

计算机网络设计的首要任务就是在给定计算机的分布位置及保证一定的网络响应时间、吞吐量和可靠性的条件下，通过选择适当的传输线路、连接方式，使整个网络的结构合理、成本低廉。为了应付复杂的网络结构设计，人们引入了网络拓扑的概念。

拓扑学是几何学的一个分支，它是从图论演变过来的。拓扑学中首先把实体抽象成与其大小、形状无关的点，将连接实体的线路抽象成线，进而研究点、线、面之间的关系。计算机网络的拓扑结构是指网络中的通信线路和各节点之间的几何排列，它表示网络的整体结构外貌，同时也反映了各个模块之间的结构关系。它影响着整个网络的设计、功能、可靠性和通信费用等，是研究计算机网络的主要内容之一。

1.2.1　网络拓扑结构的分类

网络拓扑结构有总线型（图 1–7）、星型（图 1–8）、环型（图 1–9）、网状（图 1–10）、树型、混合型。

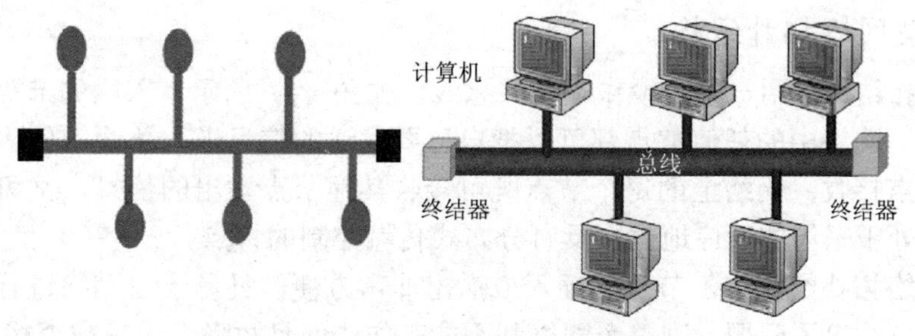

图 1–7　总线型网络拓扑结构

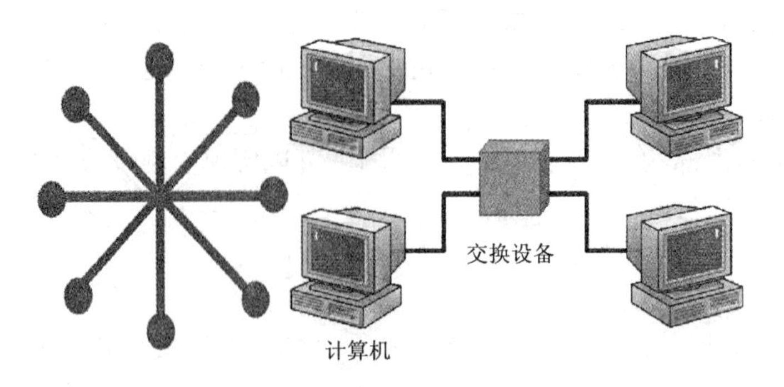

图 1–8 星型网络拓扑结构

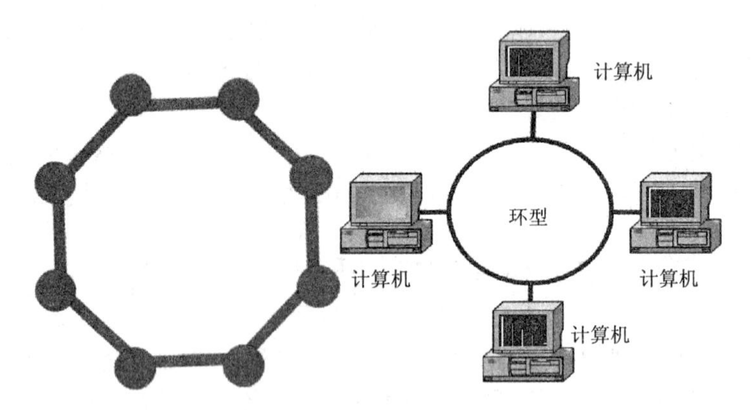

图 1–9 环型网络拓扑结构

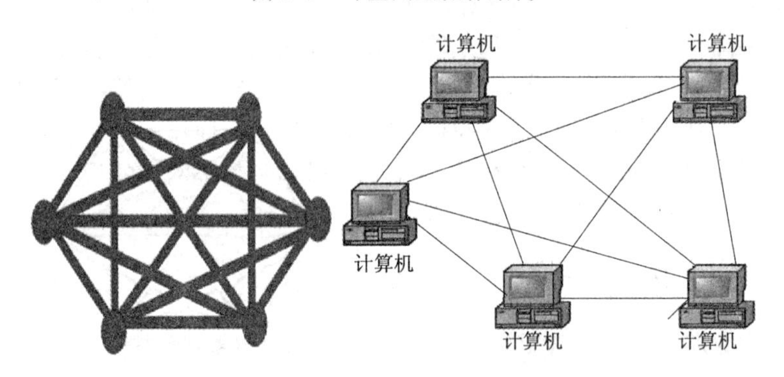

图 1–10 网状网络拓扑结构

1. 总线型网络拓扑结构

总线型拓扑结构是用一条电缆作为公共总线，如图 1–7 所示。入网的节点通过相应接口连接到线路上。网络中的任何节点都可以把自己要发送的信息送入总线，使信息在总线上传播，供目的节点接收。网络上的每个节点既可接收其他节点发出的信息，又可发送信息到其他节点，它们处于平等的通信地位，具有分布式传输控制的特点。

在这种网络拓扑结构中，节点的插入或撤出非常方便，且易于对网络进行扩充，但可靠性不高。如果总线出了问题，则整个网络都不能工作，而且故障点很难被查找出来。

2. 星型网络拓扑结构

在星型网络拓扑结构中，节点通过点到点的通信线路与中心节点连接，如图 1–8 所示。中心节点负责控制全网的通信，任何两个节点之间的通信都要通过中心节点。星型网络拓扑结构具有简单、易于实现以及便于管理的优点，但是网络的中心节点是全网可靠性的瓶颈，中心节点的故障将会造成全网瘫痪。

3. 环型网络拓扑结构

在环型网络拓扑结构中，节点通过点到点的通信线路连接成闭合环路，如图 1–9 所示。环中数据将沿一个方向逐站传送。环型网络拓扑结构简单，控制简便，结构对称性好，传输速率高，应用较为广泛，但是环中每个节点与实现节点之间连接的通信线路都会成为网络可靠性的瓶颈，因为环中任何一个节点出现线路故障都可能造成网络瘫痪。为保证环型网络的正常工作，需要较复杂的维护处理，环中节点的插入和撤出过程也比较复杂。

4. 网状网络拓扑结构

这种网络拓扑结构主要指各节点通过传输线互相连接起来，并且每个节点至少与其他两个节点相连，如图 1–10 所示。网状网络拓扑结构具有较高的可靠性，但其结构复杂，实现起来费用较高，不易管理和维护。规模大的广域网，特别是 Internet，无法采用这种网络拓扑结构。

以上介绍的是最基本的网络拓扑结构，树型是总线型和星型的拓展，混合型采用不规则型。在组建局域网时常采用以星型为主的几种网络拓扑结构的混合。

1.2.2　任务实战：使用 Visio 绘制网络拓扑结构图

任务目的：掌握网络拓扑结构的分类和特点，掌握 Microsoft Office 2010 的使用方法。

任务内容：分析各类网络拓扑结构的特点，绘制星型网络拓扑结构。

任务环境：Microsoft Office 2010。

任务步骤：

步骤 1：Visio 2010 的工作界面如图 1–11 所示，打开 Visio 2010 后，选择菜单栏上的“文件”→“新建”命令，然后选择“网络”→“详细网络图”命令，如图 1–12 所示。

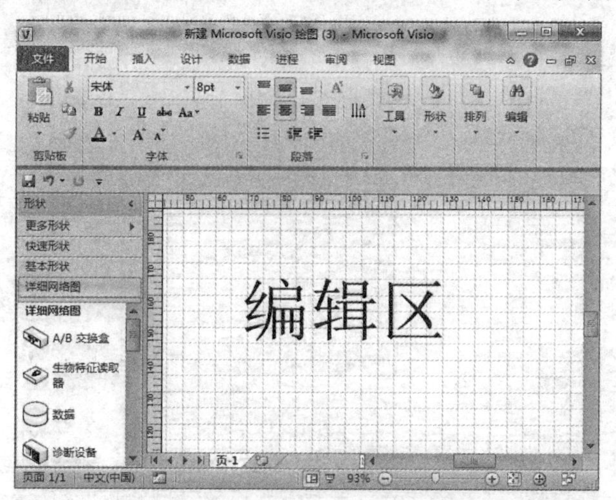

图 1–11　Visio 2010 的工作界面

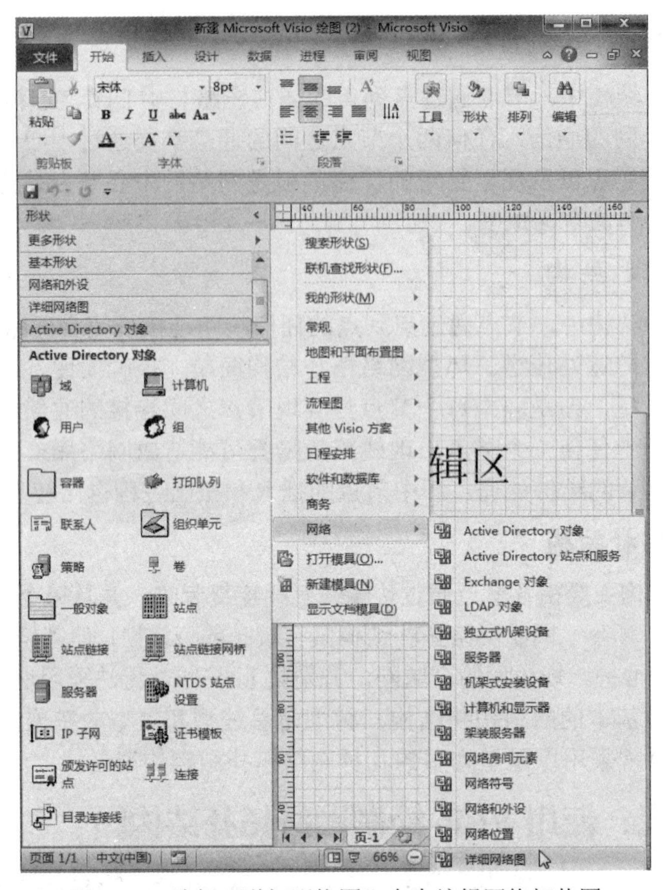

图 1–12　选择“详细网络图”命令编辑网络拓扑图

步骤 2：如绘制由交换机连接的星型网络拓扑结构，可选择“形状”→“网络符号”选项，如图 1–13 所示，再将“交换机”图标拖曳至编辑区，如图 1–14 所示。

图 1–13　选取所需图形

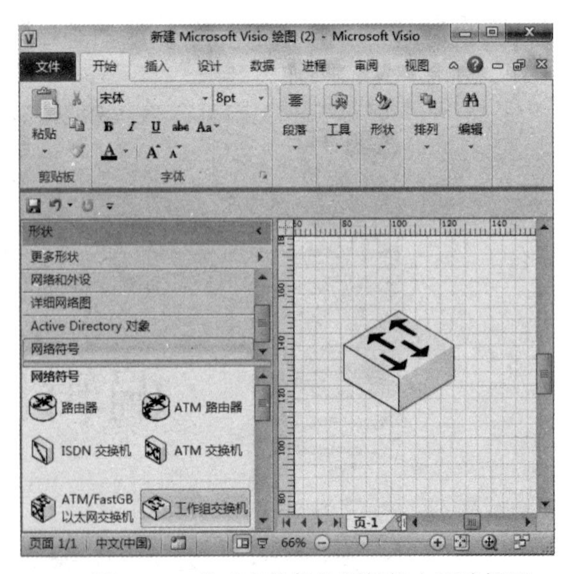

图 1–14　将“交换机”图标拖曳至编辑区

步骤 3：利用“绘图”工具绘制直线，如图 1–15 所示。

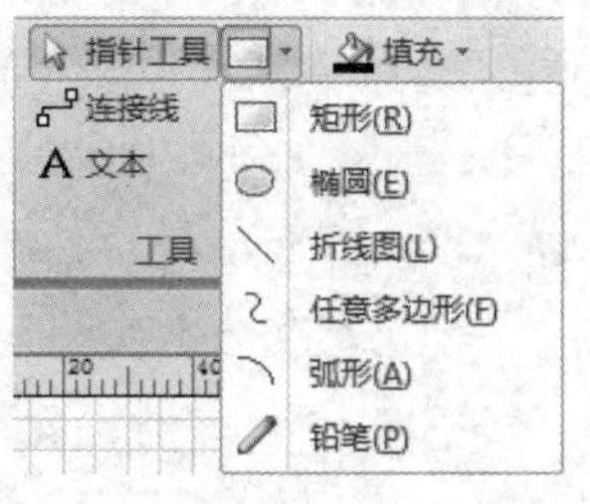

图 1–15　“绘图”工具

步骤 4：选择“形状”→“计算机和显示器”选项，将“PC”图标添加至网络拓扑结构图，如图 1–16 所示。

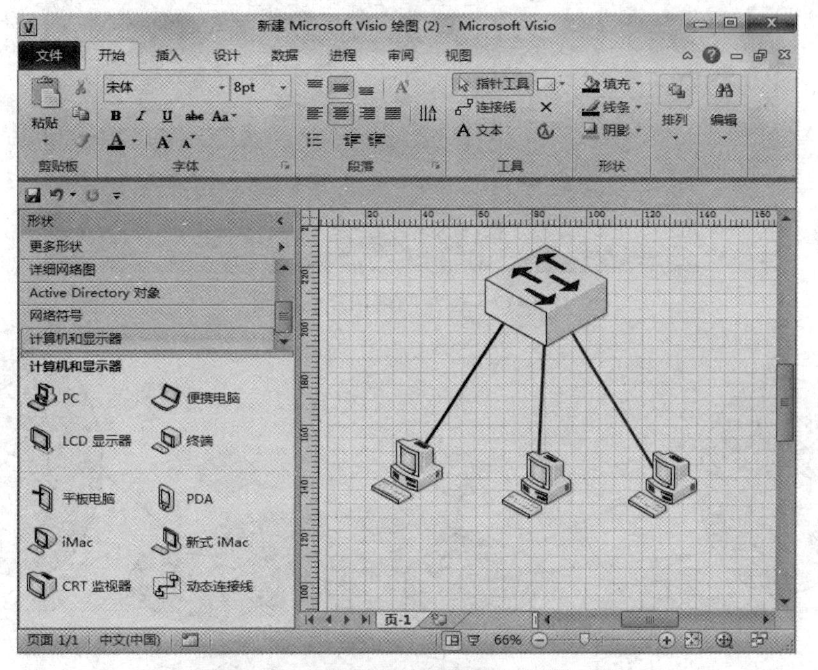

图 1–16　交换机连接的网络拓扑结构图

步骤 5：对网络拓扑结构图中的设备及连接介质作标注，如图 1–17 所示。

注意事项：

通过绘制网络拓扑结构图，有助于清晰地了解一个网络的整体结构。绘制网络拓扑结构图时需要注意以下几点：

（1）使用正确的连接设备图标；

（2）连接介质使用直线；

（3）注明设备品牌及型号；

（4）对设备及连接介质作标注；

（5）不同的建筑物之间用虚线框区分；

（6）结构清晰。

任务扩展：绘制某校园的网络拓扑结构图（图 1–18）。

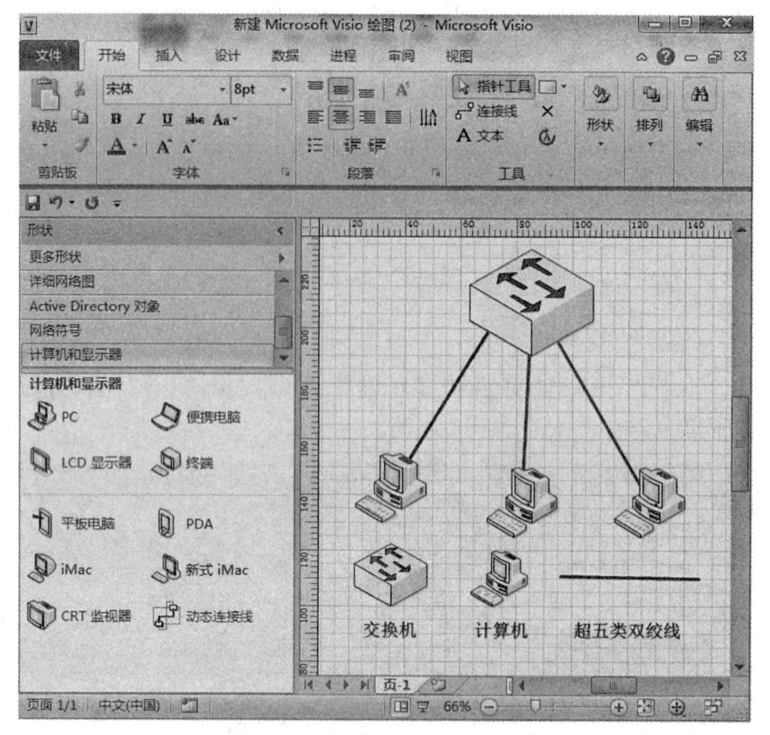

图 1–17　标注网络拓扑结构图

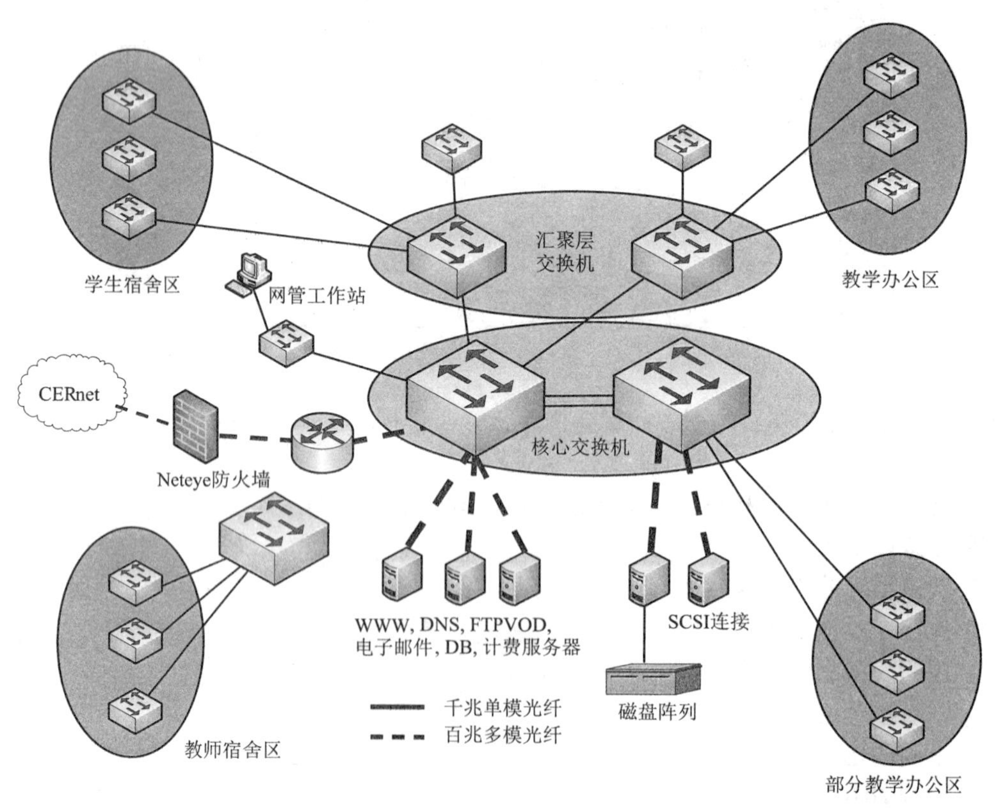

图 1–18　某校园的网络拓扑结构图

1.3　任务 3：应用计算机网络

随着现代信息社会的进步以及通信和计算机技术的迅猛发展，计算机网络的应用越来越普及，如今计算机网络几乎深入社会的各个领域。Internet 已成为家喻户晓的计算机网络，它也是世界上最大的计算机网络，是一条贯穿全球的“信息高速公路主干道”。

1.3.1　计算机网络的应用

计算机网络的应用突出表现在如下几个方面。

1. 计算机网络在科研和教育中的应用

通过全球计算机网络，科技人员可以在网上查询各种文件和资料，可以互相交流学术思想和交换实验资料，甚至可以进行研究项目的国际合作。

在教育方面可以开设网上学校，实现远程授课，学生可以在能将计算机接入计算机网络的地方利用多媒体交互功能听课，对不懂的问题可以随时提问和讨论；可以从网上获得学习参考资料，并且可以通过网络交作业和参加考试。

2. 计算机网络在企事业单位中的应用

计算机网络可以使企事业单位内部实现办公自动化，做到各种软/硬件资源共享，如果将内部网络接入 Internet，还可以实现异地办公。例如，通过 WWW 或电子邮件，可以很方便地与分布在不同地区的子公司或其他业务单位建立联系，不仅能够及时地交换信息，而且实现了无纸办公。出差在外的员工通过网络还可以与单位保持通信，得到指示和帮助。企业可以通过国际互联网搜集市场信息并发布企业产品信息，取得良好的经济效益。

3. 计算机网络在商业上的应用

随着计算机网络的广泛应用，电子资料交换（EDI）已成为国际贸易的重要手段，它以一种共同认可的资料格式，使分布在全球各地的贸易伙伴通过计算机网络传输各种贸易单据，节省了大量的人力和物力，提高了效率。又如网上商店实现了网上购物、网上付款等网上消费模式。

随着网络技术的发展和各种网络应用的需求，计算机网络的应用范围在不断扩大，应用领域越来越广。许多新的计算机网络应用系统不断地被开发出来，如工业自动控制系统、辅助决策系统、虚拟大学、远程教学系统、远程医疗系统、管理信息系统、数字图书馆、电子博物馆、全球情报检索与信息查询系统、网上购物系统、电子商务系统、电视会议系统、视频点播系统等。

1.3.2　计算机网络新技术

1. 云计算

云计算是一种商业计算模型。它将计算任务分布在大量计算机构成的资源池上，使各种应用系统能够根据需要获取计算力、存储空间和信息服务（图 1–19）。云计算使计算机分布在大量的分布式计算机上，而非本地计算机或远程服务器中，企业数据中心的运行与互联网相似。这使企业能够将资源切换到需要的应用上，根据需求访问计算机和存储系统。

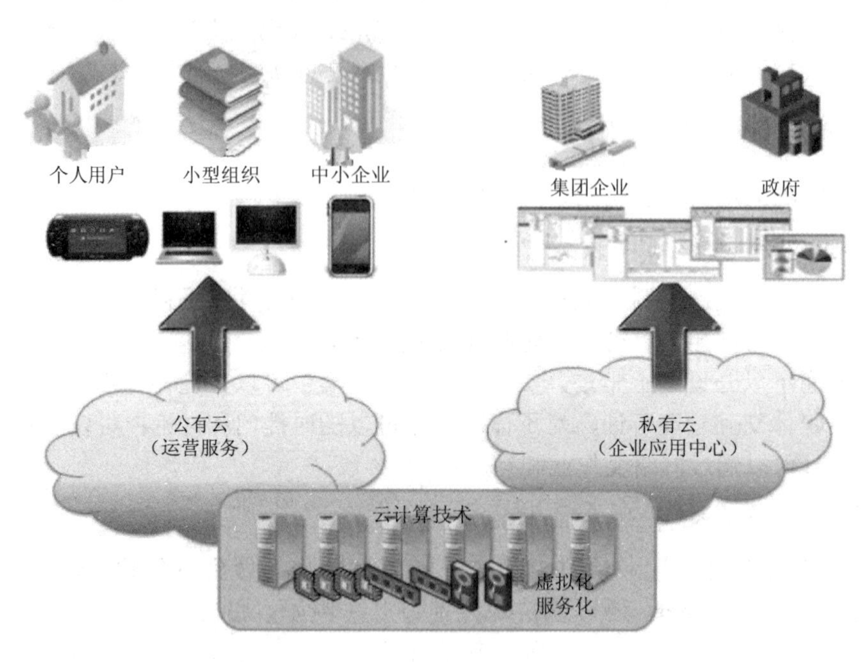

图1–19 云计算网络

云计算是中国移动蓝海战略的一个重要部分。2007年，移动研究院组织力量，联合中国科学计算技术研究所，开发了一个叫作“大云”的项目。

该项目包括两个方向：一是基础架构建设，二是平台及服务建设。基于这两个方面，中国移动推出“软件即服务”功能，以使中小企业减少IT投入成本和IT运营复杂性，同时提供办公自动化解决方案。

2. 物联网技术

物联网（图1–20）技术通过射频识别（RFID）、红外感应器、全球定位系统、激光扫描器等信息传感设备，按约定的协议，把任何物品与互联网连接，进行信息交换和通信，以实现智能化的识别、定位、跟踪、监控和管理。

在国内众多商家还在针对“物联网”概念进行研究的过程中，海尔Uhome已在物联网领域进行了很多早期的实际应用。海尔Uhome与杭州电信联合推出的“我的e家*智慧屋”产品通过物联网网桥（WSN Bridge），使用户通过手机、互联网、固话与家中的电灯、窗帘、报警器、电视、空调、热水器等家电沟通，实现人与家电之间的信息共享，其最大的优势是将“物联网”概念与用户的生活实际紧密联系起来，成为用户居家生活的基础应用服务。

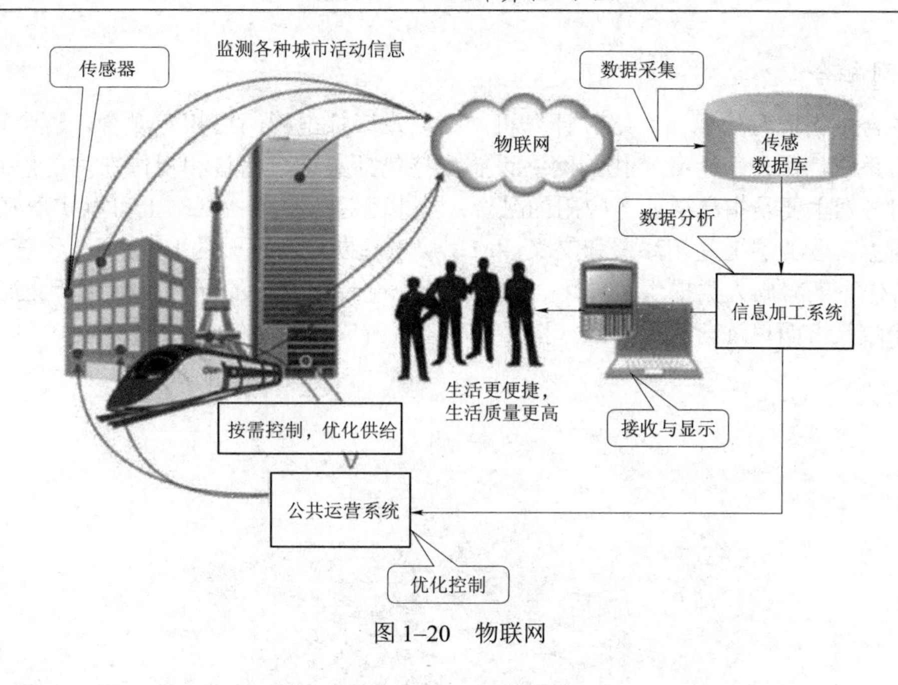

图 1–20　物联网

3. VOIP 技术

VOIP 即 VoiceOverIP，是把语音或传真转换成数据，然后与数据一起共享同一个 IP 网络的系统。VOIP 系统就是把传统的电话网与互联网组合在一起。

人们只要分别在两端不同的 PC 上安装网络电话软件，即可经由 IP 网络进行对话。随着宽频的普及与相关网络技术的演进，网络电话也由单纯 PCtoPC 的通话形式，发展出 IPtoPSTN（公共开关电话网络）、PSTNtoIP、PSTNtoPSTN 及 IPtoIP 等各种形式，它们的共通点是以 IP 网络作为传输媒介（图 1–21）。

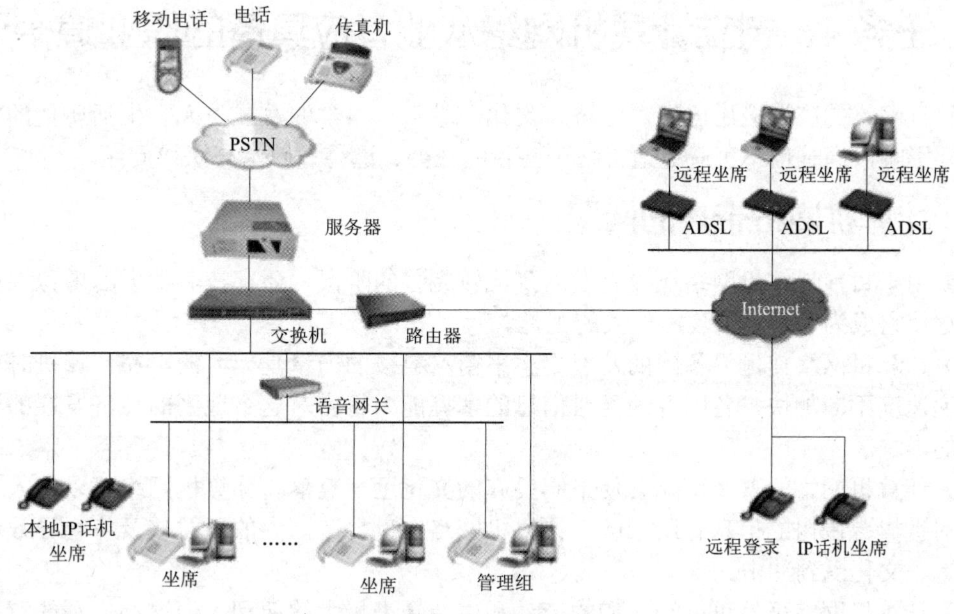

图 1–21　VOIP 网络

4. 三网融合

三网融合是指现有的电信网络、计算机网络以及广播电视网络相互融合，逐渐形成一个统一的网络系统，由一个全数字化的网络设施支持包括数据、话音和视像在内的所有业务的通信。三网融合主要是指高层业务应用的融合；技术上趋于一致；网络上可以实现互连互通，形成无缝覆盖；业务层上互相渗透和交叉；应用层上趋向使用统一的 IP 协议；经营上互相竞争、互相合作，朝着向人类提供多样化、多媒体化、个性化服务的同一目标逐渐交汇在一起，行业管制和政策方面也逐渐趋向一致（图 1–22）。

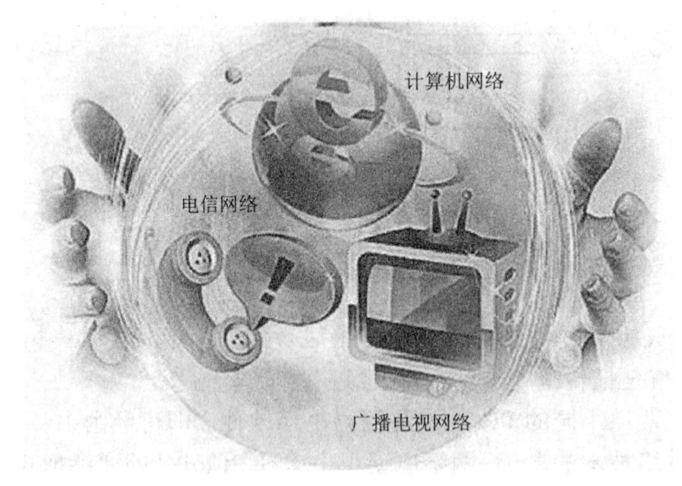

图 1–22　三网融合网络

1.4　任务 4：树立计算机网络从业者应具备的职业道德观念

计算机网络的广泛应用已经对经济、文化、教育、科学的发展与人类生活质量的提高产生了重要影响，同时也不可避免地带来一些新的社会、道德、政治与法律问题。

1.4.1　计算机网络带来的问题

（1）由于目前计算机网络还没有发展到比较完善的阶段，还存在着很大的虚拟性和不真实性，这使它成为个人用来攻击他人的工具。

（2）计算机网络使世界各国的发展更不平衡。科技的力量是无穷的，在计算机时代，信息的传递速度不断加快，各国各地区对信息的掌握能力将会对这个地区的经济发展的深度产生极大的影响。

（3）计算机网络的普及可能会使不同民族的文化逐渐衰落。计算机网络可以使人们足不出户就对世界范围内的信息有所了解，计算机网络在世界范围内的日益普及将会导致许多地区的语言、文化受到冲击。

（4）计算机网络虽然可以给人们的劳动和生活带来极大的便利，但这种便利的背后将会是可怕的人类社会的危机。计算机网络可以打破时间与空间的界限，让世界各地的人们联系在一起，其后果是使人们的集体意识越来越淡薄，社会意识也随之慢慢降低。

（5）计算机网络的应用对青少年的影响是目前不容忽视的一个严重问题。如何利用计算机网络促进青少年健康成长，尽可能地减少其对青少年的不利影响，是整个社会应该高度重视并付诸行动的一个重大问题。

1.4.2　计算机网络从业者职业守则

1. 遵纪守法，尊重知识产权

1）知识产权的内容

根据我国《民法通则》的规定，知识产权属于民事权利，是基于创造性智力成果和工商业标记依法产生的权利的统称，包括著作权和工业产权。

在我国，广义的著作权包括狭义的著作权、著作邻接权、计算机软件著作权等。这是著作权人对著作物（作品）独占利用的排他的权利。狭义的著作权分为发表权、署名权、修改权、保护作品完整权、使用权和获得报酬权。著作权分为著作人身权和著作财产权。著作权与专利权、商标权有时有交叉情形，这是知识产权的一个特点。

工业产权包括专利、商标、服务标志、厂商名称、原产地名称等。

2）计算机网络与知识产权

由于计算机网络最主要的功能是实现资源共享，所以很多人认为计算机网络是完全开放的，人们可以在网上发表任何言论，或从网上下载任何文章、图片等。实际上计算机网络只是信息资源的载体，其本质与报纸、电视等传统媒体没有任何区别。网络经济也同现实经济一样，同样要遵守共同的规则，其中就包括对网络资源的利用问题。

目前网络侵权引发的投诉时有发生，涉及抄袭、域名纠纷、商标侵权等多个方面，从发展趋势来看，这一领域的侵权行为正呈逐年上升的态势，但我国法律对于网上行为的界定还比较模糊，这造成了司法实践的困难。世界各国都在加紧完善现有的法律法规，以打击网络侵权的不法行为。

3）网上侵犯知识产权的形式和方法

目前网上侵犯知识产权的形式主要有著作权（版权）侵权、商标侵权、域名纠纷等。

2. 爱岗敬业，严守保密制度

计算机网络从业者应爱岗敬业，严守保密制度，保守相应的国家机密和商业机密。另外，由于目前很多商业信息及其他信息都会在计算机系统中保存并通过计算机网络传输，因此计算机网络从业者必须采取相关措施，防止泄密。

3. 团结协作，爱护设备

计算机网络从业者应做好设备的规范化和文档化管理，及时写好维护记录，做好交接工作，负责所有设备的管辖和运行状况的掌控，以最经济的设备寿命周期费用取得最佳的设备综合效能，确保设备处于良好的技术状态和工作状态。

1.4.3 任务实战：学习计算机网络管理制度

任务目的：了解计算机网络出现的问题，树立作为计算机网络从业者应具备的职业道德观念。

任务环境：接入 Internet 的计算机。

任务内容：

（1）讨论计算机网络存在的问题；

（2）了解计算机网络的相关管理制度；

（3）了解计算机网络管理员的工作职责；

（4）了解计算机网络其他相关工作的工作职责。

1.5 项目实战：使用 Cisco Packet Tracer 规划简易网络

项目背景：某学院的教师办公室网络经常掉网，网络状况不稳定，请根据具体情况，绘制出教学楼网络拓扑结构图，并分析原因。

项目要求：

（1）学习 Cisco Packet Tracer5.3.0 的基本使用方法；

（2）绘制网络拓扑结构图并分析；

（3）选择正确的网络设备和线缆进行连接。

习　　题

（1）什么是计算机网络？它有什么功能？

（2）计算机网络的发展可划分为哪几个阶段？每个阶段各有何特点？

（3）计算机网络可从哪几个方面进行分类？怎样分类？

（4）常见的计算机网络拓扑结构有哪几种？它们各有什么特点？

项目 2　计算机网络体系结构

项目重点与学习目标

（1）熟悉 OSI 和 TCP/IP 体系结构；
（2）熟悉各种类型传输介质的特点和应用场合；
（3）了解数据通信基本概念和参数；
（4）掌握局域网设备的原理和特点。

项目情境

技术部小型局域网组建起来后经常出现故障，部分计算机无法正常通过网络传输数据。移动用户怎么接入部门网络？技术部和市场部之间的网络怎么连接起来？

项目分析

计算机网络中数据是如何在不同设备和传输介质上进行传递的？传输介质怎么进行连接？要遵守哪些标准？不同类型的网络通信时应遵循哪些规范？为了完成本项目，需要解决下面几个问题：

（1）数据通信中的各种参数；
（2）计算机网络体系结构和协议标准；
（3）双绞线的制作和连接；
（4）多台计算机的通信。

2.1　任务 1：认识数据通信的几个概念

在网络中任何两台计算机之间的信息交换都需借助通信的手段来实现，通信的目的是单、双向传递信息。数据通信是指在两点或多点之间以二进制形式进行信息传输与交换的过程。同时，计算机之间的通信必须有一定的约定和通信规则。数据通信就是通过传输介质，采用网络、通信技术使信息数字化并传输这些信息。

2.1.1　数据通信的主要技术

数据通信的基本目的是在接收方与发送方之间交换信息，也就是将数据信息通过相应的传输线路从一台机器传输到另一台机器。这里所说的机器可以是计算机、终端设备以及其他任何通信设备。

数据在计算机中是以离散的二进制数字信号表示的，但在数据通信过程中，它是以数字信号方式表示，还是以模拟信号方式表示，这主要取决于选用的通信信道所允许传输的信号类型。如果通信信道不允许直接传输计算机所产生的数字信号，那么就需要在发送端先将数字信号变换成模拟信号再送入信道传输，在接收端再将收到的模拟信号还原成数字信号，这个过程称为调制和解调，相应的设备称为调制解调器。

数据的成功传输取决于两个主要因素：被传输信号的质量和传输介质的性能。模拟或数字数据都是既能用模拟信号又能用数字信号传输的。但模拟信号在传输过程中会发生衰减、变形，尤其是在长距离传输后会发生严重的畸变。另外，数据传输的好坏，还与发送和接收设备的性能有关。

数据通信的主要技术指标是衡量数据传输的有效性和可靠性的参数。有效性主要由数据传输速率、调制速率、传输延迟、信道带宽和信道容量等指标来衡量；可靠性一般由数据传输的误码率指标来衡量。常用的数据通信的技术指标有以下几种。

1. 信道带宽和信道容量

信道带宽或信道容量是描述信道的主要指标之一，由信道的物理特性所决定。通信系统中传输信息的信道具有一定的频率范围（即频带宽度），称为信道带宽。信道容量是指单位时间内信道所能传输的最大信息量，它表征信道的传输能力。在通信领域，信道容量常指信道在单位时间内可传输的最大码元数（码元是承载信息的基本信号单位，一个表示数据有效值状态的脉冲信号就是一个码元，其单位为波特，即Baud），信道容量以码元速率（或波特率）来表示。由于数据通信主要是计算机与计算机之间的数据传输，而这些数据最终又以二进制位的形式表示，因此，信道容量有时也表示为单位时间内最多可传输的二进制位数（也称作信道的数据传输速率），以位/秒（b/s）的形式表示。

一般情况下，信道带宽越宽，一定时间内信道上传输的信息量就越多，则信道容量就越大，传输效率也就越高。香农（shannon）定理描述了信道带宽与信道容量之间的关系，公式如下：

$$C=W\log_2\left(1+\frac{S}{N}\right)$$

式中，C为信道容量；W为信道带宽；N为噪声功率；S为信号功率。

当噪声功率趋于0时，信道容量趋于无穷大，即无干扰的信道容量为无穷大，信道传输的信息多少由带宽决定。此时，信道中每秒所能传输的最大比特数由奈奎斯特（Nyquist）准则决定，公式如下：

$$R_{max}=2W\log_2 L\text{（b/s）}$$

式中，R_{max}为最大速率；W为信道带宽；L为信道上传输的信号可取的离散值的个数。

若信道上传输的是二进制信号，则可取两个离散值“1”和“0”，此时$L=2$，$\log_2 2=1$，所以$R_{max}=2W$。如某信道的带宽为3 kHz，则信道的数据传输速率不能超过6 kbps。若$L=8$，$\log_2 8=3$，即每个信号传送3个二进制位。带宽为3 kHz的信道的数据传输速率最大可达18 kb/s。

按信道频率范围的不同，通常可将信道分为3类：窄带信道（带宽为0～300 Hz）、音频信道（带宽为300～3 400 Hz）和宽带信道（带宽在3 400 Hz以上）。

2. 传输速率

传输速率有以下两种：

（1）数据传输速率（Rate）。数据传输速率是指通信系统单位时间内传输的二进制代码的位（比特）数，因此又称作比特率，单位为比特/秒，记为b/s。

数据传输速率的高低，由每位数据所占的时间宽度决定，一位数据所占的时间宽度越小，则其数据传输速率越高。设 T 为传输的脉冲信号的宽度或周期，N 为脉冲信号所有可能的状态数，则数据传输速率为：

$$R=\frac{1}{T}\log_2 N\ \text{(b/s)}$$

式中，$\log_2 N$ 是每个脉冲信号所表示的二进制数据的位数（比特数）。如电信号的状态数 $N=2$，即只有“0”和“1”两个状态，则每个电信号只传送 1 位二进制数据，此时，$R=\frac{1}{T}$。

（2）调制速率。调制速率又称作波特率或码元速率，它是数字信号经过调制后的传输速率，表示每秒传输的电信号单元（码元）数，即调制后模拟电信号每秒钟的变化次数，它等于调制周期（即时间间隔）的倒数，单位为波特（Baud）。若用 T（s）表示调制周期，则调制速率为：

$$B=\frac{1}{T}\ \text{(Baud)}$$

即 1 波特表示每秒钟传送一个码元。显然，上述两个指标有如下数量关系：

$$R=B\log_2 N\ \text{(b/s)}$$

即在数值上波特率等于比特率的 $\log_2 N$ 倍，只有当 $N=2$（即双值调制）时，两个指标才在数值上相等。但是，在概念上两者并不相同，波特率是码元的传输速率单位，表示单位时间内传送的信号值（码元）的个数，而比特率是单位时间内传输信息量的单位，表示单位时间内传送的二进制位的个数。

3. 误码率

误码率是衡量通信系统在正常工作情况下传输可靠性的指标，是指二进制码元在传输过程中被传错的概率。显然，它就是错误接收的码元数在所传输的总码元数中所占的比例。误码率的计算公式为：

$$P_e=\frac{N_e}{N}$$

式中，P_e 为误码率；N_e 表示被传错的码元数；N 表示传输的二进制码元总数。上式只有在 N 取值很大时才有效。

在计算机网络通信系统中，要求误码率低于 10^{-6}。如果实际传输的不是二进制码元，需折合成二进制码元来计算。在通信系统中，系统对误码率的要求应权衡通信的可靠性和有效性两方面的因素，误码率越低，设备要求就越高。

需要指出的是：不同的通信系统对可靠性的要求是不同的。在实际应用中，常常由若干码元构成一个码字，所以可靠性也常用误字率来表示，误字率就是码字错误的概率。有时一个码字中错两个或更多的码元，这和错一个码元是一样的，都会使这个码字发生错误，所以，误字率与误码率不一定是相等的。有时信息还用若干个码字组成一组，所以还有误组串，它是传输中出现错误码组的概率。但经常使用的还是误码率。

4. 传输延迟

信道的带宽是由硬件设备改变电信号时的跳变响应时间决定的。尽管电信号的传输速率为 30×10^4 km/s，但由于发送和接收设备存在响应时间，特别是计算机网络系统中的通信子网还存在中间转发等待时间，以及计算机系统的发送和接收处理时间，所以，在通信系统的信息传输过程中存在延迟（传输延迟）。信息的传输延迟时间由以下关系式确定：

传输延迟=发送和接收处理时间+电信号响应时间+中间转发时间+信道传输延迟

在计算机网络中由于不同的通信子网和不同的网络体系结构采用不同的中转控制方式，因此，在通信子网中存在的中转延迟只能依网络状态而定。由电信号响应带来的延迟时间则是固定的。显然，响应时间越短，延迟就越小。也就是说，信道的带宽越大，延迟越小。

2.1.2 数据传输技术概述

数据通信技术完成数据的编码、传输和处理，为计算机网络的应用提供必要的技术支持和可靠的通信环境。那么，它是如何实现这些功能的呢？这就是本节所要讨论的问题。

1. 数据的传输方式

数据在通信线路上的传输是有方向的。根据数据在通信线路上传输的方向和特点，数据传输可分为单工通信（Simplex）、半双工通信（Half-Duplex）和全双工通信（Full-Duplex）3 种方式。

1）单工通信

在单工通信方式中，数据只能按一个固定的方向传输，任何时候都不能改变数据的传输方向。如图 2–1（a）所示，A 端是发送端，B 端是接收端，任何时候数据都只能从 A 端发送到 B 端，而不能由 B 端传回 A 端。图中实线为主信道，用来传输数据；虚线为监测信道，用于传输控制信号，监测信息就是接收端对收到的数据信息进行校验后，发回发送端的确认及请求信息。单工通信一般采用二线制。

2）半双工通信

在半双工通信方式中，数据可以双向传输，但必须交替进行，同一时刻一个信道只允许单方向传输数据。如图 2–1（b）所示，数据可以从 A 端传输到 B 端，也可以从 B 端传输到 A 端，但两个方向不能同时传送；监测信息也不能同时双向传输。在半双工通信中，设备 A 和 B 都具有发送和接收数据的功能。半双工通信方式适用于终端之间的会话式通信，由于通信设备需要频繁地改变数据的传输方向，因此，数据传输效率较低。半双工通信一般也采用二线制。

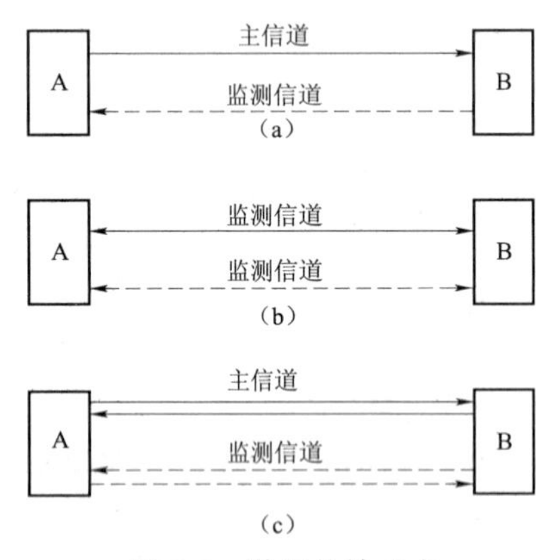

图 2–1 数据传输方式

（a）单工通信；（b）半双工通信；（c）全双工通信

3）全双工通信

全双工通信可以双向同时传输数据，如图 2–1（c）所示，它相当于两个方向相反的单工通信方式的组合，通信的任何一方在发送数据的同时也能接收数据，因此，全双工通信一般采用四线制。其数据传输效率高，控制简单，但组成系统的造价高，主要用于计算机之间的通信。

2. 基带传输与频带传输

1）基带传输

计算机或终端等数字设备产生的、未经调制的数字数据所对应的电脉冲信号通常呈矩形波形式，它所占据的频率范围通常从直流和低频开始，因此这种电脉冲信号被称为基带信号。基带信号所固有的频率范围称为基本频带，简称基带（Baseband）。在信道中直接传输这种基带信号的传输方式就是基带传输。在基带传输中整个信道只传输这一种信号。

由于在近距离范围内，基带信号的功率衰减不大，从而信道容量不会发生变化，因此，计算机局域网系统广泛采用基带传输方式，如以太网、令牌环网等都采取这种传输方式。基带传输是一种最简单、最基本的传输方式，它适合各种传输速率要求的数据。基带传输过程简单，设备费用低，适合近距离传输的场合。

2）频带传输

由于基带信号频率很低，含有直流成分，远距离传输过程中信号功率的衰减或干扰将造成信号减弱，使接收方无法接收，因此基带传输不适合远距离传输；又因远距离通信信道多为模拟信道，所以，在远距离传输中不采用基带传输而采用频带传输的方式。频带传输就是先将基带信号调制成便于在模拟信道中传输的、具有较高频率范围的信号（这种信号称为频带信号），再将这种频带信号在信道中传输。由于频带信号也是一种模拟信号，频带传输实际上就是模拟传输。计算机网络系统的远距离通信通常都是频带传输。

基带信号与频带信号的变换由调制解调技术完成。

3. 串行通信与并行通信

1）串行通信

在计算机中，通常用 8 位二进制代码表示一个字符。在数据通信中，可以将待传输的每个字符的二进制代码按照由低位到高位的顺序依次发送，到达对方后，再由通信接收装置将二进制代码还原成字符，这种工作方式称为串行通信。串行通信方式的传输速率较低，但只需要在接收端与发送端之间建立一条通信信道，因此费用较低。目前，在远程通信中，一般采用串行通信方式。

2）并行通信

在并行通信中，可以利用多条并行的通信线路，将表示一个字符的 8 位二进制代码同时通过 8 条对应的通信信道发送出去，每次可发送一个字符代码。并行通信的特点是在通信过程中，收、发双方之间必须建立并行的多条通信信道，这样，在传输速率相同的情况下，并行通信在单位时间内所能传输的码元数将是串行通信的 n 倍（n 为并行通信信道数）。由于要建立多个通信信道，并行通行造价较高，一般主要用于近距离传输。

4. 同步技术

在数据通信系统中，接收端收到的信息应与发送端发出的信息完全一致，这就要求在通信中收、发两端必须有统一的、协调一致的动作，若收、发两端的动作互不联系、互不协调，则收、发之间就要出现误差，随着时间的增加，误差的积累将会导致收、发“失步”，从而使系统不能正确传输信息。为了避免收、发“失步”，使整个通信系统可靠地工作，需要采取一定的措施。这种统一收、发两端的动作，保持收、发步调一致的过程称为同步。同步问题是数据通信中的一个重要问题。

常用的数据传输的同步方式有两种：异步传输方式和同步传输方式。

1）异步传输方式

异步传输方式是一种计算机网络中常用的，也是最简单的同步方式。异步传输是指同一个字符内相邻两位的间隔是固定的，而两个字符间的间隔是不固定的，即所谓字符内同步，字符间异步。在异步传输方式下，不传送字符时，线路一直处于高电平（“1”）状态。传送字符时，发送端在每个字符的首、尾分别设置 1 位起始位（低电平，相当于数字“0”状态）和 1.5 或 2 位停止位（高电平，相当于数字“1”状态），分别表示字符的开始和结束。起始和停止位中间的字符可以是 5 位或 8 位二进制数，一般 5 位二进制数的字符停止位设为 1.5 位，8 位二进制数的字符停止位设为 2 位，8 位字符中包括 1 位校验位。发送端按确定的时间间隔（或位宽）或固定的时钟发送一个字符的各位。接收端以识别起始位和停止位并按相同的时钟（或位宽）来实现收、发双方在一个字符内各位的同步。当接收端在线路上检测到起始位的脉冲前沿（从“1”到“0”的跃变）到来时，就启动本端的定时器，产生接收时钟，使接收端按发送端相同的时间间隔顺序接收该字符的各位。接收端一旦接收到停止位，就将定时器复位，准备接收下一个字符代码。接下来若无字符发送，系统则连续以“1”电平填充字符的空间，直至下一个字符到来。异步传输方式如图 2–2 所示。

由图 2–2 可知，在异步传输方式中每个字符含相同的位数，字符每位的位宽相同，传送每个字符所用的时间由字符的起始位和停止位之间的时间间隔决定，为一固定值。起始位起到一个字符内各位的同步作用，故异步传输方式又称为起止式同步。

异步传输方式由于附加了起始位和停止位，增加了传输开销，所以传输效率有所下降，但如果出现错误，只需重发一个字符即可，且这种方式控制简单、易实现，适于低传输速率场合。

2）同步传输方式

同步传输方式不是以字符为单位，而是以数据块为单位。在传输中，字符之间不加起始位和停止位。为了使接收方容易确定数据块的开始和结束，需要在每个数据块的前、后加上起始和结束标志，以便使发送方与接收方之间建立起一个同步的传输过程，同时还可以用这些标志来区分与隔离连续传输的数据块。数据块的起始和结束标志的特性取决于数据块是面向字符的还是面向比特的。在面向字符的方式中，数据块的内容由若干个字符组成，起始和结束标志由特殊的字符（如 SYN、EOT 等）构成，如图 2–3（a）所示；在面向比特的方式中，数据块的内容不再是字符流，而是一串比特流。相应的首、尾标志可以是某一特殊的位模式，如在面向比特的高级数据链路控制规程 HDLC 中用位模式 01111110 作为数据块的起始和结束标志，如图 2–3（b）所示。

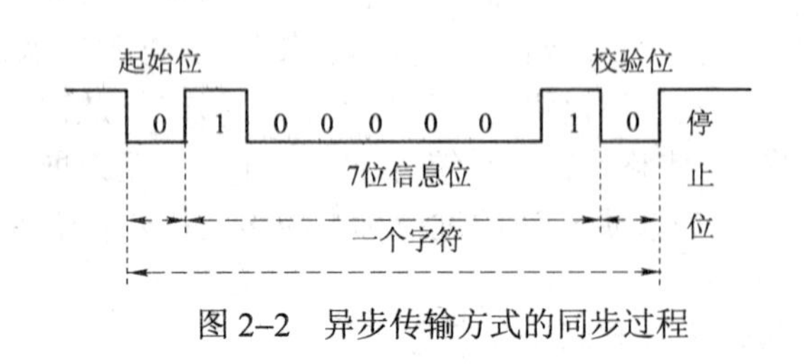

图 2–2 异步传输方式的同步过程

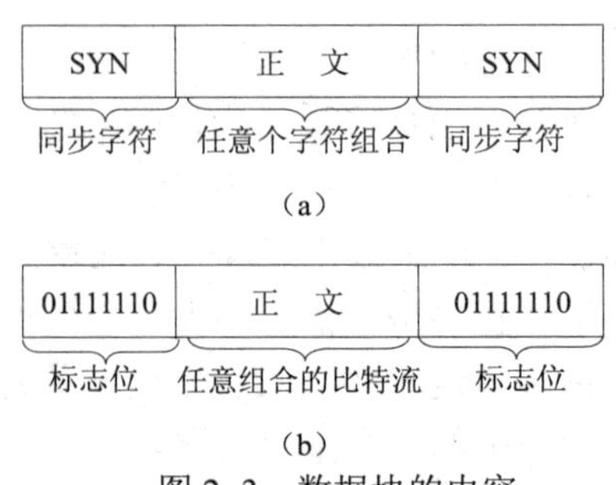

图 2–3 数据块的内容

（a）面向字符的方式中数据块的内容；

（b）面向比特的方式中数据块的内容

同步传输方式的传输效率高、开销小，但如果在传输的数据中有一位出错，就必须重新传输整个数据块，而且控制也比较复杂。

5. 多路复用技术

一般情况下，在远程数据通信或计算机网络系统中，传输信道的传输容量往往大于一路信号传输单一信息的需求，所以为了有效地利用通信线路，提高信道的利用率，人们研究和发展了通信链路的信道共享和多路复用技术。多路复用器连接许多低速线路，并将它们各自所需的传输容量组合在一起后，仅由一条速度较高的线路传输所有信息。其优点是显然的，这在远距离传输时可大大节省电缆的安装和维护成本，降低整个通信系统的费用，并且多路复用系统对用户是透明的，提高了工作效率。

多路复用技术通常分为两类：频分多路复用（Frequency Division Multiplexing，FDM）和时分多路复用（Time Division Multiplexing，TDM）。

1）频分多路复用

频分多路复用的例子很多，如无线广播、无线电视中将多个电台或电视台的多组节目对应的声音、图像信号分别加载在不同频率的无线电波上，然后同时在同一无线空间中传播。接收者根据需要接收特定的某种频率的信号进行收听或收看。同样，有线电视也基于同一原理。总之，频分复用是把线路或空间的频带资源分成多个频段，将其分别分配给多个用户终端，每个用户终端通过分配给它的子频段传输信息，这种方法主要用于电话和电缆电视系统。在频分多路复用中，各个频段都有一定的带宽，称为逻辑信道。为了防止相邻信道的信号频率相互覆盖从而造成干扰，需在相邻的两个信号的频率段之间设立一定的“保护”带，要求保护带对应的频谱没有被使用，以保证各个频带互相隔离，不会交叠。

2）时分多路复用

时分多路复用是将传输信号的时间进行分割，使不同的信号在不同时间内传输，即将整个传输时间分为许多时间间隔（称为时隙或时间片），每个时间片被一路信号占用。时分多路复用就是通过在时间上交叉发送每一路信号的一部分，来实现用一条线路传输多路信号。实际上，在时分多路复用线路上任一时刻只有一路信号存在，而频分多路复用却是同时传输若干路不同频率的信号。因为数字信号是有限个离散值，所以适合采用时分多路复用技术，而模拟信号一般采用频分多路复用技术。时分多路复用技术的实现有两种常用的方法。

（1）同步时分多路复用（STDM）。

同步时分多路复用采用固定时间片的分配方式，即将传输信号的时间按特定长度连续地划分成特定的时间段，再将每一时间段划分成等长度的多个时间片，每个时间片以固定的方式分配给各路数字信号，各路数字信号在每一时间段都顺序分配到一个时间片。

由于在时分复用方式中，时间片是预先分配且固定不变的，所以无论时间片拥有者是否传输数据，都要占有一定的时间片，这就造成了时间片的浪费，其时间片的利用率很低，为了克服同步时分多路复用的缺点，引入了异步时分多路复用（ATDM）技术。

（2）异步时分多路复用（ATDM）。

异步时分多路复用又称为统计时分复用或智能时分复用（ITDM），它能动态地按需分配时间片，避免每个时间段中出现空闲的时间片。

异步时分多路复用的实质是只有当某一路用户有数据需要发送时才把时间片分配给它。

当用户暂停发送数据时就不给它分配线路资源（时间片），而将线路的空闲时间片用于其他用户的数据传输，这样每个用户的传输速率可以高于平均速率（这是通过多占时间片来实现的），最高可达到线路总的传输能力（即占有所有的时间片）。如线路总的传输能力为 28.8 kb/s，有 3 个用户共用此线路，在同步时分多路复用方式中，则每个用户的最高速率为 9 600 b/s，而在异步时分多路复用方式中，每个用户的最高速率可达 28.8 kb/s。

6. 数据交换技术

交换即转接，是数据在两个设备之间的一种通信。但在实际运用中直接连接两个设备是不现实的，一般是通过有中间节点的网络把数据从源地发送到目的地，以实现通信。中间节点并不关心数据的内容，其目的是提供一个交换设备。用这个交换设备把数据从一个节点传到另一个节点，直至到达目的地。

通常使用的数据交换技术有 3 种：电路交换、报文交换、分组交换。

1）电路交换技术

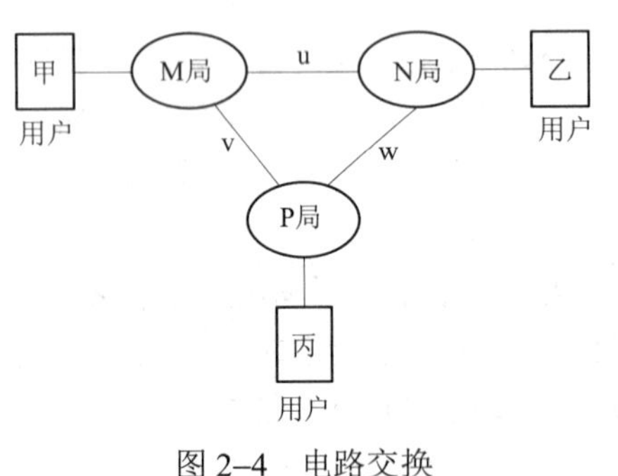

图 2–4 电路交换

电路交换技术就是通过网络中的节点在两个站之间建立一条专用的通信线路（图 2–4）。例如，常用的电话通信系统就是通过电路交换来实现的。

电路交换在进行数据通信的过程中，必须在两个站之间建立一条实际的物理连接。这种连接是节点之间的连接序列。在每条线路上，通道专用于连接。电路交换方式的通信包括 3 个阶段：

（1）线路建立：在传输数据前，都必须建立端到端的线路连接。

（2）数据传送：线路一旦建立起来，就可以完成数据的传输，传输的数据信号可以是数字的，也可以是模拟的。

（3）线路拆除：在数据传送结束后，就要结束线路连接，通常由两个端中的一个来完成线路的拆除。

电路交换具有如下特点：

（1）呼叫建立时间长且存在呼损。在电路建立阶段，在两个端间建立一条专用通路需要花费一段时间，这段时间称为呼叫建立时间。在电路建立过程中由于交换网繁忙等原因可能使建立失败，此时交换网就要拆除已建立的部分电路，而用户需要挂断重拨，这称为呼损。

（2）电路交换对用户来说是“透明”的，即交换网对用户信息的编码方法、信息格式以及传输控制程序等都不加限制，但对通信双方而言必须做到双方的收发速度、编码方法、信息格式、传输控制等一致才能完成通信。

（3）数据传输速率固定。一旦线路建立起来，除通过传输链路的传播延时外，不会再引入别的延时，因此非常适合进行实时大批量、连续的数据传输。

（4）线路利用率低。线路建立后，通道容量在连接期间为使用用户专用，即使没有数据传送，别人也不能使用，线路利用率较低。

2）报文交换技术

报文交换是网络通信的另一种方法。其不需要在两个站点之间建立一条专用通路。如果一个站点想要发送一个报文（发送信息的一个逻辑单位），只需要把目的地址附加在报文上，然后把报文通过网络中的各节点依次进行传送。网络中的每个节点接收整个报文，先暂存整个报文，然后再转发到下一个节点（图 2–5）。

在电路交换网络通信中，每个节点是一个电子或机电结合的交换设备。这种交换设备发送二进制位同接收二进制位一样快。报文交换节点通常是一台通用的小型计算机。它具有足够的存储容量来缓存进入的报文。一个报文在每个节点的延迟时间等于接收报文的所有位所需的时间加上等待时间和重传到下一个节点所需的延迟时间。

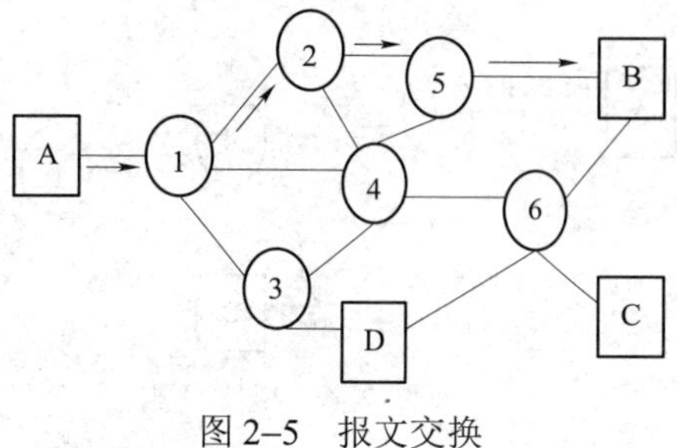

图 2–5　报文交换

报文交换具有以下特点：

（1）发送端和接收端在通信时不需建立一条专用的通路。

（2）与电路交换相比，报文交换没有建立线路和拆除线路所需的等待时延。

（3）线路利用率高，节点间可根据线路情况选择不同的传输速率，从而能高效地传输数据。

（4）要求节点具有足够的存放报文数据的能力，节点一般由微机或小型机担当。

（5）数据传输的可靠性高，每个节点在存储转发过程中都进行差错控制，如检错、纠错等。

（6）报文交换的传输时延大。由于采用了对完整报文的存储转发方式，所以节点转发的时延较大，不适合交互式通信，如电话通信。由于每个节点都要把报文完整地接收、存储、检错、纠错、转发，会产生节点延迟，并且由于报文交换对报文的长度没有限制，报文可以很长，这样就有可能使报文长时间地占用某两个节点之间的链路，不利于实时交互通信。分组交换正是针对报文交换的不足而提出的一种改进方式。

报文交换的主要应用领域是电子邮件、电报、非紧急的业务查询和应答等。

3）分组交换技术

分组交换也称为包交换，该方式是把长的报文先分割成若干个较短的报文分组，再以报文分组为单位进行发送、暂存和转发。每个报文分组除了传输数据、地址信息外，还带有数据分组的编号。报文在发送端被分组后，各组报文可按不同的传输路径进行传输，经过节点时，同样要被存储、转发，最后在接收端将各报文分组按编号顺序再重新组装成完整的报文。

分组交换有以下特点：

（1）分组交换具有电路交换和报文交换的共同优点。

（2）由于报文分组较短，在传输出错时，检错容易并且重发时花费的时间较少，有利于提高存储转发节点的存储空间利用率与传输效率。

（3）报文分组在各节点间的传输比较灵活，且可自行选择各分组的路径，每个节点收到一个报文后，即可向下一个节点转发，不必等到其他分组到齐。

分组交换方式已经成为当今公用数据交换网中主要的交换技术，它的主要应用领域是快速查询和应答的场合，如电子转账、股票牌价等。

分组交换方式在实际应用中又可分为数据报和虚电路两种方式。

（1）数据报方式。

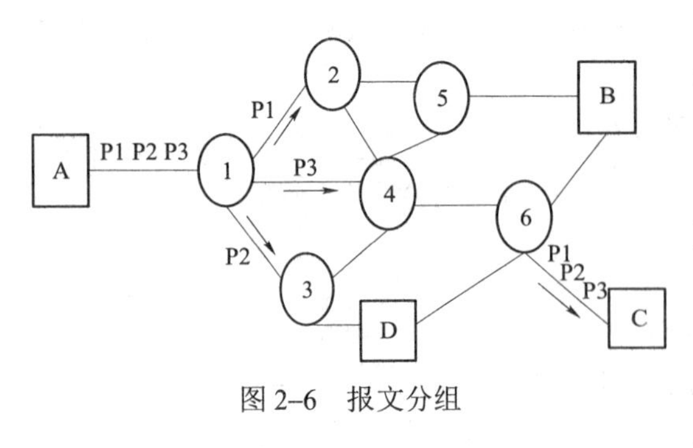

图 2–6　报文分组

数据报方式把任一个分组都当作单独的“小报文”来处理，而不管它是属于哪个报文的分组。如图 2–6 所示，若要将报文从 A 站发送到 C 站，则首先在 A 站将报文分成 3 个分组（P1，P2，P3），按次序连续地发送给节点 1，节点 1 每接收一个分组都先存储下来，分别对它们进行单独的路径选择和其他处理。例如它可能将 P1 发送给节点 2，将 P2 发送给节点 3，将 P3 发送给节点 4，这种选择主要取决于节点 1 在处理每一个分组时各条链路的负荷情况以及路径选择的原则和策略。由于每个分组都带有地址和分组编号，虽然它们不一定经过同一条路径，但最终都要通过节点 6 到达目的站。这些分组到达节点 6 的顺序可能会被打乱，但节点 6 可以对分组进行排序和重装，当然目的站 C 也可以完成这些排序和重装工作。

上述这种分组交换方式简称为数据报传输方式，作为基本传输单位的“小报文”被称为数据报（Datagram）。

从以上讨论可以看出，数据报方式具有以下特点：

① 同一报文的不同分组可经不同的传输路径通过通信子网。

② 同一报文的不同分组到达目的节点时可能出现乱序、重复与丢失现象。

③ 每一个分组在传输过程中都必须带有目的地址与源地址。

④ 报文传输延迟较大，适用于突发性通信，不适用于长报文、会话式通信。

（2）虚电路方式。

所谓虚电路，就是两个用户的终端设备在开始互相发送和接收数据之前需要通过通信网络建立逻辑上的连接，这种连接一旦建立将会一直保持，直到用户不再需要发送和接收数据时才被清除。

虚电路方式的主要特点是：所有分组都必须沿着事先建立好的虚电路传输，存在一个虚呼叫建立阶段和拆除阶段（清除阶段）。与电路交换方式相比，这并不意味着在发送方与接收方之间存在着像电路交换方式那样的专用线路，而是选定了特定路径进行传输，分组途经的所有节点都对这些分组进行存储转发，这是与电路交换方式在本质上的区别。

虚电路方式的特点如下：

① 在每次发送报文分组之前，必须在发送方与接收方之间建立一条逻辑连接。

② 一次通信的所有报文分组都从已建好的逻辑连接的虚电路上通过，因此报文分组不必带有目的地址、源地址等辅助信息，报文分组到达目的节点时不会出现丢失、重复与乱序的现象。

③ 报文分组通过每个虚电路上的节点时，节点只需要进行差错检测，而不需要进行路径选择。

④ 通信子网中每个节点可以和其他任何节点建立多条虚电路连接。

由于虚电路方式兼有分组交换与线路交换两种方式的优点，因此在计算机网络中得到了广泛的应用，如 X.25 网就支持虚电路方式。

7. ATM 技术

异步传输模式（ATM）实际上也是一种高速分组交换技术。它与传统分组交换区别在于传统分组交换的基本数据传输单元是分组，而 ATM 的基本数据传输单元是信元，它将数字、语音、图像等所有的数字信息都分解为长度固定的信元（Cell）。信元由信元头和信息段组成，传输系统通过信元头识别通路。在 ATM 中规定每个信元有一个 5 B 信元头与一个 48 B 的信息段，信元长度为 53 B。这样每个信元的传输时间相同，从而可以把信道的时间划分成一个时间片序列，每个时间片用于传输一个信元。当有信元发送时，便逐个时间片地把信元投入信道；接收时，若信道不空，也将逐个时间片地取得信元，时间片和信元一一对应，这样可大大简化对信元的传输控制，便于采用高速硬件对信元头进行识别和交换处理。

8. 差错控制技术

所谓差错，就是在通信接收端收到的数据与发送端实际发出的数据不一致的现象。任何一条远距离通信线路，都不可避免地存在一定程度的噪声干扰，这些噪声干扰的后果可能导致差错的产生。为了保证通信系统的传输质量，降低误码率，需要对通信系统进行差错控制。差错控制就是为了防止各种噪声干扰等因素引起的信息传输错误或将差错限制在所允许的尽可能小的范围内而采取的措施。

1）差错产生的原因与类型

由于通信信道中总存在一定的噪声，当数据从信源出发，经过通信信道到达信宿时，接收到的信号将是传输信号与噪声叠加后的结果。在接收端，接收电路在取样时应先判断信号电平，如果噪声对信号叠加的结果在电平判决时出现错误，就会引起传输数据的错误。

通信信道的噪声主要有两类：

（1）热噪声，它是由传输介质导体的电子热运动产生的。其特点是：一直存在，幅度较小，且强度与频率无关，是一种随机差错。

（2）冲击噪声，它是由外界电磁干扰引起的。其特点是：幅度较大，是一种突发差错，也是引起传输差错的主要原因。

在通信过程中产生的传输差错，是由随机差错与突发差错共同形成的。

2）差错检测与控制

数据在通信线路上传输时，传输线路上的噪声或其他干扰信号的影响往往使发送端发送的数据不能正确地被接收，这就产生了差错。差错可用误码率 P_e 来度量：

$$P_e=\text{接收的错误码元数}/\text{接收的总码元数}$$

对于一般电话通信线路，当传输率为 600～2 400 Baud 时，P_e 为 10^{-4}～10^{-6} 就可以满足传输质量的要求，但在计算机与计算机之间传输数据时，则要求 $P_e<10^{-9}$。为此，需采取相应提高传输质量的措施：

（1）选择好的通信线路，即改善通信线路的电气性能，使误差的出现概率降低到系统要求的水平。该方法要求通信线路的传输速率高，这样必然使通信线路的造价高，且不容易达到理想的结果。引起误差的噪声可能来自外部，也可能来自通信线路，因此，选择好的通信线路、采取有效的屏蔽措施、改善设备等，虽然可以减少差错，但受经济条件和技术条件的限制，不能完全消除差错。

（2）在通信线路上，设法检查差错，采取措施对差错进行控制，即在数据传输时，采取一定的方法发现并纠正差错。

帮助发现并自动纠正差错的有效方法是对传输的数据进行抗干扰编码，即给被传送的数据码元按一定的规则增加一些码元（这些码元称为冗余码元），使冗余码元与被传送的信息码元之间建立一定的关系，这种关系就是抗干扰编码。发送时，冗余码元与信息码元一同发送，经信道传输后，接收端按照预先确定的编码规则进行译码，进而发现并纠正差错。能发现差错的码称为检错码，能纠正差错的码称为纠错码。

在数据通信系统中，差错控制包括差错检测和差错纠正两部分，具体实现差错控制的方法主要有以下几种：

（1）反馈重发检错方法，又称为自动请求重发（Automatic Repeat reQuest，ARQ）方法，其工作原理是：由发送端发出能够发现（检错）差错的编码（检错码），接收端依据检错码的编码规则来判断编码中有无差错产生，并通过反馈信道把判断结果用规定信号告知发送端。发送端根据反馈信息，把接收端认为有差错的信息再重新发送一次或多次，直至接收端接收正确为止。接收端认为正确的信息不再重发，继续发送其他信息。因为该方法只要求发送端发送检错码，接收端只要求检查有无差错，而无须纠正差错，因此，该方法设备简单，容易实现。

（2）前向纠错方法（Forward Error Correcting，FEC）是由发送端发出能纠错的编码，接收端收到这些编码后，通过纠错译码器不仅能自动发现错误，而且能自动地纠正传输中的错误，然后把纠错后的数据送到接收端。

FEC 方法的优点是发送时不需要存储，也不需要反馈信道，适用于单向实时通信系统。其缺点是译码设备复杂，所选纠错码必须与信道干扰情况紧密对应。

（3）混合纠错方法是反馈重发检错方法和前向纠错方法的结合，是由发送端发出同时具有检错和纠错能力的编码，接收端收到编码后检查差错情况，如差错在可纠正范围内，则自动纠正；如差错很多，超出了纠错能力，则经反馈信道送回发送端要求重发。

前向纠错方法和混合纠错方法具有理论上的优越性，但由于对应的编码/译码相当复杂，且编码效率很低，因此很少被采用。

3）信道编码

信道编码分为垂直冗余校验码、水平冗余校验码、水平垂直冗余校验码和循环冗余校验。

（1）垂直冗余校验。

垂直冗余校验是以字符为单位的校验方法。一个字符由 8 位组成，其中低 7 位是信息码，最高位是冗余校验位。校验位可以使每个字符代码中“1”的个数为奇数或偶数。若字符代码中“1”的个数为奇数，则称为奇校验；若“1”的个数为偶数，则称为偶校验。例如，一个字符的 7 位代码为 1010110，有 4 个“1”（偶数个），若为奇校验，则校验位为 1，即整个字符为 11010110。同理，若为偶校验，则校验位应为 0，即整个字符为 01010110。垂直冗余校验能发现传输中任意奇数个错误，但不能发现偶数个错误。

（2）水平冗余校验。

水平冗余校验把数个字符组成一组，对一组字符的同一位（水平方向）进行奇或偶校验，得到一列校验码。发送时，一个接一个地发送字符，最后发送一列校验码。例如：一组字符包括 5 个字符，见表 2–1，每个字符的信息代码都是 7 位，传送时，先按顺序传送 0、1、2、3、4 五个字符的 b_1～b_7 位，最后传送校验位（假设水平校验采用偶校验）。水平冗余校验能发现长度小于字符位数（现在为 7 位）的突发性错误。

表 2–1　水平冗余校验

	0 1 2 3 4	校验位
b_1	0 0 1 0 1	0
b_2	1 0 1 1 0	1
b_3	0 0 0 1 0	1
b_4	1 1 1 0 1	0
b_5	0 1 0 1 1	1
b_6	0 0 0 1 0	1
b_7	0 1 1 0 1	1

（3）水平垂直冗余校验。

同时进行水平和垂直冗余校验就得到水平垂直冗余校验。具体地说，就是对表 2–1 中的 5 个字符均再增加一位校验位 b_8，见表 2–2。b_8 是垂直校验位，每行的最右一位是水平校验位。它们可以是奇校验或偶校验。表 2–2 所示均是偶校验。水平垂直校验码也称为方阵码，这种码有较强的检错能力，它不但能发现所有一位、二位或三位的错误，而且能发现某一行或某一列上的所有奇数个错误。其广泛应用于计算机网络通信及计算机的某些外部设备中。

表 2–2　水平垂直冗余校验

	0 1 2 3 4	校验位
b_1	0 0 1 0 1	0
b_2	1 0 1 1 0	1
b_3	0 0 0 1 0	1
b_4	1 1 1 0 1	0
b_5	0 1 0 1 1	1
b_6	0 0 0 1 0	1
b_7	0 1 1 0 1	1
b_8	0 1 0 0 0	1

（4）循环冗余校验。

循环冗余校验（Cyclic Redundancy Check，CRC）是一种较为复杂的校验方法。它利用事先生成的一个二进制校验多项式 $g(x)$ 去除要传送的二进制信息多项式 $m(x)$，得到的余式就是所需的循环冗余校验码。它相当于一个 n 位长的二进制串。采用循环冗余校验的信息编码是在要传送的信息位后附加若干校验位，发送时，将信息码和冗余码一同传送至接收端；接收时，先对传送来的码字用发送时的同一多项式 $g(x)$ 去除，若能除尽，则说明传输正确，否则说明传输出错。

循环冗余校验码的纠错能力与校验码的位数有关，校验码位数越多，检错能力就越强。

此外，产生循环冗余校验码的规则也影响检错能力。

2.1.3 任务实战：使用 Cisco Packet Tracer 查看交换机端口信息

任务目的：熟悉 Cisco 交换机 CLI 方式配置方法（图 2–7），熟悉 Cisco 交换机的基本配置命令。

任务内容：通过 CLI 方式查看交换机端口。

图 2–7 交换机配置拓扑图

任务环境：Cisco Packet Tracer 5.3.0。

任务步骤：

命令行（Command-Line Interface，CLI）是网络管理员管理交换机最常用的一种方式。它有 4 种工作模式：用户模式、特权模式、全局配置模式和特殊模式（图 2–8）。

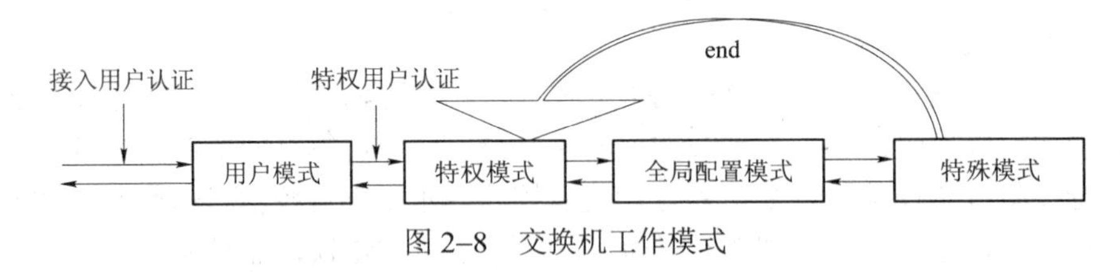

图 2–8 交换机工作模式

（1）用户模式：通过接入认证的用户，可以进入用户模式。在用户模式下，不能改变交换机的配置，但允许用户使用一些监测命令查看交换机的各种状态。此模式提示符为“Switch>”，输入“enable”进入特权模式。

（2）特权模式：对交换机进行配置，需要从用户模式进入特权模式，只有经过特权用户认证的特权用户才能进入特权模式。特权模式提示符为“Switch#”，输入“configure terminal”进入全局配置模式；输入“Vlan database”进入 Vlan 配置模式；输入“exit”退回用户模式。

（3）全局配置模式：可以设置交换机的全局参数，如交换机命名、enable 密码设置、路由配置、Vlan 配置等。此模式提示符为“Switch（config）#”，输入“interface”进入相关接口配置模式；输入“line”进入线路端口配置模式；输入“exit”或“end”或按“Ctrl+Z”组合键退回特权模式。

① 接口配置模式：针对具体的接口进行配置，这些参数只在这个接口上有效。此模式提示符为“Switch（config-if）”，可以使用接口配置命令“Duplex”“Speed”“Switchport”“Shutdown”“No Shutdown”。在此模式下输入“exit”退回全局配置模式，输入“end”或按“Ctrl+Z”组合键退回特权模式。

② 线路（Line）配置模式：从 console 口接入、从 VTY 接入交换机进行配置的用户认证密码等，都是在相应的接入线路上配置的。设置也只对具体的线路有效。此模式提示符为“Switch（config-line）”，输入“password”“login”命令配置线路端口，输入“exit”退回全局配置模式，输入“end”或按“Ctrl+Z”组合键退回特权模式。

步骤 1：进入特权模式。

输入命令“enable”进入特权模式，可简写为“en”。

Switch> enable 按 Enter 键

步骤 2：进入全局配置模式。

输入命令“configure terminal”进入全局配置模式，简写为“conf t”或者“config t”。

Switch#configure terminal　按 Enter 键

步骤 3：进入端口模式。

输入命令“intface Fastethnet0/1”进入接口 f0/1 的配置模式，简写为“int f 0/1”。

Switch（config）#intface Fastethnet0/1

步骤 4：退回上一级模式。

输入命令“exit”退回上一级模式，简写为“ex”。

Switch（config-if）#exit

步骤 5：使用帮助命令。

输入“?”可显示当前模式下所有可执行的命令。

Switch >?

输入几个首字母后，输入“?”可显示所有以此首字母开头的命令。

Switch #con ?

步骤 6：查看端口状态。

输入命令“show intface Fastethnet0/1”查看端口状态。

Switch#show interfaces Fastethernet 0/1

FastEthernet0/1 is up，line protocol is up（connected）　/*物理层端口 UP，链路层协议 UP*/

Hardware is Lance，address is 00d0.baba.3c01　/*交换机硬件地址为 00d0.baba.3c01*/

BW 100 000 kbit，DLY 1 000 usec，　/*端口带宽是 100 000 kbit，延迟是 1 000 usec*/

reliability 255/255　/*可靠性为 255/255*/

txload 1/255，rxload 1/255　/*发送负荷 1/255，接受负荷均为 1/255*/

Full-duplex，100 Mb/s　/*双工状态为全双工，端口速率为 100 Mb/s*/

2.2 任务 2：认识计算机网络标准

在计算机网络产生之初，每个计算机厂商都有一套自己的网络体系结构的概念，不同厂商设备之间网络互不相通。为此，国际标准化组织（International Organization for Standardization，ISO）为了解决不同系统的网络互连问题而制定了 OSI 体系结构。在 OSI 中，“开放”是指只要遵循 OSI 标准，一个系统就可以与位于世界上任何地方、遵循统一标准的其他任何系统通信。

2.2.1 计算机网络体系结构

计算机网络体系结构精确定义了计算机网络及其组成部分的功能和各部分之间的交互功能。计算机网络体系结构采用分层对等结构，对等层之间有交互作用。计算机网络是一种十分复杂的系统，应从物理、逻辑和软件结构来描述其体系结构。

1. 基本概念

1）协议（Protocol）

计算机网络是由多个互连的节点组成的，节点之间需要不断地交换数据与控制信息。要做到有条不紊地交换数据，每个节点必须遵守一些事先约定好的规则。这些规则明确地规定了所交换数据的格式和时序。这些为网络数据交换而制定的规则、约定与标准称为网络协议。

任何一种通信协议都包括 3 个组成部分：语法、语义和时序。

（1）语法规定通信双方“如何讲”，确定用户数据与控制信息的结构与格式；

（2）语义规定通信双方“讲什么”，即需要发出何种控制信息、完成何种动作以及作出何种响应；

（3）时序规定双方“何时进行通信”，即对事件实现顺序的详细说明。

2）层次（Layer）

层次是人们处理复杂问题的基本方法。对于一些难以处理的复杂问题，人们通常会将其分解为若干个较容易处理的小问题。在计算机网络中，将总体要实现的功能分配在不同的模块中，每个模块要完成的服务及服务实现的过程都有明确规定；每个模块叫作一个层次，不同的网络系统分成相同的层次；不同系统的同等层次具有相同的功能；高层使用低层提供的服务时并不需知道低层服务的具体实现方法。这种层次结构可以大大降低复杂问题处理的难度，因此，层次是计算机网络体系结构中一个重要与基本的概念。

在层次结构中，各层有各层的协议。一台机器上的第 n 层与另一台机器上的第 n 层进行通话，通话的规则就是第 n 层协议。

3）接口（Interface）

接口是同一节点内相邻层之间交换信息的连接点。同一个节点的相邻层之间存在着明确规定的接口，低层向高层通过接口提供服务。只要接口条件不变、低层功能不变，低层功能的具体实现方法与技术的变化就不会影响整个系统的工作。

4）网络体系结构（Network Architecture）

网络协议对计算机网络是不可缺少的，一个功能完备的计算机网络需要制定一整套复杂的协议集。对于结构复杂的网络协议来说，最好的组织方式是层次结构模型。计算机网络协议就是按照层次结构模型来组织的。将网络层次结构模型与各层协议的集合定义为计算机网络体系结构。

为了简化问题，减少协议设计的复杂性，现在计算机网络都采用类似邮政问题的层次化体系结构，这种层次结构具有以下性质：

（1）各层独立完成一定的功能，每一层的活动元素称为实体，对等层称为对等实体。

（2）下层为上层提供服务，上层可调用下层的服务。

（3）相邻层之间的界面称为接口，接口是相邻层之间的服务、调用的集合。

（4）上层须与下层的地址完成某种形式的地址映射。

（5）两个对等实体之间的通信规则的集合称为该层的协议。

2. 层次化的优点

层次化具有以下优点：

（1）各层之间相互独立。高层只需通过接口向低层提出服务请求，并使用下层提供的服务，并不需要了解下层执行的细节。

（2）结构独立分割。各层独立划分，这样可以使每层都选择最为合适的实现技术。

（3）灵活性好。如果某层发生变化，只要接口条件不变，则以上各层和以下各层的工作均不受影响，有利于技术的革新和模型的修改。

（4）易于实现和维护。整个系统被划分为多个不同的层次，这使整个复杂的系统变得容易管理、维护和实现。

（5）易于标准化的实现。由于每一层都有明确的定义，这非常有利于标准化的实现。

2.2.2 OSI 参考模型

OSI 是 Open System Interconnect 的缩写，意为开放式系统互连，一般称为 OSI 参考模型，是 ISO（国际标准化组织）在 1985 年研究的网络互连模型。该体系结构标准定义了网络互连的 7 层框架（物理层、数据链路层、网络层、传输层、会话层、表示层和应用层），也称为 ISO 开放系统互连参考模型。在这一框架下进一步详细规定了每一层的功能，以实现开放系统环境中的互连性、互操作性和应用的可移植性（图 2–9）。

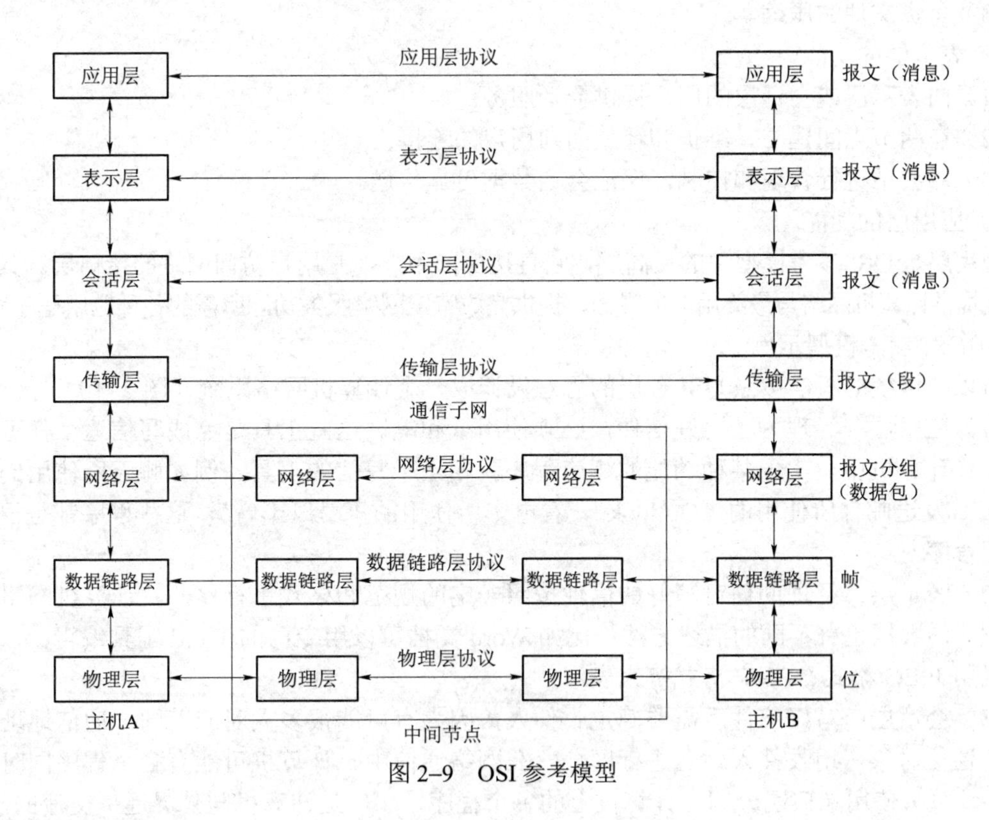

图 2–9 OSI 参考模型

1）物理层的功能

（1）有关物理设备通过物理媒体进行互连的描述和规定；

（2）以比特流的方式传送数据，物理层识别“0”和“1”；

（3）定义了接口的机械特性、电气特性、功能特性和规程特性。

2）数据链路层的功能

（1）通过物理层在两台计算机之间无差错地传输数据帧；

（2）允许网络层通过网络连接进行虚拟无差错的传输；

（3）实现点对点的连接。

3）网络层的功能

（1）负责寻址，将IP地址转换为MAC地址；

（2）选择合适的路径并转发数据包；

（3）能协调发送、传输及接收设备能力的不平衡。

4）传输层的功能

（1）保证不同子网设备间数据包的可靠、顺序、无错传输；

（2）实现端到端的连接；

（3）将收到的乱序数据包重新排序，并验证所有的分组是否都已收到。

5）会话层的功能

（1）负责不同的数据格式之间的转换；

（2）负责数据的加密；

（3）负责文件的压缩。

6）表示层的功能

（1）向表示层或会话层的用户提供会话服务；

（2）在两节点间建立、维护和释放面向用户的连接；

（3）对会话进行管理和控制，保证会话数据可靠传送。

7）应用层的功能

应用层是OSI参考模型中的最高层，它直接面向用户，是用户访问网络的接口层。其主要任务是提供计算机网络与最终用户的界面，提供完成特定网络服务功能所需的各种应用程序协议。

8）OSI参考模型示例

可以把传统的写信按照OSI分层的思想设计成一个计算机网络系统（图2–10）：

（1）应用层：经理为了写好信件，必须使用纸和笔。这些工具是完成写信这个任务所必需的。在计算机中，实现某种功能的相应程序就相当于写信的工具，例如聊天所使用的“腾讯QQ”、发送邮件所使用的“Outlook”、看电影所使用的“暴风影音”，这些程序都是很方便的应用程序。

（2）表示层：经理助理对写好的信件按照一定的规范和格式进行修改。计算机网络中对应用程序的数据也有不同的描述方法。比如Word文档可以用专门的Word工具编辑，一张图片可以用JPEG格式、BMP格式等来表示。

（3）会话层：写好信件后需要确定收件人，因为有可能很多人对应着同一通信地址，为了区分通信对象，用收件人姓名进行区分。在网络通信中，计算机可能有多个程序同时进行通信，计算机使用端口区分同一计算机上的各个程序，端口是计算机与外界通信交流的出口。

（4）传输层：公司职员将信件送到邮局，根据信件的重要程度可以选择挂号信或平信，然后使用不同的方式将信件邮寄到目的地。在计算机网络中，传递数据也可以根据数据对可靠性和效率的要求选择相应的通信协议。网络通信协议分为两大类，即可靠传递的传输协议和不可靠传递的传输协议，两者各有优、缺点。

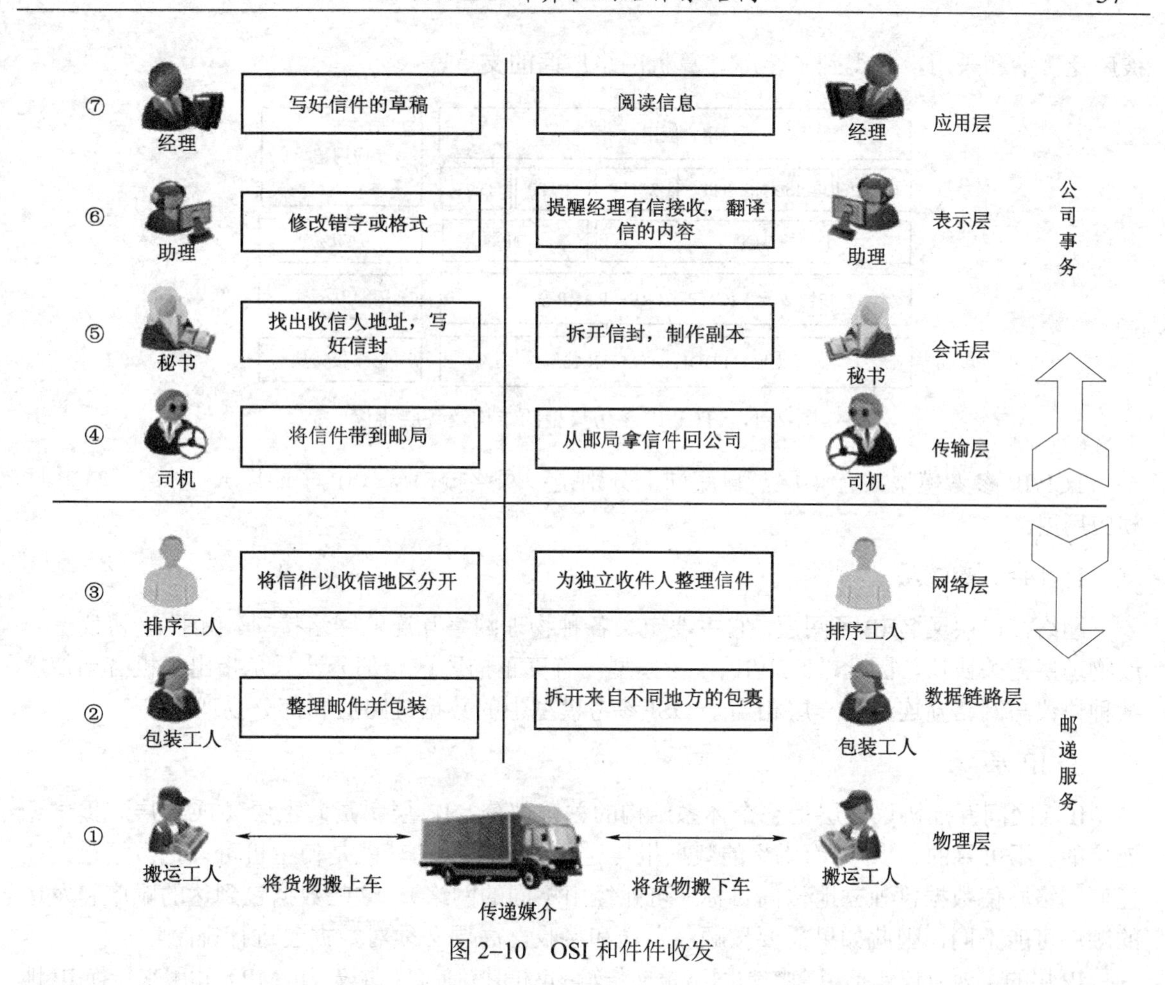

图 2-10 OSI 和件件收发

（5）网络层：邮局的排序工人根据信件的收件人地址和邮政编码决定一条送往目的地的最佳路径。在计算机网络的数据传递过程中，网络设备也需要根据数据包的去向选择一条最合适的路径。

（6）数据链路层：邮局的包装工人根据选择好的路径，将邮件重新封装到一个大盒子中，并打上新的标签，以便快速地送到目的地的邮局。计算机在数据的传递过程中，也根据选好的路径，再加上一些标签，传递给目的地。

（7）物理层：最后邮局的搬运工人通过交通工具将重新分类好的大盒子分别运送到目的地的邮局。计算机网络的数据也会通过双绞线或者其他传输介质传送到目的地的计算机上。

2.2.3 TCP/IP 参考模型

TCP/IP 参考模型是基于网间互连的构造模型，它是 Internet 的前身 ARPAnet 所开创的参考模型。ARPAnet 是由美国国防部赞助的军方研究网络，它逐渐通过租用的电话线连接了数百所大学和政府部门。当无线网络和卫星出现以后，现有的协议在和它们相连的时候出现了问题，所以需要一种新的参考体系结构。这个体系结构在它的两个主要协议出现以后，被称为 TCP/IP 参考模型。TCP/IP 参考模型的结构及各层协议如图 2-11 所示。由于 Internet 的影响及其自身的开放性和灵活性，TCP/IP 网络体系结构作为计算机网络层次结构的事实标准已被广泛接纳和采用，并得到了全球计算机网络厂商的支持。

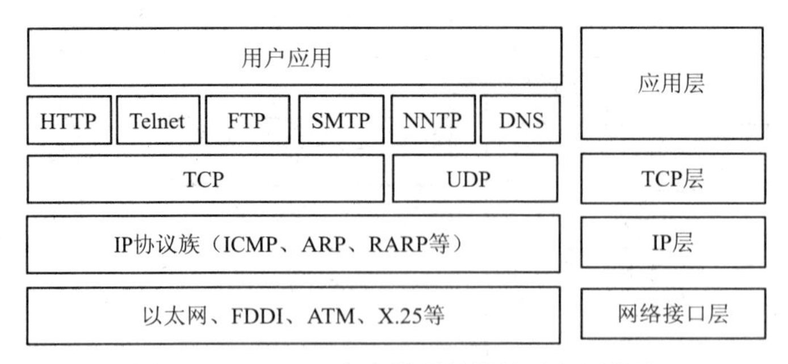

图 2-11　TCP/IP 参考模型的结构及各层协议

TCP/IP 参考模型共有 4 层，自底向上分别是：网络接口层（IP 子网层）、IP 层、TCP 层和应用层。

1. 网络接口层

网络接口层又名 IP 子网层。它主要定义各种物理网络互连的网络接口。由于 IP 协议是一簇物理层无关协议，因此，TCP/IP 参考模型没有真正描述这一部分，只是指出主机必须使用某种协议与网络互连。这一层相当于 OSI 参考模型中的数据链路层和部分物理层接口。

2. IP 层

IP（网间互连协议）层是整个体系结构的关键部分。IP 层负责向上层（TCP 层）提供无连接的、不可靠的、“尽力而为”的数据报传送服务。IP 层的功能是使主机可以把数据包发往任何网络并使数据包独立地传向目标（可能经由不同的网络）。这些数据包到达的顺序和发送的顺序可能不同，因此如果需要按顺序发送和接收，高层必须对数据包进行排序。

IP 层的主要协议包括用来控制网络报文传输的网间控制报文协议（ICMP）和用来转换 IP 地址和 MAC 地址的 ARP/RARP 协议。IP 层的主要功能就是把 IP 数据包发送到它应该去的地方。路由和避免阻塞是该层主要的设计问题。IP 层和 OSI 参考模型中的网络层在功能上非常相似。

3. TCP 层

TCP（传输控制协议）层位于 IP 层之上。它的功能是使源端和目标主机上的对等实体可以进行会话。TCP 层负责提供面向连接的端到端无差错报文传输。由于它下面使用的 IP 层服务的不可靠性，所以要求 TCP 层能够进行纠错与连接的管理。在这一层定义了两个端到端的协议：

（1）传输控制协议（Transmission Control Protocol，TCP），它是一个面向连接的协议，允许从一台机器发出的字节流无差错地发往另一台机器。它将输入的字节流分成报文段并传输给 IP 层。TCP 还要处理流量控制，以避免快速发送方向低速接收方发送过多的报文而使接收方无法处理。

（2）用户数据报协议（User Datagram Protocol，UDP），它是一个不可靠的无连接的协议，用于不需要 TCP 排序和流量控制能力而由自己完成这些功能的应用程序。这一层相当于 OSI 参考模型中的传输层，还具有会话层的部分功能。

4. 应用层

在 TCP/IP 参考模型的最上层是应用层（Application Layer），它包含所有的高层协议。高层协议有虚拟终端协议（Telnet）、文件传输协议（FTP）、电子邮件传输协议（SMTP）、域名系统服务（DNS）、网络新闻传输协议（NNTP）和 HTTP 协议。

2.2.4　任务实战：利用 TCP/IP 参考模型对网络故障进行定位和排除

任务目的：熟悉 TCP/IP 参考模型的层次结构和各层的特点。

任务内容：用 Ping 命令对网络故障进行定位。

任务环境：计算机+Windows XP/7 操作系统。

任务步骤：

Ping 是个使用频率极高的实用程序，用于测试网络连通性。

Ping 用来确定本地主机是否能与另一台主机交换（发送与接收）数据报。根据返回的信息，可以推断 TCP/IP 参数是否设置正确以及运行是否正常。需要注意的是：成功地与另一台主机进行一次或两次数据报交换并不表示 TCP/IP 配置就是正确的，必须执行大量的本地主机与远程主机的数据报交换，才能确定 TCP/IP 配置的正确性。按照缺省设置，Windows 上运行的 Ping 命令发送 4 个 ICMP 回送请求，每个包含 32 字节数据，如果一切正常，应能得到 4 个回送应答。Ping 命令窗口如图 2–12 所示。

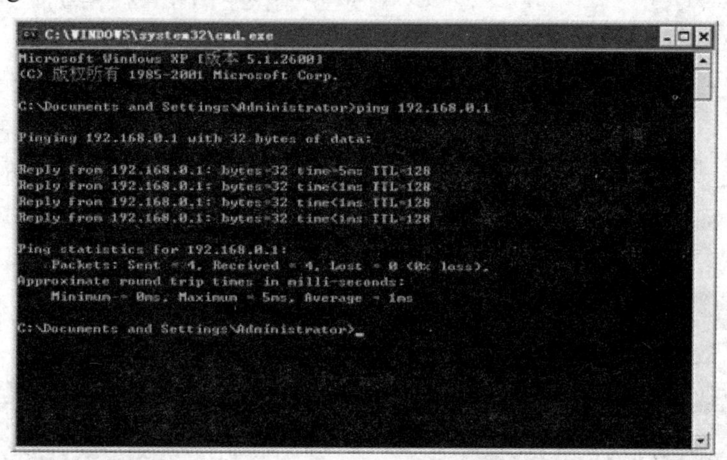

图 2–12　Ping 命令窗口

步骤 1：测试回环地址。

使用“ping 127.0.0.1”测试回环地址的连通性。如果命令失败，本机的 TCP/IP 配置可能出现问题。

步骤 2：测试本机地址。

使用 Ping 命令检测本台计算机 IP 地址的连通性。如果命令执行失败，本机的网卡可能出现问题。

步骤 3：测试网关地址。

使用 Ping 命令检测默认网关 IP 地址的连通性。如果命令执行失败，验证默认网关 IP 地址是否正确，以及网关（路由器）是否运行。

步骤 4：测试 DNS 服务器地址。

使用 Ping 命令检测 DNS 服务器 IP 地址的连通性。如果命令执行失败，验证 DNS 服务器的 IP 地址是否正确、DNS 服务器是否运行，以及该计算机和 DNS 服务器之间的网关（路由器）是否运行。

2.3 任务 3：制作网线

常用的网络传输介质有很多种，可分为有线传输介质和无线传输介质两大类。有线传输介质有双绞线、同轴电缆、光缆等；无线传输介质有无线电波、微波、红外线和激光等。

2.3.1 双绞线

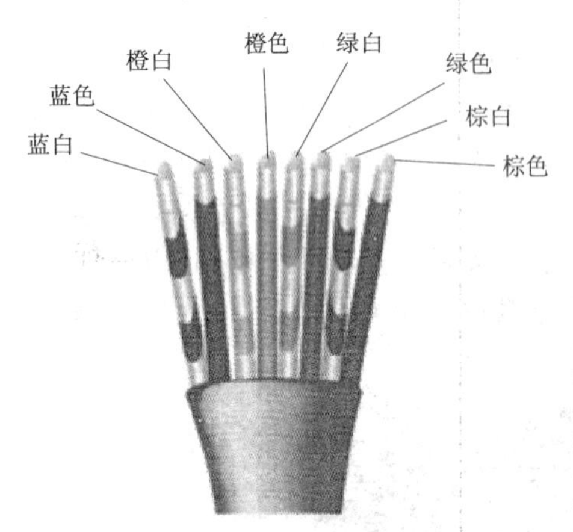

图 2–13 5 类非屏蔽双绞线

1. 双绞线的分类

双绞线分为非屏蔽和屏蔽两种。

（1）非屏蔽双绞线（UTP）：可以通过对绞减少或消除相互间的电磁干扰。其有 3 类、4 类、5 类、6 类之分，带宽分别为 16 MHz、20 MHz、100 MHz 和 1 000 MHz，常用作局域网传输介质，长度为 100 m。它具有成本低、易弯曲、易安装、适于结构化布线等优点，因此在一般的局域网建设中被普遍采用。它也存在传输时有信息辐射、容易被窃听的缺点。图 2–13 所示是一根 5 类非屏蔽双绞线，图 2–14 和图 2–15 是非屏蔽双绞线连接器 RJ–45 水晶头和信息模块。

图 2–14 RJ–45 水晶头

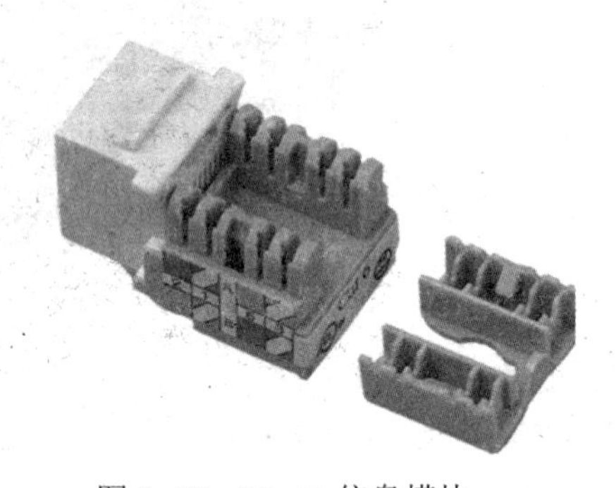
图 2–15 RJ–45 信息模块

（2）屏蔽双绞线（STP）：通过屏蔽层减少相互间的电磁干扰，图 2–16 所示是屏蔽双绞线电缆的基本结构。其有 3 类和 5 类之分，带宽分别为 16 MHz 和 100 MHz，常用于对辐射要求严格的场合。它具有抗电磁干扰能力强、传输质量高等优点。它也存在接地要求高、安装复杂、成本高的缺点，因此，屏蔽双绞线的实际应用并不普遍。屏蔽双绞线的连接器采用 RJ–45 信息模块，如图 2–17 所示。

2. 双绞线布线标准

EIA/TIA 的布线标准中规定了两种双绞线的线序为 568A 和 568B（表 2–3 和图 2–18）。

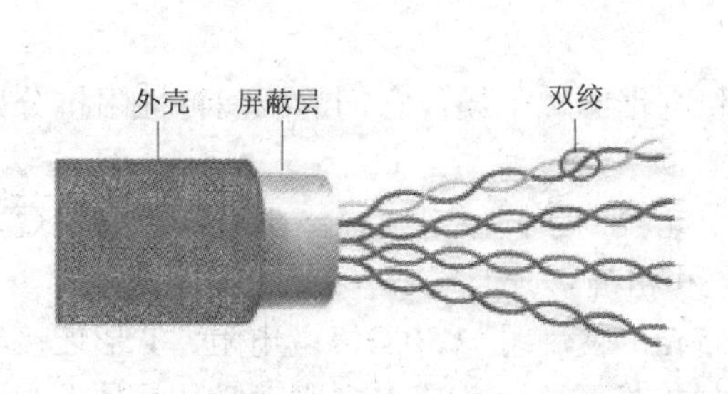

图 2–16　屏蔽式双绞线电缆的基本结构

图 2–17　RJ–45 信息模块

表 2–3　RJ–45 线序

线号	1	2	3	4	5	6	7	8
EIA–568A	绿白	绿	橙白	蓝	蓝白	橙	棕白	棕
EIA–568B	橙白	橙	绿白	蓝	蓝白	绿	棕白	棕

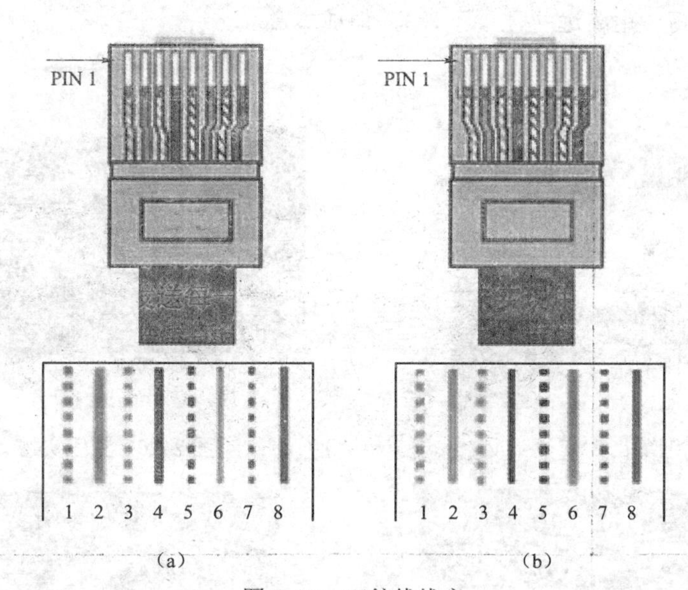

图 2–18　双绞线线序

（a）568A；（b）568B

3. 直通线和交叉线

（1）直通线：又叫正线或标准线，两端采用 568B 作线标准，注意两端都是同样的线序且一一对应。直通线应用最广泛，一般用于不同设备之间，比如路由器和交换机、PC 和交换机等。

（2）交叉线：又叫反线，线序按照一端 568A、一端 568B 的标准排列好，并用 RJ–45 水晶头夹好。交叉线一般用于相同设备的连接，比如路由器和路由器、PC 和 PC 之间。

2.3.2 同轴电缆

同轴电缆有两种基本类型：基带同轴电缆和宽带同轴电缆，它们的线间特性阻抗分别为 50 Ω和 75 Ω。

基带同轴电缆一般只用来传输基带信号，因此较宽带同轴电缆经济，适合距离较短、速度要求较低的局域网。基带同轴电缆又分为细缆和粗缆。

细缆的直径为 0.26 cm，最大传输距离为 185 m，使用时与 50 Ω终端电阻、T 形连接器、BNC 接头与网卡相连（图 2–19～图 2–21），线材价格和连接头成本都比较低，而且不需要购置集线器等设备，十分适合架设终端设备较为集中的小型以太网络。缆线总长不要超过 185 m，否则信号将严重衰减。

粗缆（RG–11）的直径为 1.27 cm，阻抗为 75 Ω，最大传输距离达到 500 m，由于直径相当大，因此它的弹性较差，不适合在室内狭窄的环境内架设，而且 RG–11 连接头的制作方式也复杂得多，并不能直接与电脑连接，它需要通过一个转接器转成 AUI 接头，然后再接到电脑上（图 2–22）。由于粗缆的强度较大，最大传输距离也比细缆长，因此粗缆的主要用途是作为网络主干连接数个由细缆所连成的网络。

宽带同轴电缆可用于频分多路复用模拟信号的传输，也可用于数字信号的传输，较基带同轴电缆传输速率高，距离远（几十千米），但成本高。

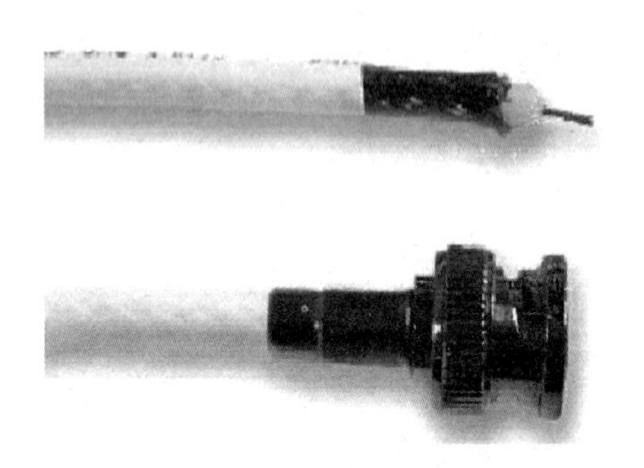

图 2–19 细缆及 BNC 头实物

图 2–20 粗缆实物

图 2–21 细缆 BNC 连接器及 T 形接头

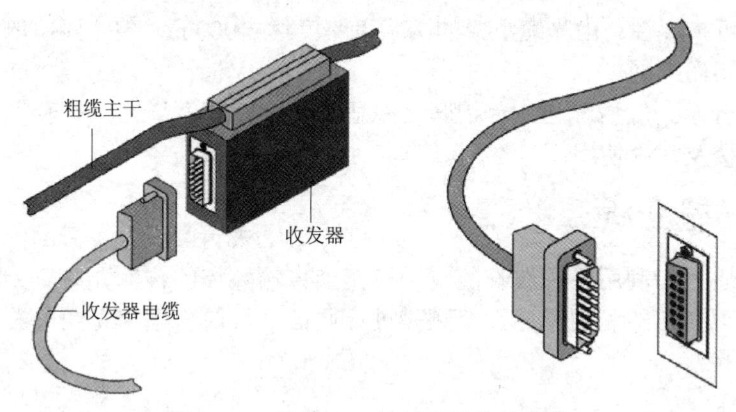

图 2–22　粗缆 AUI 连接器及收发电缆

2.3.3　光缆

光缆的中心部分包括一根或多根光导光缆，通过从激光器或发光二极管发出的光波穿过中心光缆进行数据传输。在光缆的外面是一层玻璃封套，称为包层。在包层外面，是一层塑料的网状 Kevlar（一种高级的聚合光缆），用来保护内部的中心线，最后一层塑料封套覆盖在网状屏蔽物上，如图 2–23 所示。

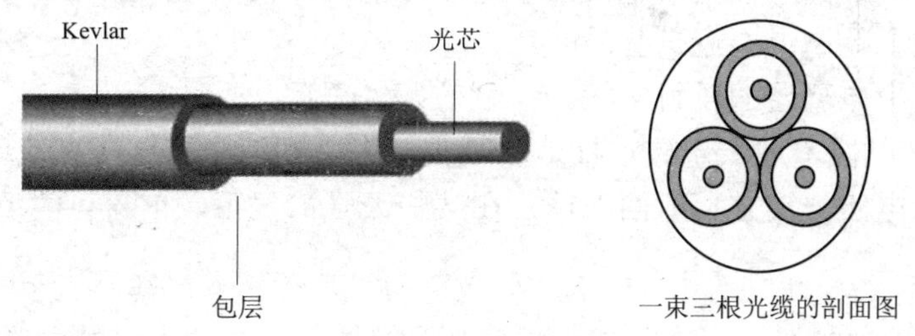

图 2–23　光缆构造及剖面图

光缆可分成两大类：单模和多模。单模光缆携带单个频率的光将数据从光缆的一端传输到另一端。通过单模光缆，数据传输的速度更快，距离也更远。相反，多模光缆可以在单根或多根光缆上同时携带几种光波。这种类型的光缆通常用于数据网络。

多模光缆的纤芯直径为 50 μm 或 62.5 μm，包层外径为 125 μm，表示为 50/125 μm 或 62.5/125 μm。单模光缆的纤芯直径为 8.3 μm，包层外径为 125 μm，表示为 8.3/125 μm，故有 62.5/125 μm、50/125 μm、9/125 μm 等不同种类的光缆。光缆的工作波长有短波 850 nm、长波 1 310 nm 和 1 550 nm。

光缆的特性如下：

（1）吞吐量：光缆可以以每秒 10 GB 以上的速度可靠地传输数据。与电脉冲通过铜线不同，光实际上不会遇到阻抗，因此能以比电脉冲更快的速度可靠传输。实际上，纯的玻璃光缆束每秒可接收高达 1 亿个激光脉冲。它的高吞吐量使它适用于拥有大量通信业务的情形，如电视或电话会议。

（2）连接器：光缆可以使用许多不同类型的连接器。

（3）抗噪性：光缆的抗噪性很强。

（4）尺寸和可扩展性：由光缆组成的网络段跨度达1 000 m。整个网络的长度根据所使用的光缆类型的不同而不同。

（5）使用场合：一般情况下，单护套光缆适用于架空和管道，双护套光缆适用于直埋，室内光缆适合大楼及室内使用。

2.3.4 无线传输介质

无线传输介质是指利用各种波长的电磁波充当传输媒体的传输介质。无线传输所使用的频段很广，人们现在已经利用了好几个频段进行通信，目前多采用无线电波、微波、红外线和激光等。

1. 无线电波

无线电波是指在自由空间（包括空气和真空）传播的射频频段的电磁波。

无线电波（频率范围为 10～16 kHz）是一种能量的传播形式，电场和磁场在空间中是相互垂直的，并都垂直于传播方向，在真空中的传播速度等于光速（300 000 km/s）。无线电波通信主要用在广播通信中。

无线电波的传播方式有两种：

（1）直线传播，即沿地面向四周传播。

在 VLF、LF、MF 频段，无线电波沿着地面传播，在较低频率上可在 1 000 km 以外检测到它，在较高频率上距离上要近一些。

（2）靠大气层中电离层的反射传播。

在 HF 和 VHF 频段，地表电磁波被地球吸收，但是到达电离层（离地球 100～500 km 高的带电粒子层）的电磁波被它反射回地球，在某些天气情况下，信号可能反射多次。

2. 微波

微波是指频率为 300 MHz～300 GHz 的电磁波，是一种定向传播的电磁波，在 1 000 MHz 以上，微波沿着直线传播，因此可以集中于一点，通过卫星电视接收器把所有的能量集中于一小束，便可以获得极高的信噪比，但是发射天线和接收天线必须精确地对准，除此以外，这种方向性使成排的多个发射设备可以和成排的多个接收设备通信而不会发生串扰。

微波通信系统主要分为地面系统和卫星系统两种。

1）地面系统

采用定向抛物线天线，这要求发送与接收方之间的通路之间没有大障碍物。地面系统的频率一般为 4～6 GHz 或 21～23 GHz，其传输率取决于频率。微波对外界的干扰比较敏感。

2）卫星系统

利用地面上的定向抛物天线，将视线指向地球同步卫星。收、发双方都必须安装卫星接收及发射设备，且收、发双方的天线都必须对准卫星，否则不能收发信息。

3. 红外线

目前广泛使用的家电遥控器几乎都采用红外线传输技术。红外线网络使用红外线通过空气传输数据。红外线局域网采用小于 1 μm 波长的红外线作为传输媒体，有较强的方向性，但受太阳光的干扰大，对非透明物体的透过性极差，这导致传输距离受限制。

优点：

（1）作为一种无线局域网的传输方式，红外线传输的最大优点是不受无线电波的干扰。

（2）如果在室内发射红外线，室外就收不到，这可避免各个房间的红外线的相互干扰，并可有效地进行数据的保密控制。

缺点：

传输距离有限，受太阳光的干扰大，一般只限于室内通信，而且不能穿透坚实的物体（如砖墙等）。

4. 激光

激光也可以用于在空中传输数据。和微波通信相似，激光传输系统至少由两个激光站组成，每个站点都拥有发送信息和接收信息的能力。激光设备通常安装在固定位置上，较多安装在高山上的铁塔上，并且与天线相互对应。由于激光能在很长的距离上聚焦，因此激光的传输距离很远，能传输几十千米。

激光与红外线类似，也需要无障碍的直线传播。任何阻挡激光的人或物都会阻碍正常的传输。激光不能穿过建筑物和山脉，但可以穿透云层。

2.3.5 任务实战：制作交叉双绞线

任务目的：掌握双绞线制作方法、熟悉双绞线制作标准。

任务内容：制作交叉双绞线。

任务环境：剥线钳、工具刀、RJ–45 水晶头、5 类双绞线、测线仪。

任务步骤：

步骤 1：利用斜口钳剪下所需要的双绞线，长度范围为 0.6～100 m。再用剥线器将双绞线的外皮除去 2～3 cm。如果在剥除双绞线的外皮时裸露出的电缆部分太短而不利于制作 RJ–45 接头，则可以紧握双绞线外皮，再捏住尼龙线向外皮的下方剥开，就可以得到较长的裸露线，如图 2–24 所示。剥线完成后的双绞线如图 2–25 所示。

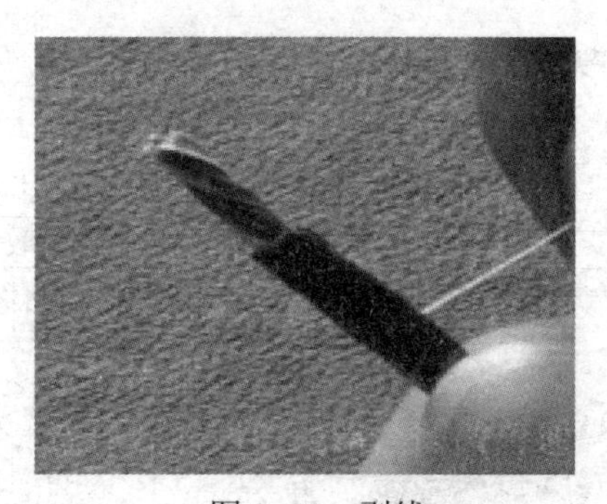

图 2–24 剥线

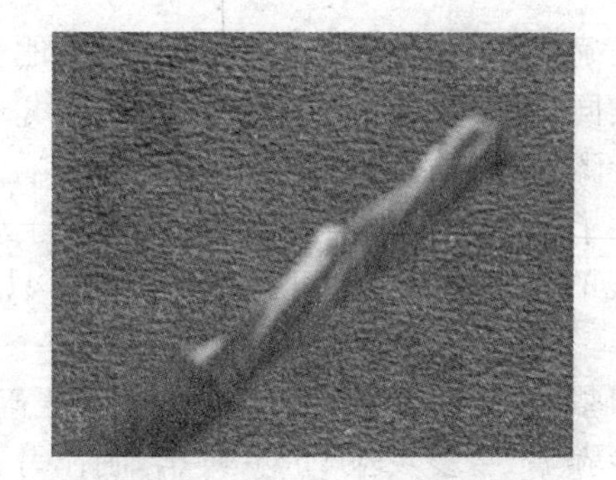

图 2–25 剥线完成后的双绞线

步骤 2：将裸露的双绞线中的橙色线对拨向上方，棕色线对拨向下方，绿色线对剥向左方，蓝色线对剥向右方，如图 2–26 所示。

步骤 3：将绿色线对与蓝色线对放在中间位置，而橙色线对与棕色线对保持不动，即放在靠外的位置，如图 2–27 所示。

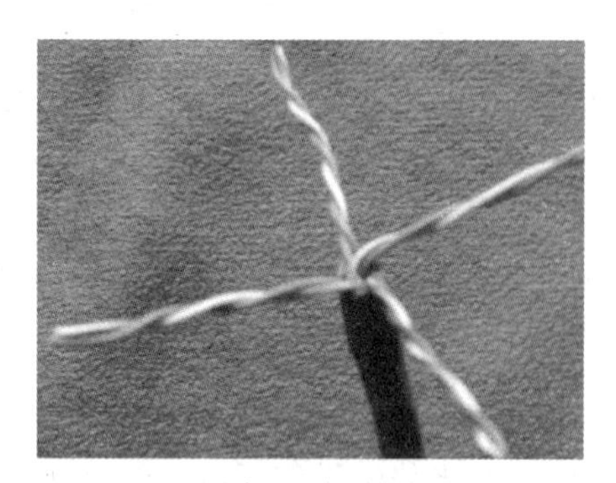

图 2–26　拨线

上：橙；左：绿；下：棕；右：蓝

图 2–27　将线对按色排列

左一：橙；左二：绿；左三：蓝；左四：棕

步骤 4：小心地剥开每一线对，遵循 EIA/TIA 568B 标准制作接头，如图 2–28 所示。

需要特别注意的是，绿线应该跨越蓝色线对。这里最容易犯错的地方就是将白绿线与绿线相邻放在一起，这样会造成串扰，使传输效率降低。正确的接法是从左起：白橙/橙/白绿/蓝/白蓝/绿/白棕/棕，常见的错误接法是将绿线放到第 4 只脚的位置（图 2–29）。

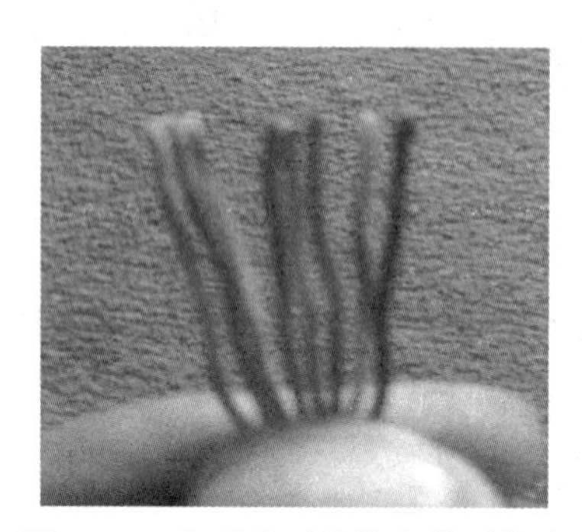

图 2–28　分开线对并按色排列线序

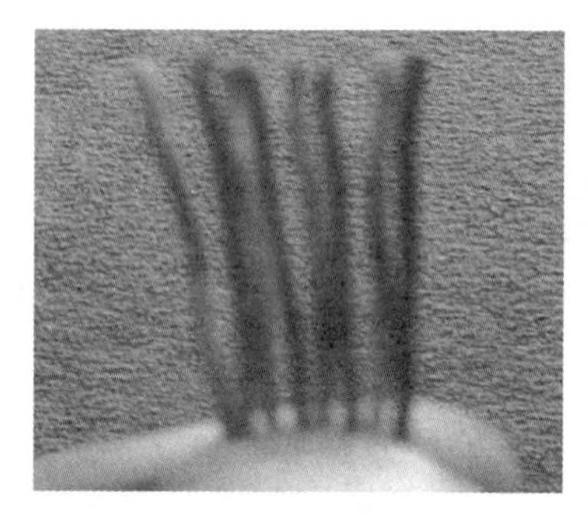

图 2–29　常见的错误接法

正确的顺序是将绿线放在第 6 只脚的位置。因为在 100 BaseT 网络中，第 3 只脚与第 6 只脚是同一对的，所以需要使用同一对线（EIA/TIA 568B 见标准）。

步骤 5：将裸露的双绞线用剪刀或斜口钳剪下只剩约 14 mm 的长度（之所以留下这个长度是为了符合 EIA/TIA 标准，可以参考有关 RJ–45 接头和双绞线制作标准的介绍），最后再将双绞线的每一根线依序插入水晶，第一只引脚内应该放白橙色的线，其余类推，如图 2–30 所示。

步骤 6：确定双绞线的每根线已经正确放置之后，用 RJ–45 压线钳压接 RJ–45 接头。

步骤 7：重复步骤 1～步骤 6，制作另一端的 RJ–45 接头。另一端 RJ–45 接头的引脚线序需要调换 1–3、2–6 两对线。

步骤 8：使用测线仪测试，如图 2–31 所示。

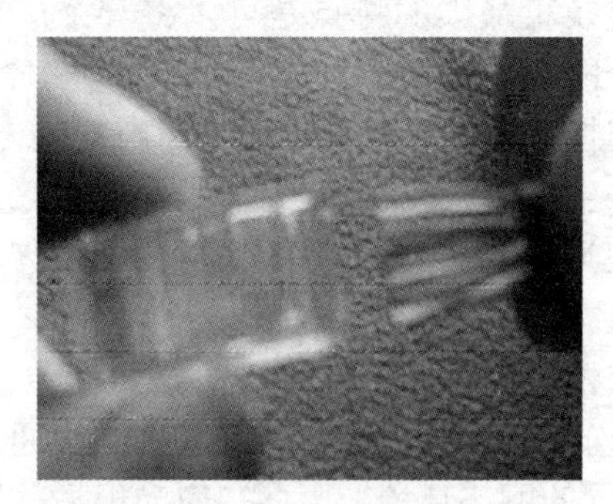

图 2–30　将线插入水晶头

图 2–31　使用测线仪测试

2.4　任务 4：认识网络设备

网络设备是决定网络性能的关键，对其进行必要的配置可以保证网络的安全、提高网络的传输效率和管理效率。

2.4.1　集线器

集线器（Hub）是计算机网络中连接多个计算机或其他设备的连接设备，是对网络进行集中管理的最小单元。集线器的基本工作原理是使用广播技术，从任一个端口收到一个信息包后，都将此信息包广播发送到其他所有端口。如图 2–32 所示，集线器有多个用户端口，所有网络站点都连接到一个中心点。集线器一般有 4、8、16、24、32 等数量的 RJ–45 接口，适用于由双绞线构建的网络，通过这些接口，集线器能为相应数量的计算机完成中继功能（将已经衰减得不完整的信号经过整理，重新产生完整的信号继续传送）。

图 2–32　集线器

2.4.2　交换机

交换机（Switch）同样处于网络的中心，多台计算机利用交换机传递数据时，可以同时进行数据的发送。如图 2–33 所示，交换机拥有 4、8、16、24、32 等数量的 RJ–45 接口，可以连接不同传输速率的网络。

图 2–33 交换机

交换机最大的特点是可以将一个局域网划分成多个网段，每个端口可以构成一个网段，每个连接到交换机上的设备都可以享用自己的专用带宽，不会产生冲突。交换机是专门为计算机之间能够相互高速通信且独享带宽而设计的一种包交换的网络设备。

交换机可按以下几种方式分类：

（1）按转发方式分类：数据包的转发方式主要分为“直通式转发”（现为“准直通式转发”）和“存储式转发”。由于不同的转发方式适用于不同的网络环境，因此，应当根据需要作出相应的选择。直通式转发只检查数据包的包头，不需要存储，具有延迟小、交换速度快的优点。存储式转发在数据处理时延时大，但它可以对进入交换机的数据包进行错误检测，并且能支持不同速度的输入/输出端口间的交换，有效地改善网络性能。

（2）按管理功能分类：交换机的管理功能是指交换机控制用户访问它的能力，以及系统管理人员通过软件对交换机的可管理程度。交换机按管理功能主要分为网管型交换机和非网管型交换机。

（3）按端口分类：主要分为固定端口交换机和模块化交换机。交换机与集线器一样，也有端口带宽之分，这里所指的带宽与集线器的端口带宽不一样，因为交换机的端口带宽是独享的，而集线器的端口带宽是共享的。交换机的端口带宽目前主要包括 10 MB、100 MB 和 1 000 MB 3 种，这 3 种带宽又有不同的组合形式，以满足不同类型网络的需要。最常见的组合形式包括 n×100 MB+m×10 MB、n×10/100 MB、n×1 000 MB+ m×100 MB 和 n×1 000 MB 4 种。

2.4.3 路由器

路由器工作在 OSI 体系结构中的网络层，这意味着它可以在多个网络上交换和路由数据包（图 2–34）。路由器通过在相对独立的网络中交换具体协议的信息来实现这个目标。比起网桥，路由器不但能过滤和分隔网络信息流、连接网络分支，还能访问数据包中更多的信息，并且提高数据包的传输效率。路由表包含网络地址、连接信息、路径信息和发送代价等。路由器比网桥慢，主要用于广域网或广域网与局域网的互连。

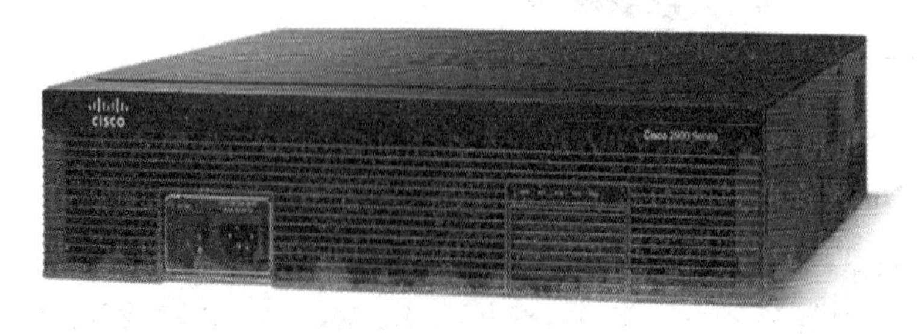

图 2–34 路由器

（1）按性能档次划分，路由器可分为高、中、低档。

（2）按功能划分，路由器可分为骨干级路由器、企业级路由器和接入级路由器。

（3）按所处网络位置划分，路由器可分为边界路由器和中间节点路由器。

2.4.4 网卡

网卡又称为网络适配器或网络接口卡。通过网卡，计算机可以相互连接、相互通信。网卡的主要功能是处理计算机发往网线的数据，按照特定的网络协议将数据分解为适当大小的数据包，然后发送到网络。每块网卡都有一个唯一的网络节点地址，它保存在网卡的 ROM 中。

目前市面上见到的低端网卡都是以太网网卡。按照传输速度，网卡可分为 10 MB/s 网卡、10/100 MB/s 自适应网卡以及 1 000 MB/s 网卡。常用的是 10/100 MB/s 网卡和 10/100 MB/s 自适应网卡两种。10 MB/s 网卡的价格一般在 50 元以下，10/100 MB/s 自适应网卡的价格一般在 100 元以下。虽然价格上相差不大，但 10/100 MB/s 自适应网卡的性能在各方面都优于 10 MB/s 网卡。1 000 MB/s 网卡主要用于高速服务器，很少用到，本书不作作介绍。

按照主板上的总线类型，网卡可分为 ISA、PCI 等类型。ISA 网卡又可分为 8 位网卡和 16 位网卡两种。PCI 网卡分为 10 MB/s PCI 网卡和 10/100 MB/s PCI 自适应网卡两种类型。

按网线的接头插口类型，网卡可分为 RJ–45 接口网卡，BNC 细缆接口网卡，AUI（收发器）接口网卡以及集成了这几种接口类型的 2 合 1、3 合 1 网卡。

RJ–45 接口是采用 10 Base–T 双绞线的网络接口，如图 2–35 所示。它的一端是计算机网卡的 RJ–45 接口，另一端是集线器上的 RJ–45 插口。BNC 接口采用 10 Base2 同轴电缆的接口，它同带有螺旋凹槽的同轴电缆上的金属接头相连，如 T 形头等。AUI 接头很少用，本书不作介绍。

USB 总线分为 USB2.0 和 USB1.1 标准。USB1.1 标准的传输速率的理论值只有 12 Mb/s，而 USB2.0 标准的传输速率高达 480 Mb/s。图 2–36 所示是 RJ–45 口的 USB 网卡。

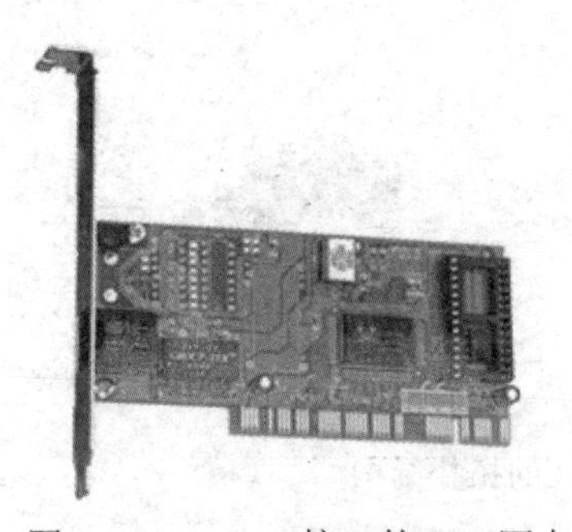

图 2–35　RJ–45 接口的 PCI 网卡

图 2–36　RJ–45 接口的 USB 网卡

2.4.5 服务器

服务器（图 2–37）是网络上储存了所有必要信息的计算机或其他网络设备，专用于提供特定的服务。例如，数据库服务器中储存了与某些数据库相关的所有数据和软件，允许其他网络设备对其进行访问，并处理对数据库的访问。文档服务器就是计算机和储存设备的组合，专供该网络上的任何用户将文档储存到服务器中。打印服务器是对一台或多台打印机进行管理的设备，网络服务器是对网络传输进行管理的计算机。

图 2–37 服务器

目前，按照体系架构来区分，服务器主要分为两类：非 x86 服务器和 x86 服务器。

按照服务器在网络中应用的层次（或服务器的档次）可分为：入门级服务器、工作组级服务器、部门级服务器和企业级服务器。

2.4.6 任务实战：办公室的两台计算机直接相连

实验目的：熟悉网络协议的原理，掌握网卡的安装与配置方法。

实验内容：对等网的组建与通信。

实验环境：

（1）拓扑结构如图 2–38 所示。

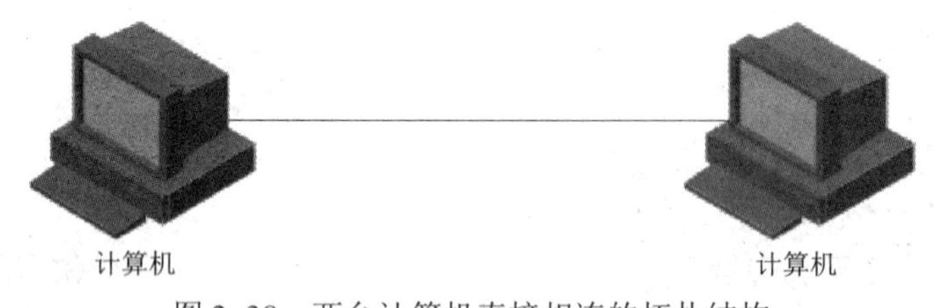

图 2–38 两台计算机直接相连的拓扑结构

（2）设备与器件：

① 剥线钳、工具刀各 1 把。

② 5 类或 6 类双绞线 10m。

③ 水晶头 2 个。

④ 网卡 2 个。

⑤ 测试台或测线仪 1 台（个）。

⑥ 计算机 2 台。

（3）相关标准：

遵守 EIA/TIA 568 国际标准。

实验步骤：

步骤 1：连接两台计算机。

使用交叉线将两台计算机连接起来。

步骤 2：检查网卡是否正常工作。

在“控制面板”窗口中，双击“系统与安全”→“系统”→“设备管理器”选项，即可在设备管理器中查看硬件状态，如图 2–39 所示。

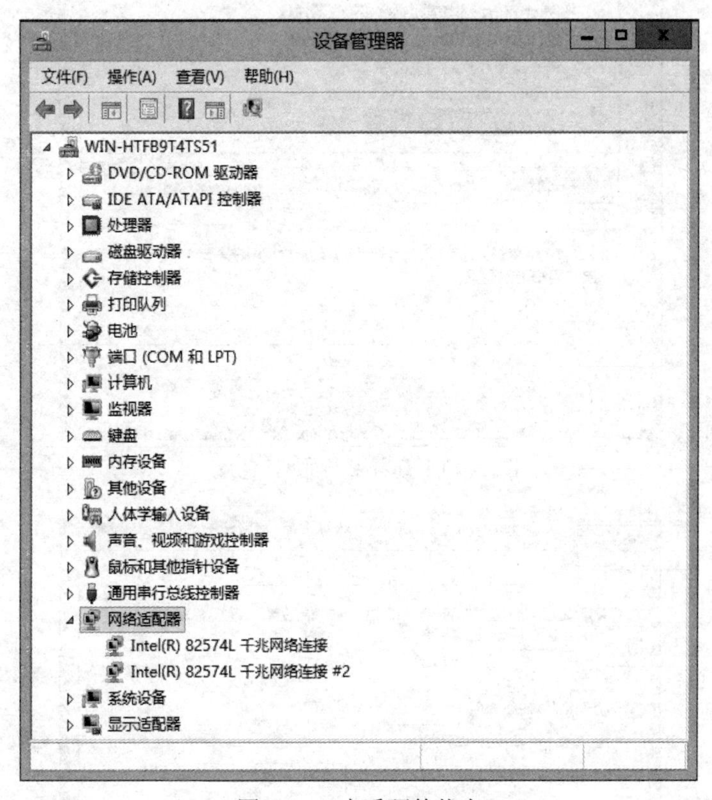

图 2–39 查看硬件状态

步骤 3：检查网络协议。

通过“网上邻居”进入“本地连接”，用鼠标右键单击“网络适配器”的属性选项，查看 TCP/IPv4 协议是否安装，如图 2–40 所示。

步骤 4.：TCP/IPv4 协议配置。

单击“属性”按钮，弹出图 2–41 所示的“Internet 协议版本 4（TCP/IPv4）属性”对话框，单击“使用下面的 IP 地址”单选框后，指定 IP 地址和子网掩码，选择合适的 IP 地址，如：192.168.0.1，以此类推：192.168.0.2。子网掩码输入“255.255.255.0”（单击操作框即可完成设置），然后单击“确定”按钮，完成设置。

LAN 属性
网络
共享
连接时使用:
Intel(R) 82574L 千兆网络连接 #2
配置(C)...
此连接使用下列项目(O):
Microsoft 网络客户端
Microsoft 网络的文件和打印机共享
QoS 数据包计划程序
Microsoft 网络适配器多路传送器协议
链路层拓扑发现映射器 I/O 驱动程序
链路层拓扑发现响应程序
Internet 协议版本 6 (TCP/IPv6)
Internet 协议版本 4 (TCP/IPv4)
安装(N)...
卸载(U)
属性(R)
描述
TCP/IP。该协议是默认的广域网络协议，它提供在不同的相互连接的网络上的通讯。
确定
取消

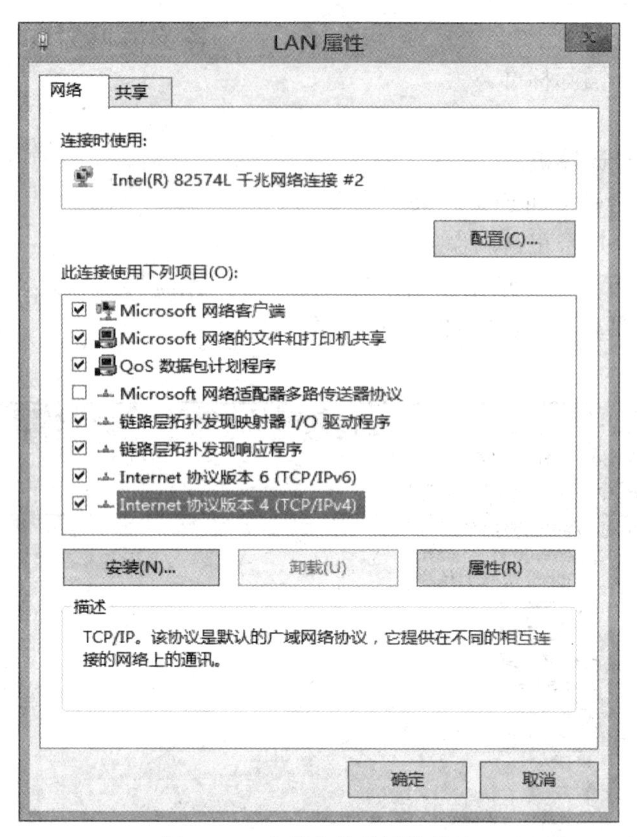

图 2–40　查看安装的网络协议

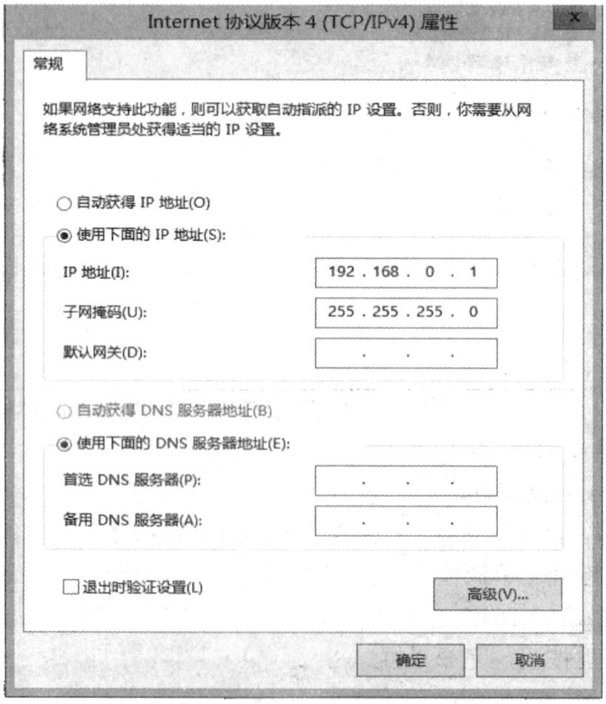

Internet 协议版本 4 (TCP/IPv4) 属性
常规
如果网络支持此功能，则可以获取自动指派的 IP 设置。否则，你需要从网络系统管理员处获得适当的 IP 设置。
自动获得 IP 地址(O)
使用下面的 IP 地址(S):
IP 地址(I):
192 . 168 . 0 . 1
子网掩码(U):
255 . 255 . 255 . 0
默认网关(D):
自动获得 DNS 服务器地址(B)
使用下面的 DNS 服务器地址(E):
首选 DNS 服务器(P):
备用 DNS 服务器(A):
退出时验证设置(L)
高级(V)...
确定
取消

图 2–41　TCP/IP 配置

步骤 5：设置共享文件夹。

用鼠标右键单击某文件夹图标，在快捷菜单中选择“高级共享”选项，在打开的文件夹属性对话框中（图 2–42）单击“高级共享”单选框，完成相关设置后，单击“确定”按钮，完成设置。文件夹只有设置了共享，另一台计算机才能实现信息与数据的读取、复制等操作。能实现的操作还跟“共享”权限的设置有关系，如共享没有提供“更改”权限，就不能实现异地删除操作。

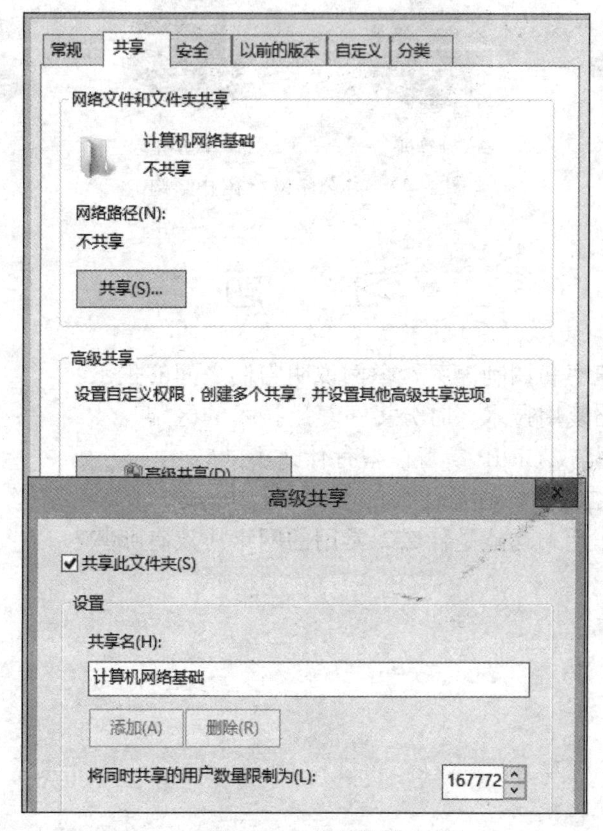

图 2–42　共享设置

2.5　项目实战：组建办公室局域网

项目背景：技术部要组建小型局域网，实现部门内部网络互通（图 2–43）。

项目要求：双绞线的制作遵守 EIA/TIA 568 国际标准，设置交换机特权密码为“jsjwangluo”。计算机 IP 地址设置为 192.168.0.1～192.168.0.4。

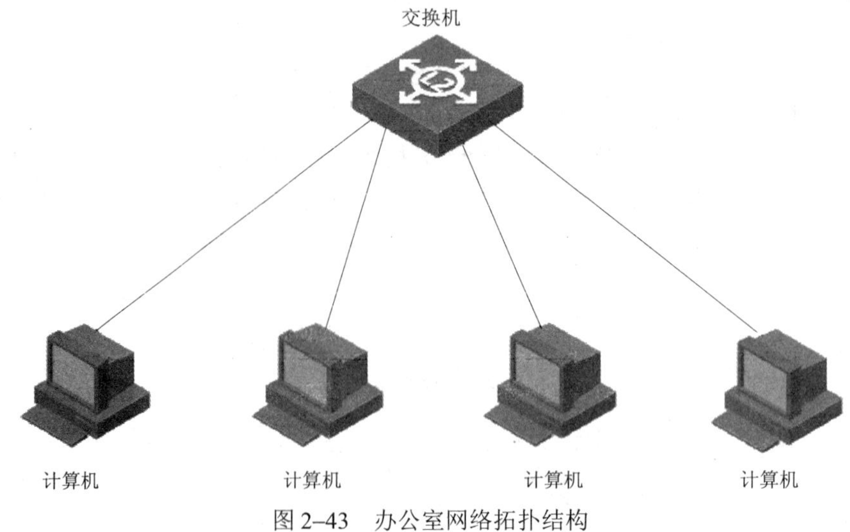

图 2–43　办公室网络拓扑结构

习　　题

（1）什么是数据速率和调制速率？举例说明它们之间的关系。
（2）阐述频分多路复用技术、时分多路复用技术的区别。
（3）OSI 参考模型与 TCP/IP 参考模型有什么不同？
（4）TCP/IP 网络结构的核心是什么？
（5）网络协议的作用和功能是什么？常用的网络协议有哪些？

项目 3　规划网络地址

项目重点与学习目标

（1）熟悉 MAC 地址的结构和作用；

（2）认识 IP 地址的类型和用途；

（3）掌握 IPV4 网络的规划和设计；

（4）了解 IPV6 地址的结构和特点。

项目情境

小王所在公司的规模发展很快，市场部计算机增加为 15 台，技术部计算机增加为 20 台，销售部计算机增加为 25 台，为了确保公司各部门的数据安全，对数据进行精确管理，小王决定统一规划公司的计算机网络参数，为以后扩展网络或增加服务提供便利。公司现在拥有一个 C 类地址 192.168.3.0，子网掩码采用默认的 255.255.255.0。请帮助小王重新规划网络参数并检测网络常见故障。

项目分析

公司现在拥有一个 C 类 IP 地址，根据公司的部门情况，为各个部门创建不同的子网，因为这样可以限制部门之间的数据交换，便于实现对部分内部计算机资源的高级管理。为了完成本项目，需要解决下面几个问题：

（1）什么是 MAC 地址？MAC 地址有什么作用？

（2）什么是 IP 地址？IP 地址是怎么分类的？

（3）为什么要划分子网？子网怎样划分？

3.1　任务 1：修改 MAC 地址

MAC 地址就如同身份证号码，具有全球唯一性。如果获取了某个设备的 MAC 地址，那么使用这个 MAC 地址的网卡也就可以确定了，进而可以确定使用这台设备的人员身份。MAC 地址的获取和确认是管理计算机网络的一项重要工作。

3.1.1　MAC 地址的结构

网络中的每台设备都有一个唯一的网络标识，即 MAC 地址或网卡地址，其由网络设备制造商在生产时写在硬件内部。IP 地址与 MAC 地址在计算机里都是以二进制表示的，IP 地址是 32 位的，而 MAC 地址是 48 位的（6 个字节），通常表示为 12 个 16 进制数，每 2 个 16 进制数之间用冒号隔开，如 08：00：20：0A：8C：6D 就是一个 MAC 地址，其中前 6 位 16 进制数 08：00：20 代表网络硬件制造商的编号，它由 IEEE（电气与电子工程师协会）分配，而后 3 位 16 进制数

0A：8C：6D 代表该制造商所制造的某个网络产品（如网卡）的系列号。只要不更改 MAC 地址，那么 MAC 地址在世界上就是唯一的。

1. 查看 MAC 地址

MAC 地址固化在网卡的 BIOS 中，可以通过 DOS 命令获得，在 Windows 2000/XP 中，执行“开始”→“运行”命令，输入“cmd”，按 Enter 键后输入“ipconfig/all”，再按 Enter 键即可看到 MAC 地址，如图 3–1 所示。

图 3–1　查看网卡参数

2. 修改 MAC 地址的作用

修改 MAC 地址有什么作用？简单地说，MAC 地址相当于网络标识，在局域网里，管理人员常常将网络端口与客户机的 MAC 地址绑定，以方便管理。如果网卡坏了，换网卡时必须向管理人员申请更改绑定的 MAC 地址，比较麻烦。这时可以直接在操作系统里更改 MAC 地址，从而跳过重新申请这一步，减少了很多麻烦。

3.1.2　任务实战：修改 MAC 地址

任务目的：熟悉 MAC 地址的结构，掌握查看、修改 MAC 地址的方法。

任务内容：修改计算机系统的 MAC 地址。

任务环境：Windows 7。

任务步骤：

步骤 1：在桌面上用鼠标右键单击“我的电脑”图标，选择“管理”选项，出现“计算机管理”窗口，如图 3–2 所示。

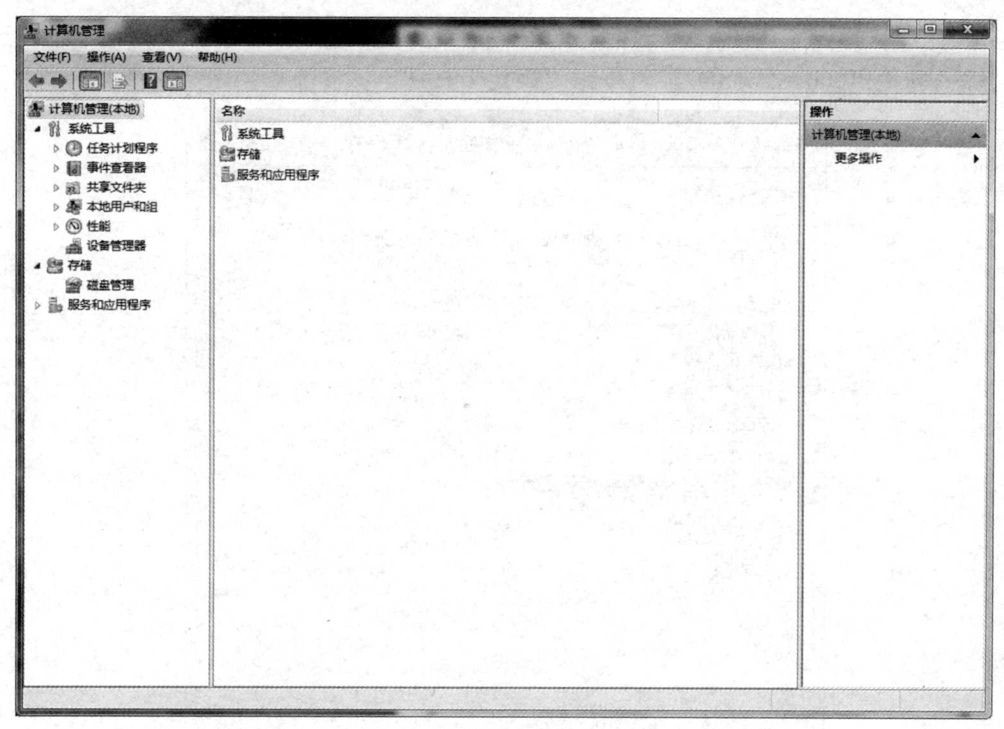

图 3–2 “计算机管理”窗口

步骤 2：在“计算机管理”窗口左边列表中选择“设备管理器”，在中间列表中选择“网络适配器”，在“网络适配器”下拉列表中选择本机网卡，如图 3–3 所示。

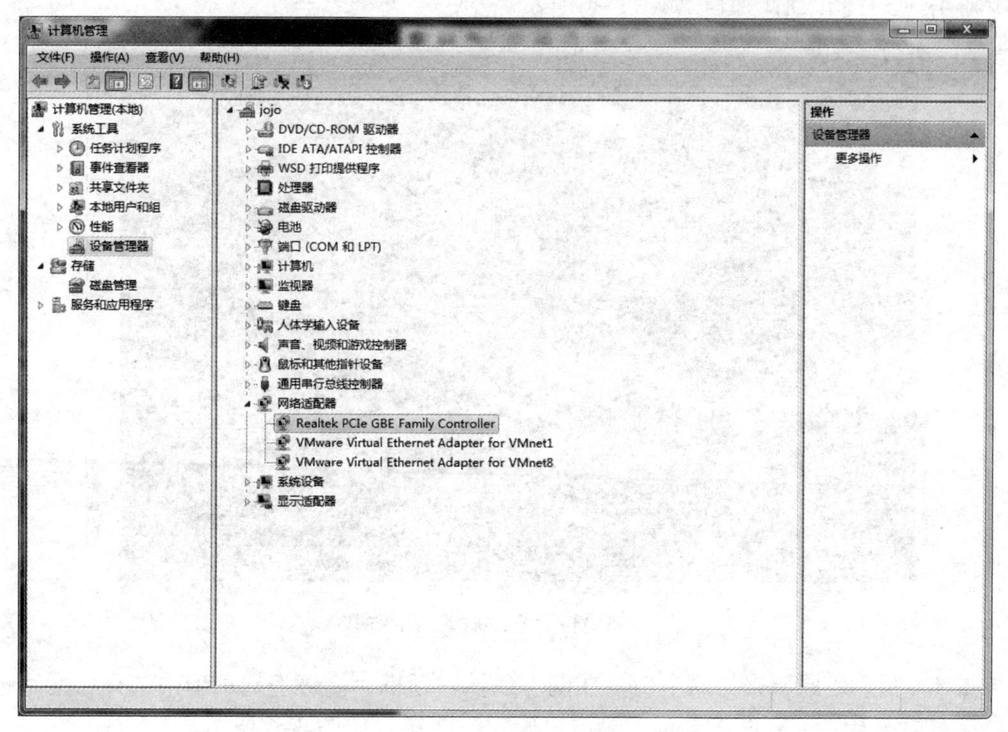

图 3–3 “计算机管理”窗口

步骤 3：双击网卡，出现网卡属性对话框，在“高级”选项卡中选择“网络地址”选项，在右边输入新值“00016C553D2F”，单击“确定”按钮，如图 3–4 所示。

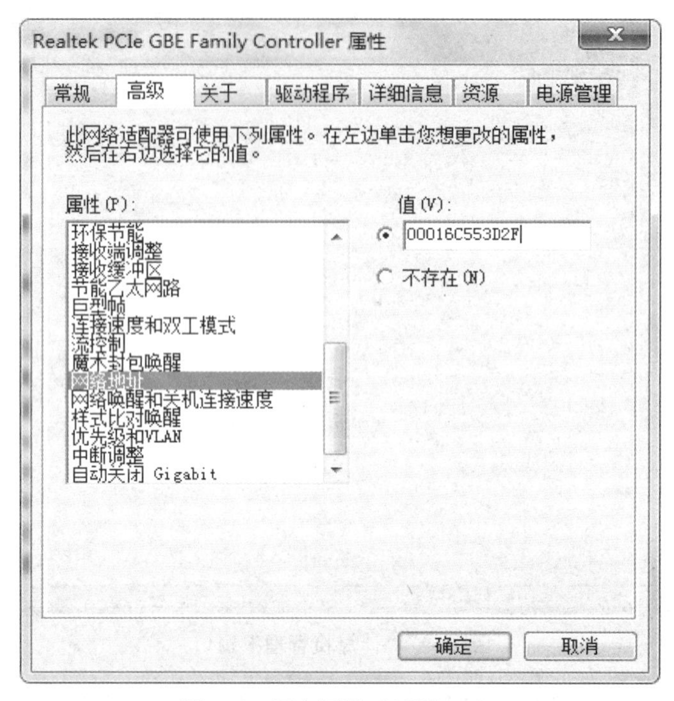

图 3–4 网卡属性对话框（1）

步骤 4：查看修改后的值，如图 3–5 所示。

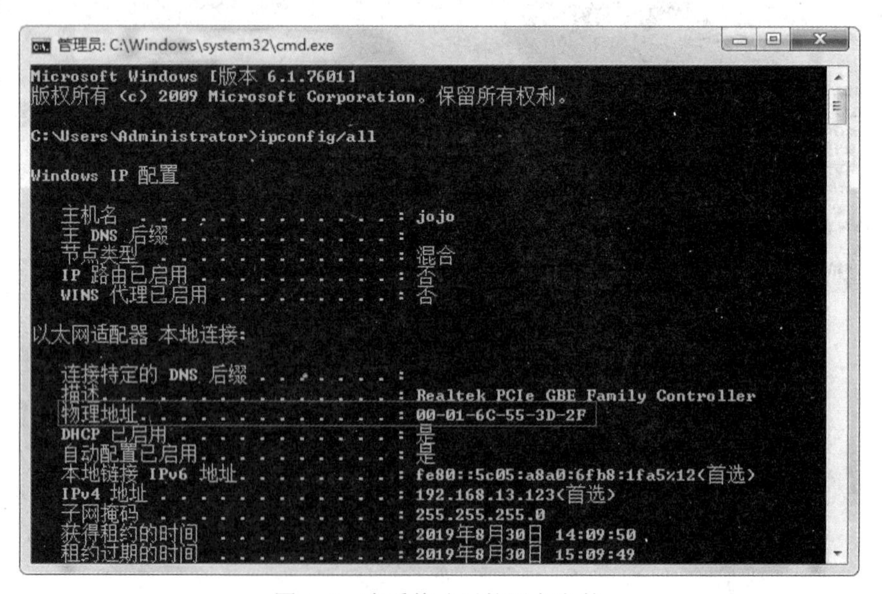

图 3–5 查看修改后的网卡参数

步骤 5：要想还原原来的网卡值，在网卡属性对话框“高级”选项卡中选择“网络地址”选项，在右边选择“不存在”选项，单击“确定”按钮，如图 3–6 所示。

案例 3.1：固定 IP 地址配置。

步骤 1：在桌面上用鼠标右键单击“网上邻居”图标，选择“属性”选项，出现“本地连接”图标，用鼠标右键单击该图标，选择“属性”选项，弹出图 3–7 所示对话框。

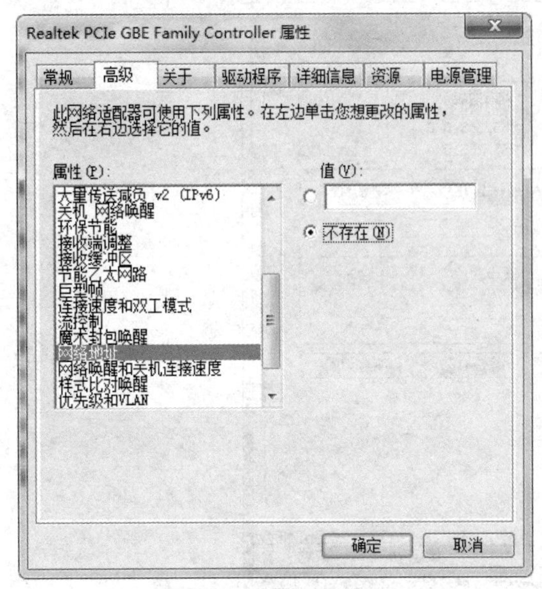

图 3–6　网卡属性对话框（2）

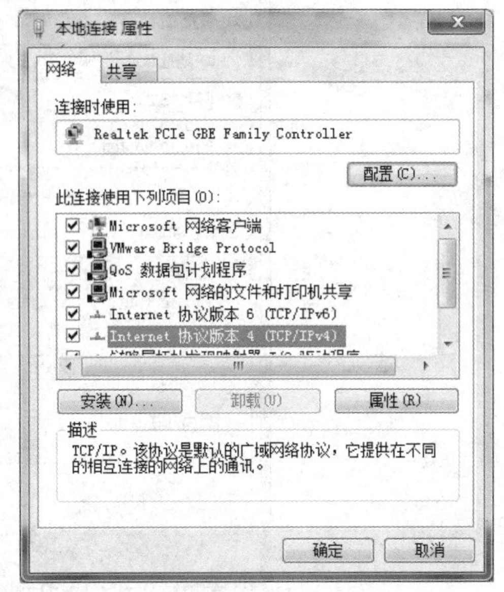

图 3–7　“本地连接　属性”对话框

步骤 2：在“本地连接　属性”对话框中选择“Internet 协议版本 4（TCP/IPV4）”选项，输入 IP 地址“10.10.20.63”等参数后，单击“确定”按钮，如图 3–8 所示。

步骤 3：如果要给一台计算机设置多个 IP 地址，在“Internet 协议版本 4（ICP/IPv4）属性”对话框中单击“高级”按钮，在“高级 TCP/IP 设置”对话框中单击“添加”按钮，输入新的 IP 地址，如图 3–9 所示。

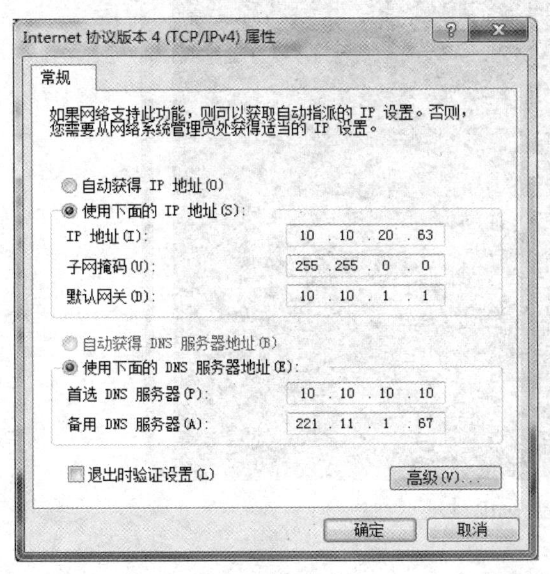

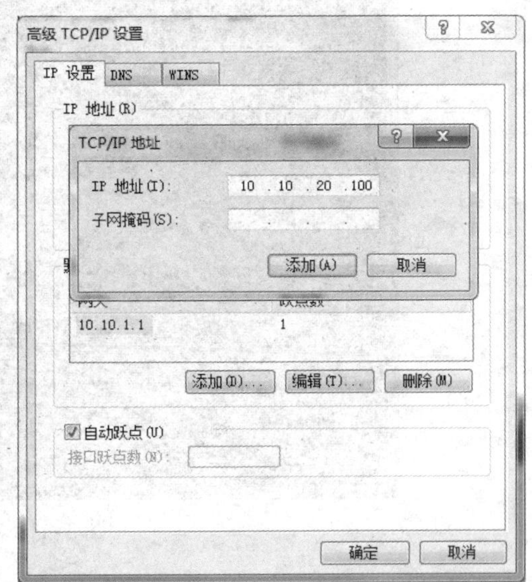

图 3–8　“Internet 协议版本 4（TCP/IPv4）属性”对话框　　　　图 3–9　输入新的 IP 地址

这时在“高级 TCP/IP 设置”对话框中可以看到两个 IP 地址，如图 3–10 所示。

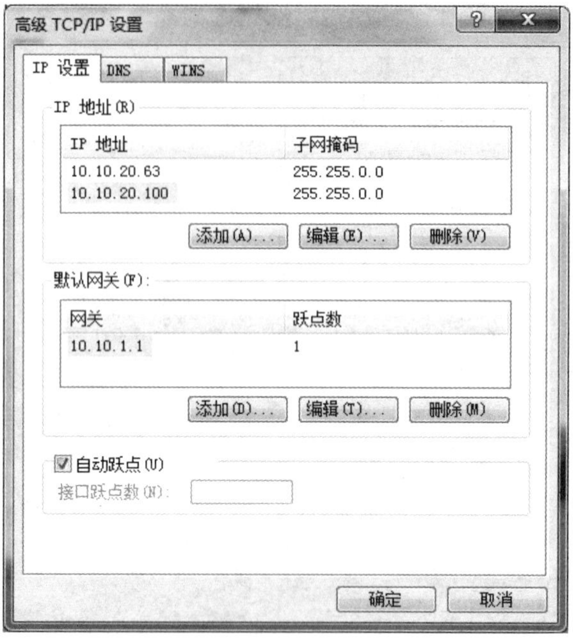

图 3–10　查看 IP 信息

也可以执行“开始”→“运行”命令，输入“cmd”后按 Enter 键，输入“ipconfig”后再次按 Enter 键，查看 IP 地址，如图 3–11 所示。

图 3–11　查看 IP 地址

3.2　任务 2：规划 IPv4 地址

人们为了通信方便，给每台计算机都事先分配一个类似日常生活中的电话号码一样的标识地址，该标识地址就是 IP 地址。在 Internet 上，每台计算机或网络设备的 IP 地址是全世界唯一的。

既然每个以太网设备在出厂时都有一个唯一的 MAC 地址，为什么还要为每台主机再分配一个 IP 地址呢？其主要原因有以下几点：

（1）IP 地址的分配是根据网络的拓扑结构，而不是根据网络设备的制造者。若将高效的路由选择方案建立在设备制造商的基础上而不是网络的拓扑结构的基础上，这种方案是不可行的。

（2）当存在一个附加层的地址寻址时，设备更易于移动和维修。例如，如果一个以太网卡坏了，它可以被更换，而无须取得一个新的 IP 地址。如果一个 IP 主机从一个网络移到另一个网络，可以给它一个新的 IP 地址，而无须换一个新的网卡。

（3）无论是局域网还是广域网中的计算机之间的通信，最终都表现为将数据包从某种形式的链路上的初始节点出发，从一个节点传递到另一个节点，最终传送到目的节点。

综上所述，可以归纳出 IP 地址和 MAC 地址的相同点是它们都是唯一的，其不同点如下：

（1）对于网络上的某一设备，如一台计算机或一台路由器，其 IP 地址可变（但必须唯一），而 MAC 地址不可变。可以根据需要给一台主机指定任意的 IP 地址，如果可以给局域网上的某台计算机分配 IP 地址 192.168.0.112，也可以将它改成 192.168.0.200。任一网络设备（如网卡、路由器）一旦生产出来以后，其 MAC 地址永远唯一，且一般不能由用户改变。

（2）长度不同。IP 地址为 32 位，MAC 地址为 48 位。

（3）分配依据不同。IP 地址的分配基于网络的拓扑结构，MAC 地址的分配基于制造商。

（4）寻址协议层不同。IP 地址应用于 OSI 第三层，即网络层，而 MAC 地址应用于 OSI 第二层，即数据链路层。数据链路层协议可以使数据从一个节点传递到相同链路的另一个节点（通过 MAC 地址），而网络层协议可以使数据从一个网络传递到另一个网络（ARP 根据目的 IP 地址，找到中间节点的 MAC 地址，通过中间节点传送，最终到达目的网络）。

3.2.1　IPv4 结构

根据 TCP/IP 协议的规定，IP 地址由 32 位二进制数组成，而且在 Internet 范围内是唯一的。例如，某台在 Internet 上的计算机的 IP 地址如图 3–12 所示。

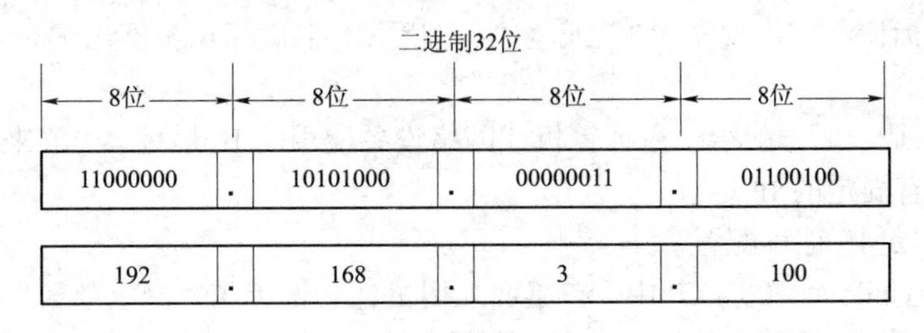

图 3–12　IP 地址示意

很明显，这些数字不太好记忆。为了方便记忆，就将组成计算机的 IP 地址的 32 位二进制分成 4 段，每段 8 位，中间用小数点隔开，然后将每 8 位二进制转换成十进制数，这就是点分十进制法。IP 地址一般由网络地址和主机地址两部分组成。

一个 IP 地址在一个网络中是唯一的，一台计算机可以有 2 个或多个 IP 地址，但是不允许一个 IP 地址由两台计算机共用。

按照网络规模的大小，把 IP 地址分为 5 类，如图 3–13 和表 3–1 所示。

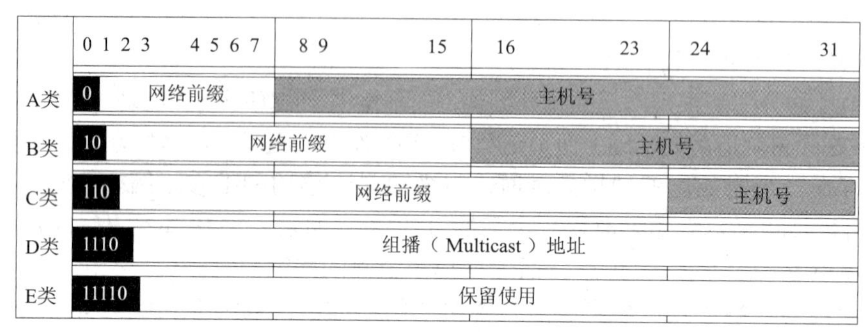

图 3–13　IP 地址的分类

A 类地址：主要用于拥有大量主机的网络编址。

B 类地址：主要用于中等规模的网络编址。

C 类地址：主要用于小型局域网编址。

D 类地址：提供网络组播服务或作为网络测试之用。

E 类地址：它是一个实验地址，保留给未来扩充使用。

表 3–1　IP 地址的分类

地址类型	高 8 位数	高位 8 数的范围	网络地址范围	主机地址范围
A 类	0×××××××	1～126	126	16 777 214
B 类	10××××××	128～191	16 384	64 534
C 类	110×××××	192～223	2 097 152	254
D 类	1110××××	224～239	—	—
E 类	11110×××	240～255	—	—

注意：网络标识不能出现全“0”或全“1”状态；主机标识不能出现全“0”或全“1”状态。

固定 IP 地址是长期分配给一台计算机或网络设备使用的 IP 地址。一般来说，采用专线上网的计算机才拥有固定的 IP 地址。

案例 3.2：固定 IP 地址配置。

步骤 1：在 Windows 2000/XP 中，在桌面上用鼠标右键单击“网上邻居”图标，选择“属性”选项，出现“本地连接”图标，用鼠标右键单击该图标，选择“属性”选项，如图 3–14 所示。

步骤 2：在“本地连接　属性”对话框中选择“Internet 协议（TCP/IP）”选项，单击“属性”按钮，输入 IP 地址“10.10.20.63”等参数后，单击“确定”按钮，如图 3–15 所示。

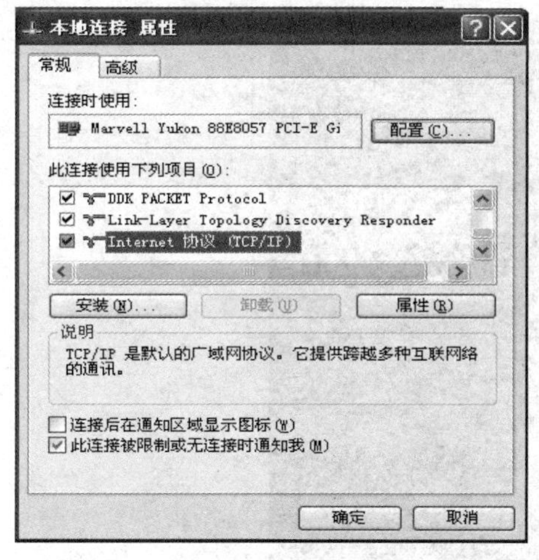

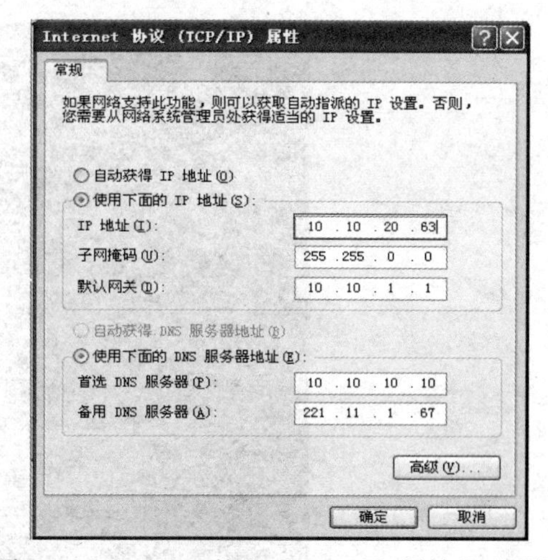

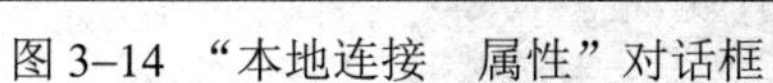
图 3–14　“本地连接　属性”对话框　　图 3–15　“Internet 协议（TCP/IP）属性”对话框

步骤 3：如果要给一台计算机设置多个 IP 地址，可在“Internet 协议（TCP/IP）属性”对话框中单击“高级”按钮，在“高级 TCP/IP 设置”对话框中单击“添加”按钮，输入新的 IP 地址，如图 3–16 所示。

这时在“高级 TCP/IP 设置”对话框中可以看到两个 IP 地址，如图 3–17 所示。

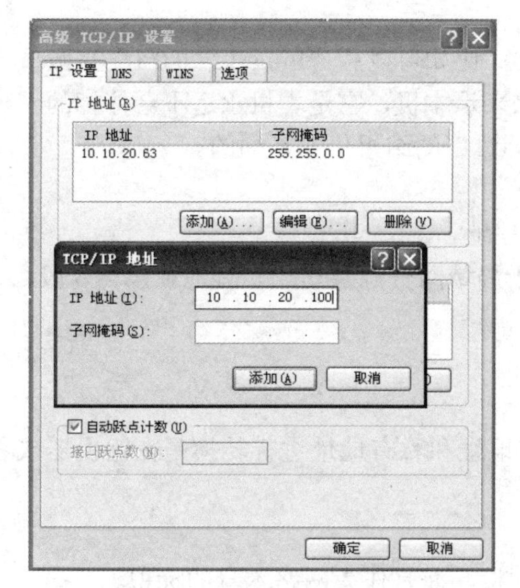

图 3–16　输入新的 IP 地址

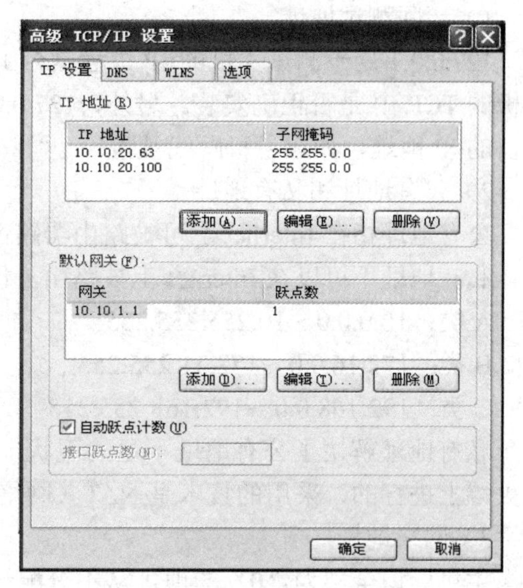

图 3–17　查看 IP 信息

也可以执行“开始”→“运行”命令，输入“cmd”后按 Enter 键，输入“ipconfig”后再按 Enter 键，查看 IP 地址，如图 3–18 所示。

动态 IP 地址一般用在通过 Modem、ISDN、ADSL、有线宽频、小区宽频等方式上网的计算机上，每次上网所分配到的 IP 地址都不相同。因为 IP 地址资源很宝贵，大部分用户都是通过动态 IP 地址上网的。有关动态 IP 地址配置见项目 5。

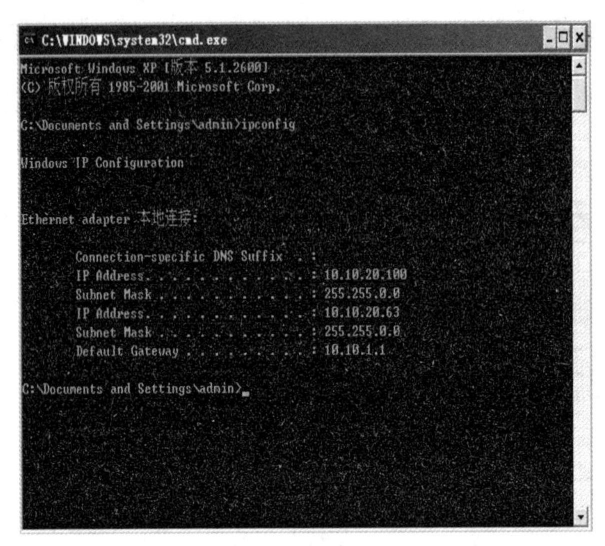

图 3–18　查看 IP 地址

3.2.2　子网规划

1. 特殊地址

1）环回测试地址

127.0.0.1 用于测试主机的 IP 进程是否工作正常。比如可以用“Ping 127.0.0.1”来测试计算机的 TCP/IP 是否正确安装。另外，127.0.0.1 用来表示本机，它是本机永远不会停掉的一个接口的 IP 地址，如果主机网线被拔掉，“Ping 127.0.0.1”的结果仍然是通的。

2）公有地址和私有地址

公有地址指在 Internet 上可被路由器路由的 IP 地址。

私有地址不可以在 Internet 上被路由，仅能用于局域网资源共享。私有地址包含 3 段：

A 类：10.0.0.0～10.255.255.255

B 类：172.16.0.0～172.31.255.255

C 类：192.168.0.0～192.168.255.255

私有地址解决了公有地址不足的现状，对公有地址和私有地址进行转换是在路由器或者防火墙上进行的，采用的技术是 NAT（网络地址转换）。

3）网络地址

主机标识全部为“0”的地址从不分配给单个主机，而是作为网络本身的标识。

例如：212.111.44.136 是一个 C 类地址，主机位为最后 8 位，这个 IP 地址所在网络的网络地址为 212.111.44.0。

4）直接广播地址

主机标识位为“1”的地址从不分配给单个主机，而是作为同网络的广播地址。

例如：主机 212.111.44.136 所在网络的广播地址为 212.111.44.255。

在每个分类网络中，网络地址和直接广播地址是不能分配给主机使用的，也就是说每个 C 类网络实际上可以分配给主机使用的 IP 地址一共有 $2^8-2=254$（个）。

5）有限广播地址（255.255.255.255）

32 位全部为“1”的 IP 地址是直接广播地址，即局域网广播地址。

6）默认路由地址

32 位全部为“0”的 IP 地址是默认路由地址，主要用于路由器配置默认路由的使用。

2. 子网设计应注意的问题

子网掩码是一个应用于 TCP/IP 网络的 32 位二进制值，它可以屏蔽 IP 地址中的一部分，从而分离出 IP 地址中的网络部分与主机部分，基于子网掩码，管理员可以将网络进一步划分为若干子网。

在规划 IP 地址时，一般遵守以下原则：

（1）唯一性：一个 IP 网络中不能有两个主机采用相同的 IP 地址。

（2）简单性：地址分配应简单、易于管理，降低网络扩展的复杂性，简化路由表的表项。

（3）连续性：连续地址在层次结构网络中易于进行路由总结（Route Summarization），大大缩减路由表，提高路由算法的效率。

（4）可扩展性：地址分配在每一层次上都要留有余量，在网络规模扩展时能保证地址总结所需的连续性。

（5）灵活性：地址分配应具有灵活性，可借助可变长子网掩码（VLSM）技术满足多种路由策略的优化，充分利用地址空间。

局域网内部采用私有 IP 地址，最好是普通客户机采用动态分配，而服务器等特殊主机采用静态分配，以两者相结合的方式对 IP 地址进行管理；对外公共服务区域采用公用 IP 地址，采用静态地址分配，如图 3–19 所示。

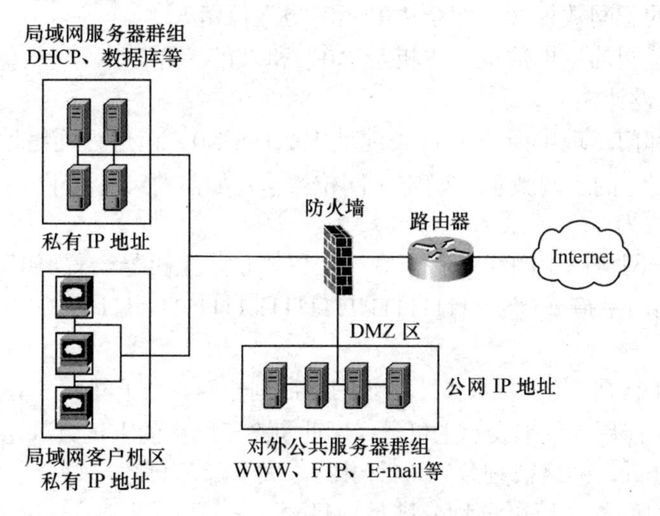

图 3–19　IP 地址规划

3. 子网划分

1）子网划分前

IP 地址采用两级结构，见表 3–2。

表 3–2 IP 地址两级结构

网络号	主机号

子网掩码采用默认的结构，即网络号全为“1”、主机号全为“0”的地址，见表 3–3。

表 3–3 子网掩码默认结构

11111111 11111111 11111111	00000000

2）子网划分后（假设子网号为 3 位，主机号为 5 位）

IP 地址采用三级结构，把原来的主机号划分为子网号和主机号两部分，见表 3–4。

表 3–4 IP 地址三级结构

网络号	子网号	主机号

子网掩码采用网络号和子网号全为“1”、主机号全为“0”的地址，见表 3–5。

表 3–5 划分子网后的掩码结构

11111111 11111111 11111111	111	00000

在动手划分之前，一定要考虑网络目前的需求和将来的需求计划。划分子网主要从以下两方面考虑：

（1）确定划分的子网数量（子网全“0”和“1”保留）；

（2）确定每个子网的主机数量（主机全“0”和“1”保留）。

案例 3.2：网络地址设计

某企业有 4 个部门，现申请一个 C 类地址 192.168.1.0，请进行网络地址设计。

步骤 1：确定划分的子网数量，确定子网位数 n。如需要 4 个子网，$2^n-2\geqslant 4$，取最小的 n 值，所以 n 的值为 3。

步骤 2：将新子网掩码中网络号和子网号全置“1”，主机号全置“0”。若 n=3 且为 C 类地址，则得到子网掩码为 11111111.11111111.11111111.11100000，化为十进制为 255.255.255.224。

步骤 3：确定每个子网的主机数量。由于网络被划分为 6 个子网，占用了主机号的前 3 位，若是 C 类地址，则只能用 5 位来表示主机号，因此每个子网内的主机数量为 $2^5-2=30$。

步骤 4：总结分析。网络被划分为 6 个子网，大于部门总数，每个子网的 30 台计算机大于每个部门的计算机数量，所以该划分满足项目要求。

步骤 5：制定公司 IP 地址分配计划，见表 3–6。

表 3–6　公司 IP 地址分配计划

部门	子网号	子网地址	主机号范围	网络地址块	可分配地址
部门 1	001	192.168.1.32	00000～11111	192.168.1.32～63	192.168.1.33～62
部门 2	010	192.168.1.64	00000～11111	192.168.1.64～95	192.168.1.65～94
部门 3	011	192.168.1.96	00000～11111	192.168.1.96～127	192.168.1.97～126
部门 4	100	192.168.1.128	00000～11111	192.168.1.128～159	192.168.1.129～158

通过合理的子网划分，从物理上对企业局域网进行划分，提高网络的安全性，这是不少网络工程师首选的企业网络安全方案。在子网掩码的帮助下，可以把企业网络划分成几个相对独立的网络，然后把企业的机要部门放在一个独立的子网中，以限制其他部门人员对这个部门网络的访问。另外，还可以利用子网对一些应用服务器进行隔离，防止客户端网络因为中毒而对服务器产生不利的影响。

3.2.3　任务实战：子网掩码配置训练

任务目的：

（1）理解子网掩码的格式和作用；

（2）熟悉 IP 地址的结构和类型；

（3）熟悉 arp 命令的原理和使用方法。

任务内容：通过 arp 命令和 Ping 命令检测网络的连通情况。

任务环境：计算机两台、Windows xp/7 操作系统。

任务步骤：

步骤 1：设置两台计算机的 IP 地址与子网掩码。

A 计算机：10.2.2.2，255.255.254.0；B 计算机：10.2.3.3，255.255.254.0。两台计算机均不设置缺省网关。

步骤 2：用“arp –d”命令清除两台计算机上的 ARP 表，然后在 A 计算机与 B 计算机上分别用 Ping 命令与对方通信，观察并记录结果，并分析原因。

步骤 3：在两台计算机上分别执行“arp –a”命令，观察并记录结果，并分析原因。

提示：由于计算机将各自通信目标的 IP 地址与自己的子网掩码相“与”后，发现目标计算机与自己均位于同一网段（10.2.2.0），因此通过 ARP 协议获得对方的 MAC 地址，从而实现在同一网段内网络设备间的双向通信。

步骤 4：将 A 的子网掩码改为 255.255.255.0，其他设置保持不变。

步骤 5：在两台计算机上分别执行“arp –d”命令清除两台计算机上的 ARP 表，然后在 A 计算机上 Ping B 计算机，观察并记录结果。

步骤 6：在两台计算机上分别执行“arp –a”命令，观察并记录结果，分析原因。

提示：A 计算机将目标设备的 IP 地址（10.2.3.3）和自己的子网掩码（255.255.255.0）相“与”得到 10.2.3.0，和自己不在同一网段（A 计算机所在网段为：10.2.2.0），则 A 计算机必须将该 IP 分组首先发向缺省网关。

步骤 7：在 B 计算机上 Ping A 计算机，观察并记录结果，分析原因。

步骤 8：在 B 计算机上执行“arp –a”命令，观察并记录结果，分析原因。

提示：B 计算机将目标设备的 IP 地址（10.2.2.2）和自己的子网掩码（255.255.254.0）相“与”，发现目标设备与自己均位于同一网段（10.2.2.0），因此，B 计算机通过 ARP 协议获得 A 计算机的 MAC 地址，并可以正确地向 A 计算机发送 Echo Request 报文。但由于 A 计算机不能向 B 计算机正确地发回 Echo Reply 报文，故 B 计算机上显示 Ping 命令的结果为“请求超时”。

在该任务操作中，通过观察 A 与 B 的 ARP 表的变化，可以验证：在一次 arp 的请求与响应过程中，通信双方可以获知对方的 MAC 地址与 IP 地址的对应关系，并保存在各自的 ARP 表中。

3.3　任务 3：认识 IPv6 地址

IPv4 是目前 Internet 所使用的网络层协议。自 20 世纪 80 年代初以来，IPv4 一直在 Internet 上良好、稳定地运行着。IPv4 是为几百台计算机组成的小型网络所设计的，随着 Internet 及其所提供的服务突飞猛进的发展，IPv4 已经暴露出一些不足之处。IPv6 也称 IPng，是 Internet 工程任务组（IETF）设计的一套 Internet 协议规范，是 IPv4 的升级版本。

3.3.1　IPv6 结构

近年来 Internet 飞速发展，导致 IPv4 地址空间几近耗竭。IP 地址变得越来越珍稀，许多企业不得不使用 NAT 将多个内部地址映射成一个公共 IP 地址。地址转换技术虽然在一定程度上缓解了公共 IP 地址匮乏的压力，但它不支持某些网络层安全协议，难免在地址映射中出现种种错误，这又造成了一些新的问题。而且，靠 NAT 并不可能从根本上解决 IP 地址匮乏问题，随着连网设备的急剧增加，IPv4 公共地址总有一天会完全耗尽。

为了解决上述问题，IETF 开发了 IPv6。这一新版本也曾被称为“下一代 IP”，它综合了多个对 IPv4 进行升级的提案。在设计上，IPv6 力图避免增加太多新特性，从而尽可能地减少对现有的高层和低层协议的冲击。

IPv6 协议最大的特点是几乎无限的地址空间。IPv4 中规定 IP 地址长度为 32，即有 $2^{32}-1$ 个地址；而 IPv6 中 IP 地址的长度为 128，即有 $2^{128}-1$ 个地址。这个地址量是非常巨大的。IPv6 继承了 IPv4 的优点，摒弃了 IPv4 的缺点。IPv6 和 IPv4 是不兼容的，但 IPv6 同其他所有的 TCP/IP 协议族中的协议兼容，即 IPv6 完全可以取代 IPv4。

IPv6 的地址长度是 128 位。将这 128 位的地址按每 16 位划分为一个段，将每个段转换成十六进制数字，并用冒号隔开，称为冒号十六进制法。这就形成了 IPv6 地址，例如 2000：0000：0000：0000：0001：2345：6789：ABC0。

为了尽量缩短地址的书写长度，IPv6 地址可以采用压缩方式来表示。在压缩时，有以下几个规则。

1）前导零压缩法

将每一段的前导零省略，但是每一段都至少应该有一个数字。例如，2000：0000：0000：0000：0001：2345：6789：ABC0 可以压缩为 2000：0：0：0：1：2345：6789：ABC0。有效的“0”不能被压缩，所以上述地址不能压缩为 2000：0：0：0：1：2345：6789：ABC。

2）双冒号法

如果在一个以冒号十六进制数表示法表示的 IPv6 地址中，几个连续的段值都是“0”，那么这些“0”可以简记为“：：”。每个地址中只能有一个“：：”。例如，2000：0000：0000：0001：0000：2345：6789：ABCD 可以压缩为 2000：：1：0：2345：6789：ABCD。不允许多个“：：”存在于一个地址中，所以上述地址不能被压缩为 2000：：1：：2345：6789：ABCD。

IPv6 取消了 IPv4 的网络号、主机号和子网掩码，代之以前缀、接口标识符、前缀长度；IPv6 不再有 IPv4 地址中 A 类、B 类、C 类等地址分类的概念。

（1）前缀：前缀的作用与 IPv4 地址中的网络部分类似，用于标识这个地址属于哪个网络。

（2）接口标识符：与 IPv4 地址中的主机部分类似，用于标识这个网络中的具体位置。

（3）前缀长度：类似于 IPv4 地址中的子网掩码，用于确定地址中哪一部分是前缀，哪一部分是接口标识符。例如，地址 2000：0000：0000：0000：0001：2345：6789：ABCD/64 中，/“64”表示此地址的前缀长度是 64，所以此地址的前缀就是 2000：0000：0000：0000，接口标识符就是 0001：2345：6789：ABCD。

3.3.2　IPv6 地址类型

IPv6 地址按照传输类型分为单播地址、组播地址和任播地址。IPv6 地址中没有广播地址，IPv4 协议中某些需要用到广播地址的服务或者功能，IPv6 协议中都用组播地址来实现。

（1）单播地址：用来标识唯一一个接口，类似于 IPv4 的单播地址。单播地址只能分配给一个节点上的一个接口，发送到单播地址的数据报文将被传送给此地址所标识的接口。IPv6 单播地址根据其作用范围的不同，又可分为链路本地地址、站点本地地址和全球单播地址等；还包括一些特殊地址，如未指定地址和环回地址。

（2）组播地址：用来标识一组接口，类似于 IPv4 的组播地址。多个接口可配置相同的组播地址，发送到组播地址的数据报文被传送给此地址所标识的所有接口。

（3）任播地址：用来标识一组接口。与组播地址不同的是，发送到组播地址的数据报文被传送给此地址所标识的一组接口中距离源节点最近的一个接口。任播地址是从单播地址中分配来的，并使用单播地址的格式。

IPv6 常用地址类型及格式见表 3–7。

表 3–7　IPv6 常用地址类型及格式

地址类型		IPv6 前缀标识
单播地址	未指定地址	：：/128
	环回地址	：：1/128
	链路本地地址	FE80：：/10
	站点本地地址	FEC0：：/10
	全球单播地址	2000：：/3
组播地址		FF00：：/8
任播地址		从单播地址空间中进行分配，使用单播地址的格式

3.3.3 特殊IPv6地址

（1）未指定地址：这是一个“全0”地址，当没有有效地址时，可采用该地址。例如当一个主机从网络第一次启动时，它尚未得到一个IPv6地址，就可以用这个地址，即当发出配置信息请求时，在IPv6包的源地址中填入该地址。该地址可表示为0：0：0：0：0：0：0：0，如前所述，也可写成“：：”。

（2）环回地址：在IPv4中，回返地址定义为127.0 .0 .1。任何发送回返地址的包必须通过协议栈到网络接口，但不发送到网络链路上。网络接口本身必须接受这些包，就好像是从外面的节点收到的一样，并传回给协议栈。回返功能用来测试软件和配置。IPv6回返地址除了最低位外全为“0”，即回返地址可表示为0：0：0：0：0：0：0：1或：：1。

（3）链路本地地址：用于链路本地节点之间的通信。使用链路本地地址作为目的地址的数据报文不会被转发到其他链路上。其前缀标识为FE80：：/10。

（4）站点本地地址：与IPv4中的私有地址类似。使用站点本地地址作为目的地址的数据报文不会被转发到本站点外的其他站点。其前缀标识为FEC0：：/10。

（5）全球单播地址：与IPv4中的共有地址类似。全球单播地址由IANA负责统一分配。全球单播地址的前缀标识为2000：：/3。

（6）组播地址：组播地址的前缀标识为FF00：：/8。常用的预留组播地址有FF02：：1、FF02：：2等。还有一类组播地址：被请求节点地址。该地址用于获取同一链路上邻居节点的链路层地址及实现重复地址监测。

3.3.4 任务实战：IPv6地址配置

任务目的：熟悉IPv6地址格式，掌握路由器IPv6的配置方法。

任务内容：配置计算机、路由器端口IPv6地址，测试计算机之间的连通性。

任务环境：模拟软件Cisco Packet Tracer6.0。

IP地址规划见表3–8。

表3–8 IP地址规划

设备名称	端口号	IPv6地址	网关
路由器	FastEthernet 0/1	2001：：2	—
	FastEthernet 0/0	2002：：2	—
	FastEthernet 1/0	2003：：2	—
PC1	FastEthernet	2001：：1/64	2001：：2
PC2	FastEthernet	2002：：1/64	2002：：2
PC3	FastEthernet	2003：：1/64	2003：：2

任务步骤：

步骤1：单击设备管理器中的“路由器”，选择“2811”将该设备添加到工作区域。

步骤2：单击设备管理器中的“终端设备”，选择“Generic”将设备（3台计算机）添加到工作区域。

步骤 3：单击设备管理器中的“线缆”，选择“交叉线”，指向 PC1（PC2、PC3 操作相同），单击选择 FastEthernet 端口，路由器选择 FastEthernet0/1，如图 3–20 所示。

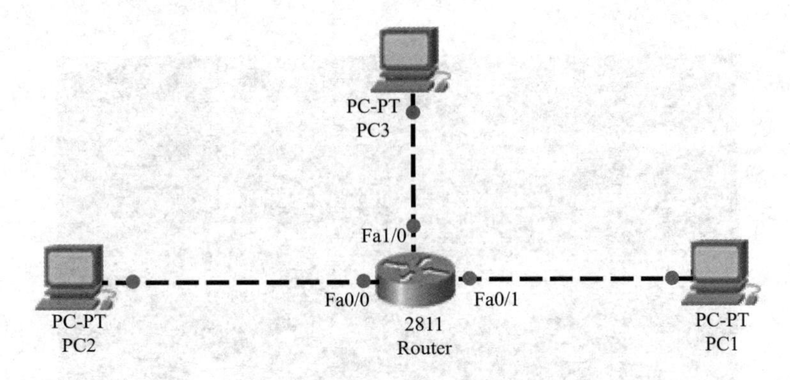

图 3–20　IPv6 拓扑结构

步骤 4：打开“PC1”对话框中的“配置”选项卡，单击“FastEthernet”按钮，为 PC1 设置 IPv6 地址及网关，如图 3–21 所示。PC2、PC3 操作相同。

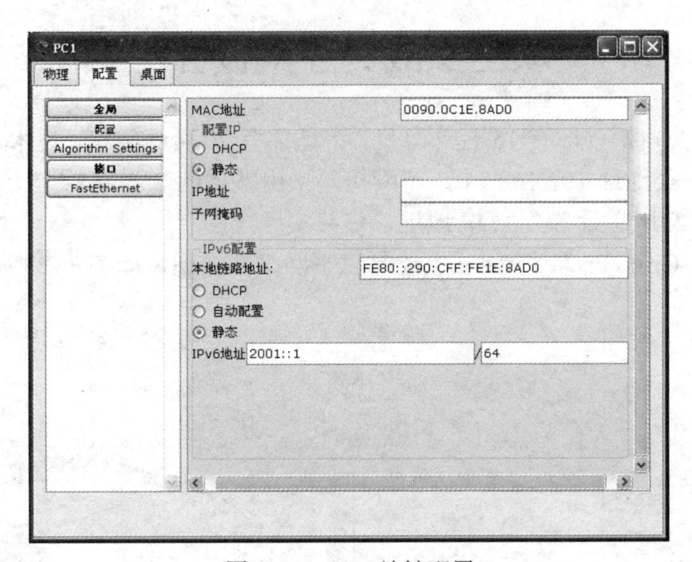

图 3–21　IPv6 地址配置

步骤 5：在路由器上配置与 PC1、PC2、PC3 直连的端口 IPv6 地址。

Router（config）#interface fastEthernet 0/1

Router（config-if）#ipv6 enable

Router（config-if）#ipv6 address 2001：：2/64

Router（config）#interface fastEthernet 0/0

Router（config-if）#ipv6 enable

Router（config-if）#ipv6 address 2002：：2/64

Router（config）#interface fastEthernet 1/0

Router（config-if）#ipv6 enable

Router（config-if）#ipv6 address 2003：：2/64

步骤 6：路由器配置完成后使用 PC1 和 PC3 进行连通性测试，如图 3–22 所示。

```
PC>ping 2003::1

Pinging 2003::1 with 32 bytes of data:

Reply from 2003::1: bytes=32 time=94ms TTL=127
Reply from 2003::1: bytes=32 time=62ms TTL=127
Reply from 2003::1: bytes=32 time=62ms TTL=127
Reply from 2003::1: bytes=32 time=62ms TTL=127

Ping statistics for 2003::1:
    Packets: Sent = 4, Received = 4, Lost = 0 (0% loss),
Approximate round trip times in milli-seconds:
    Minimum = 62ms, Maximum = 94ms, Average = 70ms
```

图 3–22　连通性测试

3.4　项目实战：子网设计与实现

项目背景：某公司销售部有 15 台计算机，市场部有 20 台计算机，技术部有 25 台计算机，公司现拥有一个 C 类地址 192.168.3.0，子网掩码采用默认的 255.255.255.0，现需为各个部门创建不同的子网并给所有设备分配 IP 地址，最终实现全网互通。

项目环境：在 Cisco Packet Tracer 上绘制以下网络拓扑图，如图 3–23 所示。

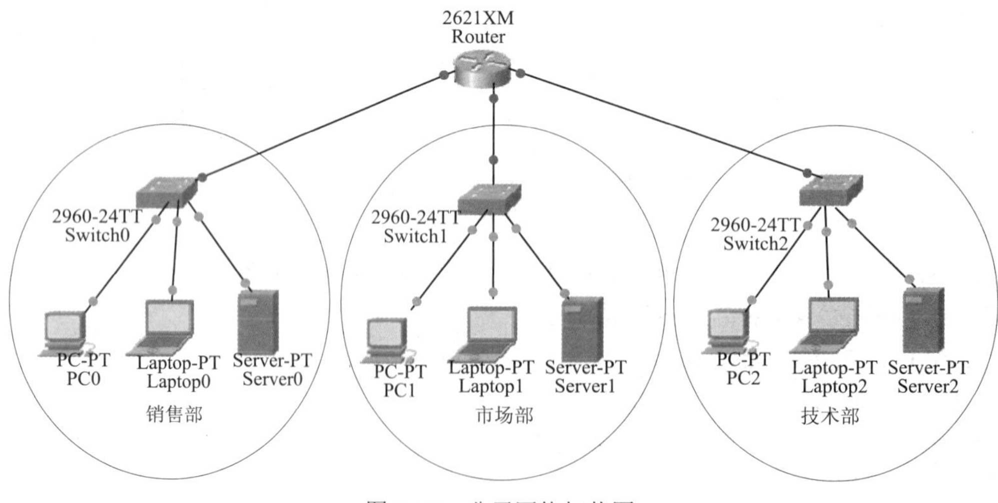

图 3–23　公司网络拓扑图

习　题

（1）简述 IPv4 地址的结构和类型。
（2）IPv4 地址的子网怎样划分？
（3）子网掩码有什么作用？
（4）IPv6 与 IPv4 相比有什么特点和优点？
（5）IPv6 地址有哪些表示格式？它们各有什么特点？

项目 4　组建局域网

项目重点与学习目标

（1）熟悉典型局域网标准和原理；

（2）掌握交换机原理和基本配置方法；

（3）掌握虚拟局域网原理和基本配置方法；

（4）掌握无线局域网原理和基本配置方法。

项目情境

小王所在公司现有 80 多名员工，该公司在金融街财富广场 A 座办公：12 层、13 层每个办公间的面积为 100 m^2，有 3 个相邻的写字间，3 个写字间分别为销售部、市场部和技术部办公所用；14 层有部分临时人员。

公司网络现状如下：

（1）网络故障不断，时常出现网络瘫痪现象；

（2）病毒泛滥，攻击不断；

（3）某部门用户发送信息不安全；

（4）不能移动办公。

现需要改建网络，实现企业内部通信、信息发布及查询等功能，以作为支持企业内部办公自动化、供应链管理以及各应用系统运行的基础设施。

项目分析

为了保证企业内部网络高效、安全地运行，可以将该网络设计成一个单核心的结构，采用典型的三层结构：核心、汇聚、接入。各部门独立成区域，防止个别区域发生问题，影响整个网络的稳定运行，某汇聚交换机发生问题只会影响某几个部门。该网络使用 VLAN 进行隔离，以方便员工调换部门。

具体要解决下面几个问题：

（1）升级网络带宽；

（2）增强网络的可靠性及可用性；

（3）网络要易于管理、升级和扩展；

（4）确保内网安全及同办事处之间交互数据的安全；

（5）满足移动办公的需求。

4.1　任务 1：配置以太网交换机

以太网作为局域网的主流技术得到了很快的发展。以太网技术的发展经历了从 10 Mb/s 到 100 Mb/s，再到 1 000 Mb/s，直到目前的 10 Gb/s 传输带宽的阶段，对应每一个阶段的发展，都出现了不同而向前兼容的技术标准。同时随着交换机在以太网中的应用，以太网的拓扑结构从早期简单的总线型结构发展到现在的层次型结构，运行模式从早期的半双工模式发展到现在的全双工模式，以太网的服务能力极大地提高。

4.1.1　局域网概述

局域网是指一个有限区域内的网络，一般分散在数千米范围内。

1. 局域网的特点

（1）传输速率高。局域网的传输速率为每秒百兆位（1 Mb/s=1 000 000 位/秒），传统 LAN 的传输速率为 10～100 Mb/s，新型的 LAN 可以达到 10 Gb/s 甚至更高。

（2）传输质量好，误码率低。由于 LAN 通信距离短，信道干扰小，数据设备传输质量高，因此误码率低。一般 LAN 的误码率在万分之一以下。

（3）网络覆盖范围有限，一般为 0.1～10 km，并具有对不同速率的适应能力，低速或高速设备均能接入。

（4）具有良好的兼容性和互操作性，不同厂商生产的不同型号的设备均能接入。

（5）支持多种传输介质。

2. 局域网体系结构

局域网发展迅速，类型繁多，为了促进产品的标准化以增加产品的互操作性，1980 年 2 月，美国电气与电子工程师学会（IEEE）成立了 802 委员会（局域网标准化委员会），提出了局域网体系结构由物理层和数据链路层组成，其中数据链路层由 MAC 子层（媒体访问控制子层）和 LLC 子层（逻辑链路控制子层）组成，如图 4–1 所示。

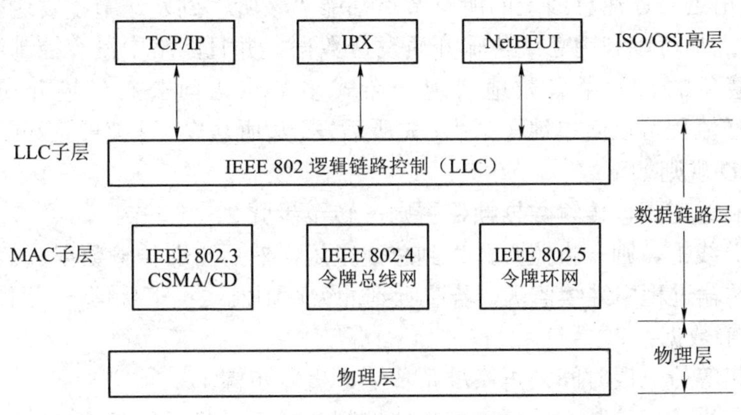

图 4–1　IEEE 802 体系结构

1）LLC 子层

封装和标识上层协议，隔离多样的下层协议和介质，实现数据链路层中与硬件无关的功能，例如流量控制、差错恢复、将 IP 数据包封装成数据帧、实现地址解析请求和答复等。

2）MAC 子层

提供 LLC 子层和物理层之间的接口。MAC 子层根据不同的传输介质而不同，因此，不同的局域网的 MAC 子层不同，且标准也不一样，而 LLC 子层则相同且可以互通。

3. 局域网主流技术

局域网主流技术有以太网技术、令牌环网技术、FDDI 技术和无线局域网技术。

1）以太网技术

以太网（Ethernet）是目前应用最为广泛的局域网。如图 4–2 所示，以太网最初被设计为使多台计算机通过一根共享的同轴电缆进行通信的局域网技术，随后又逐渐扩展到包括双绞线在内的多种共享介质上。由于任意时刻只有一台计算机能发送数据，所以共享通信介质的多台计算机之间必须使用某种共同的冲突避免机制，以协调介质的使用。以太网通常采用 CSMA/CD 机制检测冲突。

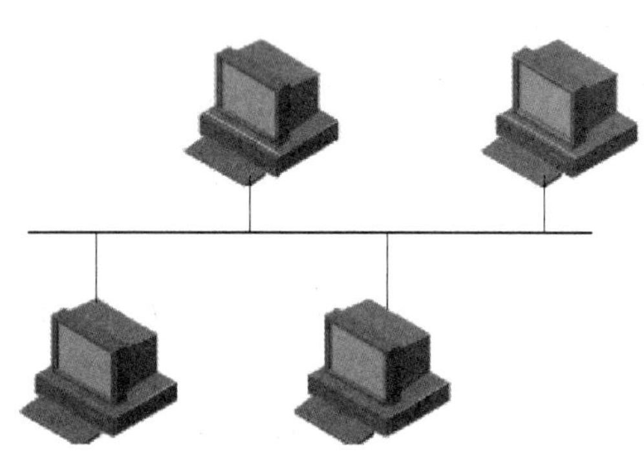

图 4–2 以太网技术

最初的以太网使用同轴电缆形成总线型拓扑，随即又出现了用集线器实现的星型结构、用网桥实现的桥接式以太网和用以太网交换机实现的交换式以太网。当今的以太网已形成一系列标准。从早期 10 Mb/s 的标准以太网、100 Mb/s 的快速以太网、1 000 Mb/s 的千兆以太网，一直到 10 Gb/s 的万兆以太网，以太网技术不断发展，成为局域网技术的主流。

以太网的核心技术是带有冲突检测的载波侦听多路访问技术（Carrier Sense Multiple Access with Collision Detection，CSMA/CD）。

在以太网中，如果一个节点要发送数据，它将以“广播”方式把数据通过作为公共传输介质的总线发送出去，连在总线上的所有节点都能“收听”到发送节点发送的数据信号。由于网络中所有节点都可以利用总线传输介质发送数据，并且网络中没有控制中心，因此冲突的发生是不可避免的。为了有效地实现分布式多节点访问公共传输介质的控制策略，CSMA/CD 的发送流程可以简单地概括为：先听后发、边听边发、冲突停止和随机延迟后重发。具体的 CSMA/CD 规则如下：

步骤 1：若总线空闲，传输数据帧，否则，转至步骤 2；

步骤 2：若总线忙，则一直监听，直到总线空闲，然后立即传输数据；

步骤 3：在传输过程中继续监听，若监听到冲突，则发送一干扰信号，通知所有站点发生了冲突并停止传输数据；

步骤 4：随机等待一段时间，再次准备传输，重复步骤 1。

CSMA/CD 介质访问控制方法可以有效地控制多节点对共享总线传输介质的访问，方法简单，易于实现，加上其速率和可靠性不断提高，成本不断降低，管理和故障排除不断简化，其获得越来越广泛的应用。这些都是以太网技术从众多局域网技术中脱颖而出的原因。

2）令牌环网技术

令牌环最早由 IBM 公司设计开发，最终被 IEEE 接纳，形成了 IEEE802.5 标准。令牌环网在物理上采用了星型拓扑结构。所有工作站通过 IBM 数据连接器（IBM Data Connector）和 IBM 第一类屏蔽双绞线（Type–1 Shielded Twisted Pair）连接到令牌环集线器上，但在逻辑上，所有工作站形成一个环型拓扑结构。

一个节点要发送数据，首先必须获取令牌。令牌是一种特殊的 MAC 控制帧，令牌环帧中有一位标志令牌的“忙/闲”。令牌总是沿着环单向逐站发送，传送顺序与节点在环中的排列顺序相同。图 4–3 所示为令牌环网工作示意。

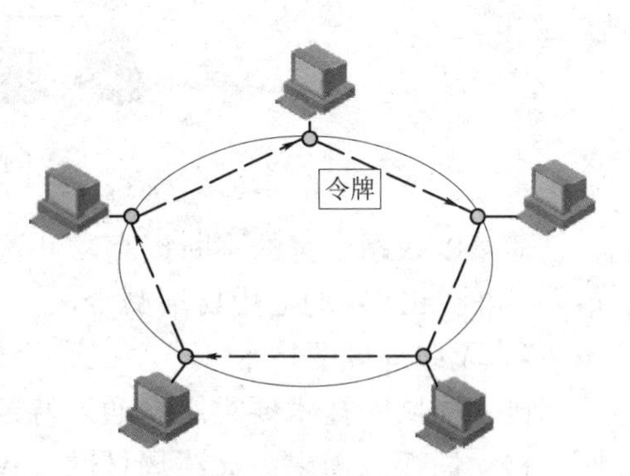

图 4–3　令牌环网工作示意

如果某节点有数据帧要发送，它必须等待空闲令牌的到来。令牌在工作中有“闲”和“忙”两种状态。“闲”表示令牌没有被占用，即网中没有计算机在传送信息；“忙”表示令牌已被占用，即有信息正在传送。传送数据的计算机必须首先检测到“闲”令牌，将它置为“忙”的状态，然后在该令牌后面传送数据。当所传数据被目的节点计算机接收后，数据被除去，令牌被重新置为“闲”。

老式令牌环网的数据传输速率为 4 Mb/s 或 16 Mb/s，新型的快速令牌环网的数据传速率可达到 1 000 Mb/s。

令牌环网在理论上具有强于以太网的诸多优势。令牌环网对带宽资源的分配更为均衡合理，避免了无序的争抢，避免了工作站之间发生的介质占用冲突，降低了传输错误的发生概率，提高了资源使用效率。

令牌环网的缺点是机制比较复杂。网络中的节点需要维护令牌，一旦失去令牌就无法工作，需要选择专门的节点监视和管理令牌。令牌环网技术的保守、设备的昂贵、技术本身的难以理解和实现，都影响令牌环网的普及。令牌环网的使用率不断下降，其技术的发展和更新也陷于停滞。

3）FDDI 技术

FDDI 技术也是一种利用环型拓扑结构的局域网技术，其主要特点如下：

（1）使用基于 IEEE 802.4 的令牌总线介质访问控制协议；

（2）使用 IEEE 802.2 协议，与符合 IEEE 802.4 标准的局域网兼容；

（3）数据传输速率为 100 Mb/s，联网节点数最大为 1 000，环路长度可达 100 km；

（4）可以使用双环结构，具有容错能力；

（5）可以使用多模或单模光纤；

（6）具有动态分配带宽的能力，能进行同步和异步数据传输。

由于 FDDI 在早期局域网环境中具有带宽和可靠性的优势，其主要应用于核心机房、办公室或建筑物群的主干网、校园网主干等。图 4–4 所示为 FDDI 网络的结构。

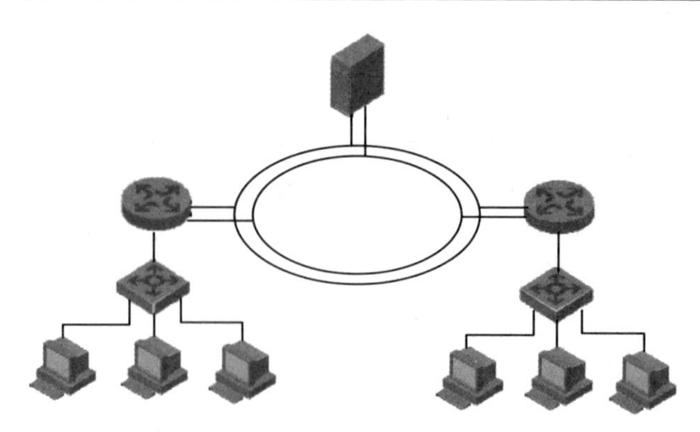

图 4–4　FDDI 网络的结构

随着以太网带宽的不断提高，可靠性的不断提升，以及成本的不断下降，FDDI 的优势已不复存在。FDDI 的应用日渐减少，主要存在于一些早期建设的网络中。

4）无线局域网技术

传统局域网技术要求用户通过特定的电缆和接头接入网络，它无法满足日益增长的灵活性、移动性接入需求。无线局域网（WLAN）使计算机与网络之间可以在一个特定范围内进行快速的无线通信，它在与便携式设备的互相促进中获得快速发展，得到了广泛应用。

WLAN 通过射频（Radio Frequently，RF）技术实现数据传输。WLAN 设备通过诸如展频（Spread Spectrum）或正交频分复用（Orthogonal Frequently Division Multiplexing，OFDM）等技术将数据信号调制在特定频率进行传送。

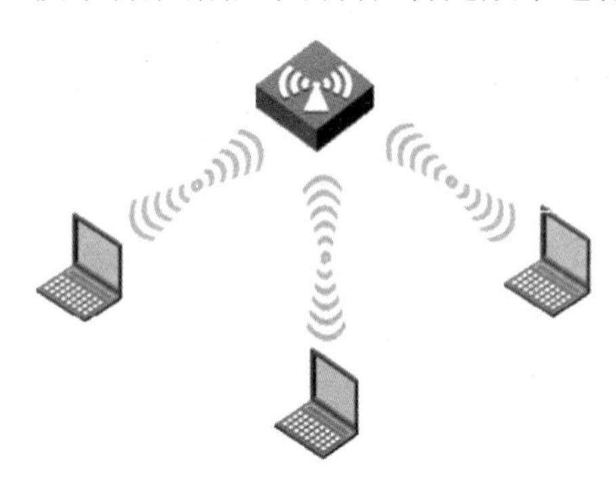

图 4–5　无线局域网

如图 4–5 所示，在 WLAN 中，工作站使用自带的 WLAN 网卡连接到无线局域网（Access Point，AP），形成类似星型的拓扑结构。AP 的作用类似于以太网的集线器或用移动电话网的基站。AP 之间可以进行级联以扩展 WLAN 的工作范围。

IEEE 802.11 系列文档提供了 WLAN 标准。最初的 IEEE 802.11 WLAN 工作于 2.4 GHz，提供 2 Mb/s 带宽，后来又逐渐发展出工作于 2.4 GHz 的 11 Mb/s 的 IEEE 802.11b 和工作于 5 GHz 的 54 Mb/s 的 IEEE 802.11a，以及允许提供 54 Mb/s 带宽的工作于 2.4 GHz 的 IEEE 802.11 g。WLAN 的标准不断发展，日渐丰富和完整。

WLAN 具有使用方便、便于终端移动、部署迅速而成本低、规模易于扩展、工作效率高等优点，因此获得了广泛的普及应用。

WLAN 也具有一些固有的缺点，包括安全性差、稳定性低、连接范围有限、带宽窄、电磁辐射对健康存在威胁等。

4. 局域网的工作模式

（1）对等网络也称为点对点（Peer-to-Peer）网络。在对等网络结构中，没有专用服务器。如图 4–6 所示，在这种网络模式中，每个工作站既可以是客户机也可以是服务器。许多网络操作系统可应用于对等网络，如 Windows98/2000 Professional/XP 等。

（2）C/S 模型即 Client/Server 模型，中文名称为客户/服务器模型。C/S 模型是由客户机、服务器构成的一种网络环境，它把应用程序分成两部分，一部分运行在客户机上，另一部分运行在服务器上，两者各司其职，如图 4–7 所示。

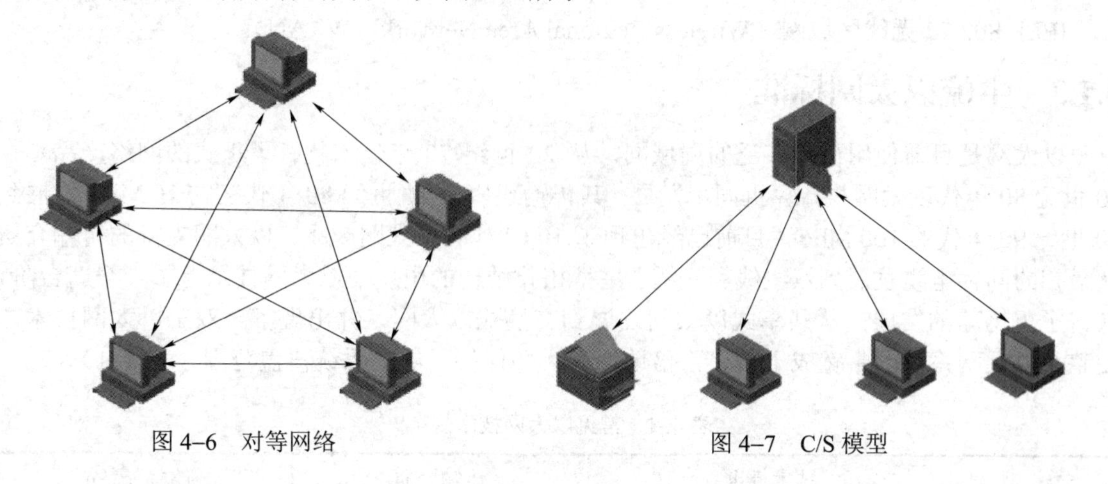

图 4–6　对等网络　　图 4–7　C/S 模型

（3）B/S 模型即 Browser/Server 模型，中文名称为浏览器/服务器模型。采用浏览器/Web 服务器/数据库存服务器（B/W/D）三层结构，如图 4–8 所示。当客户机有请求时，向 Web 服务器提出请求服务，当需要查询服务时，Web 服务器根据某种机制请求数据库服务器的数据服务，然后 Web 服务器把查询结果转变为 HTML 的网页返回浏览器显示出来。

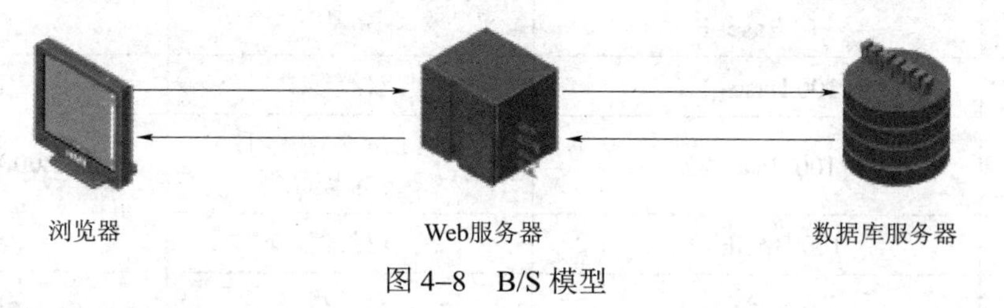

图 4–8　B/S 模型

4.1.2　典型局域网标准

1985 年 IEEE 公布了 IEEE 802 标准的 5 项标准文本，同年被美国国家标准局（ANSI）采纳为美国国家标准。后来，国际标准化组织（ISO）经过讨论，建议将 IEEE 802 标准定为局域网国际标准：

IEEE 802.1 高层局域网协议（Higher Layer LAN Protocols）；

IEEE 802.2 逻辑链路控制（Logical Link Control，LLC）；

IEEE 802.3 以太网（Ethernet）；

IEEE 802.4 令牌总线（Token Bus）；

IEEE 802.6 城域网（Metropolitan Area Network，MAN）；

IEEE 802.8 光纤（Fiber Optic）；

IEEE 802.11 无线局域网和网状网（Wireless LAN& Mesh）；

IEEE 802.15 无线局域网（Wireless PAN）；

IEEE 802.16 宽带无线接入（Broadband Wireless Access）；

IEEE 802.17 弹性分组环（Resilient Packet Ring，RPR）；
IEEE 802.20 移动宽带无线接入（Mobile Broadband Wireless Access，MBWA）；
IEEE 802.21 介质独立转接（Media Independent Handoff，MIH）；
IEEE 802.22 无线区域网（Wireless Regional Area Network，WRAN）。

4.1.3　主流以太网标准

以太网是目前使用最为广泛的局域网，从 20 世纪 70 年代末就有了正式的网络产品，在 20 世纪 80 年代以太网与计算机同步发展，其传输速率自 20 世纪 80 年代初的 10 Mb/s 发展到 20 世纪 90 年代的 100 Mb/s，目前已经出现了 10 Gb/s 的以太网产品。以太网支持的传输介质从最初的同轴电缆发展到双绞线和光缆。星型拓扑结构的出现使以太网技术上了一个新台阶，获得了更迅速的发展。从共享式以太网发展到交换式以太网，并出现了全双工以太网技术，使整个以太网系统的带宽成十倍、百倍地增长，并保持足够的系统覆盖范围（表 4–1）。

表 4–1　常见以太网技术规范

类　型	技术标准	传输介质	传输距离/m
标准以太网	10 Base–T	双绞线	100
	10 Base–2	同轴细缆	185
	10 Base–5	同轴粗缆	500
	10 Base–F	光纤	2 000
快速以太网	100 Base–TX	双绞线	100
	100 Base–FX	62.4 μm 多模光纤/ 9 μm 单模光纤	2 000/10 000
	100 BASE–T4	双绞线	100
高速以太网	1 000 Base–T	双绞线	100
	1 000 Base–FX–SX（短波）	62.4 μm 多模光纤/ 50 μm 多模光纤	265/525
	1 000 Base–FX–LX（长波）	62.4 μm 多模光纤/ 9 μm 单模光纤	550/3 000～10 000

1. 标准以太网

标准以太网作为最早的以太网标准，在以太网技术的发展和应用中起到了举足轻重的作用。它包括使用同轴电缆、双绞线以及光纤等不同介质传输的以太网。帧是数据链路层的协议数据单元，以太网的很多特性可以从其帧格式中看出来。以太网有两种帧，一种是 DIX 第 2 版规范定义的帧，另一种是 IEEE 802.3 标准定义的帧，这两种帧差别不大。实际的以太网都使用前一种帧，后一种帧极少使用。DIX 第 2 版规范定义的帧格式如图 4–9 所示，其由 6 个字段组成，前 4 个字段是首部，最后一个字段是尾部，这些都是控制信息，由网卡填写，数据字段是网络层的协议数据单元。

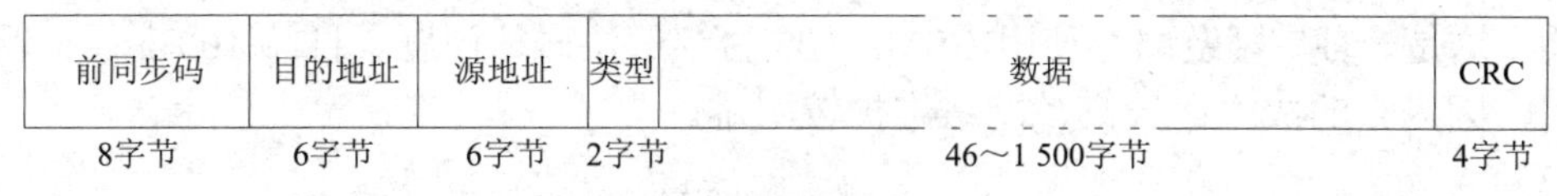

图 4–9　以太网的帧格式

（1）前同步码（preamble）：前同步码的长度为 8 字节，内容是固定的，前 7 个字节都是 10101010，最后一个字节是 10101011。前同步码的作用是使接收方网卡的接收频率与发送方网卡的发送频率精确一致，这称为同步。接收网卡发现媒体上出现前同步码时，就据此调整自己的接收频率，以与发送网卡的频率同步，正确接收后面的帧。有了前同步码，网卡的频率不需要非常精确，因为每接收一帧前都可以调整频率。

（2）目的地址（destination address）：目的地址的长度为 6 字节，是接收方网卡的物理地址。如前所述，网卡据此判断帧是不是发给自己的。若是广播帧，目的地址就是 FF-FF-FF-FF-FF-FF。

（3）源地址（source address）：源地址的长度为 6 字节，是发送方网卡的物理地址，让接收方知道这个帧是从哪里发来的。有时源地址起到身份识别的作用，修改网卡的物理地址可以冒充别的计算机，所以用源地址进行身份识别非常不可靠。

（4）类型（type）：类型的长度为 2 字节，说明数据字段的内容是什么类型。网络层协议有多种，每一种协议都由不同的网络层实体实现，网卡根据本字段决定把数据字段的内容交给哪个网络层实体。如果本字段的值是十六进制的 0800，说明是 IP 协议的协议数据单元，网卡拆封后交给 IP 协议实体；如果本字段的值是十六进制的 8137，说明是 IPX 协议的协议数据单元，网卡拆封后交给 IPX 协议实体。虽然网络层协议有多种，但目前应用最多的是 IP 协议。

（5）数据（data）：数据最短为 46 字节，最长为 1 500 字节。限制数据不能过短，是为了使一个帧在争用期内发不完，保证能够检测到碰撞。以太网的地理覆盖范围最多为数千米，根据信号的传播速度，能确定从网络一端到另一端的最大往返时延为 51.2 μs，这就是 CSMA/CD 协议的争用期，早期以太网的速率是 10 Mb/s，在 51.2 μs 的争用期内能发送 512 位，也就是 64 字节。目的地址、源地址、类型和 CRC 共 18 字节，加上数据的最短长度 46 字节，正好 64 字节（前同步码不计入帧长度），这就是数据最短 46 字节的由来。如果网络实体交来的协议数据单元过短，不够 46 字节，就要填充一些无用数据凑够 46 字节。

帧出错时需要重传整个帧，太大的帧包含了很多正确的、不需重传的数据，代价太高，同时处理大帧需要网卡有较大的内存，这是限制数据不能过长的原因。

（6）CRC：CRC 的长度为 4 字节，即循环冗余检验，用于检验该帧是否出错。发送方使用 33 位的生成多项式计算出的附加码是 32 位，置于此字段，接收方用同样的生成多项式检验。这个过程由网卡用硬件实现，速度很快，也不占用计算机的 CPU 与内存。如果发现出错，网卡就把该帧丢弃，不再交给网络层实体，但是以太网并不负责重传错误的帧，重传错误的数据由运输层的 TCP 协议负责。可见，以太网仅保证不向网络层实体交付错误的数据，并不保证可靠传输。

1）10 Base–5

以太网最早使用粗同轴电缆作为传输媒体，这种以太网称为 10 Base–5 以太网，如图 4–10 所示。“10”表示数据传输速率为 10 Mb/s，“Base”表示数据经曼彻斯特编码后直接传输，“5”表示每段同轴电缆的最大长度为 500 m。10 Base–5 以太网的最大跨距为 2 500 m，采用总线型拓扑结构，这是一种广播链路，使用 CSMA/CD 协议解决碰撞问题。目前 10 Base–5 以太网已不再使用，因为它的成本比较高，网络维护较困难。

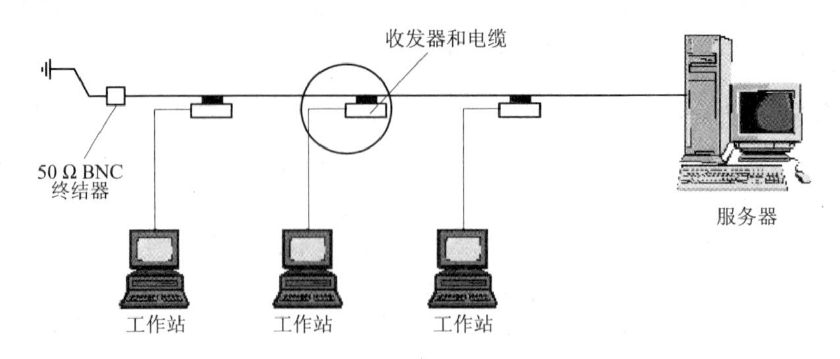

图 4–10　10 Base–5 以太网

2）10 Base–2

10 Base 5 以太网安装复杂、设备昂贵、故障难以定位，1986 年改进为 10 Base–2 以太网，如图 4–11 所示。“10”与“Base”的含义与 10 Base–5 以太网相同，“2”表示每段同轴电缆的最大长度为 200 m。10 Base–2 以太网把传输媒体改为细同轴电缆，同时简化了连接头，仍采用总线型拓扑结构，使用 CSMA/CD 协议。与 10 Base–5 以太网相比，10 Base–2 以太网更容易安装，更容易增加新节点，能大幅度降低费用，但同现在使用的以太网相比，10 Base–2 以太网仍然安装复杂、设备昂贵、故障难以定位。例如，细同轴电缆的连接头叫作 T 型头，T 型头用不锈钢制作，与 RJ–45 接头相比，它价格高、体积大、接线复杂、易出故障。

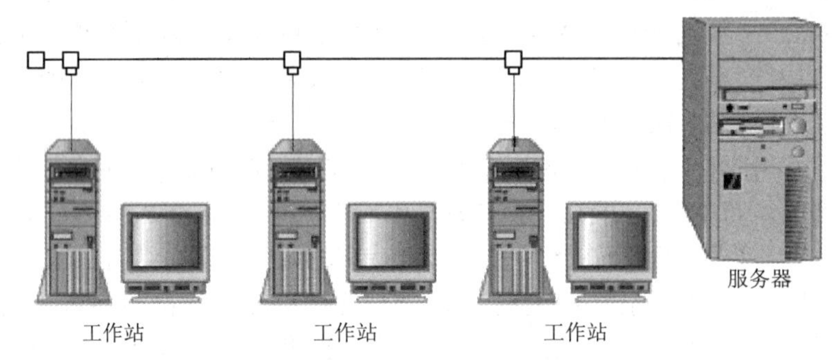

图 4–11　10 Base–2 以太网

3）10 Base–T

10 Base–5 以太网与 10 Base–2 以太网的缺点很多，因此在 1990 年，IEEE 发布了新的以太网标准，这就是 10 Base–T 以太网，如图 4–12 所示。10 Base–T 以太网有两项革命性的改进，一是用双绞线代替同轴电缆，二是用星型拓扑结构代替总线型拓扑结构，这在以太网的发展史上有里程碑式的意义。经此改进，以太网安装简单、设备价格低廉、故障易于定位，为以太网战胜其他局域网奠定了牢固的基础。“10”与“Base”的含义与 10 Base–5 以太网相同，“T”表示传输媒体使用双绞线。

10 Base–T 以太网的传输媒体使用 3 类非屏蔽双绞线，更好的双绞线当然也可以使用。与同轴电缆和 T 型头相比，双绞线与 RJ–45 接头的价格低廉，连接简单；同轴电缆中只有一个电回路，不能进行全双工通信，而双绞线里面有 8 根电线，两根构成发送电回路，另两根构成接收电回路，可以进行全双工通信。10 Base–T 以太网中每根双绞线最长为 100 m，再长时信号衰减严重，可能无法正确接收。

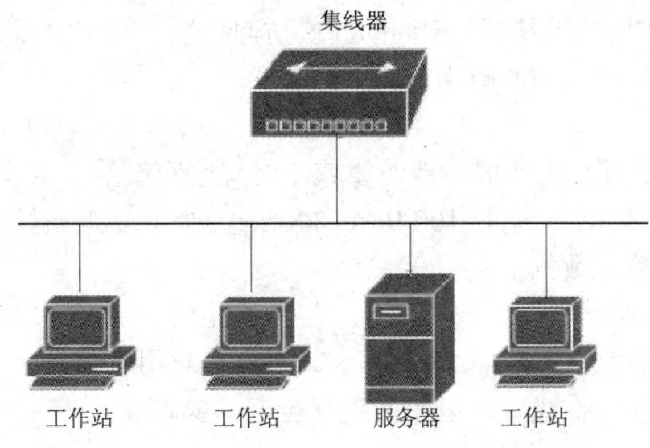

图 4–12　10 Base–T 以太网

4）10 Base–F

1993 年，IEEE 发布 10 Base–F 以太网标准，“10”与“Base”的含义与 10 Base–T 相同，“F”表示传输媒体使用光纤。10 Base–F 以太网使用两条光纤，一条光纤发送数据，另一条接收数据，每条光纤最长 2 000 m。10 Base–F 以太网的拓扑结构及 CSMA/CD 协议与 10 Base–T 以太网相同，仅改变了传输媒体。因为光纤的传输距离（2 000 m）比双绞线（100 m）长，所以 10 Base–T 以太网与 10 Base–F 以太网经常混合使用，楼内近距离使用双绞线，楼外远距离使用光纤，在光纤与双绞线的连接处用光端机转接。

10 Base–T 以太网与 10 Base–F 以太网的优点很多，问世之后迅速代替了同轴电缆以太网。但是它们有一个致命的缺点：当计算机数量很多时，网络性能急剧下降，这是因为计算机越多，发送的数据越多，碰撞的可能性越大，计算机发送数据成功的可能性就越小，极端情况下整个网络不能工作。一个这样的以太网就是一个碰撞域（collision domain），一个碰撞域内任意两台及以上计算机同时发送数据就会发生碰撞。以太网的总速率是 10 Mb/s，如果有 100 台计算机，那么每台计算机分得 10/100=0.1（Mb/s），如果有 1 000 台计算机，那么每台计算机分得 0.01 Mb/s。实际的速率远小于此，因为还有很多时间用于处理碰撞。这个问题是广播式链路的固有问题，要解决它就必须对以太网作大的改造。

10 Base–F 标准定义了 3 种不同的光纤规范：10 Base–FL、10 Base–FB、10 Base–FP。其中 10 Base–FL 是常用的光纤以太网标准，而 10 Base–FB 和 10 Base–FP 都没有被广泛采用。

5）以太网中继规则

由于传输线路噪声的影响，承载信息的数字信号或模拟信号只能传输有限的距离，如果要连接更多主机以使一个以太网范围更大，就需要使用中继器（集线器），其功能是对接收信号进行再生和发送，从而增加信号传输的距离。使用中继器连接的网络受限于中继规则（“5–4–3–2–1”规则）。“5”表示局域网最多可有 5 个网段；“4”表示全信道上最多可连 4 个中继器；“3”表示其中 3 个网段可连节点；“2”表示有两个网段只用来扩长而不连任何节点，其目的是减少竞发节点的个数，从而降低发生冲突的概率；“1”表示由此组成一个共享局域网。

2. 快速以太网

快速以太网（Fast Ethernet）的数据传输率为 100 Mb/s。快速以太网保留着传统的 10 Mb/s 以太网的所有特征，即相同的帧格式、相同的介质访问控制方法 CSMA/CD、相同的组网方法，而只是把每个比特发送时间由 100 ns 降低到 10 ns。

1）100 Base–TX

100 Base–TX 支持 2 对 5 类非屏蔽双绞线或 2 对屏蔽双绞线。其中 1 对双绞线用于发送，另 1 对双绞线用于接收数据。因此 100 Base–TX 是一个全双工系统，每个节点可以同时以 100 Mb/s 的速率发送与接收数据。

2）100 Base–T4

100 Base–T4 支持 4 对 3 类非屏蔽双绞线，其中有 3 对用于数据传输，1 对用于冲突检测。因为它没有专用的发送和接收线，所以不能进行全双工操作。

3）100 Base–T2

100 Base–T2 支持 2 对 3 类非屏蔽双绞线。其中 1 对线用于发送数据，另 1 对用于接收数据，因此可以进行全双工操作。

4）100 Base–FX

100 Base–FX 支持 2 芯的多模（62.5 μm 或 125 μm）或单模光纤。100 Base–FX 主要用作高速主干网，从节点到集线器的距离可以达到 412 m。

3. 千兆位以太网

千兆位以太网兼容原有以太网，同 100 Mb/s 快速以太网一样，千兆位以太网使用与 10 Mb/s 传统以太网相同的帧格式和帧大小，以及相同的 CSMA/CD 协议。这意味着广大的以太网用户可以对现有以太网进行平滑的、无须中断的升级，而且无须增加附加的协议栈或中间件。同时，千兆位以太网还继承了以太网的其他优点，如可靠性较高、易于管理等。

1）IEEE 802.3z

IEEE 802.3z 负责制定光纤（单模或多模）和同轴电缆的全双工链路标准。IEEE 802.3z 定义了基于光纤和短距离铜缆的千兆位以太网传输规范，采用 8B/10B 编码技术，信道传输速度为 1.25 Gb/s，去耦后实现 1 000 Mb/s 传输速度。

（1）1 000 Base–CX。

1 000 Base–CX 的传输介质是一种短距离屏蔽铜缆，最长距离可达 25 m，这种屏蔽双绞线不是标准的 STP，而是一种特殊规格的、高质量的、带屏蔽的双绞线。它的特性阻抗为 150 Ω，传输速率最高达 1.25 Gb/s，传输效率为 80%。

（2）1 000 Base–LX。

1 000 Base–LX 是一种收发器上使用长波激光（LWL）作为信号源的媒体技术，这种收发器上配置了激光波长为 1 270～1 355 nm（一般为 1 300 nm）的光纤激光传输器，它可以驱动多模光纤，也可驱动单模光纤，使用的光纤规格有 62.5 μm 和 50 μm 的多模光纤，以及 9 μm 的单模光纤。

（3）1 000 Base–SX。

1 000 Base–SX 是一种在收发器上使用短波激光（SWL）作为信号源的媒体技术，这种收发器上配置了激光波长为 770～860 nm（一般为 800 nm）的光纤激光传输器，不支持单模光纤，仅支持多模光纤，包括 62.5 μm 和 50 μm 两种。

2）IEEE 802.3ab

（1）1 000 Base–T4。

1 000 Base–T4 是一种使用 5 类非屏蔽双绞线的千兆位以太网技术，最远传输距离为 100 m。1 000 Base–T4 不支持 8B/10B 编码/译码方案，需要采用专门的、更加先进的编码/译码机制。1 000 Base–T4 采用 4 对 5 类双绞线完成 1 000 Mb/s 的数据传送，每一对双绞线传送 250 Mb/s 的数据流。

（2）1 000 Base–TX。

1 000 Base–TX 也基于 4 对双绞线电缆，但却是以 2 对线发送数据，2 对线接收数据。由于每对线缆本身不进行双向传输，线缆之间的串扰大大降低，同时其编码方式也相对简单。由于要达到 1 000 Mb/s 的传输速率，要求线缆带宽超过 100 MHz，需要 6 类双绞线系统的支持。

4. *万兆位以太网*

万兆位以太网只采用全双工数据传输技术，其物理层（PHY）和 OSI 参考模型的第一层（物理层）一致，负责建立传输介质（光纤或铜线）和 MAC 层的连接。MAC 层相当于 OSI 参考模型的第二层（数据链路层）。万兆位以太网标准的物理层分为两部分，分别为 LAN 物理层和 WAN 物理层。LAN 物理层提供了现在广泛应用的以太网接口，传输速率为 10 Gb/s；WAN 物理层提供了与 OC–192c 和 SDH VC–6–64c 兼容的接口，传输速率为 9.58 Gb/s。

万兆位以太网规范包含在 IEEE 802.3 标准的补充标准 IEEE 802.3ae 中，它扩展了 IEEE 802.3 协议和 MAC 规范，使其支持 10 Gb/s 的传输速率。万兆位以太网联网规范主要有以下几种。

1）10 GBase–SR 和 10 GBase–SW

主要支持短波（850 nm）多模光纤（MMF），光纤距离为 2～300 m。10 GBase–SR 主要支持“暗光纤”（darkfiber），暗光纤是指没有光传播并且不与任何设备连接的光纤。10 GBase–SW 主要用于连接 SONET 设备，它应用于远程数据通信。

2）10 GBase–LR 和 10 GBase–LW

主要支持长波（1 310 nm）单模光纤（SMF），光纤距离为 2 m～10 km。10 GBase–LW 主要用来连接 SONET 设备，10 GBase–LR 则主要用来支持“暗光纤”。

3）10 GBase–ER 和 10 GBase–EW

主要支持超长波（1 550 nm）单模光纤（SMF），光纤距离为 2 m～40 km。10 GBase–EW 主要用来连接 SONET 设备，10 GBase–ER 则主要用来支持“暗光纤”。

4）10 GBase–LX4

10 GBase–LX4 采用波分复用技术，在单对光缆上以 4 倍波长发送信号。10 GBase–LX4 系统运行在 1 310 nm 的多模或单模“暗光纤”方式下。该系统针对 2～300 m 的多模光纤模式或 2 m～10 km 的单模光纤模式。

5. 局域网组网技术的选择

目前在大中型局域网设计中，通常采用由星型结构中心点通过级联扩展形成的树型拓扑结构，如图 4–13 所示。一般可以把这种树型拓扑结构分成 3 个层次，即核心层、汇聚层和接入层。在不同的层次可以选用不同的组网技术、网络连接设备和传输介质。例如在核心层可以使用 1 000 Base–SX 吉比特以太网技术，采用多模光纤光缆作为传输介质；在汇聚层可以使用 100 Base–TX 快速以太网技术，采用双绞线电缆作为传输介质；在接入层可以使用 10 Base–T 传统以太网技术，采用双绞线电缆作为传输介质。这样既保证了网络的整体性能，又将网络的成本控制在一定的范围内，而且还可以根据用户的不同需求进行灵活的扩展和升级。

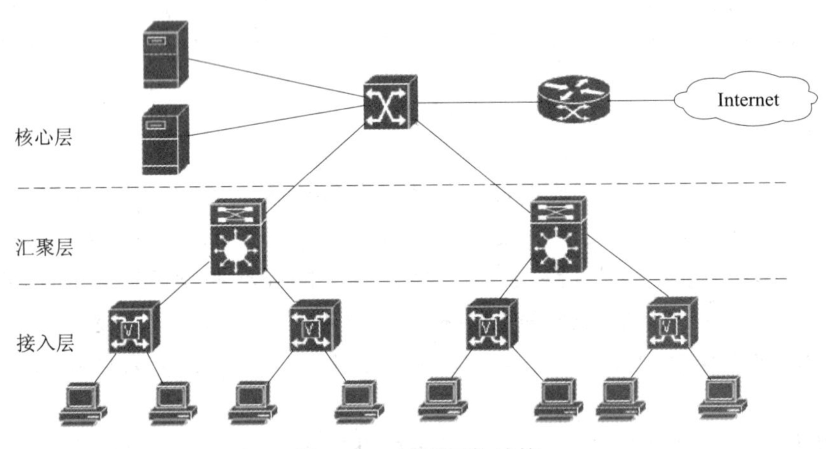

图 4–13 树型拓扑结构

4.1.4 交换式局域网

1. 共享式以太网

共享式以太网的典型代表是使用 10 Base–2/10 Base–5 的总线型网络和以集线器为核心的星型网络。在使用集线器的以太网中，集线器将很多以太网设备集中到一台中心设备上，这些设备都连接到集线器中的同一物理总线结构中。从本质上讲，以集线器为核心的以太网同原先的总线型以太网无根本区别。

共享式以太网存在的弊端：由于所有的节点都接在同一冲突域中，不管一个帧从哪里来或到哪里去，所有的节点都能接收到这个帧。随着节点的增加，大量的冲突将导致网络性能急剧下降。集线器同时只能传输一个数据帧，这意味着集线器的所有端口都要共享同一带宽。

共享式以太网中的术语如下。

1）冲突/冲突域

（1）冲突：在以太网中，当两个数据帧同时被发到物理传输介质上，并完全或部分重叠时，就发生了数据冲突。当冲突发生时，物理网段上的数据都不再有效。

（2）冲突域：在同一个冲突域中的每一个节点都能收到所有被发送的帧。

（3）影响冲突产生的因素：冲突是影响以太网性能的重要因素，由于冲突的存在，在传统的以太网在负载超过 40%时效率将明显下降。产生冲突的原因有很多，如同一冲突域中节点的数量越多，产生冲突的可能性就越大。此外，诸如数据分组的长度（以太网的最大帧长度为 1 518 字节）、网络的直径等因素也会影响冲突的产生，因此，当以太网的规模增大时，必须采取措施控制冲突的扩散。通常的办法是使用网桥和交换机将网络分段，将一个大的冲突域划分为若干小冲突域。

2）广播/广播域

（1）广播：在网络传输中，向所有连通的节点发送消息称为广播。

（2）广播域：网络中能接收任何一个设备发出的广播帧的所有设备的集合称为广播域。

（3）广播和广播域的区别：广播网络指网络中所有的节点都可以收到传输的数据帧，不管该帧是否是发给这些节点的。非目的节点的主机虽然收到该数据帧但不作处理。广播是指由广播帧构成的数据流量，这些广播帧以广播地址（地址的每一位都为“1”）为目的地址，告之网络中所有的计算机接收此帧并处理它。

随着局域网设备数量的不断增加，用户对网络的访问更加频繁，为了解决传统以太网的冲突域问题，局域网从共享介质方式发展到交换式局域网。

2. 交换式以太网

用交换机连接的以太网叫作交换式以太网。在交换式以太网中，交换机根据收到的数据帧中的 MAC 地址决定数据帧应发向交换机的哪个端口。因为端口间的帧传输彼此屏蔽，因此节点不担心自己发送的帧在通过交换机时是否会与其他节点发送的帧产生冲突。

1）使用交换式网络代替共享式网络的原因

（1）减少冲突：交换机将冲突隔绝在每一个端口（每个端口都是一个冲突域），避免了冲突的扩散；

（2）提升带宽：接入交换机的每个节点都可以使用全部带宽，而不是各个节点共享带宽。

2）交换机的工作原理

（1）当交换机从某个端口收到一个数据帧，它先读取帧头中的源 MAC 地址，这样它就知道了源 MAC 地址和端口的对应关系，然后查找 MAC 表，有没有源地址和端口的对应关系，如果没有，则将源地址和端口的对应关系记录到 MAC 地址表中；如果已经存在对应关系，则更新该表项。

（2）读取帧头中的目的 MAC 地址，并在地址表中查找相应的端口。

（3）如果表中存在与该目的 MAC 地址对应的端口，把数据帧直接复制到该端口；如果目的 MAC 地址和源 MAC 地址对应同一个端口，则不转发。

（4）如果表中找不到相应的端口，则把数据帧广播到除接收端口外的所有端口上，当目的机器对源机器回应时，交换机又可以记录这一目的 MAC 地址与哪个端口对应，在下次传送数据时就不再需要对所有端口进行广播了。

案例 4.1：使用 Packet Tracer 软件模拟交换式以太网，分析 MAC 地址表的构建过程。

步骤 1：启动 Packet Tracer 5.3 软件，单击“交换机”类型，拖动“2960”交换机到工作区域。

步骤 2：在右侧工具栏中单击“放大镜”，单击“2950–24”交换机，选择“MAC Table”选项，如图 4–14 所示。

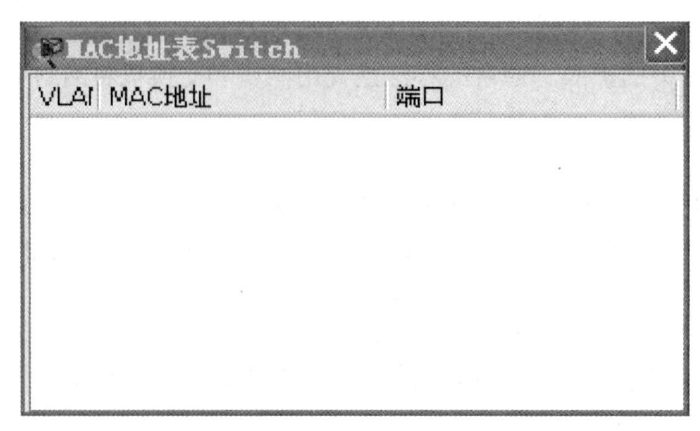

图 4–14　交换机初始 MAC 地址表

提示：在网络初始化时，交换机的 MAC 地址表是空的。

步骤 3：单击“终端设备”类型，拖动选择“Generic”主机 4 台到工作区域。

步骤 4：单击“Connections”类型，选择“Copper Straight-Through”选项，单击“PC0”，选择“FastEthernet”端口将连线指向 Switch，选择“FastEthernet0/1”端口。照此方法实现 PC1、PC2 和 PC3 到 Switch 的连接，如图 4–15 所示。

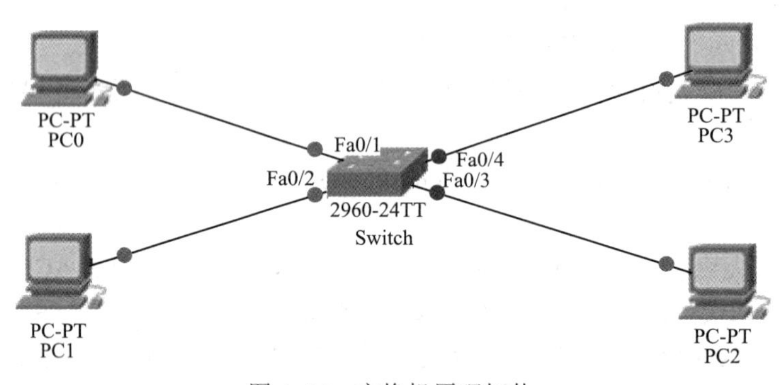

图 4–15　交换机原理拓扑

步骤 5：单击“PC0”，选择“桌面”选项卡，选择“IP 配置”选项，设置 IP 地址为“192.168.1.1”，子网掩码为“255.255.255.0”。按此方法，将 PC1、PC2 和 PC3 的 IP 地址分别设置为“192.168.1.2”“192.168.1.3”和“192.168.1.4”，子网掩码同为“255.255.255.0”。

步骤 6：PC0～PC3 之间互相发送 Ping 命令。

步骤 7：查看“MAC Table”地址表，也可以进入交换机显示 MAC 地址表。单击“2960”交换机，选择“命令行”选项卡，进入交换机命令行模式。输入命令“Switch>#show mac-address-table”，显示 MAC 地址表，如图 4–16 所示。

```
Switch#show mac-address-table
          Mac Address Table
-------------------------------------------

Vlan    Mac Address       Type        Ports
----    -----------       --------    -----

   1    0002.1783.a848    DYNAMIC     Fa0/1
   1    0060.5c91.b790    DYNAMIC     Fa0/2
   1    00e0.f983.089c    DYNAMIC     Fa0/4
   1    00e0.f9c3.6e9b    DYNAMIC     Fa0/3
```

图4–16　交换机MAC地址

3）交换机的3个主要功能

（1）学习：以太网交换机了解每一端口相连设备的MAC地址，并将地址同相应的端口映射起来存放在交换机缓存中的MAC地址表中。

（2）转发/过滤：当一个数据帧的目的地址在MAC地址表中有映射时，它被转发到连接目的节点的端口，而不是所有端口（如该数据帧为广播/组播帧，则转发至所有端口）。

（3）消除回路：当交换机包括一个冗余回路时，以太网交换机通过生成树协议避免回路的产生，同时允许存在后备路径。

4）交换机的工作特性

（1）交换机的每一个端口所连接的网段都是一个独立的冲突域。

（2）交换机所连接的设备仍然在同一个广播域内，也就是说，交换机不隔绝广播（唯一的例外是在配有VLAN的环境中）。

（3）交换机依据帧头的信息进行转发，因此说交换机是工作在数据链路层的网络设备。

5）交换机的工作模式

（1）存储转发方式。存储转发方式是计算机网络领域应用最为广泛的方式。它把输入端口的数据包先存储起来，然后进行循环冗余码校验（CRC），在对错误包处理后才取出数据包的目的地址，通过查找表转换成输出端口送出包。采用这种方式，所有的正常帧都可以通过，而残帧和超常帧都被交换机隔离。正因如此，存储转发方式在数据处理时延时大是它的不足，但是它可以对进入交换机的数据包进行错误检测，有效地改善网络性能。尤其重要的是它可以支持不同速度的端口间的转换，保持高速端口与低速端口间的协同工作。

（2）直通交换方式。采用直通交换方式的以太网交换机可以理解为在各端口间是纵横交叉的线路矩阵电话交换机。它在输入端口检测到一个数据包时，检查该包的包头，获取包的目的地址，启动内部的动态查找表，转换成相应的输出端口，在输入与输出交叉处接通，把数据包直通到相应的端口，实现交换功能。由于它只检查数据包的包头（通常只检查14个字节），不需要存储，所以切入方式具有延迟小、交换速度快的优点［延迟（Latency）是指数据包进入一个网络设备到离开该设备所花的时间］。

（3）碎片隔离方式。这是介于直通交换方式和存储转发方式之间的一种方式。它在转发前先检查数据包的长度是否够64字节（512 bit），如果小于64字节，说明是假包（或称残帧），则丢弃该包；如果大于64字节，则发送该包。该方式的数据处理速度比存储转发方式快，比直通交换方式慢，但由于能够避免残帧的转发，所以被广泛应用于低档交换机中。

6）用交换机组建办公室网络

以交换机为网络中心的网络称为交换式网络。其所连网络端口独享带宽，有效地隔离了冲突，但所有端口仍然属于同一个广播域，易产生广播风暴，所以交换机连接的网络有一个广播域和多个冲突域，如图 4–17 所示。

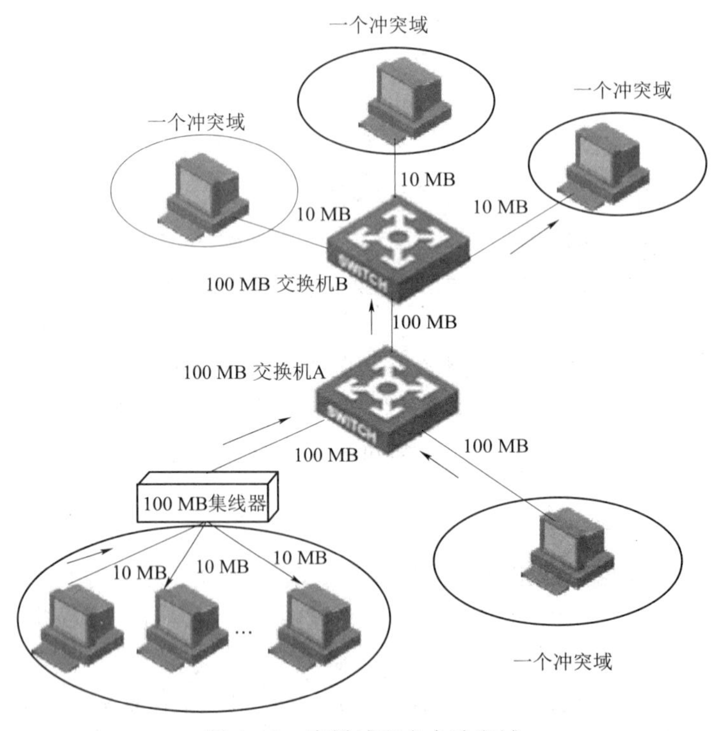

图 4–17　广播域和多个冲突域

4.1.5　任务实战：交换机基本参数设置

任务目的：熟悉交换机的工作原理，掌握交换机配置方法。

任务内容：交换机基本参数设置，交换机 Telnet 配置。

任务环境：

（1）C2950 交换机 1 台；

（2）console 线 1 根；

（3）交叉线 1 根。

任务步骤：

步骤 1：进入全局配置模式（conf t）。

Switch>enable

Switch#configure terminal

步骤 2：修改设备名称。

Switch（config）#hostname S1

步骤 3：设置进入特权模式的密码。

S1（config）#enable password 123456

步骤 4：为 Telnet 用户配置用户名和登录口令。

S1（config）#username sxpi password 123456

步骤 5：进入 Telnet 接口，并允许本地口令登录。

S1（config）#line vty 0 4

S1（config-line）#login local

步骤 6：进入 F0/1 接口，配置双工模式及端口速率。

S1（config-line）#int f0/1

S1（config-if）#duplex half

S1（config-if）#speed 100

步骤 7：设置管理（vlan1）地址，如图 4–18 所示。

S1（config）#int vlan 1

S1（config-if）#ip address 192.168.0.254 255.255.255.0

步骤 8：保存配置并重启设备。

S1#write

S1#reload

步骤 9：为计算机设置 IP 地址、子网掩码和网关地址。

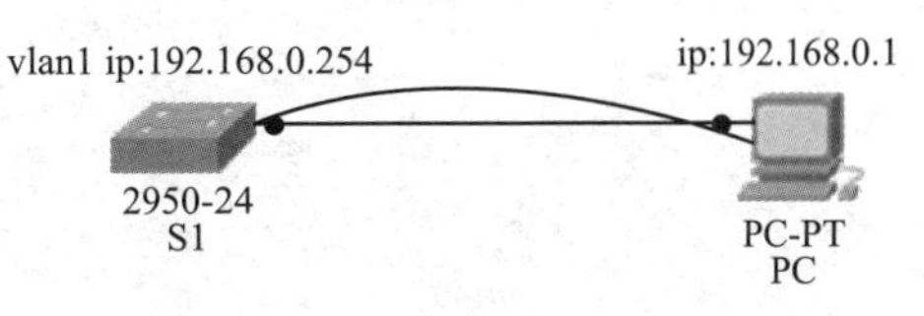

图 4–18　设置管理（vlan1）地址

步骤 10：在计算机上测试 Telnet，如图 4–19 所示。

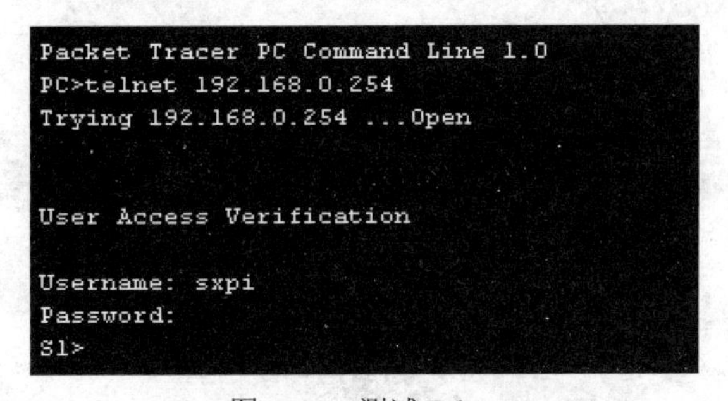

图 4–19　测试 Telnet

4.2　任务 2：组建虚拟局域网

传统局域网处于同一个网段，是一个大的广播域，广播帧占用了大量的带宽，当网络内的计算机数量增加时，广播流量也随之增大，广播流量大到一定程度时，网络效率急剧下降，如图 4–20 所示。

为了降低广播报文的影响，可以使用路由器来减小以太网上广播域的范围，从而降低广播报文在网络中的比例，提高带宽利用率，如图 4–21 所示。

使用路由器不能解决同一交换机下的用户隔离，而路由器的价格比交换机高，使用路由器提高了局域网的部署成本。另外，大部分中低端路由器使用软件转发，转发性能不高，容易在网络中造成性能瓶颈。所以，在局域网中使用路由器来隔离广播是一个高成本、低性能的方案。因此，给网络分段是一个提高广播网络效率的方法。网络分段后，不同网段之间的通信又是一个需要解决的问题，原先属于同一个网段的用户又要调整到另一个网段时，需要将计算机搬离原先的网段，接入新的网段，这又出现重新布线的问题。目前主流的技术是采用 VLAN 隔离广播域，如图 4–22 所示。

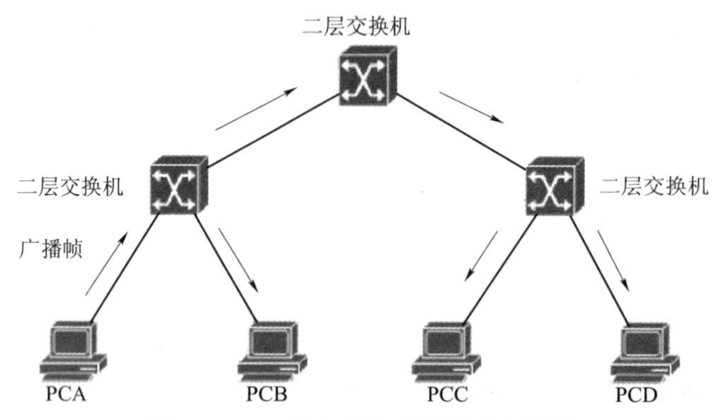

图 4–20　二层交换机无法隔离广播域

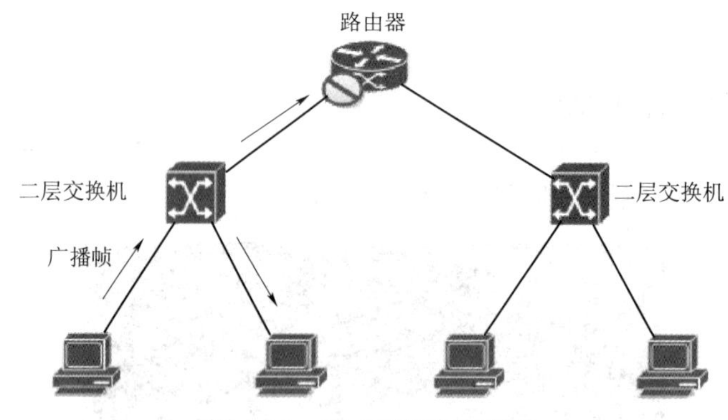

图 4–21　路由器隔离广播域

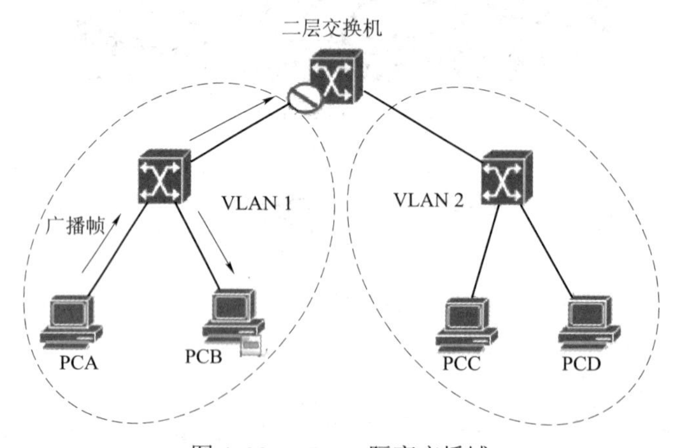

图 4–22　VLAN 隔离广播域

VLAN 的作用主要如下：

（1）提高网络通信效率。由于缩小了广播域，一个 VLAN 内的单播、广播不会进入另一个 VLAN，减小了整个网络的流量。

（2）方便维护和管理。VLAN 是按逻辑划分的，不受物理位置的限制，方便网络管理。

（3）提高网络的安全性。不同的 VLAN 不能直接通信，杜绝了广播信息的不安全性。要求高安全性的部门可以单独使用一个 VLAN，以有效防止外界的访问。

4.2.1　虚拟局域网概述

虚拟局域网（Virtual Local Area Network，VLAN）是指逻辑上将不同位置的计算机或设备划分在同一个网络当中，网络中的设备、计算机之间的通信连接如同在同一个物理分区中的技术。VLAN 技术的协议标准是 802.1Q。

1. VLAN 类型

1）基于端口的 VLAN

基于端口划分的 VLAN 属于静态 VLAN，是将交换机上的物理端口分成若干个组，每个组构成一个虚拟网，相当于一个独立的 VLAN 交换机，如图 4–23 所示。

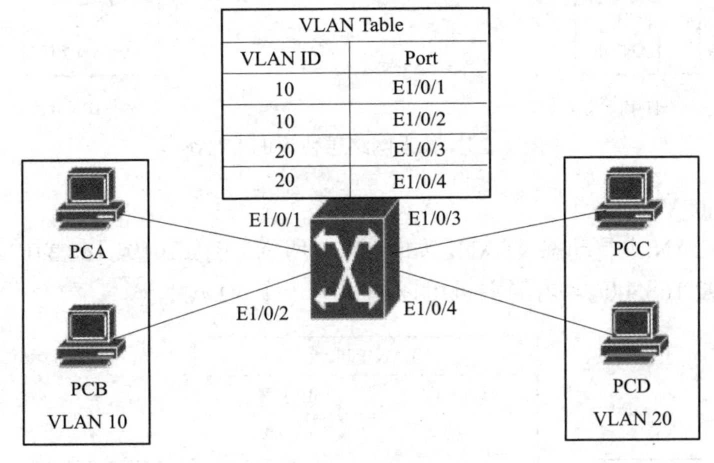

图 4–23　基于端口的 VLAN

2）基于 MAC 地址的 VLAN

基于 MAC 地址的 VLAN 是动态 VLAN，就是将 MAC 地址分成若干个组，使用同一组 MAC 地址的用户构成一个虚拟局域网，如图 4–24 所示。

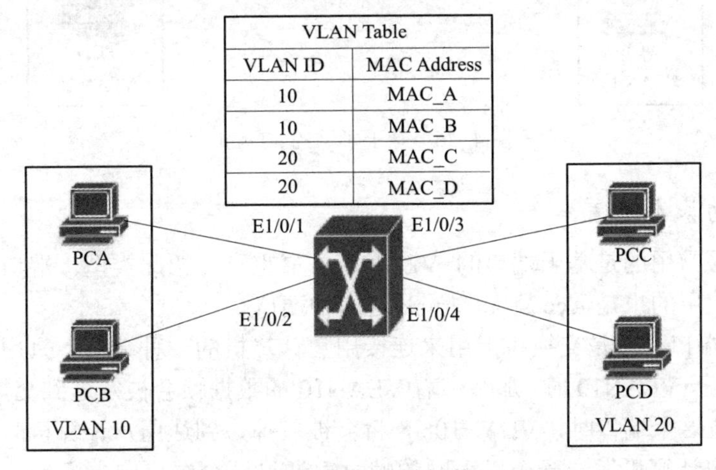

图 4–24　基于 MAC 地址的 VLAN

3）基于网络层协议的 VLAN

基于网络层协议的 VLAN 也是动态 VLAN，可划分为 IP、IPX、DECnet、AppleTalk、Banyan 等 VLAN 网络，如图 4–25 所示。

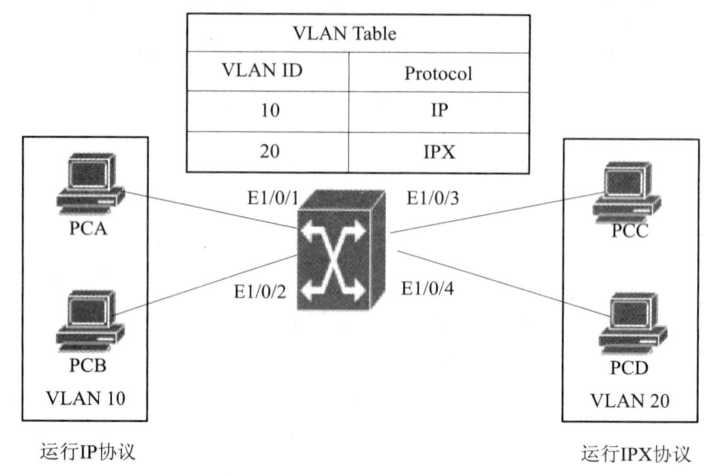

图 4–25　基于网络层协议的 VLAN

4）基于子网的 VLAN

基于子网的 VLAN 也是动态 VLAN，如图 4–26 所示。例如：192.168.3.0/24 内的主机可以属于一个 VLAN，192.168.4.0/24 内的主机可以属于另一个 VLAN。

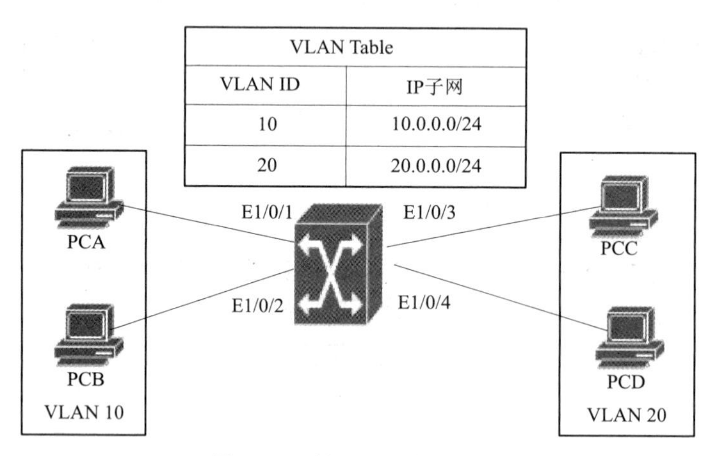

图 4–26　基于子网的 VLAN

2. VLAN 的基本配置

网络技术中最常用的是基于端口的 VLAN，本书重点介绍此类型。端口类型在以前主要分为两种，基本上用的也是 Access 和 Trunk 这两种端口。

（1）Access 端口：它是交换机上用来连接用户计算机的一种端口，只用于接入链路。例如：当一个端口属于 VLAN10 时，那么带着 VLAN10 的数据帧会被发送到交换机这个端口上，当这个数据帧通过这个端口时，VLAN10tag 将会被剥掉，到达用户计算机时，就是一个以太网的帧。而当用户计算机发送一个以太网的帧时，通过这个端口向上走，那么这个端口就会给这个帧加上一个 VLAN10tag，而其他 VLANtag 的帧则不能从这个端口上下发到计算机。

Access 端口配置的步骤如下：

步骤 1：在全局模式下创建和删除 VLAN。

创建 VLAN 的命令：vlan ID。

例：Switch（config）#vlan 10　//创建 VLAN，编号为 10

给 VLAN 的命名的命令：name vlan-name。

例：Switch（config-vlan）#name sxpi　//给 VLAN 的命名为 sxpi

删除 VLAN 的命令：no vlan ID。

例：Switch（config）#no vlan 10　//删除 VLAN 10

步骤 2：将接口加入 VLAN。

配置 Access 接口命令：switchport mode access

把指定接口加入 VLAN 的命令：switchport access vlan ID

例：把接口 fastEthernet 0/1 加入 VLAN 10。

Switch（config）#interface fastEthernet 0/1

Switch（config-if）#switchport mode access

Switch（config-if）#switchport access vlan 10

案例 4.2：单交换机 VLAN 划分。

某企业的技术部和工程部位于同一楼层，网络管理员现已为所有设备分配好 IP 地址，为了提高部门数据的安全性和网络性能，现将现有网络划分为两个 VLAN。

需求分析：将交换机 fastEthernet 0/1～10 划分到 VLAN 10 中，将交换机 fastEthernet 0/11～20 划分到 VLAN 20 中。VLAN 10（技术部）内部用户可以通信，VLAN 20（工程部）内部用户可以通信，两个 VLAN 之间不能通信。

VLAN 配置如下：

Switch（config）#vlan 10

Switch（config-vlan）#name jishu

Switch（config）#vlan 20

Switch（config-vlan）#name gongcheng

Switch（config）# interface range fastEthernet 0/1 – 10 //指定一组端口

Switch（config-if-range）#switchport mode access

Switch（config-if-range）#switchport access vlan 10

Switch（config）# interface range fastEthernet 0/11 – 20 //指定一组端口

Switch（config-if-range）#switchport mode access

Switch（config-if-range）#switchport access vlan 20

（2）Trunk 端口：这个端口是交换机之间或者交换机和上层设备之间的通信端口，用于干道链路。一个 Trunk 端口可以拥有一个主 VLAN 和多个副 VLAN，例如：当一个 Trunk 端口有主 VLAN10 和副 VLAN11、12、30 时，带有 VLAN30 的数据帧可以通过这个端口，通过时 VLAN30 不被剥掉；带有 VLAN10 的数据帧也可以通过这个端口。如果一个不带 VLAN 的数据帧通过，那么将会被这个端口打上 VLAN10tag。这种端口存在的目的是使多个 VLAN 跨越交换机进行传递。

Trunk 端口配置如下：

配置 Trunk 接口命令：switchport mode trunk；

在 Trunk 端口上封装 VLAN 协议的命令：switchport trunk encapsulation dot1q |ISL；

在 Trunk 接口模式下只允许某个 VLAN 通过的命令：switchport trunk allowed VLAN VLAN-list；

VLAN-list 是指允许通过的那些 VLAN 号，多个 VLAN 号之间用“，”分割；如果设置允许所有的 VLAN 通过，VLAN -list 就是 all。

4.2.2 任务实战：交换机 VLAN 划分

任务目的：理解 VLAN 的原理及特点，掌握 VLAN 的基本配置方法。

任务内容：

（1）交换机 Access 端口配置；

（2）交换机 Trunk 端口配置。

任务环境：

（1）C2960 交换机 2 台；

（2）console 线 1 根；

（3）交叉线 1 根，直通线 4 根。

VLAN 划分拓扑如图 4–27 所示。

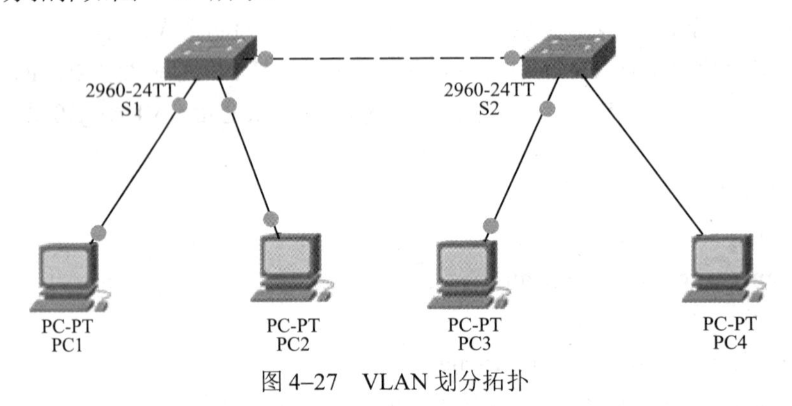

图 4–27 VLAN 划分拓扑

S1 的 F0/24 口和 S2 的 F0/24 口用交叉线相连，PC1 和 PC2 分别用直通线连接 S1 的 F0/1 口和 F0/2 口，PC3 和 PC4 分别用直通线连接 S2 的 F0/1 口和 F0/2 口。

任务步骤：

步骤 1：在分别在 S1 和 S2（配置略）交换机上创建 VLAN 10（别名为 sxpi10）和 VLAN 20（别名为 sxpi20）。

S1（config）#vlan 10

S1（config-vlan）#name sxpi10

S1（config-vlan）#vlan 20

S1（config-vlan）#name sxpi20

步骤 2：设置 S1 和 S2（配置略）交换机的 f0/1 口为 Access 类型，并加入 VLAN 10；设置 S1 和 S2（配置略）交换机的 f0/2 口为 Access 类型，并加入 VLAN 20。

S1（config）#interface fastEthernet 0/1

S1（config-if）#switchport mode access

S1（config-if）#switchport access vlan 10

S1（config）# interface fastEthernet 0/2

S1（config-if）#switchport mode access

S1（config-if）#switchport access vlan 20

步骤 3：分别在 S1 和 S2（配置略）上查看 VLAN 信息，如图 4–28 所示。

```
S1#show vlan brief

VLAN Name                             Status    Ports
---- -------------------------------- --------- -------------------------------
1    default                          active    Fa0/3, Fa0/4, Fa0/5, Fa0/6
                                                Fa0/7, Fa0/8, Fa0/9, Fa0/10
                                                Fa0/11, Fa0/12, Fa0/13, Fa0/14
                                                Fa0/15, Fa0/16, Fa0/17, Fa0/18
                                                Fa0/19, Fa0/20, Fa0/21, Fa0/22
                                                Fa0/23, Fa0/24, Gig1/1, Gig1/2
10   sxpi10                           active    Fa0/1
20   sxpi20                           active    Fa0/2
1002 fddi-default                     active
1003 token-ring-default               active
1004 fddinet-default                  active
1005 trnet-default                    active
```

图 4–28　VLAN 简要信息

步骤 4：给 PC1 设置 IP 地址 192.168.10.1/24，给 PC3 设置 IP 地址 192.168.10.2/24，给 PC2 设置 IP 地址 192.168.20.1/24，给 PC4 设置 IP 地址 192.168.20.2/24。

步骤 5：进行连通测试。在 PC1 上 Ping PC3，执行结果如图 4–29 所示。

```
Pinging 192.168.10.2 with 32 bytes of data:

Request timed out.
Request timed out.
Request timed out.
Request timed out.

Ping statistics for 192.168.10.2:
    Packets: Sent = 4, Received = 0, Lost = 4 (100% loss)
```

图 4–29　连通测试

从执行结果分析，PC1 和 PC3 不通（PC2 和 PC4 也不通），因为连接 S1 和 S2 的 f0/24 配置为 Trunk 类型。

步骤 6：分别在 S1 和 S2（配置略）交换机上配置 f0/24 为 Trunk 类型，封装 802.1q 协议并允许所有 VLAN 通过。

S1（config）#interface fastEthernet 0/24

S1（config-if）#switchport mode trunk

S1（config-if）# switchport trunk encapsulation dotlq

S1（config-if）#switchport trunk allowed vlan all

步骤 7：在 S1 上执行命令“show interfaces fastEthernet 0/24 switchport”，如图 4–30 所示。

```
S1#show interfaces fastEthernet 0/24 switchport
Name: Fa0/24
Switchport: Enabled
Administrative Mode: trunk
Operational Mode: trunk
Administrative Trunking Encapsulation: dot1q
Operational Trunking Encapsulation: dot1q
Negotiation of Trunking: On
Access Mode VLAN: 1 (default)
Trunking Native Mode VLAN: 1 (default)
```

图 4–30　查看端口信息

通过执行结果分析，f0/24 口被封装为 Trunk 模式，封装协议为 dot1q（802.1q）。

步骤 8：进行连通测试。在 PC1 上 Ping PC3，执行结果如图 4–31 所示。

```
PC>ping 192.168.10.2

Pinging 192.168.10.2 with 32 bytes of data:

Reply from 192.168.10.2: bytes=32 time=94ms TTL=128
Reply from 192.168.10.2: bytes=32 time=93ms TTL=128
Reply from 192.168.10.2: bytes=32 time=94ms TTL=128
Reply from 192.168.10.2: bytes=32 time=94ms TTL=128

Ping statistics for 192.168.10.2:
    Packets: Sent = 4, Received = 4, Lost = 0 (0% loss),
Approximate round trip times in milli-seconds:
    Minimum = 93ms, Maximum = 94ms, Average = 93ms
```

图 4–31　连通测试

4.3　任务 3：组建无线网

Internet 应用的迅猛发展，以及便携机、PDA（Personal Data Assistant）等移动智能终端的日益普及，为广大用户提供了诸多便利（随时随地自由接入 Internet、能享受更多安全且有保障的网络），成为无线网发展的必然。

4.3.1　无线局域网概述

无线局域网（Wireless LAN，WLAN）是 20 世纪 90 年代计算机网络与无线通信技术相结合的产物，它提供了使用无线多址信道的一种有效方法来支持计算机之间的通信，并为通信的移动化、个人化和多媒体应用提供了潜在的手段。

无线局域网具有以下优势：

（1）可移动性，它提供了不受线缆限制的应用，用户可以随时随地上网；

（2）容易安装、无须布线，大大节约了建网时间；

（3）组网灵活，可以迅速将其加入现有网络中，并在某种环境下运行；

（4）成本低，尤其是考虑到需要租用电信专线的高昂费用和烦琐复杂的布线成本。

1. 无线计算机网络类型

无线计算机网络有很多种，按其覆盖范围可分为无线个人区域网（Wireless Personal Area Network，WPAN）、无线局域网（Wireless LAN，WLAN）与无线城域网（Wireless MAN，WMAN）。这些网络都利用无线电波实现计算机间的相互通信，由于没有线缆，计算机可以在移动状态收发数据。利用这些网络与其他无线技术，在不久的将来，能够实现激动人心的 5W，即任何人在任何时间、任何地点能够与任何人交换任何信息（Whoever，Whenever，Wherever，Whomever，Whatever）。

1）无线个人区域网

无线个人区域网简称无线个域网，它是在个人周围空间形成的无线网络，通常指覆盖范围在 10 m 以内的短距离无线网络，适用于连接个人使用的多个电子设备，如计算机、笔记本电脑、手机、数字相机、移动硬盘等。无线个域网本质上是一种电缆替代技术，实现无线个域网的技术很多，如蓝牙、IEEE 802.15 系列标准。

蓝牙由爱立信、英特尔、诺基亚、IBM 和东芝等公司于 1998 年 5 月联合推出，它可以在较小的范围内以无线方式连接各类电子设备。蓝牙的通信距离大约为 10 m，最高数据传输速率可达 1 Mb/s。蓝牙有广泛的应用，现在有蓝牙功能的手机、耳机和笔记本电脑随处可见。

针对无线个域网，IEEE 推出了 IEEE 802.15 系列标准。IEEE 802.15.1 标准由蓝牙技术演变而来，于 2002 年推出。IEEE 802.15.2 是对 IEEE 802.15.1 的改进，其目的是减轻与其他无线网络间的干扰。IEEE 802.15.3 旨在实现高速率传输，速率高达 480 Mb/s，可用于传输高质量的音视频信号。IEEE 802.15.4 是低速率的无线个域网，速率可以低至 9.6 kb/s，它与 IEEE 802.15.3 分工不同，可适用于不同的应用环境。

2）无线局域网

无线局域网采用 IEEE 802.11 系列标准，有 IEEE 802.11b、IEEE 802.11a 与 IEEE 802.11g 等。IEEE 802.11 推出后得到了众多厂家的支持。这些厂家成立了一个组织无线保真（Wireless Fidelity，Wi-Fi）联盟，旨在推动 IEEE 802.11 标准在全球的发展，所以 IEEE 802.11 网络也称为 Wi-Fi 网络。现在很多手机都带有 Wi-Fi 功能。

IEEE 802.11b 标准规定无线局域网的工作频段为 2.4～2.483 5 GHz，数据传输速率达到 11 Mb/s，支持的范围是在室外为 300 m，在办公环境中最长为 100 m。数据传输速率可以根据实际情况在 11 Mb/s、5.5 Mb/s、2 Mb/s 和 1 Mb/s 的不同速率间自动切换。

IEEE 802.11b 工作于公共频段，容易与同一工作频段的蓝牙等设备形成干扰，且速度较低，为了解决这个问题，在 IEEE 802.11b 通过的同年，IEEE 802.11a 标准应运而生。该标准工作于 5.8 GHz 频段，最大数据传输速率提高到 54 Mb/s，支持的范围是在室外为 300 m，在办公环境中最长为 100 m。

虽然 IEEE 802.11a 标准比起 IEEE 802.11b 先进不少，但由于 IEEE 802.11b 的广泛使用，无线局域网的部署和升级必须考虑到客户的既有投资，业界迫切需要一种与 IEEE 802.11b 工作于同一频段且更为先进的技术来保证这种妥协。2001 年，工作于 2.4 GHz 频段、数据传输速率高达 54 Mb/s 的 IEEE 802.11g 标准获得通过。

IEEE 802.11a 无线局域网的数据传输速率低、网络信号不稳定、信号传输范围小等问题一直困扰着无线局域网的大规模应用。IEEE 802.11n 标准的出现，让当前比较尴尬的无线局域网建设得到解脱。IEEE 802.11n 标准将无线局域网的传输速率由目前的 54 Mb/s 提高到 108 Mb/s，甚至高达 500 Mb/s 以上，即在理想状况下，IEEE 802.11n 将使无线局域网的数据传输速率提高 10 倍左右。

3）无线城域网

针对无线城域网，IEEE 推出了 IEEE 802.16 标准，传输距离可达 50 km，传输速率可达 134 Mb/s。IEEE 802.16 推出后得到了众多厂家的支持，这些厂家成立了一个组织：WiMAX（Worldwide Interoperability for Microwave Access）论坛，旨在推动 IEEE 802.16 标准在全球的发展，所以 IEEE 802.16 网络也称为 WiMAX 网络。WiMAX 在北美、欧洲迅猛发展，现在它在我国发展也非常迅速。

2. 无线局域网的组成

无线网络的硬件设备主要包括 4 种，即无线网卡、无线 AP、无线路由器和无线天线。一般情况下只需几块无线网卡，就可以组建一个小型的对等无线网络。当需要扩大网络规模或者将无线网络与传统的局域网连接在一起时，才需要使用无线 AP。只有当实现 Internet 接入时，才需要无线路由器。无线天线主要用于放大信号，以接收更远距离的无线信号，从而扩大无线网络的覆盖范围。

1）无线网卡

无线网卡的作用类似于以太网中的网卡，作为无线网络的接口，实现与无线网络的连接，如图 4–32 所示。无线网卡根据接口类型的不同，主要分为 3 种类型，即 PCMCIA 无线网卡、PCI 无线网卡和 USB 无线网卡。

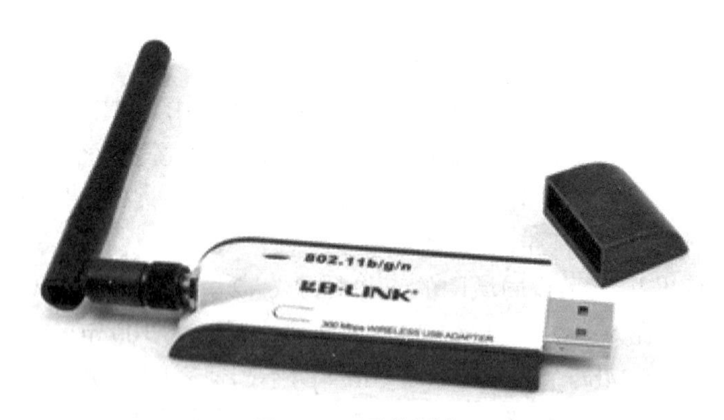

图 4–32　无线网卡

正如移动电话已成为固定电话的有力补充一样，无线网络也以其灵活便利的接入方式得到众多移动用户的青睐。毋庸置疑，无线网络在远程接入、移动接入和临时接入中都拥有无与伦比的巨大优势，随着无线网络设备价格的平民化，无线网络的实际应用越来越多。

2）无线 AP

无线 AP 的作用类似于以太网中的集线器。当网络中增加一个无线 AP 之后，即可成倍地扩展网络覆盖直径，也可使网络容纳更多的网络设备，如图 4–33 所示。

无线 AP 通常拥有一个或多个以太网接口。如果网络中原来拥有安装双绞线网卡的计算机，可以选择多以太网接口的无线 AP，实现无线与有线的连接。否则，可只选择拥有一个以太网端口的无线 AP，从而节约购置资金。

安装于室外的无线 AP 通常称为室外无线网桥，主要用于实现无线网络的空中接力，或搭建点对点或点对多点的无线连接。

3）无线路由器

无线路由器就是无线 AP 与宽带路由器的结合，如图 4–34 所示。借助无线路由器，可实现无线网络中的 Internet 连接共享，实现 ADSL、Cable Modem 和小区宽带的无线共享接入。如果不购置无线路由，就必须在无线网络中设置一台代理服务器才可以实现 Internet 连接共享。

图 4–33　无线 AP

图 4–34　无线路由器

无线路由器通常拥有一个或多个以太网接口。如果网络中原来拥有安装双绞线网卡的计算机，可以选择多端口无线路由器，实现无线与有线的连接，并共享 Internet。否则，可只选择拥有一个以太网端口的无线路由器。

4）无线天线

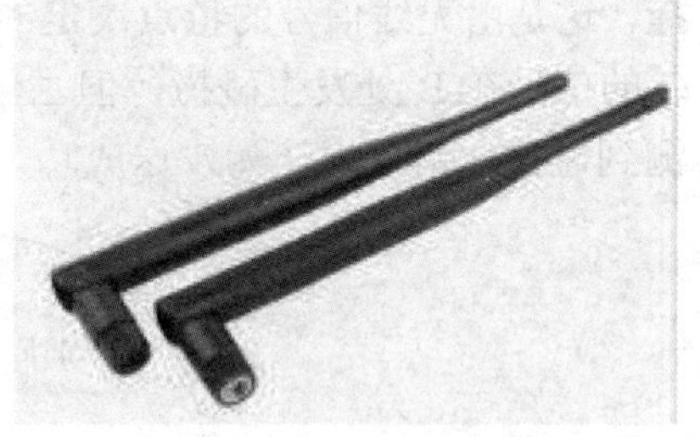

图 4–35　无线天线

当计算机与无线 AP 或其他计算机相距较远时，随着信号的减弱，或者传输速率明显下降，或者根本无法实现与无线 AP 或其他计算机的通信，此时必须借助无线天线对所接收或发送的信号进行增益，如图 4–35 所示。

无线天线有许多类型，常见的有两种，一种是室内天线，一种是室外天线。室外天线的类型比较多，如锅状的定向天线、棒状的全向天线等。

3. 组建无线局域网

组建无线局域网的可选方案有两种：一种是通过无线 AP 连接的 Infrastructure 模式；另一种是 Ad-hoc 模式。

（1）Infrastructure 模式是指通过 AP 互连，把 AP 看作传统局域网中的集线器。这是一种特殊模式，只要计算机上安装有无线网卡，通过配置无线网卡的ESSID值，即可组建无线对等局域网，实现设备互连，如图4–36所示。

（2）Ad-hoc模式即常说的无线对等网模式，和有线对等网一样，无线对等网也是由两台以上的安装有无线网卡的计算机组成无线局域网环境，实现文件共享，如图4–37所示，这也是最简单的无线局域网结构。

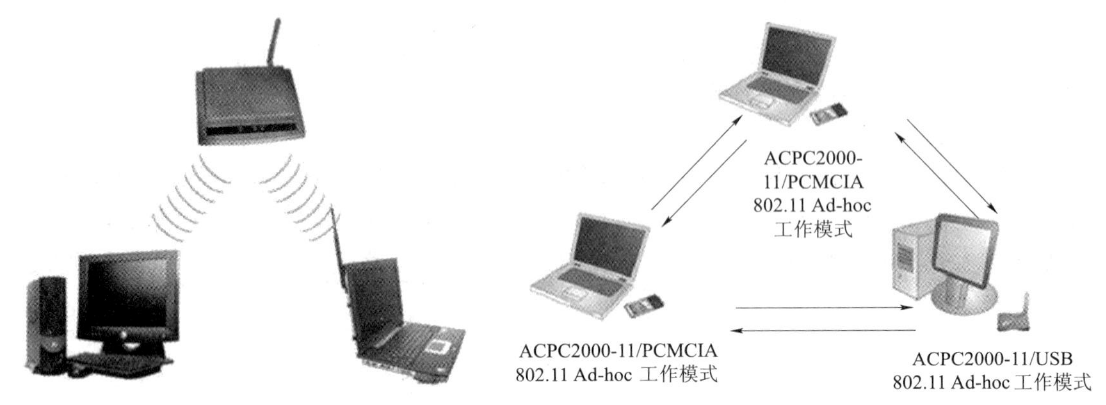

图4–36 Infrastructure模式　　图4–37 Ad-hoc模式

4. 无线局域网的媒体访问控制

IEEE 802.11采用随机访问协议，AP与关联到它的所有计算机工作在同一频道，两个节点（计算机或AP）同时发送数据一定会发生干扰，无法正确接收，与以太网类似，这是无线局域网中的碰撞。以太网的CSMA/CD协议能否用于无线局域网？答案是否定的，这是因为无线局域网的无线链路完全不同于以太网的有线链路，具体有如下：

（1）CSMA/CD协议要求在发送数据的同时检测是否发生碰撞，可是在无线环境下，无线网卡接收到信号的强度远远小于它自己发送信号的强度，难以检测到碰撞。

（2）即使付出代价提升无线网卡的性能进行碰撞检测，但在某些情况下仍无法检测到碰撞，这是由无线信号的特点决定的。如图4–38所示，A和C同时向B发送数据，A的信号与C的信号在B处发生碰撞，但由于距离过远，A与C都无法接收到对方的信号，也就无法检测到碰撞，错误地认为发送成功，这称为隐蔽站问题。

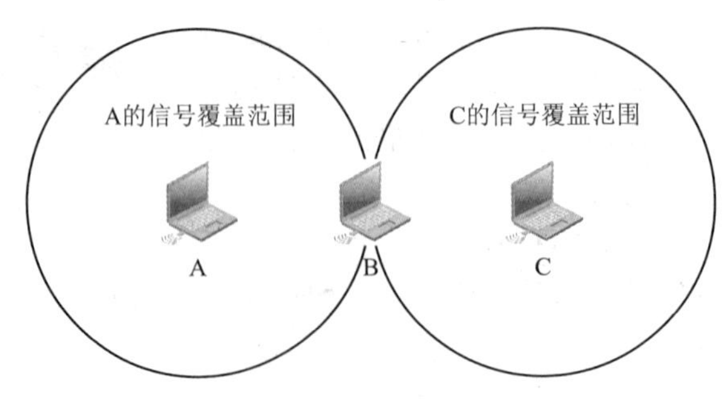

图4–38 隐蔽站问题

既然碰撞无法检测，就要尽可能地避免。IEEE 802.11采用载波监听多点接入/碰撞避免（Carrier Sense Multiple Access/Collision Avoidance，CSMA/CA）协议，其简要描述如下：

（1）某节点有帧要发送时，先检测信道上是否有其他节点在发送数据。

（2）如果没有检测到其他节点在发送数据，即信道空闲，就发送这一帧。

（3）如果检测到其他节点在发送数据，则随机选择一个等待时间，继续检测信道，若信道空闲则递减该值，若信道忙则该值保持不变。

（4）当等待时间减少到 0 时（注意这只能发生在检测到信道空闲时），发送一帧数据，发送过程中不检测碰撞，发送完毕后等待接收方发送确认。

（5）若收到确认，则说明发送成功；若过了一定时间未收到确认，则认为发送失败。发送失败后从第（3）步开始再随机选择等待时间，反复重复直到发送成功，或者重复到一定次数后放弃发送。

CSMA/CA 与 CSMA/CD 主要有 3 点不同：

（1）不进行碰撞检测，原因如上所述。

（2）节点在信道忙时就开始等待，在信道空闲时并不立即发送，要等待时间减到 0 时才发送，这样做的目的是尽可能让不同节点在不同的时间发送数据，从而尽可能地避免碰撞。

（3）接收方成功接收后发送确认，发送方收到确认才认为发送成功，不进行碰撞检测，碰撞又不能完全避免，那么只能依靠确认来明确发送是否成功。根据上一节讨论的无线信号的特点，无线局域网中数据出现差错的可能性远大于以太网，所以即使不发生碰撞，接收方也不一定能正确接收，同样只能依靠确认来明确发送是否成功。

4.3.2　蓝牙技术概述

蓝牙是由爱立信、英特尔诺基亚、IBM 和东芝等公司于 1998 年 5 月共同提出的近距离无线数字通信的技术标准。其最高数据传输速率为 1 Mb/s（有效传输速度为 721 kb/s），最大传输距离为 10 m，用户不必经过申请便可利用 2.4 GHz 的 ISM（工业、科学、医学）频带，在其上设立 79 个带宽为 1 MHz 的信道，用每秒钟切换 1 600 次的频率、滚齿方式的频谱扩散技术实现电波的收发。

蓝牙技术使用高速跳频（Frequency Hopping，FH）和时分多址（TimeDivesionMuli—access）等先进技术，在近距离内最廉价地将几台数字化设备（各种移动设备，固定通信设备，计算机及其终端设备，各种数字数据系统，如数字照相机、数字摄像机等，甚至各种家用电器、自动化设备）呈网状链接起来。蓝牙技术是网络中各种外围设备接口的统一桥梁，它消除了设备之间的连线，代之以无线连接。

蓝牙技术的应用如下：

（1）蓝牙外设：计算机使用蓝牙鼠标和蓝牙键盘，代替有线鼠标和键盘。蓝牙打印机的应用也很受欢迎。蓝牙耳机的应用改变了人们接电话的方式。

（2）文件传输：可跨越不同软件平台传输文件，手机不仅拥有彩色显屏、和弦铃声，更可以上网下载铃声、图片和小游戏。

（3）传真服务：只要开通数据传真服务，并在计算机上安装发传真的软件（如 WINFAX），然后把数据机指定为手机端口就可以在计算机上通过蓝牙无线发传真。

（4）蓝牙网络：PPC（基于微软的 WindowsMobile 操作系统的一种掌上电脑）与计算机在非同步的方式下共享网络。

（5）拨号网络：拨接到调制解调器，以连接到 Internet。

（6）语音数据：也就是蓝牙的音频网关的服务，同时蓝牙能提供数据同步、存储功能。蓝牙U盘和USB适配器等就是蓝牙在数据领域的典型应用。

（7）汽车电子：蓝牙汽车音响、蓝牙后视镜、蓝牙车载导航、蓝牙汽车防盗系统。

（8）工业控制：通过蓝牙网关进行工业仪表的控制，利用蓝牙串口模块进行现场控制。

案例4.3：构建笔记本与手机蓝牙通信网络。

环境：一台带蓝牙功能的笔记本电脑、Windows7操作系统、一部具有蓝牙功能的手机。

步骤1：开启笔记本电脑和手机的蓝牙功能。

步骤2：双击笔记本电脑任务栏右下角的蓝牙图标，弹出系统蓝牙设备窗口，如图4–39所示。

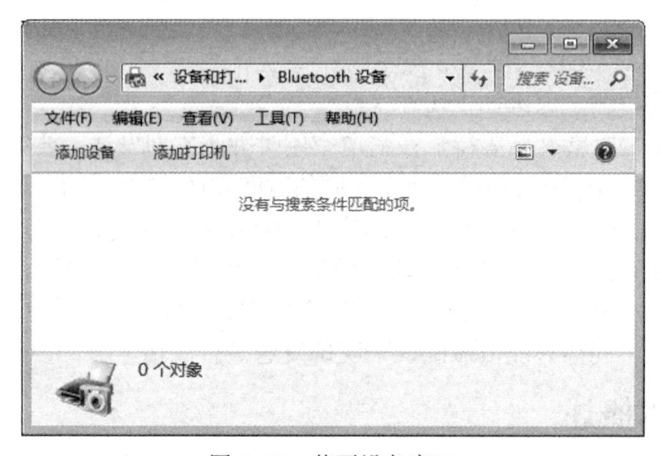

图4–39 蓝牙设备窗口

步骤3：单击“添加设备”按钮，搜索蓝牙设备，当搜索到蓝牙手机后，单击“下一步”按钮，出现蓝牙设备匹配窗口，如图4–40所示。

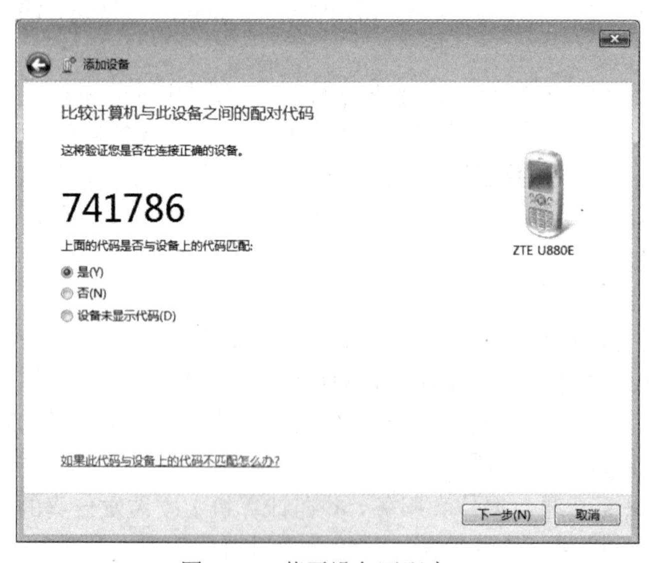

图4–40 蓝牙设备匹配窗口

步骤4：匹配后，手机中会出现匹配成功的提示。至此Windows7已经把手机添加成为蓝牙设备。此时在第一个添加窗口就会出现刚才的手机，如图4–41所示。

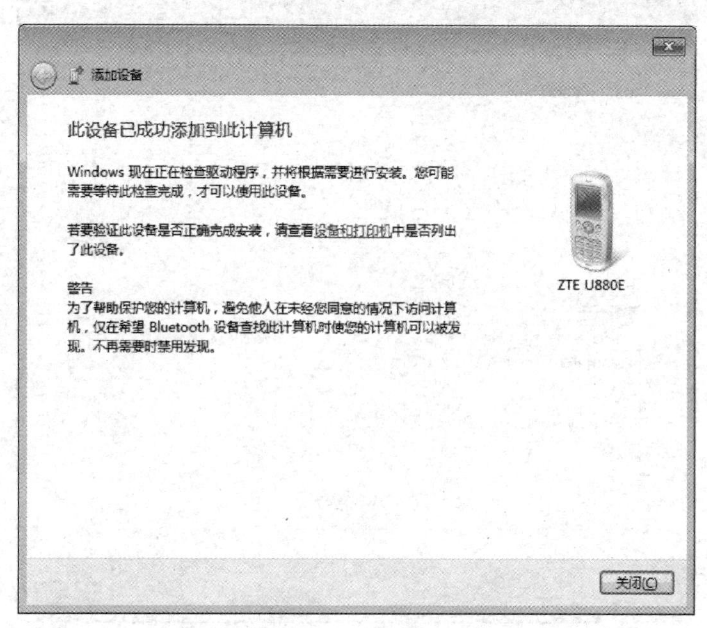

图 4–41　匹配成功

步骤 5：设置完成后，进行蓝牙文件传输，选择测试文件，单击鼠标右键选择“发送”命令，然后选择发送文件的目的地，如图 4–42 所示。

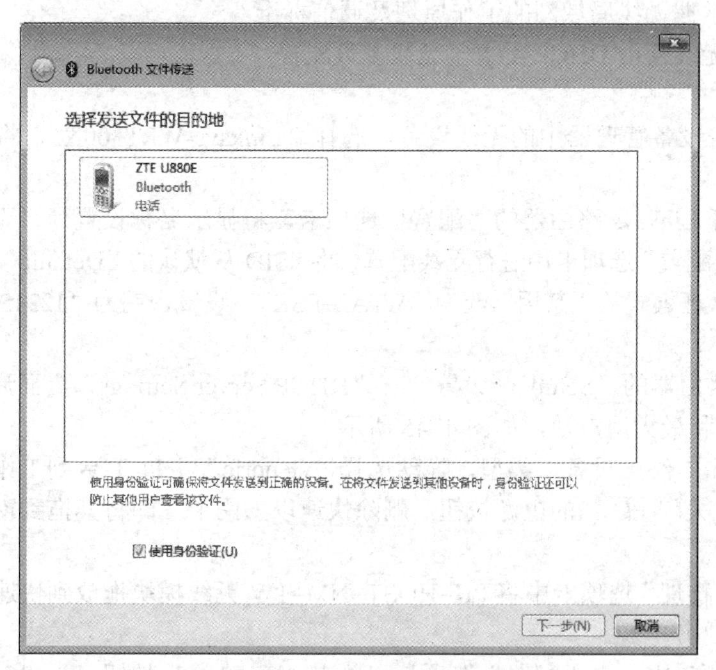

图 4–42　选择发送文件的目的地

步骤 6：选择目的地后，按照蓝牙协议传输文件，传输完成后出现图 4–43 所示界面。

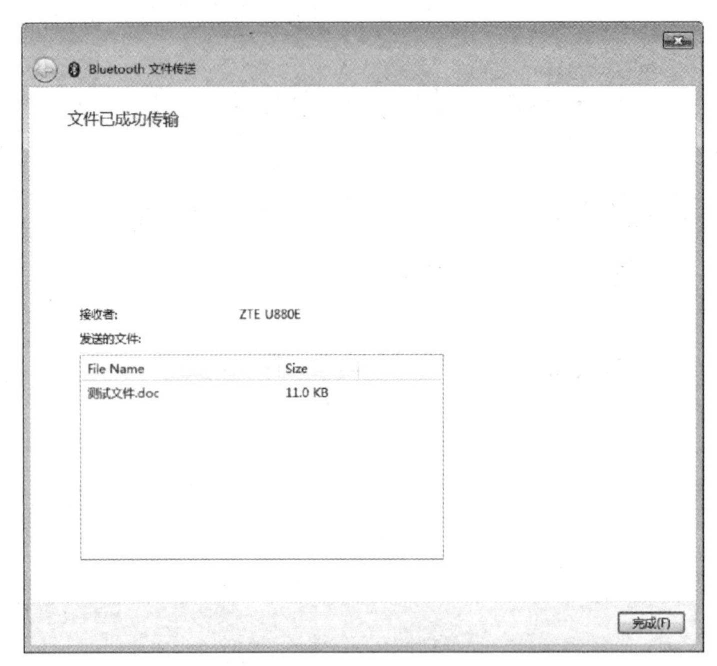

图 4–43　文件传输完成

4.3.3　任务实战：使用 Linksys–WRT300N 组建无线局域网

任务目的：掌握无线局域网的工作原理及通信标准。

任务内容：无线路由 DHCP 配置，无线参数配置。

任务步骤：

步骤 1：单击设备管理器中的无线设备，选择“Linksys-WRT300N”，将该设备添加到工作区域。

步骤 2：打开 Linksys 路由器的“配置”选项卡，将显示名称设置为“无线路由器”。

步骤 3：在“配置”选项卡中进行无线配置，将 SSID 从默认的“Default”重命名为“sxpi”。

步骤 4：将认证模式从“禁用”改为“WPA2–PSK”，设置密钥为“12345678”，如图 4–44 所示。

步骤 5：在路由器的“Setup”（设置）→“DHCP Server Settings”界面启用 DHCP 服务，设置起始 IP 地址和最大用户数，如图 4–45 所示

步骤 6：单击“终端设备”类型，拖动选择“Generic”主机 1 台到工作区域，然后单击“物理”选项卡，关闭 PC 上的电源按钮，删除快速以太网卡（即将其拖到窗口右下角，网卡位于机器底部）。

步骤 7：在“物理”选项卡中将 PH–HOST–NM–1W 无线模块拖放到快速以太网卡先前所在的位置，重新打开电源。

步骤 8：在 PC 中单击“配置”选项卡，单击“Wireless”按钮，为 PC 设置 SSID 号和 WPA2–PSK 密钥，如图 4–46 所示。

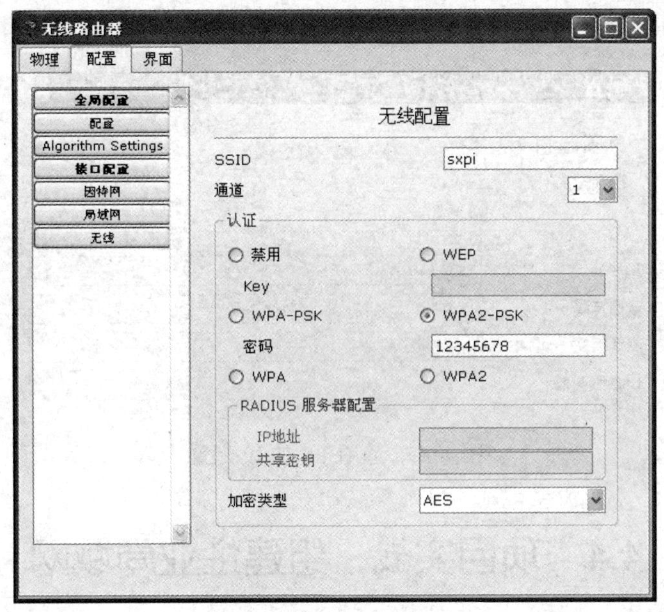

图 4–44　无线配置

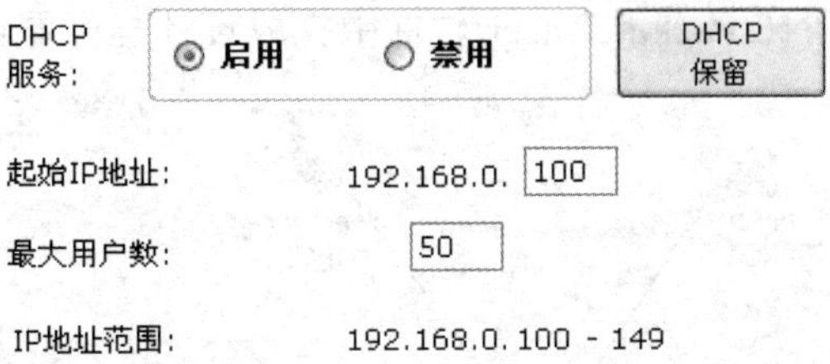

DHCP 服务: ◉ 启用　○ 禁用　DHCP 保留

起始IP地址: 192.168.0. 100

最大用户数: 50

IP地址范围: 192.168.0.100 - 149

图 4–45　DHCP 配置

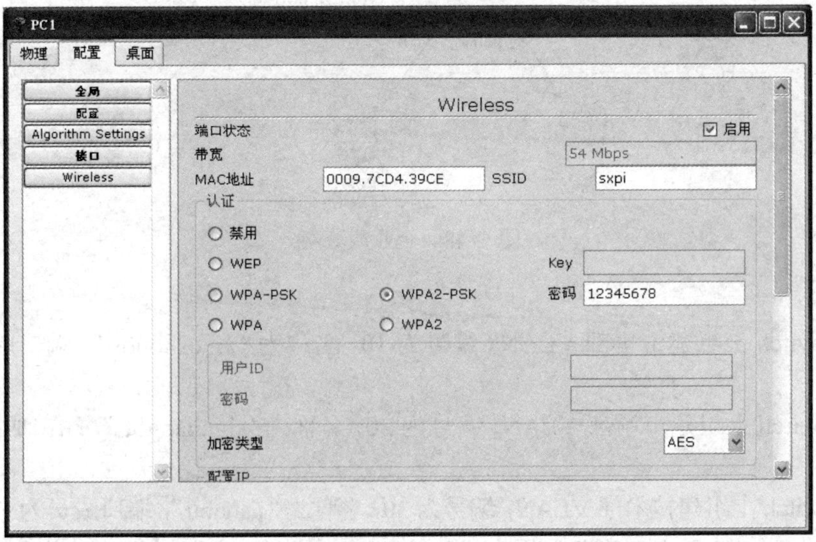

PC1

物理　配置　桌面

全局
配置
Algorithm Settings
接口
Wireless

Wireless

端口状态　☑ 启用
带宽　54 Mbps
MAC地址　0009.7CD4.39CE　SSID　sxpi
认证
○ 禁用
○ WEP　Key
○ WPA-PSK　◉ WPA2-PSK　密码　12345678
○ WPA　○ WPA2
用户ID
密码
加密类型　AES
配置IP

图 4–46　PC 无线设置

步骤9：查看PC的IP配置，如图4–47所示，其表明无线路由器DHCP正常工作。

IP配置

⊙ DHCP
○ 静态

IP地址	192.168.0.100
子网掩码	255.255.255.0
默认网关	192.168.0.1
DNS服务器	

图4–47　查看PC的IP配置

4.4　项目实战：组建企业局域网

项目环境：

组建企业局域网，要求销售部、市场部、技术部及临时人员4个部门内部实现相互通信、信息发布及查询等功能。请在Packet Tracer软件中完成设计与配置，如图4–48所示。

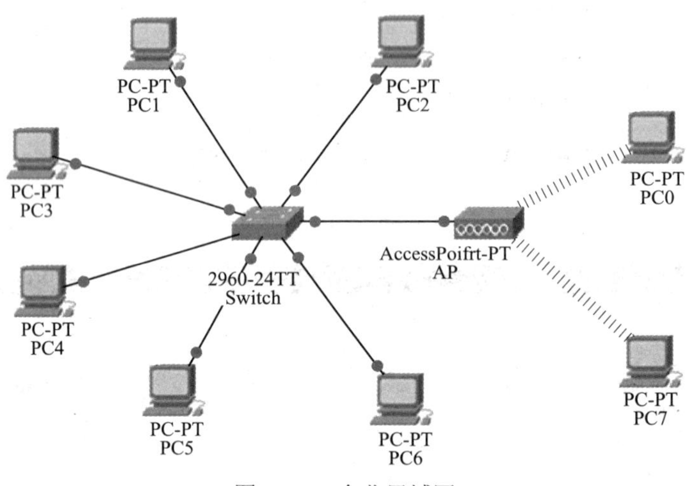

图4–48　企业局域网

项目要求：

（1）在Switch上组建销售部VLAN，编号为10，名称为“xiaoshoubu”，端口成员为F0/1～F0/2。

（2）在Switch上组建市场部VLAN，编号为20，名称为“shichangbu”，端口成员为F0/11～F0/12。

（3）在Switch上组建技术部VLAN，编号为30，名称为“jishubu”，端口成员为F0/21～F0/22。

（4）AP的Port与Switch F0/24相连，AP的SSID号为“sxpi”，认证方式为“WPA2–PSK”，密码为“12345678”。

习　题

（1）简述局域网的特点。

（2）简述中继规则。

（3）共享型以太网有哪些弱点？交换型以太网是如何弥补这些弱点的？

（4）常用的无线局域网组网方式有哪几种？

（5）无线局域网和传统的有线局域网相比有哪些优势？

项目5　使用TCP/IP通信

项目重点与学习目标

（1）学会网络操作系统的安装与维护；

（2）掌握小型网络IP地址的规划与设计；

（3）理解域名解析服务的工作原理和工作过程；

（4）熟悉IIS组件的安装与维护。

项目情境

技术部的小张要给部门经理上交资料，资料大小为16 GB，如果用2 GB的U盘复制，需要多次操作才能将资料全部提交，而且容易感染病毒，同时一个文件大于2 GB时就不能正常移动，小王怎样实现技术部内部的数据资源、音视频资源、硬件资源共享？如果全公司的资源需要共享，应采用什么样的方案？

公司规模发展很快，计算机数量增加到100多台，网络经常出现问题：公司有了自己的网站，用户经常记不住IP地址而无法正常访问；网络管理员经常要为员工计算机手动配置IP地址、掩码、网关等参数，工作烦琐而且容易出错；公司网络经常出现计算机IP地址冲突问题导致无法正常上网；很多员工都用笔记本电脑办公，在公司里使用指定IP地址，而在家中上网需要动态获取IP地址，所以每天都要多次修改IP设置，非常不方便。你能提出一个合理的网络建设方案吗？

项目分析

在企业网络中经常用域名系统实现域名和IP地址间的相互转换，用户可以用域名访问一个站点而无须关心它的IP地址；在大中型网络中，一般都会使用DHCP服务器的自动配置管理技术来管理IP地址，减少IP冲突和资源浪费，同时也提高了安全性。为了完成本项目，需要解决下面几个问题：

（1）企业网络服务器操作系统的选择与安装问题；

（2）企业网络资源共享问题；

（3）DHCP和DNS的安装与配置问题；

（4）企业网站的建设与管理问题。

5.1　任务1：Windows网络操作系统的安装

Windows 网络操作系统集成了多种应用系统，通过利用最新的硬件、软件和方法来优化服务器部署、增强网络安全性、简化部署操作。

5.1.1 虚拟环境的搭建

虚拟机（Virtual Machine）指通过软件模拟的具有完整硬件系统功能的、运行在一个完全隔离环境中的完整计算机系统。虚拟系统通过生成现有操作系统的全新虚拟镜像，具有和真实操作系统完全一样的功能，进入虚拟系统后，所有操作都是在这个全新独立的虚拟系统里面进行的，可以独立安装运行软件，保存数据，拥有自己的独立桌面，不会对真正的操作系统产生任何影响，而且能够在现有系统与虚拟镜像之间灵活切换。虚拟系统和虚拟机的不同在于：虚拟系统不会降低计算机的性能，启动虚拟系统不需要像启动操作系统那样耗费时间，运行程序更加方便快捷；虚拟系统只能模拟和现有操作系统相同的环境，而虚拟机则可以模拟其他种类的操作系统；虚拟机需要模拟底层的硬件指令，所以在应用程序的运行速度上比虚拟系统慢得多。

流行的虚拟机软件有 VMware（VMware ACE）、Virtual Box 和 Virtual PC，它们都能在 Windows 系统上虚拟出多个计算机。虚拟机软件能够在一台计算机上模拟出若干台可以运行单独的计算机而互不干扰，这样就能实现一台计算机“同时”运行几个操作系统，从而将这几个拥有独立操作系统的计算机连成一个网络做网络测试。

VMware 提供了 4 种常用的工作模式：桥接模式（Bridge）、仅主机模式（Host-only）、网络地址转换模式（NAT）和 LAN 区段模式。在桥接模式中，VMware 虚拟出来的操作系统就像局域网中的一台独立的主机，它可以访问网内任何一台机器。在这种模式下，需要手工为虚拟系统配置 IP 地址、子网掩码，还要和宿主机器处于同一网段，这样虚拟系统才能和宿主机器进行通信。同时，由于这个虚拟系统是局域网中的一个独立的主机系统，因此可以手工配置它的 TCP/IP 信息，以实现通过局域网的网关或路由器访问互联网。使用桥接模式的虚拟系统和宿主机器的关系，就像连接在同一个交换机上的两台计算机，想让它们相互通信，就需要为虚拟系统配置 IP 地址和子网掩码，否则就无法通信。如果想利用 VMware 在局域网内新建一个虚拟服务器，为局域网用户提供网络服务，就应该选择桥接模式。

仅主机模式是将内部虚拟机连接到一个可提供 DHCP 功能的虚拟网卡 VMnet1 上去，VMnet1 相当于一个交换机，将虚拟机发来的数据包转发给物理网卡，但是物理网卡不会将该数据包向外转发，所以仅主机模式只能用于虚拟机与虚拟机之间、虚拟机与物理机之间的通信。

网络地址转换模式，就是让虚拟系统借助 NAT（网络地址转换）功能，通过宿主机器所在的网络访问公网。也就是说，使用网络地址转换模式可以实现在虚拟系统里访问互联网。网络地址转换模式下的虚拟系统的 TCP/IP 配置信息是由 VMnet8（NAT）虚拟网络的 DHCP 服务器提供的，无法进行手工修改，因此虚拟系统也就无法和本局域网中的其他真实主机进行通信。采用网络地址转换模式的最大优势是虚拟系统接入互联网非常简单，不需要进行任何其他配置，只需要宿主机器能够访问互联网即可。如果想利用 VMware 安装一个新的虚拟系统，在虚拟系统中不用进行任何手工配置就能直接访问互联网，建议采用网络地址转换模式。

LAN 区段模式提供一个虚拟机共享的专用网络环境，相当于模拟出一个交换机或者集线器，把不同的虚拟机连接起来，与物理机不进行数据交流，与外网也不进行数据交流，构建一个独立的网络。它没有 DHCP 功能，需要手工配置 IP 或者单独配置 DHCP 服务器。

在虚拟机中安装完操作系统之后，接下来需要安装VMware Tools。VMware Tools相当于VMware虚拟机的主板芯片组驱动和显卡驱动、鼠标驱动，安装VMware Tools可以极大地提高虚拟机的性能，并且可以任意设置虚拟机分辨率，还可以使用鼠标直接从虚拟机窗口切换到主机窗口。

5.1.2 网络操作系统的类型选择

网络操作系统（Network Operation System，NOS）是指能使网络上多台计算机方便而有效地共享网络资源，为用户提供所需的各种服务的操作系统软件。

网络操作系统对于网络的应用、性能有着至关重要的影响。选择一个合适的网络操作系统，既能实现建设网络的目标，又能省钱、省力，提高系统的效率。

1. 目前流行的网络操作系统

1）Windows操作系统

Windows操作系统由全球最大的软件开发商微软公司开发。微软公司的Windows操作系统不仅在个人操作系统中占有绝对优势，它在网络操作系统中也具有非常强劲的力量。这类操作系统在整个局域网配置中是最常见的，但由于它对服务器的硬件要求较高，且稳定性不是很高，所以微软公司的网络操作系统一般只用在中低档服务器中，高端服务器通常采用UNIX、Linux或Solaris等非Windows操作系统。在局域网中，微软公司的网络操作系统主要有：Windows Server 2003/2008/2012等。

2）NetWare操作系统

NetWare操作系统虽然远不如早几年那么风光，在局域网中已失去了当年雄霸一方的气势，但是NetWare操作系统仍以对网络硬件的要求较低（工作站只要是286机就可以了）而受到一些设备比较落后的中小型企业，特别是学校的青睐。兼容DOS命令，其应用环境与DOS相似，经过长时间的发展，具有相当丰富的应用软件支持，技术完善、可靠。目前常用的版本有3.11、3.12、4.10、V4.11、V5.0等，NetWare服务器对无盘站和游戏的支持较好，常用于教学网和游戏厅。目前这种操作系统的市场占有率呈下降趋势，这部分市场主要被Windows操作系统和Linux操作系统瓜分了。

3）UNIX操作系统

目前常用的UNIX操作系统版本主要有UNIX SUR4.0、HP-UX 11.0、SUN的Solaris8.0等。UNIX操作系统支持网络文件系统服务，提供数据等应用，功能强大，由AT&T和SCO公司推出。这种网络操作系统稳定，且安全性能非常好，但由于它多数是以命令方式进行操作的，不容易掌握，因此，小型局域网基本不使用UNIX作为网络操作系统，UNIX一般用于大型的网站或大型的企事业局域网中。UNIX操作系统历史悠久，其良好的网络管理功能已被广大网络用户所接受，拥有丰富的应用软件支持。UNIX是针对小型主机环境开发的操作系统，是一种集中式分时多用户体系结构。因其体系结构不够合理，UNIX的市场占有率呈下降趋势。

4）Linux操作系统

Linux是一种自由和开放源码的类UNIX操作系统，Linux系统家族中针对不同的用户群划分为不同的版本，比如Ubuntu、Linux Mint和PCLinuxOS被认为是Linux新用户最容易操作的平台，而Slackware Linux、Gentoo Linux和FreeBSD是需要有一定的应用基础，才可以有效利用的更先进的发行版，CentOS 是一个企业级的发行版，特别适合对稳定性、可靠性和功能要求较高的用户。Linux 可安装在各种计算机硬件设备中，比如手机、平板电脑、路由器、视频游戏控制台、台式计算机、大型机和超级计算机。它的最大特点就是源代码开放，可以免费得到许多应用程序。

总的来说，对特定计算环境的支持使每一个操作系统都有自己适合的工作场合，这就是系统对特定计算环境的支持。对于不同的网络应用，需要有目的地选择合适的网络操作系统。

2. 网络操作系统的选择要点

选择网络操作系统时，一方面要根据用户的实际情况而定，另一方面要跟上计算机的发展潮流。

（1）当网络用户数量较多或增长较快时，选择 Windows NT 以后的版本，该产品能够较经济地适用于多用户网络。

（2）存储容量方面，Windows NT 以后的版本能支持 TB 以上数据，满足当前各种应用的需求。

（3）在响应速度上，Novell NetWare 直接对微处理器编程，响应速度较快，因此适用于对服务器数据进行频繁存取的场合。

（4）当所建的网络为企业级增强系统时，选择 UNIX 较好，因为 UNIX 的可扩缩能力、集群能力强，UNIX 供应商通常可把 100 个不同的处理器组合在一起，而 Windows Server 2012 R2 数据中心版也只能包含 64 个处理器。

（5）当所建的网络为要求一般的网络时，尽量避免使用 UNIX，因为要运转系统、维护系统需要比预期更大的管理时间和成本。

小王所在的公司的所有计算机安装的均是微软公司的 Windows 操作系统，用户数量为 100 个左右，主要用来办公和发布信息，属于中小型企业用户。

Windows Server 2012 R2 作为微软网络服务操作系统，不但稳定而且使用方便，并且提供了很强的硬件支持和强大的虚拟化功能，可以说是中小型网络应用服务器的首选，因此小王可以选择 Windows Server 2012 R2 标准版作为服务器操作系统。

5.1.3　Windows Server 2012 R2 操作系统

Windows Server 2012 R2 于 2012 年 9 月发行，这是 Windows 8 的服务器版本。凭借在虚拟化、网络、存储、可用性以及其他方面数以百计的新增功能，Windows Server 2012 R2 成为从小型企业客户到世界最大的数据中心网络的主流操作系统。Windows Server 2012 R2 有 4 种版本——基础版、精华版、标准版、数据中心版，具体区别如下：

1）Windows Server 2012 R2 基础版

标准的英文名称：Windows Server 2012 R2 Foundation。

基础版包括其他版本中的大多数核心功能，但是在一些服务上受限。基础版限定最大用户数为 15 位，最大服务器信息块（Server Message Block，SMB）连接数为 30 个，最大路由和远程访问（Routing and Remote Access Service，RRAS）连接数为 50 个，最大 Internet 验证服务（Internet Authentication Service，IAS）连接数为 10 个，最大远程桌面服务（Remote Desktop Services，RDS）连接数为 50 个，不支持虚拟化。

2）Windows Server 2012 R2 精华版

标准的英文名称：Windows Server 2012 R2 Essentials。

该版本适用于用户数少于 25 个、服务数不超过 50 个的小型企业网络环境；系统简化了界面，预先配置云服务连接，不支持虚拟化。

3）Windows Server 2012 R2 标准版

标准的英文名称：Windows Server 2012 R2 Standard。

该版本是一款适用于企业级云服务器的旗舰版操作系统。该版本功能丰富，几乎可以满足所有的一般组网需求，有多种用途。如果对安全和性能的要求很高，可以删减服务器的配置，使其只包含核心的功能部分。

4）Windows Server 2012 R2 数据中心版

标准的英文名称：Windows Server 2012 R2 Datacenter。

该版本提供完整的 Windows Server 2012 R2 功能，是微软公司的“重型”虚拟化服务器版本，因为具有无限虚拟化实例权限，所以该版本最适合应用于高度虚拟化的环境中。

5.1.4 任务实战：Windows Server 2012 R2 操作系统的安装

任务目的：掌握全新安装 Windows Server 2012 R2 操作系统的方法。

任务内容：Windows Server 2012 R2 操作系统的安装与基本设置。

任务环境：VMware12.0 虚拟机，“Win2012 R2.iso” 系统镜像。

任务步骤：

1. 安装前的准备

1）确定文件系统格式

在服务器上一般选择的文件系统格式为NTFS；在客户机上可以选择FAT32或NTFS格式。选择 NTFS 格式最主要的原因在于 NTFS 格式比 FAT32 格式具有更高级别的安全性，支持更大的分区容量以及活动目录服务。

2）选择安装操作系统的方式

操作系统的安装方式主要有：光盘安装、硬盘保护卡安装、克隆安装或网络安装等。一般在服务器或单个计算机上可以采用光盘安装，而在客户机上可以采用克隆安装、网络安装或硬盘保护卡安装等。

3）备份系统

无论是升级安装还是全新安装，作为网络管理员都应当进行备份，以便安装失败时及时地恢复系统或用户数据。因此，在安装之前，应当备份好系统及用户的各种文件，建议重要数据至少制作 2 个备份。最好不要将备份存放在硬盘的其他分区，而应当异地存放，如分别备份在移动硬盘、磁带或 DVD 光盘等媒体中。

4）确认硬件和软件的兼容性

在启动安装系统之前，网络管理员应当对服务器和网络操作系统的硬件或软件的支持程度有一个大概的了解。确认计算机符合所选操作系统的硬件和软件的安装条件。如果不符合，应确认可以从网站上下载硬件的驱动程序或软件的补丁程序。

5）切断非必要的硬件连接和网络连接

如果当前计算机正在与打印机、扫描机、UPS（管理连接）等非必要外设连接，则在运行安装程序之前将其断开，因为安装程序将自动检测连接到计算机串行端的所有设备。网络中可能会有计算机病毒传播，因此，如果不是通过网络安装操作系统，在安装之前就应拔下网线，以免新安装的操作系统感染计算机病毒。

6）建议系统要求

处理器：4 GHz 以上（×86）或 2.4 GHz（×64）；

内存：4 GHz 以上的 RAM；

显示卡和显示器：超级 VGA（800 × 600）以上；

磁盘可用空间：40 GB 以上；

驱动器：DVD-ROM 以上。

2. 操作系统的安装

步骤 1：安装并打开 VMware Workstation Pro 软件，执行“文件”→“创建新的虚拟机”命令，如图 5–1 所示。

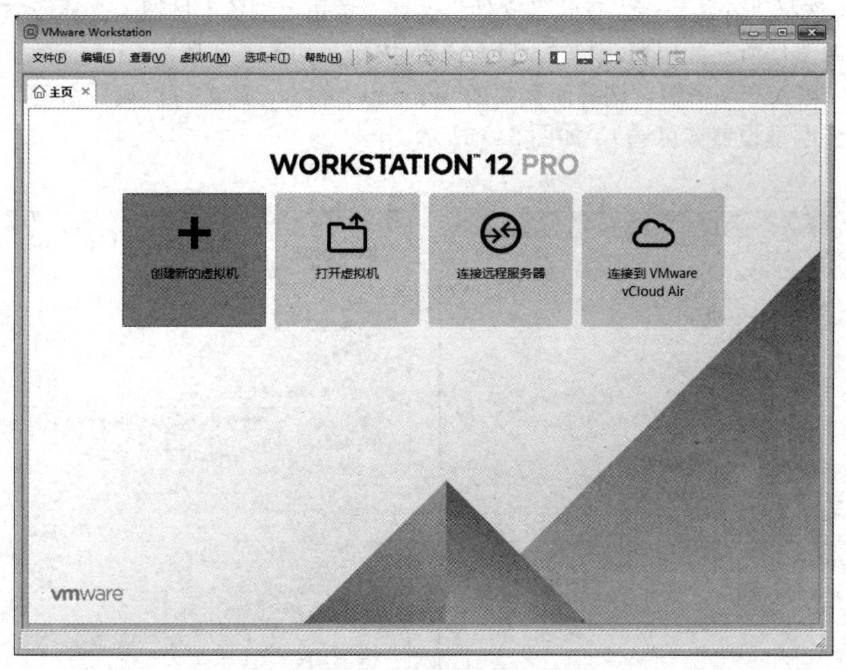

图 5–1　虚拟机启动界面

步骤 2：进入类型配置界面，该界面详细介绍了两种虚拟机配置类型的特点，选择“自定义（高级）”选项，单击“下一步”按钮，如图 5–2 所示。

步骤 3：这个界面显示的是选择虚拟机硬件兼容性的选项，如果需要创建一个虚拟机，而且这个虚拟机可能需要在多台计算机上使用，或者可能将虚拟机拷贝给他人使用，单击“下一步”按钮即可，如图 5–3 所示。

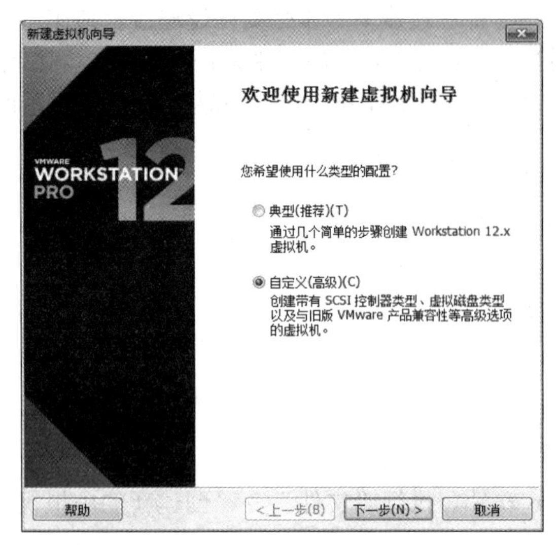

图 5–2 新建虚拟机向导

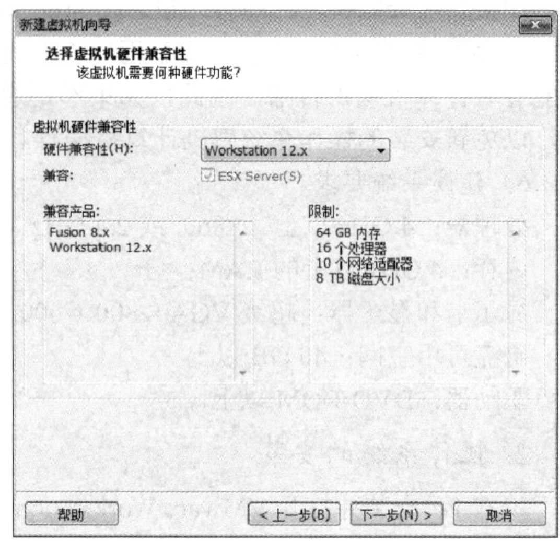

图 5–3 硬件兼容性设置

步骤 4：选择“安装程序光盘映像文件”选项，单击“浏览”按钮，选择所需要的镜像文件，找到镜像文件所在的位置，单击“下一步”按钮，如图 5–4 所示。

步骤 5：输入产品密钥，选择所需要的 Windows 版本，此处可以设置密码，也可以在系统启动后的界面里设置（可选），如图 5–5 所示。

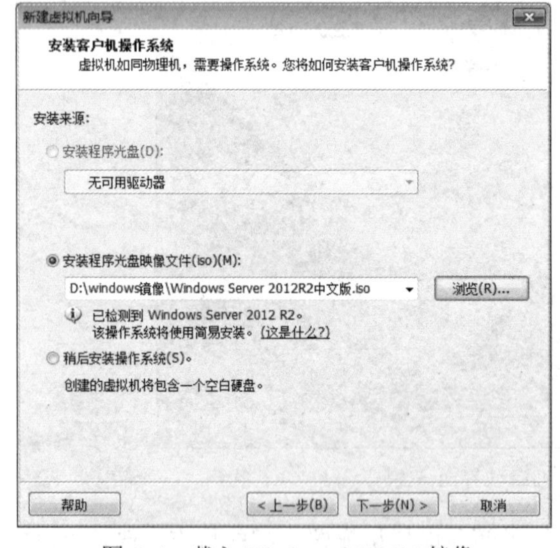

图 5–4 载入 Windows 2012 R2 镜像

图 5–5 输入产品密钥

步骤 6：单击“下一步”按钮，设置虚拟机名称和安装路径。虚拟机名称可以自定义，安装位置推荐非系统盘，以防止系统盘空间不足，如图 5–6 所示。

步骤 7：固件类型选择 BIOS，单击“下一步”按钮。选择处理器数量为 1 个，每个处理器的核心数量为 1 个，如果计算机配置较高，可以适当增加一个处理器数量，如图 5–7 所示。

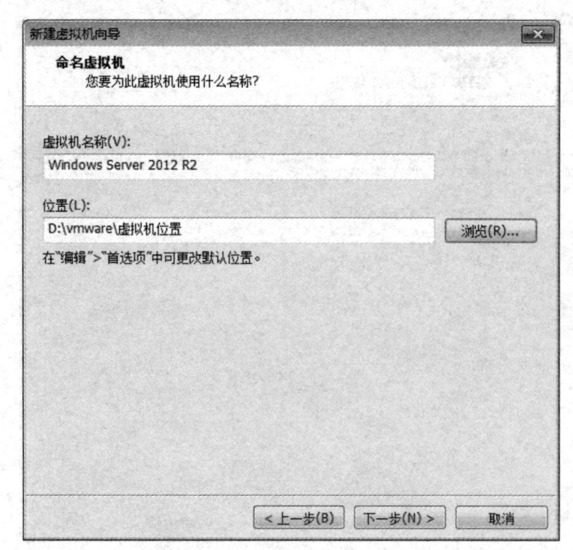

图 5–6　设置名称及安装路径

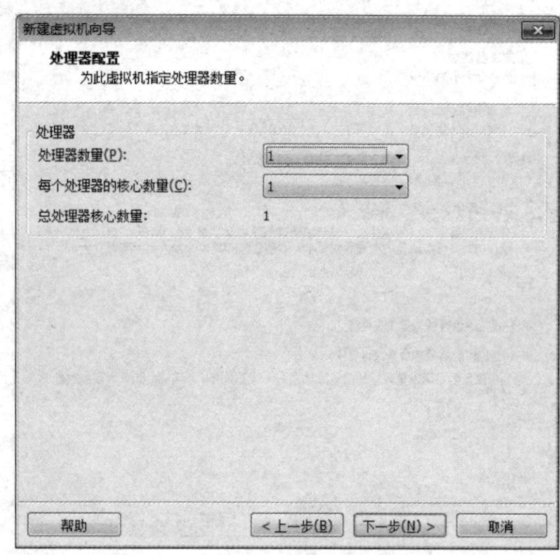

图 5–7　处理器配置

步骤 8：内存是比较重要的参数，虚拟机很耗内存，如果物理机内存比较大，比如 6 GB 或者 8 GB，可以给虚拟机分配 4 GB 的内存，如果内存比较小，那么不要分配太大的内存，建议直接选择默认值，VMware 会自行作出修改，如图 5–8 所示。

步骤 9：网络连接中最常见的是网络地址转换（NAT）模式，如果需要在虚拟机里拨号或者进行其他网络操作，则使用桥接等模式，如图 5–9 所示。

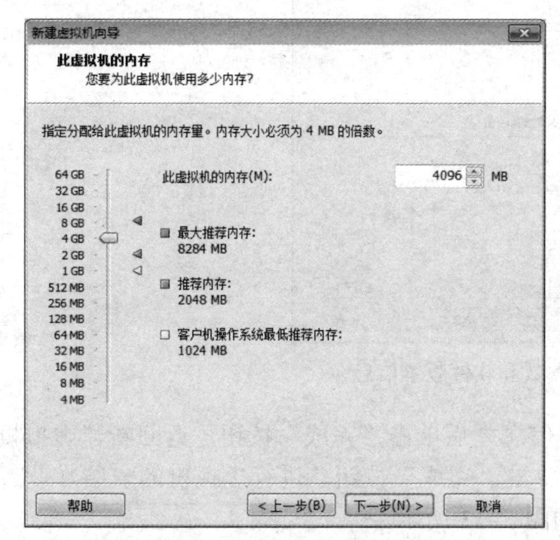

图 5–8　分配虚拟机内存

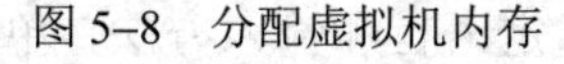

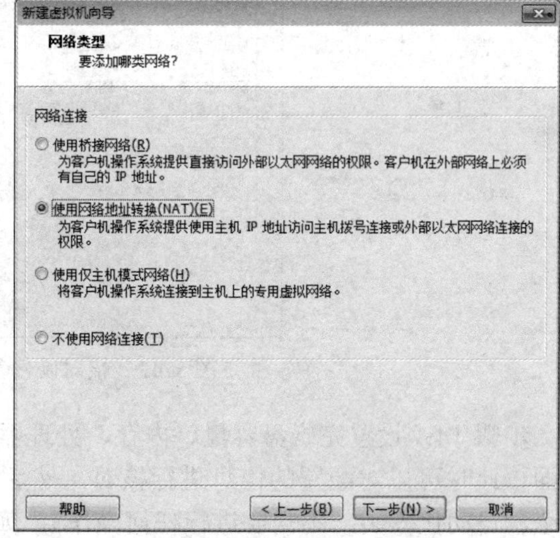

图 5–9　选择网络连接模式

步骤 10：SCSI 控制器选择推荐的“LSI Logic SAS（S）”类型，虚拟磁盘类型选择推荐的“SCSI（S）”类型。

步骤 11：创建虚拟磁盘，指定磁盘容量为 40 GB，如图 5–10 所示。

步骤 12：指定磁盘文件，并保存在非系统盘，如图 5–11 所示。

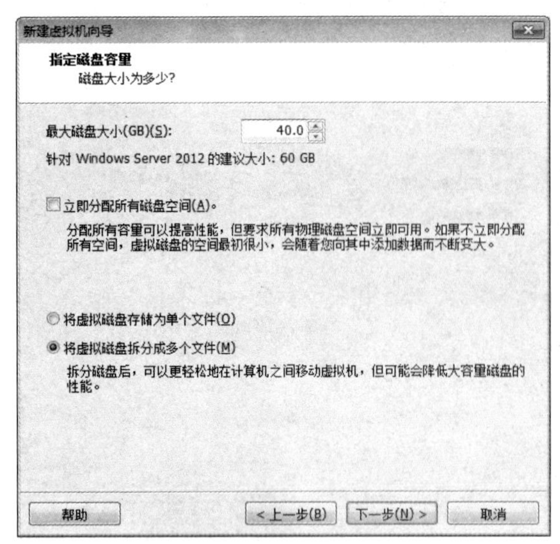

图 5–10 设置虚拟磁盘容量

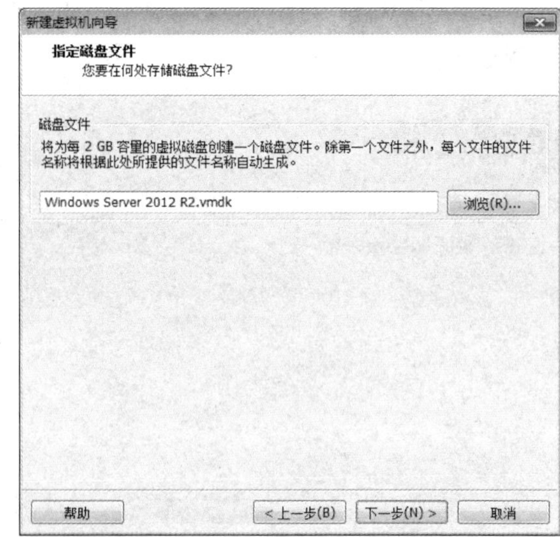

图 5–11 指定磁盘文件

步骤 13：核对硬件参数和软件版本信息，如图 5–12 所示。

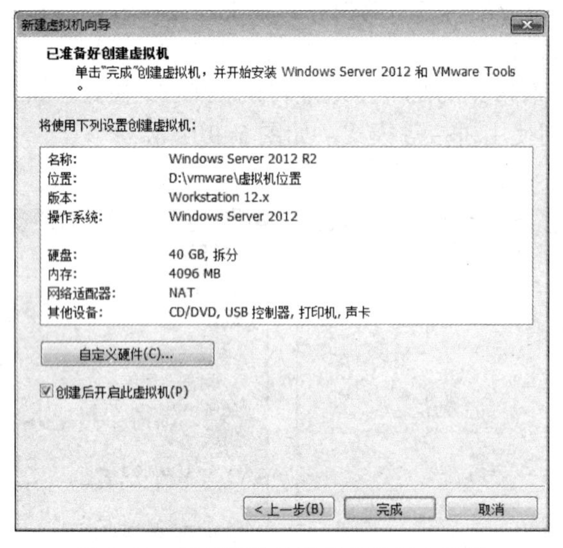

图 5–12 核对硬件参数和软件版本信息

步骤 14：设置完磁盘容量、内存、处理器信息之后单击“完成”按钮，返回新建虚拟机界面，此时可以对配置的信息进行核对，然后单击“完成”按钮，进行虚拟机的安装（此过程全程自动化安装，不需要进行任何操作），如图 5–13 所示。

步骤 15：进入 Windows Server 2012 R2 安装界面，指定语言和输入方法，单击“下一步”按钮，如图 5–14 所示。

步骤 16：设定完输入语言和其他选项后，单击“现在安装”按钮，如图 5–15 所示。

步骤 17：选择要安装的版本，单击“下一步”按钮，如图 5–16 所示。

图 5–13　启动界面

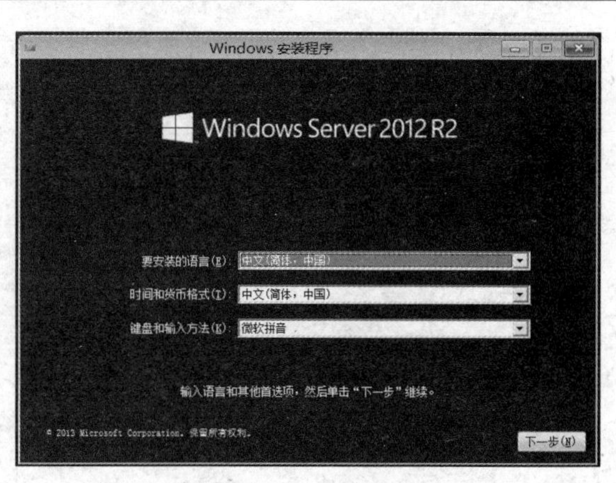

图 5–14　安装界面

图 5–15　Windows 安装程序

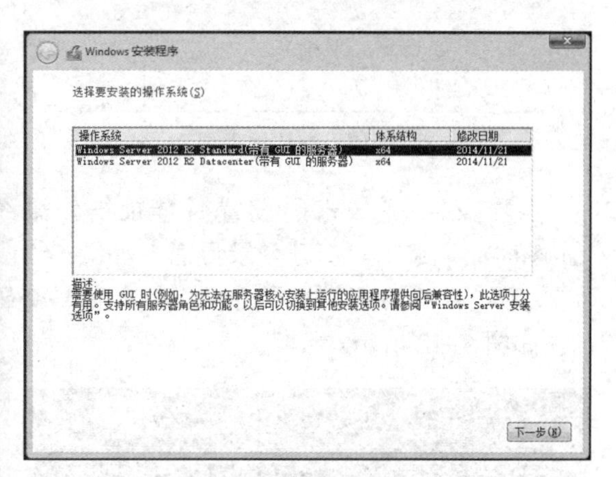

图 5–16　选择操作系统

步骤 18：勾选“我接受许可条款”复选框，单击“下一步”按钮，选择“自定义：仅安装 Windows（高级）（C）”选项，如图 5–17 所示。

步骤 19：在打开的界面中选择要安装操作系统的磁盘分区，然后单击“下一步”按钮开始安装，如图 5–18 所示。

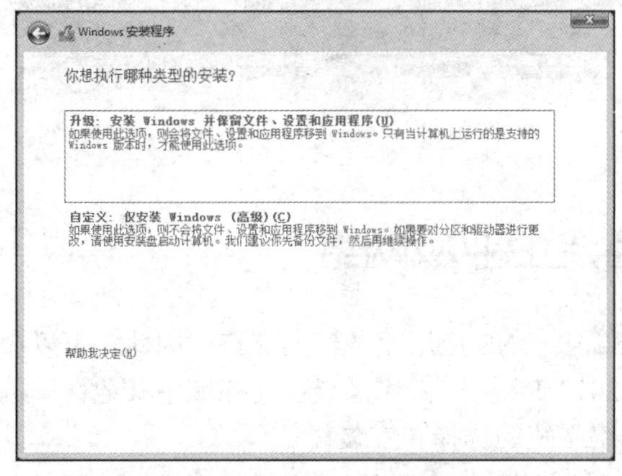

图 5–17　系统安装界面

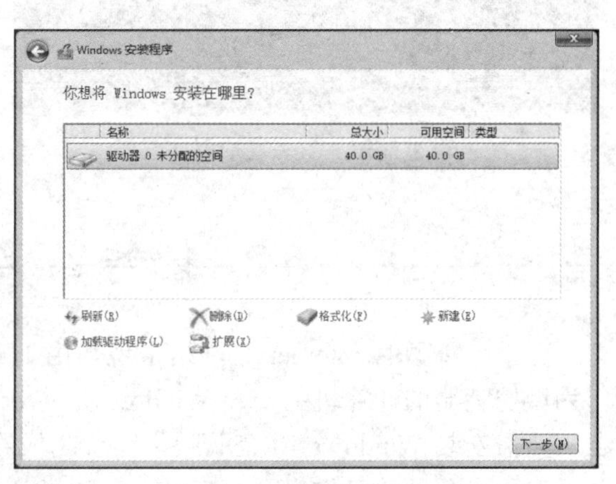

图 5–18　选择磁盘分区

步骤 20：在“安装更新”阶段完成后，可能会自动重启一次，如图 5–19 所示。

步骤 21：Windows Server 2012 R2 完成安装并重启后，进入图形界面后会提示输入账户密码，单击“确定”按钮，如图 5–20 所示。

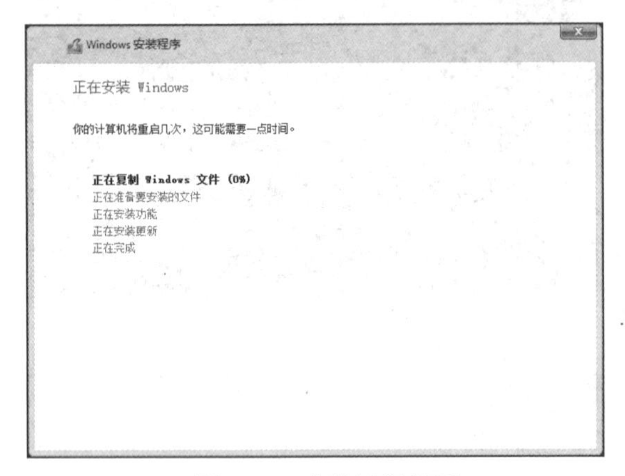

图 5–19　安装过程界面

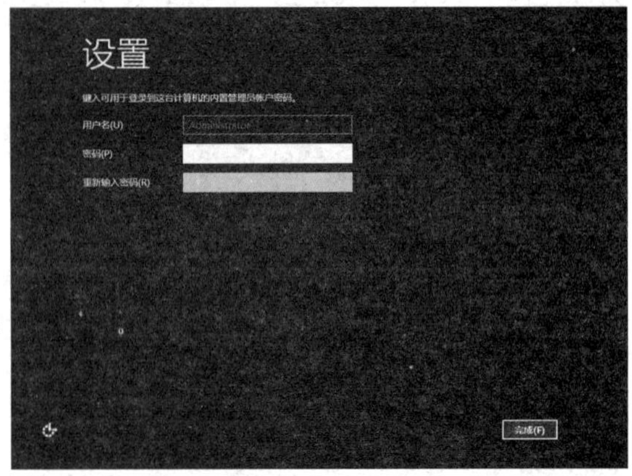

图 5–20　设置密码界面

步骤 22：完成密码设置后登录操作系统，安装完成。在虚拟机菜单中选择“发送 Ctrl-Alt-Del”选项，打开登录界面，如图 5–21 所示。

步骤 23：在打开的登录界面中输入账号密码后按 Enter 键，即可登录 Windows Server 2012 R2，如图 5–22 所示。

图 5–21　安装完成界面

图 5–22　Windows 启动成功界面

5.2　任务 2：组建企业域网络

对于中小型的 Internet 域网络来说，由于还需要 DNS 应用服务器的支持，因此，可以在作为域控制器的计算机上安装 Windows Server 2012 R2 网络操作系统；而在域中其他计算机上，只需安装 Windows 10 企业版，即可完成网络系统的选择和安装任务。

对于小公司的工作组网络来说，借助每台计算机的操作系统 Windows 10 企业版，就可以轻而易举地组建工作组网络。

Windows Server 2012 R2 支持两种网络类型的工作组和域。其中工作组结构为分布式的管理模式，适用于小型网络，域结构为集中式的管理结构，适用于较大型的网络。

5.2.1　工作组概述

工作组由一群用网络连接在一起的计算机组成，它们将计算机内的资源共享给其他用户访问。工作组网络也可以叫作对等网络，因为工作组中的每台机器的地位都是平等的。

工作组网络中的每台计算机都有自己的“本机安全账户数据库”，称为“安全账户管理器（Security Accounts Manager，SAM）数据库”，如果用户要访问每台计算机内的资源，则此计算机的 SAM 数据库内必须创建该用户的账户，故如果这个用户可以访问工作组中的所有计算机的资源，则所有计算机的 SAM 数据库中都应该有此用户的账户，所以当此用户的信息改变时，要更新所有 SAM 数据库的相关数据，比较麻烦，如图 5–23 所示。

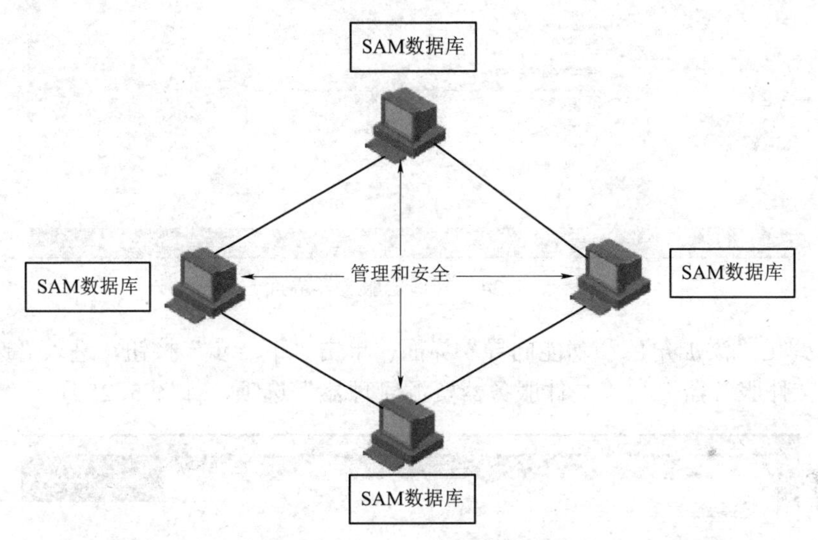

图 5–23　工作组模型

工作组中不一定有服务器级的机器。如果企业中的计算机数量不是很多，可以采用工作组的网络结构。

本项目中技术部要建的网络是以资源共享为目的的办公网络，解决方案采用微软的工作组网络比较合理。建立文件服务器存储部门的重要数据，并通过网络进行文件共享，给不同的用户设置不同的文件夹访问权限，如只读、删除、完全修改等，以保证文件不被随意删除。部门的临时数据存放在每台员工的计算机上。

1. 文件服务器的安装配置

安装前规划如下：

（1）服务器磁盘配额限制：5 GB；

（2）将“C:\技术部数据”作为共享文件夹；

（3）对“C:\技术部数据”共享文件夹授权为：管理员有完全控制权限，一般用户只有读取权限。

安装步骤如下：

步骤 1：首先配置好 IP 地址、计算机名（默认的计算机名比较长，后期其他计算机加入域控的时候需要输入比较长的域名，操作会很不方便，建议修改），然后打开服务器管理器，单击“添加角色和功能”链接，如图 5–24 所示。

图 5–24　管理器服务器界面

步骤 2：弹出“添加角色和功能向导”界面，单击“下一步”按钮，进入“选择服务器角色”，选择“文件服务器”与“文件服务器资源管理器”选项，如图 5–25 所示。

图 5–25　选择需要操作的服务器角色

步骤 3：在“文件服务器磁盘配额”对话框中将磁盘空间设置为 5 GB，将警告级别设置为 100%，如图 5–26 所示。

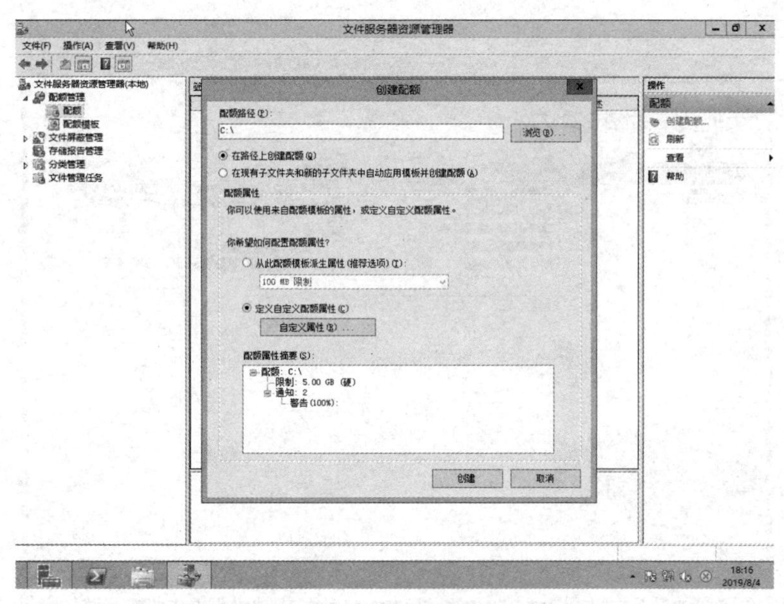

图 5–26　文件服务器磁盘配额

步骤 4：执行“服务器管理器”→“文件和存储服务”→“共享”→“启动共享”命令，如图 5–27 所示。

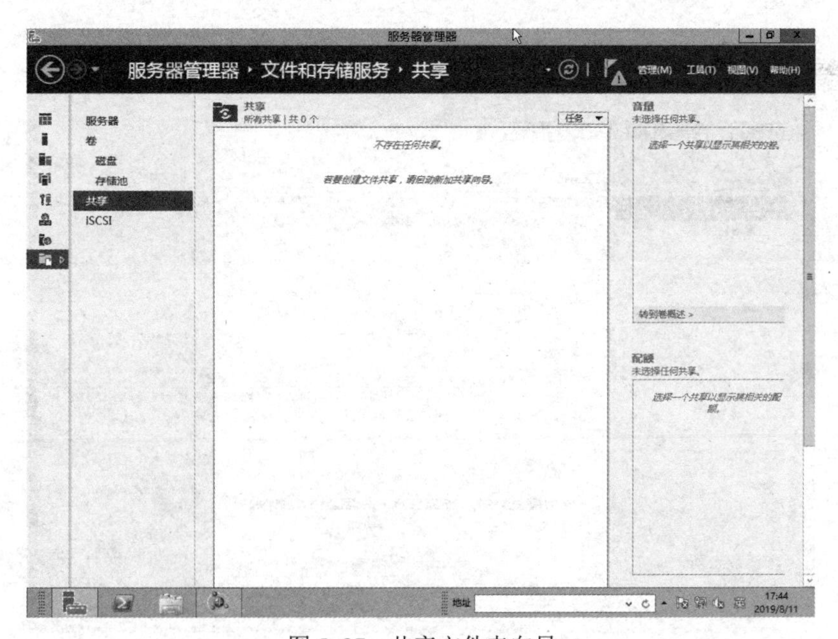

图 5–27　共享文件夹向导

步骤 5：选择文件共享配置文件的访问方式，如图 5–28 所示。

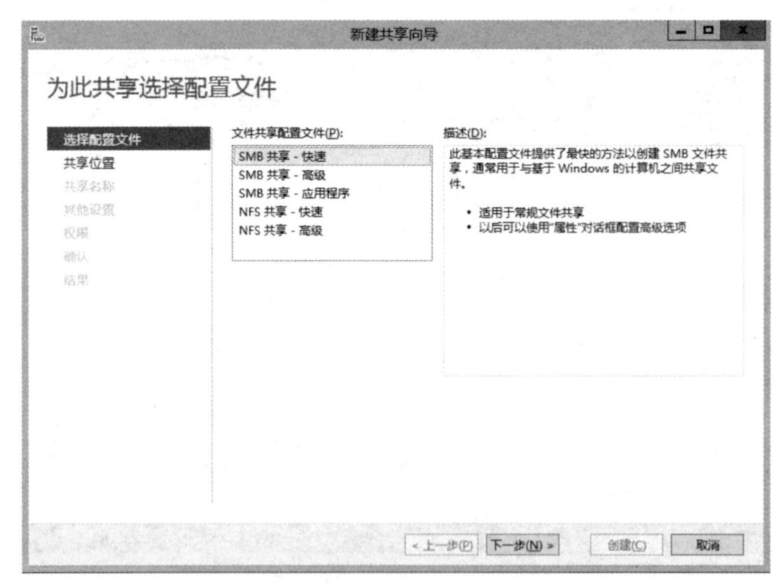

图 5–28　选择文件共享配置文件的访问方式

步骤 6：设置共享文件夹的共享位置、名称和描述，如图 5–29 和图 5–30 所示。

图 5–29　设置共享文件夹的共享位置

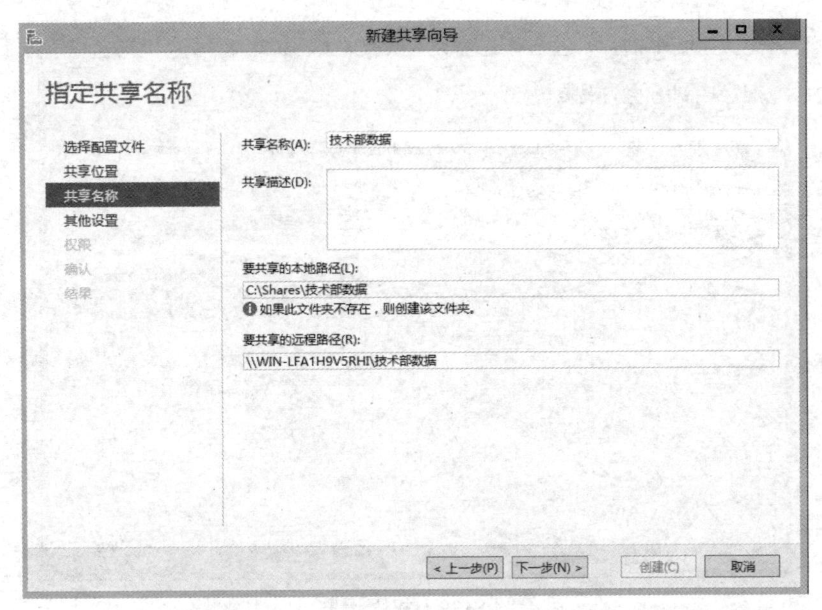

图 5–30　设置共享文件夹的名称及描述

步骤 7：进行其他共享设置，如是否允许共享缓存和是否进行文件加密等，如图 5–31 所示。

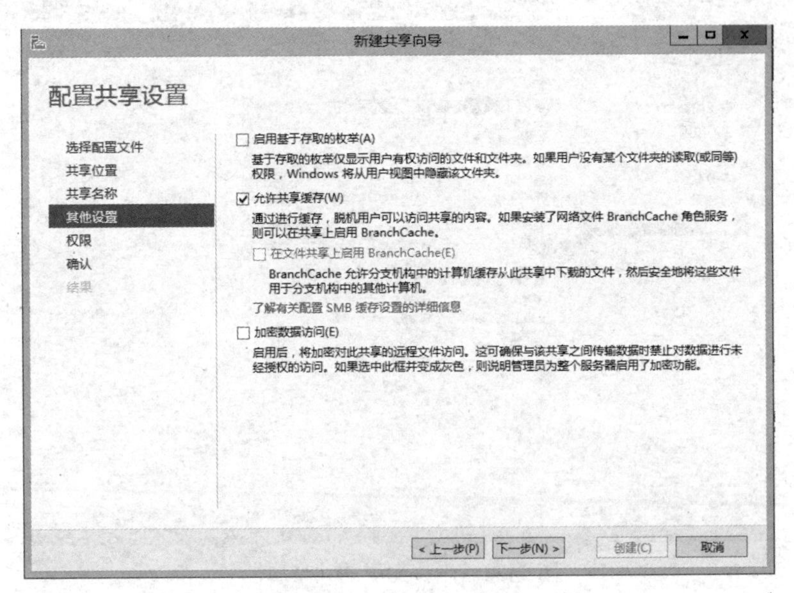

图 5–31　其他共享设置

步骤8：对不同的用户主体进行权限设置，如图5–32所示。

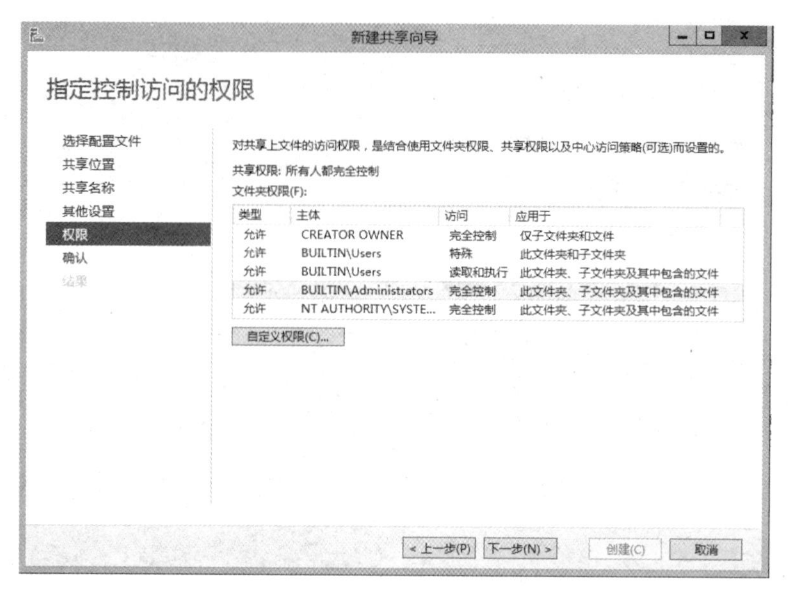

图5–32 权限设置

步骤9：对配置的共享属性进行确认，如图5–33所示。

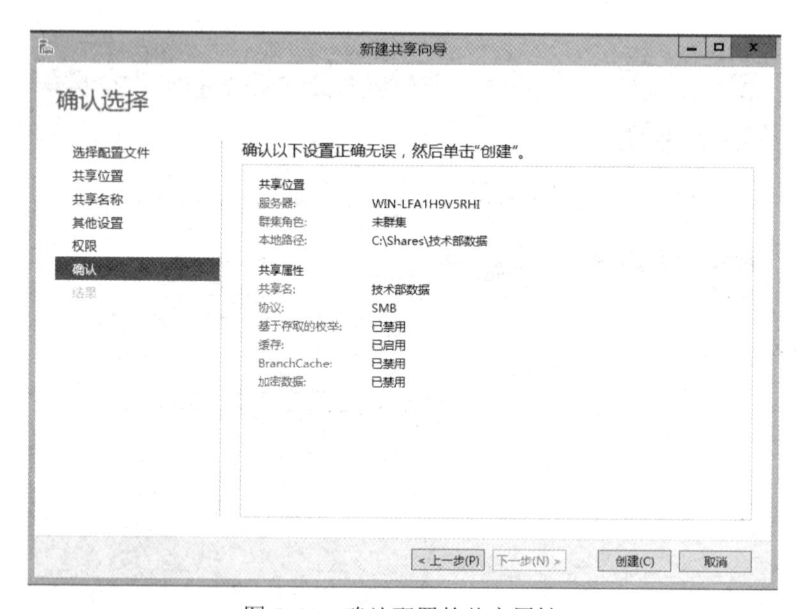

图5–33 确认配置的共享属性

2. 资源共享设置

打开服务器管理器控制界面，可以看到已经设置好的技术部数据的共享文件夹信息，如图5–34所示。

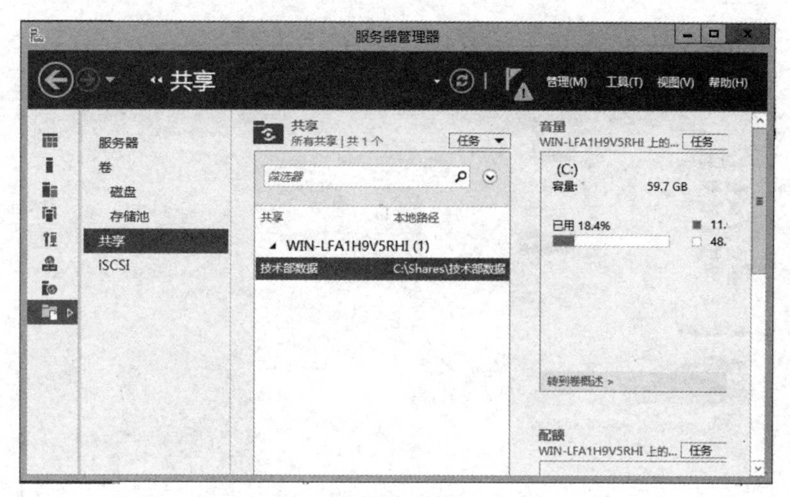

图 5–34　技术部数据的共享文件夹

3. 共享资源访问

1）使用网上邻居访问

步骤 1：打开网上邻居后，选择查看计算机，出现 Workgroup 工作组的所有计算机，如图 5–35 所示。

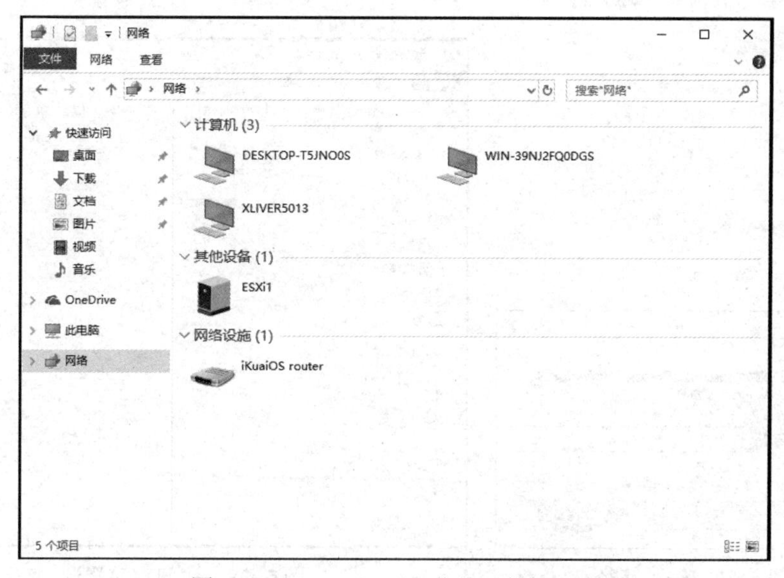

图 5–35　Workgroup 工作组计算机列表

步骤 2：双击某个计算机图标后，会出现该计算机上的所有共享资源（隐藏共享除外），直接双击某个共享资源就可以访问了，如图 5–36 所示。

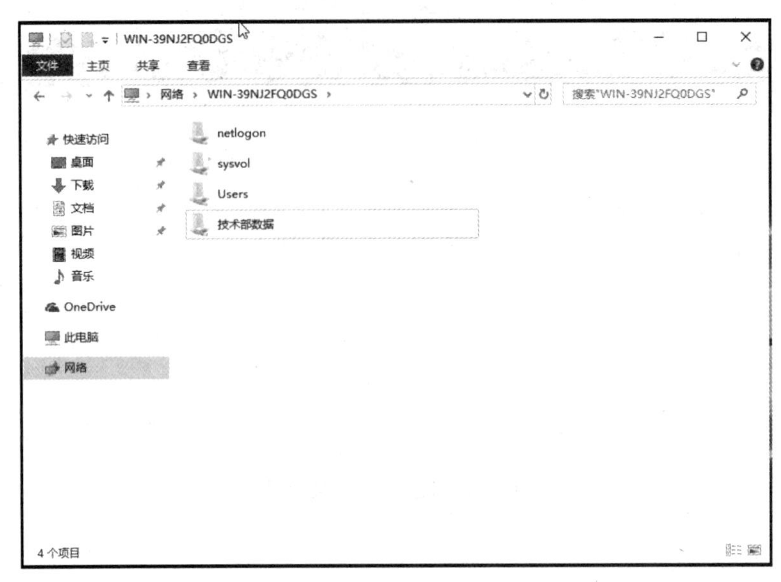

图 5–36　共享资源列表

2）使用 UNC 路径访问

通过在“开始”菜单的“运行”对话框中输入 UNC 路径，可访问相应资源，如图 5–37 和图 5–38 所示。

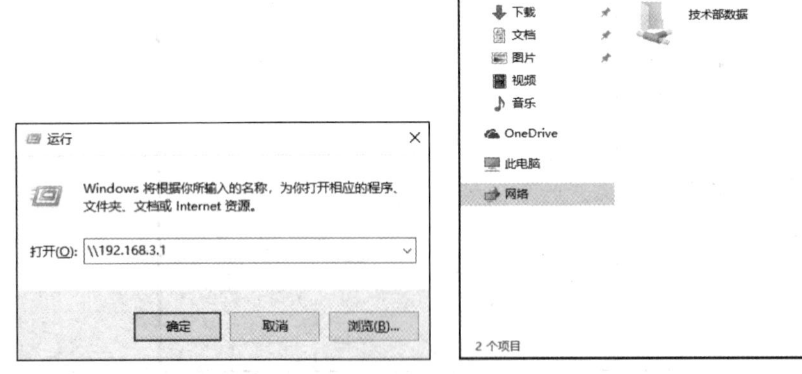

图 5–37　输入路径　　　　图 5–38　访问相应资源

3）通过映射网络驱动器访问

对于经常访问的网络资源，可以通过映射网络驱动器进行访问。用鼠标右键单击共享文件夹，选择“映射网络驱动器”选项，如图 5–39 和图 5–40 所示。

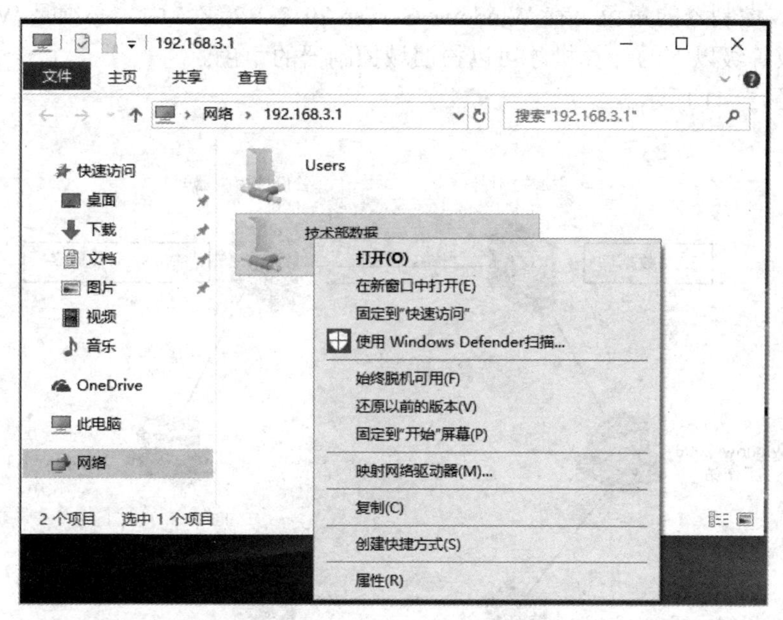

图 5–39　选择“映射网络驱动器”选项

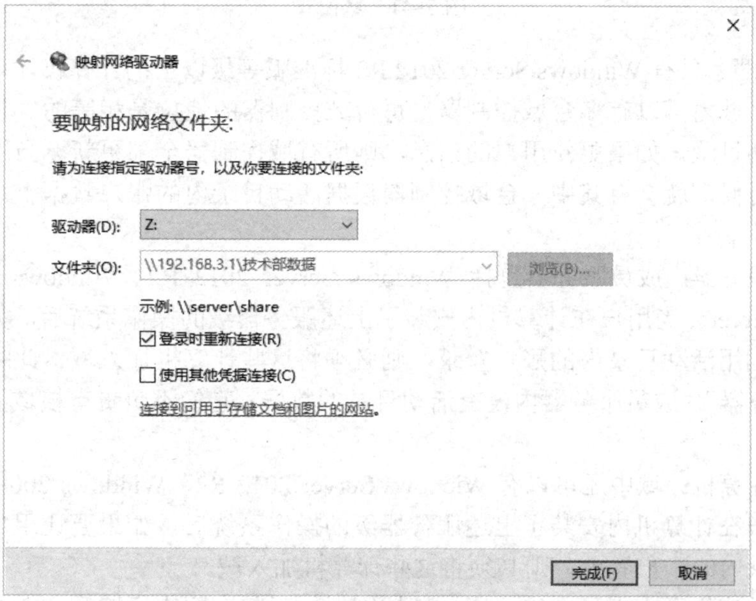

映射网络驱动器

要映射的网络文件夹:

请为连接指定驱动器号，以及你要连接的文件夹:

驱动器(D):　Z:

文件夹(O):　\\192.168.3.1\技术部数据　浏览(B)...

示例: \\server\share

☑ 登录时重新连接(R)

☐ 使用其他凭据连接(C)

连接到可用于存储文档和图片的网站。

完成(F)　取消

图 5–40　创建网络映射驱动器

5.2.2　域模式概述

域与工作组的区别在于在域的网络结构中所有计算机共享一个集中式的目录数据库，它包含整个域内的用户账户与安全数据。在 Windows Server 2012 R2 内负责目录服务的组件为活动目录（active directory），它负责目录数据库的添加、删除、更改和查询等任务。在 Windows

Server 2012 R2 网络内，这个目录数据库存储在所谓的“域控制器”内，只有服务器级的计算机才可以扮演域控制器的角色。在 Windows Server 2012 R2 家族中，必须是 Windows Server 2012 R2 标准版等级以上的计算机才可以扮演域控制器的角色。

域模式如图 5–41 所示。

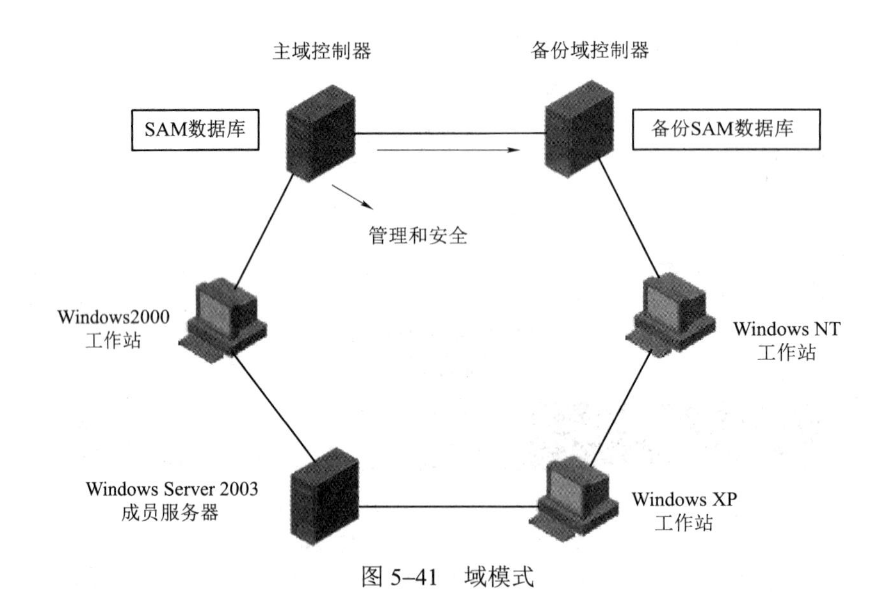

图 5–41　域模式

（1）域控制器：只有 Windows Server 2012 R2 标准版等级以上的计算机才可以扮演域控制器的角色，一个域内可以有多台域控制器，每台域控制器的地位是相等的，它们各自存储了一份相同的活动目录，如果更新用户的信息，则所有域控制器全部更新。当用户从域内登录某台计算机的时候，就会有其中一台域控制器根据活动目录内的账户数据审核该用户的信息是否正确。

（2）成员服务器：成员服务器包括 Windows Server 2012 R2、Windows 2008 Server 或 Windows NT Server。当用户在计算机内安装了上述服务器级的操作系统后，如果要让用户在这些计算机上利用活动目录内的账户登录，则必须将这些计算机加入域，此时这些计算机被称为“成员服务器”，成员服务器内没有活动目录的数据，它们不负责审核域的用户账户名称和密码。

（3）其他计算机：域中还可以有 Windows Server 2012 R2、Windows 2008、Windows NT 计算机。当用户在计算机内安装了上述服务器级的操作系统后，如果要让用户在这些计算机上利用活动目录内的账户登录，则必须将这些计算机加入域。

域模式经常应用于大中型网络，通过域控制器实现整个网络资源和安全的管理提高工作效率和安全性。通过活动目录发布和管理资源对象可以极大地提高管理和使用资源的效率。在域中存在很多网络资源，这些资源通常是共享文件夹和共享打印机，它们一般分布在各台计算机上，虽然通过共享的方法也可以访问这些资源，但是使用时需要提供资源的共享名和计算机名。通过活动目录发布的资源对象，用户在使用时，可以不必知道资源所在的计算机和共享名。

5.2.3 任务实战：企业域网络的安装和配置

任务目的：

（1）掌握 Windows Server 2012 R2 域控制器的安装流程和组建方法；

（2）掌握用户账号和计算机账号的管理；

（3）掌握网络客户机登录 Windows Server 2012 R2 域的方法。

任务内容：

（1）安装域控制器；

（2）建立和登录域用户；

（3）在 Windows Server 2012 R2 域中发布和访问资源。

任务环境：Windows Server 2012 R2 操作系统，“Win2012 R2.iso”系统镜像。

任务步骤：

1. 域控制器的安装

步骤 1：在“选择服务器角色”界面，选择“Active Directory 域服务”选项，单击“下一步”按钮，如图 5–42 所示。弹出功能选择对话框，单击“添加功能”按钮。

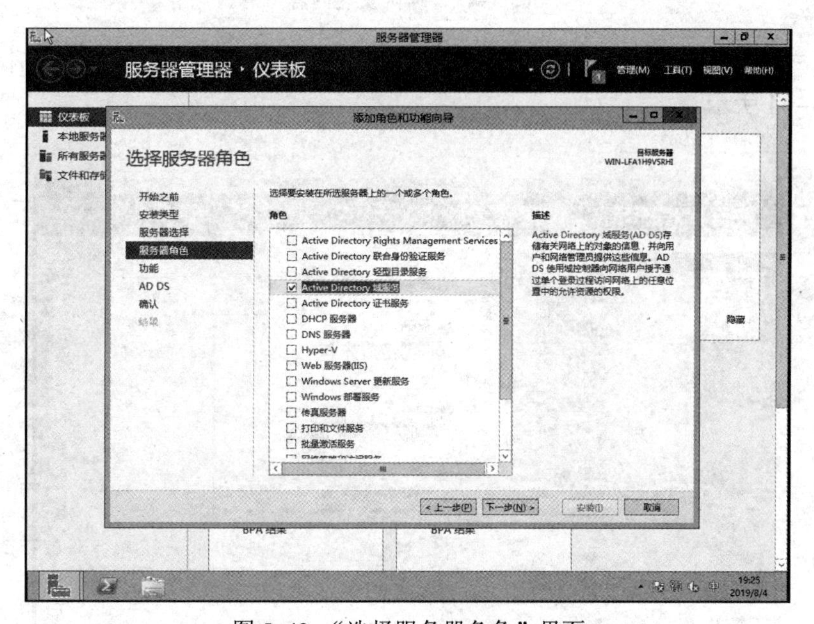

图 5–42 “选择服务器角色”界面

步骤 2：确认安装所选的内容，确认无误后单击“安装”按钮，如图 5–43 所示。

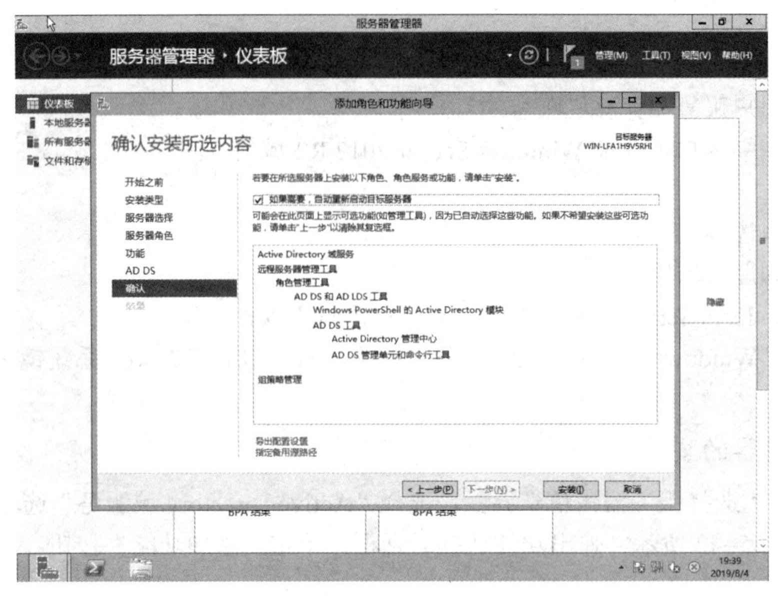

图 5–43 确认安装内容

步骤 3：安装完成后，在服务器管理器界面的小旗处单击“将此服务器提升为域控制器”按钮，如图 5–44 所示。

图 5–44 将服务器提升为域服务器

步骤 4：转到 AD 域服务配置向导，由于搭建林中的第一台域控制器，所以选择“添加新林”选项，在“根域名”文本框中输入要创建的域名，如图 5–45 所示。

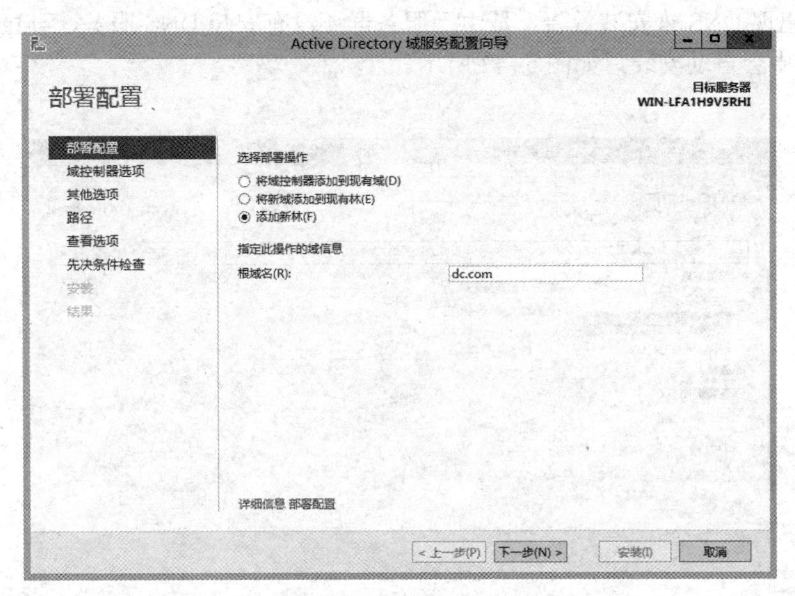

图 5–45　输入新域的 DNS 全名

步骤 5：设置林功能和域功能级别。不同的林功能级别可以向下兼容不同平台的 Active Directory 服务功能。选择“Windows 2008”选项可以提供 Windows 2008 平台以上的所有 Active Directory 功能；选择“Windows Server 2012”选项可以提供 Windows Server 2012 平台以上的所有 Active Directory 功能。用户可以根据实际的网络环境选择合适的功能级别。设置不同的域功能级别主要是为了兼容不同平台下的网络用户和子域控制器，在此只能设置 Windows Server 2012 R2 版本的域控制器，如图 5–46 所示。

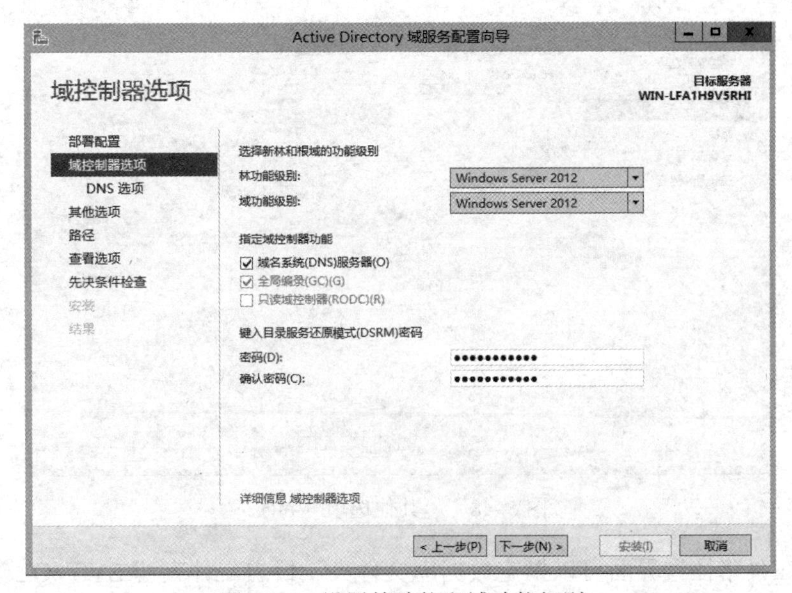

图 5–46　设置林功能和域功能级别

步骤 6：出现 DNS 未安装警告，是由于服务器还没有安装 DNS 服务，可直接跳过，在下面的安装过程中会自动安装，如图 5–47 所示。

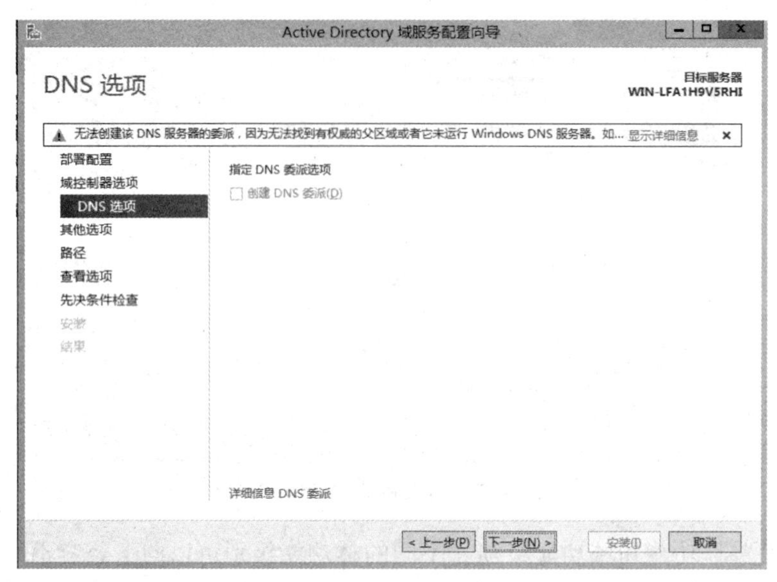

图 5–47 DNS 未安装警告

步骤 7：在“其他选项”界面中保持默认，单击“下一步”按钮，如图 5–48 所示。

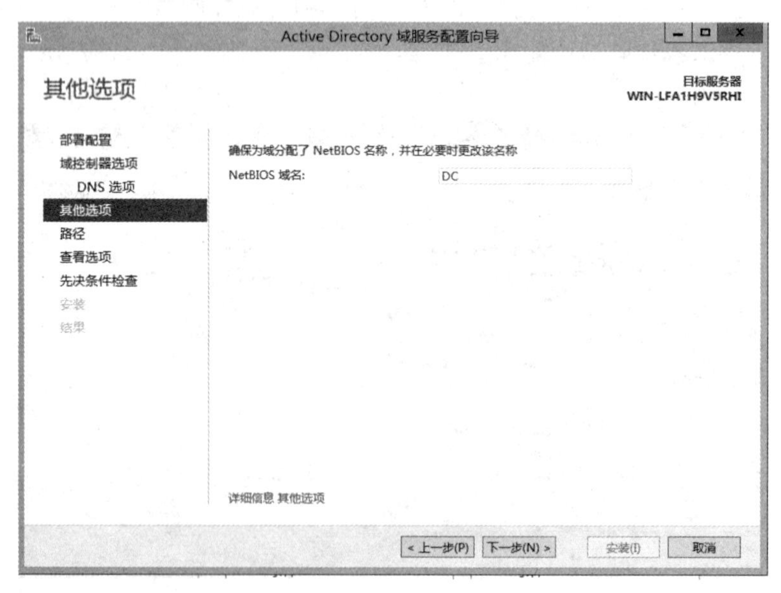

图 5–48 “其他选项”界面

步骤 8：在“路径”界面可以指定数据库文件夹、日志文件夹和 SYSVOL 文件夹的存放位置，可根据实际情况选择，如图 5–49 所示。

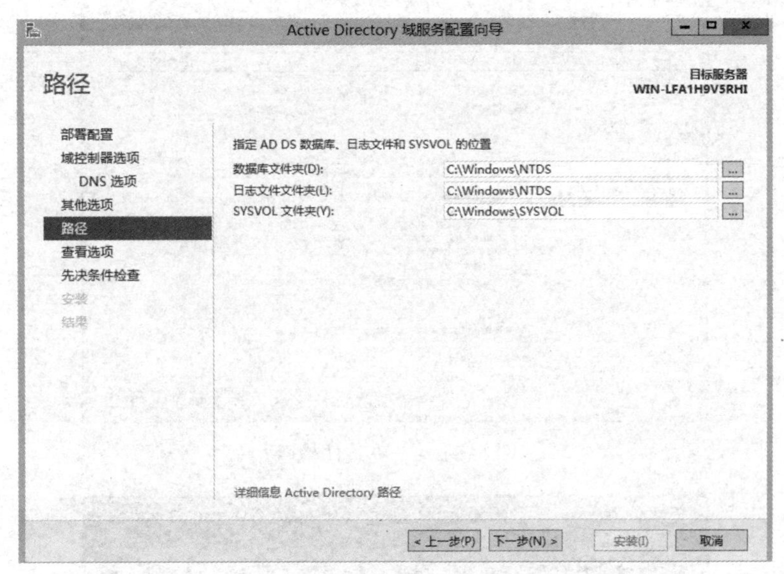

图 5–49 “路径”界面

步骤 9：在“查看选项”界面，如果确认配置没有问题则单击“下一步”按钮，否则返回上一步修改，如图 5–50 所示。

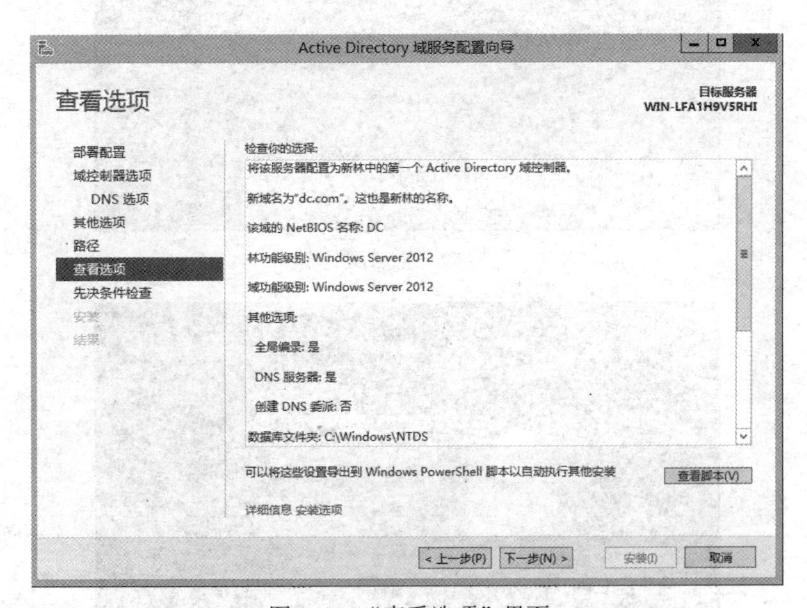

图 5–50 “查看选项”界面

步骤 10：进行先决条件检查，检查通过后，单击“安装”按钮，如图 5–51 所示。

步骤 11：安装完成后需要重启服务器，重启后域控制器就搭建完成，如图 5–52 所示。

步骤 12：重启后用刚才设置的密码登录域控制器，如图 5–53 所示。

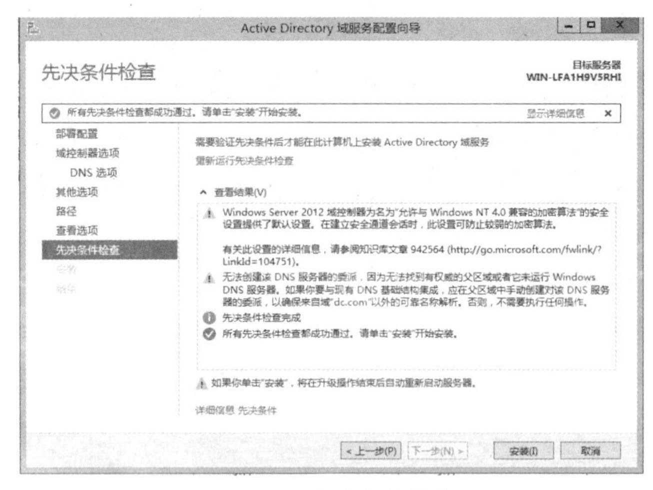

图 5–51　先决条件检查

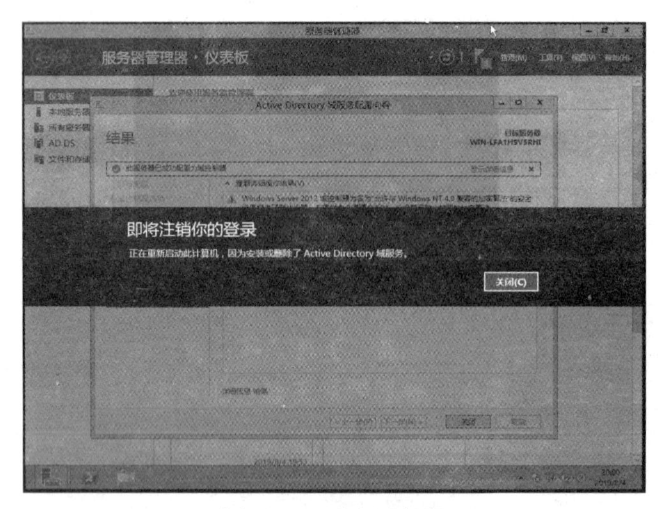

图 5–52　重启服务器

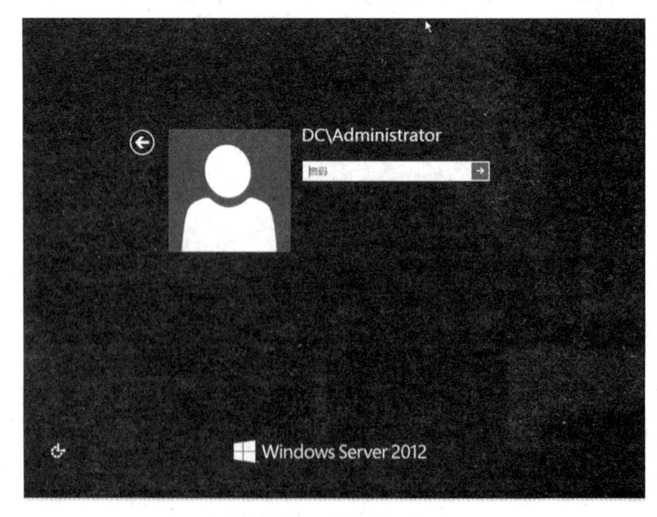

图 5–53　登录域控制器

步骤 13：在“开始”→“所有程序”→“管理工具”里可查看安装成功的活动目录 Active Directory 用户和计算机、Active Directory 域和信任关系、Active Directory 站点和服务，如图 5–54 所示。

图 5–54　查看 Active Directory 是否安装成功

2. 域用户的创建

步骤 1：打开 Active Directory 用户和计算机，用鼠标右键单击“USERS”，在弹出的菜单中选择“新建”→“用户”选项，如图 5–55 所示。

图 5–55　创建新用户

步骤 2：创建一个新的用户，输入姓名、登录名等信息，如图 5–56 所示。

步骤 3：为用户创建一个密码，并且设置账户的属性等，如图 5–57 所示。

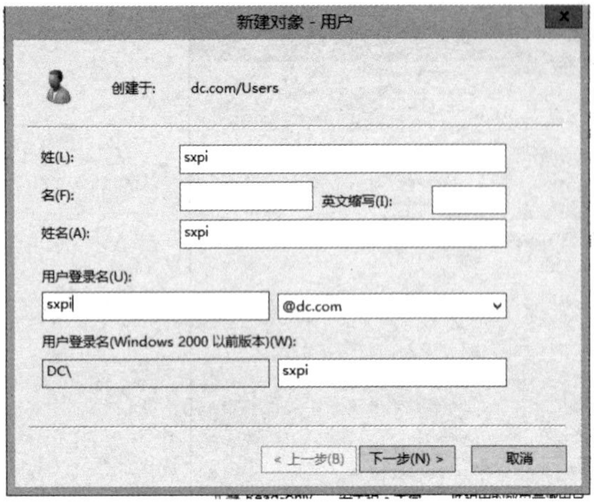

图 5–56　输入用户信息

图 5–57　创建密码

步骤 4：单击“下一步”按钮，出现警告信息“密码不满足密码策略要求”，如图 5–58 所示。在默认的密码复杂性要求中，输入过于简单的密码是不被允许的，因此会出现无法通过的提示。此时可修改密码长度以符合密码复杂性要求或者在组策略中修改或关闭密码复杂性要求。

步骤 5：选择“开始”→“管理工具”→“组策略管理”选项，弹出“组策略管理”对话框，如图 5–59 所示。

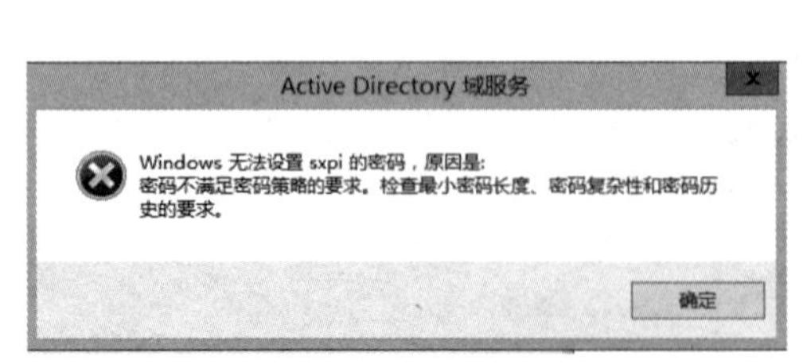

图 5–58　密码策略验证

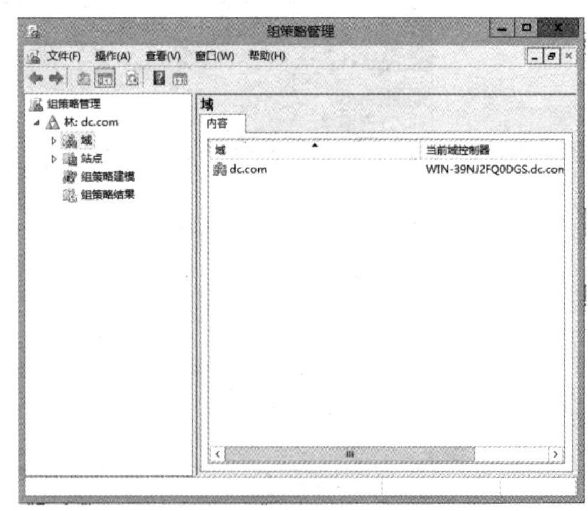

图 5–59　“组策略管理”对话框

步骤 6：在对话框左侧列表中用鼠标右键单击“组策略对象”链接，选择“编辑”命令，进入组策略管理编辑器，如图 5–60 所示。

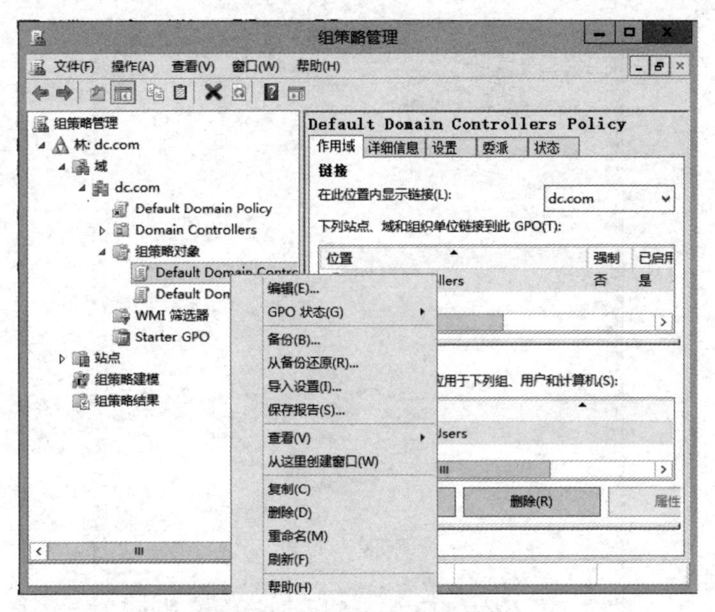

图 5–60　“组策略对象”链接

步骤 7：在组策略编辑器中选择“计算机配置”→“Windows 设置”→“安全设置”→“账户策略”→“密码策略”选项，如图 5–61 所示。

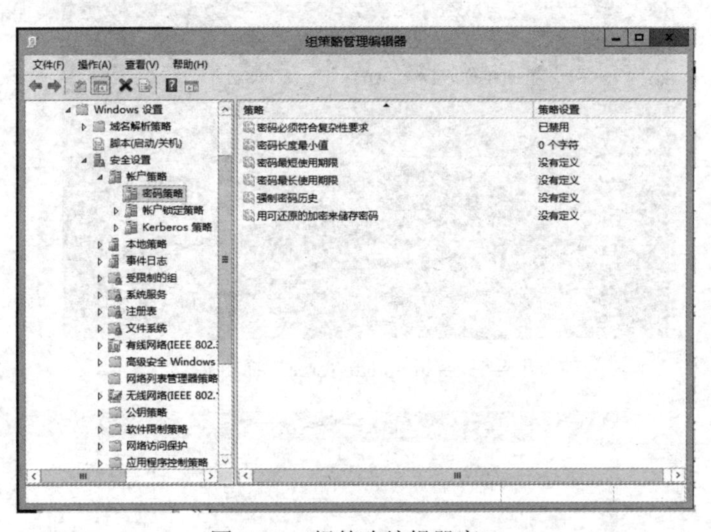

图 5–61　组策略编辑器窗口

步骤 8：禁用密码必须符合复杂性要求策略，如图 5–62 所示。

步骤 9：完成后在“运行”对话框中输入“cmd”，运行“gpupdate/force”命令刷新组策略，如图 5–63 所示。

步骤 10：重新设置密码，单击“下一步”按钮，域用户就被成功创建了，如图 5–64 所示。

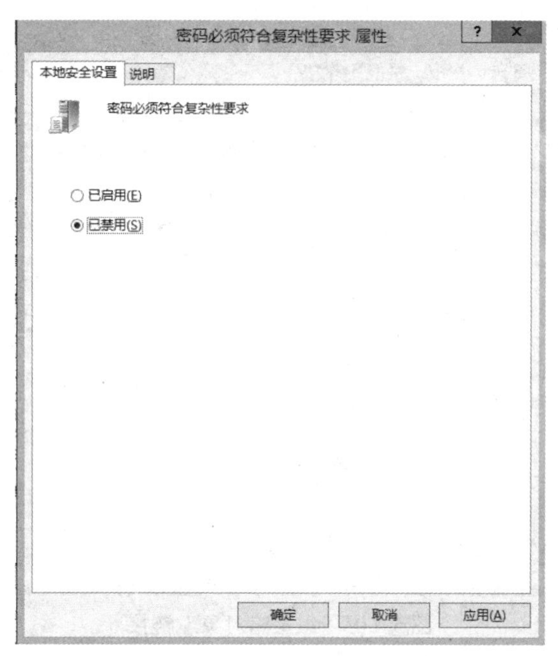

图 5-62　设置密码安全策略

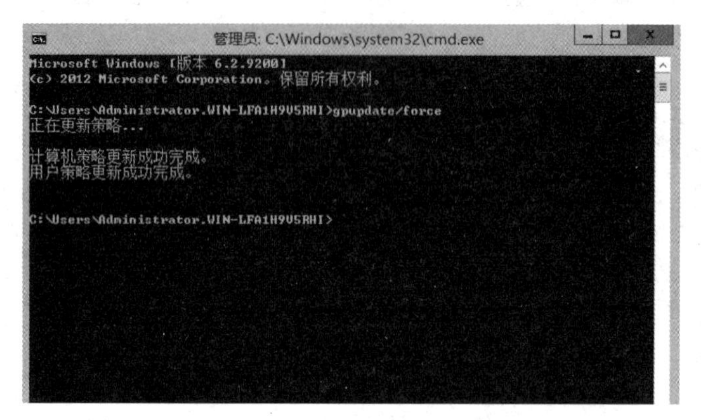

图 5-63　“gpupdate/force”命令窗口

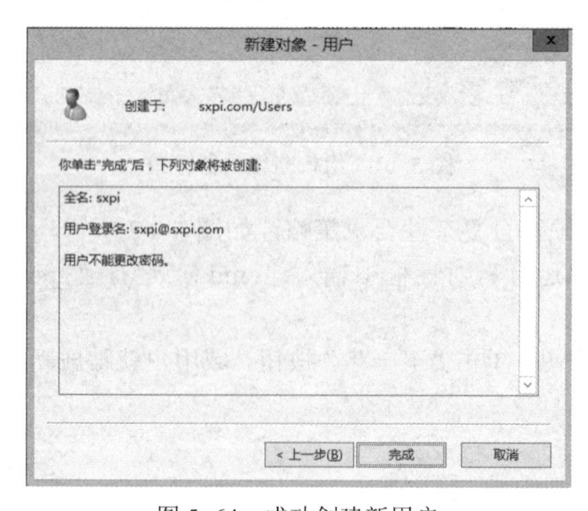

图 5-64　成功创建新用户

步骤 11：返回“Active Directory 用户和计算机”窗口，可查看刚创建好的用户 sxpi，如图 5–65 所示。

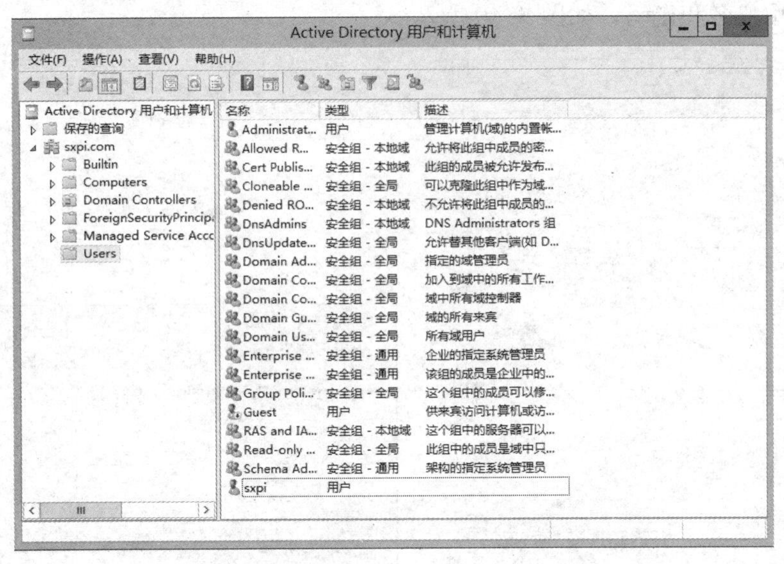

图 5–65　“Active Directory 用户和计算机”窗口

3. 计算机加入域

步骤 1：启动一台计算机，使计算机的 DNS 地址和域控制器的 DNS 地址保持一致。用鼠标右键单击“我的电脑”图标，选择“属性”选项，如图 5–66 所示。

步骤 2：打开“计算机名”选项卡，单击“更改”按钮，如图 5–67 所示。

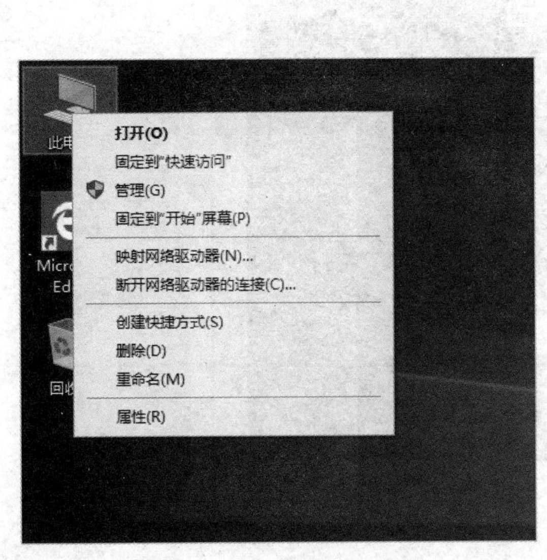

图 5–66　选择“属性”选项

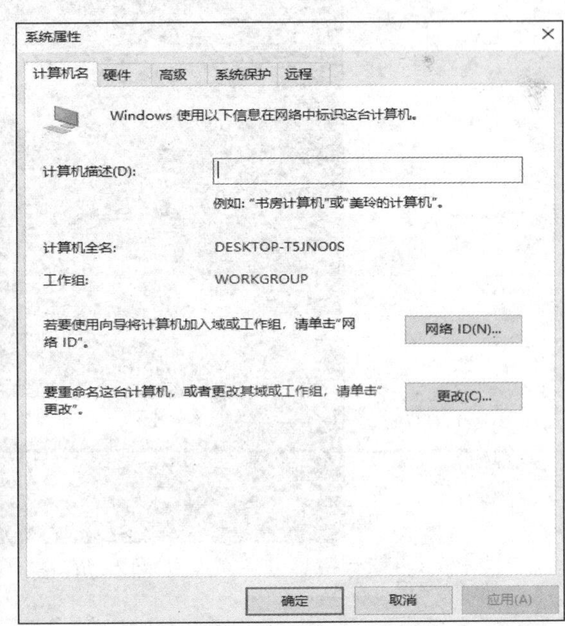

图 5–67　“系统属性”对话框

步骤 3：选择“域”选项，输入域名“DC”，如图 5–68 所示。

步骤 4：单击“确定”按钮，输入用户名和密码。这里的用户名和密码就是在域控制器中创建的用户的用户名和密码，如图 5–69 所示.

图 5–68 “计算机名/域更改”对话框

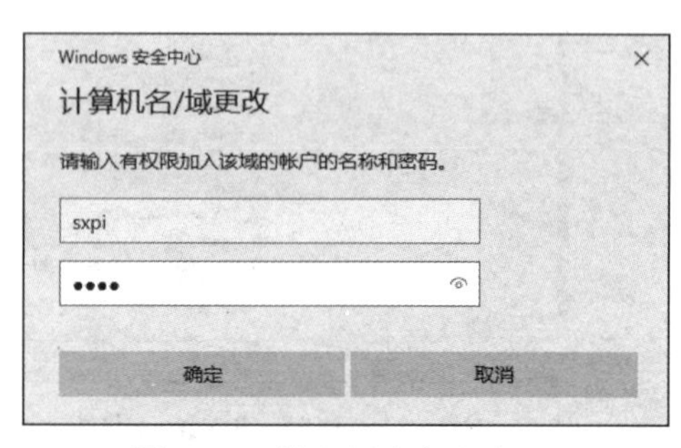

图 5–69 输入用户名和密码

步骤 5：身份验证通过后，重新操作系统，输入用户名和密码，在“登录到”中选择域“DC”，如图 5–70 所示。

图 5–70 登录域“DC”

4. 在活动目录中发布资源

OU 是组织单位，在活动目录中扮演着特殊的角色，它是一个当普通边界不能满足要求时创建的边界。OU 把域中的对象组织成逻辑管理组，而不是安全组或代表地理实体的组。OU 是可以应用组策略和委派责任的最小单位。

步骤 1：为公司的工程部创建一个 OU，如图 5–71 所示。

图 5–71　创建工程部 OU

步骤 2：按同样的方法创建财务部、技术部 OU，如图 5–72 所示。

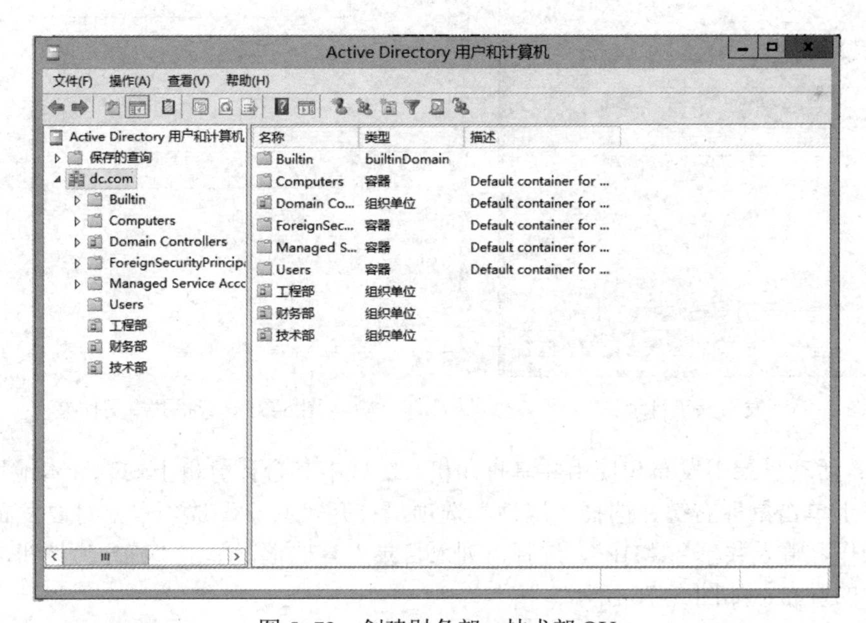

图 5–72　创建财务部、技术部 OU

步骤 3：在“Active Directory 用户和计算机”窗口中，选择要发布的位置，如财务部 OU，单击鼠标右键，选择“新建”→“共享文件夹”选项，如图 5–73 所示。

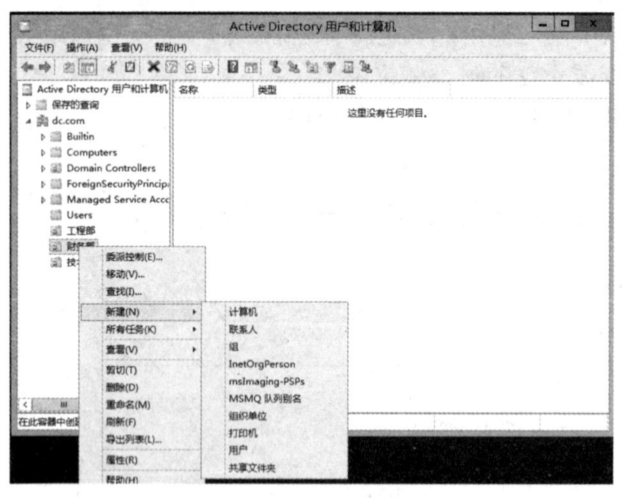

图 5–73　新建共享文件夹

步骤 4：找到共享资源位置，发布共享目录，如图 5–74 所示。

步骤 5：在“Active Directory 用户和计算机”窗口中选择域控制器，单击鼠标右键，使用“查找”命令查找共享文件夹，如图 5–75 所示。

图 5–74　发布共享目录

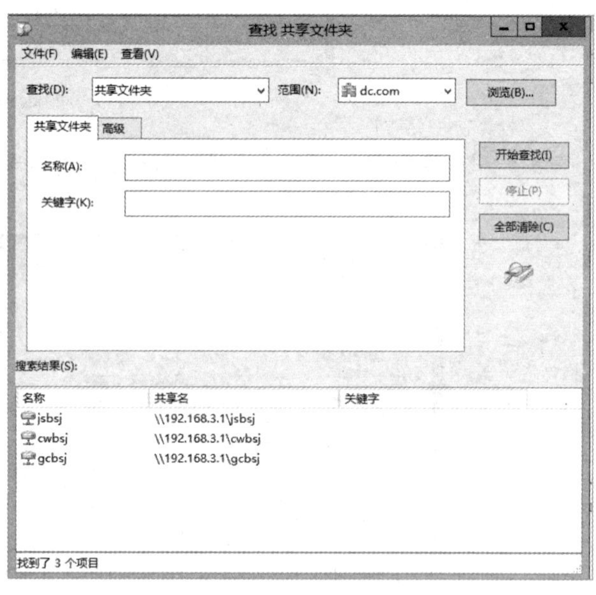

图 5–75　查找共享文件夹

步骤 6：活动目录中发布和使用共享打印机。在域中某台计算机上安装好本地打印机，在打印机列表上单击鼠标右键并选择“属性”选项，打开“共享”选项卡，对要发布的打印机进行共享操作，输入共享名“HP”，选择“列入目录”复选框，单击“确定”按钮，完成打印机在目录中的发布，如图 5–76 所示。

步骤 7：在“Active Directory 用户和计算机”窗口中选择域控制器，单击鼠标右键，使用“查找”命令查找打印机，单击“开始查找”按钮，然后在列出的打印机清单中选择要使用的打印机，最后单击鼠标右键，在打开的快捷菜单中选择“连接”命令，完成网络打印机的连接，如图 5–77 所示。

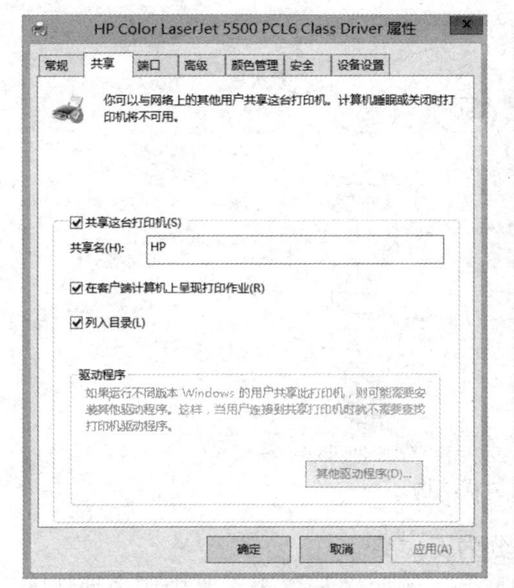

图 5–76　打印机属性对话框

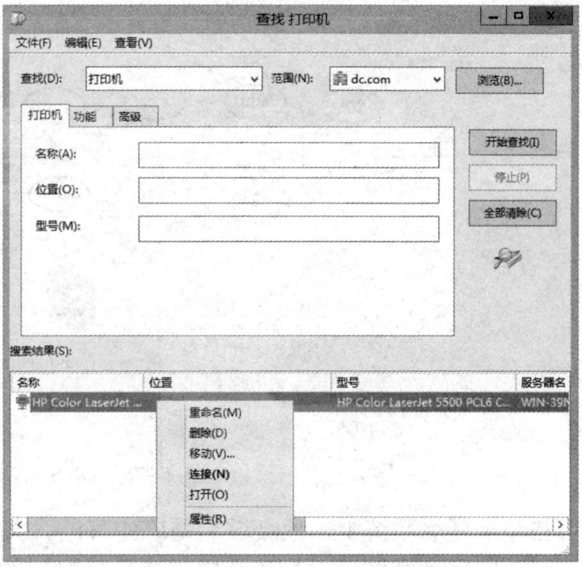

图 5–77　“查找打印机”对话框

5.3　任务 3：配置 DNS

使用 DNS 可以实现企业网络的域名和 IP 之间的解析。在企业网络中配置好 DNS 服务器后，在进行查找主机、浏览网站等工作时，可以不直接使用复杂的 IP 地址，而使用形象的域名来工作，从而提高工作效率。

5.3.1　DNS 技术简介

1. 域名解析的意义

IP 地址采用形如 221.11.1.67 的点分十进制数字表示。对一般用户来说，用数字表示的 IP 地址太抽象，不容易记忆。为了记忆方便，人们设计了字符形式的域名机制。域名由用“.”隔开的字段组成，每一字段都有一定的含义。

域名服务（Domain Name Service，DNS）提供字符形式的域名与 IP 地址之间的转换功能，这个过程也称作域名解析。域名解析通常由 DNS 服务器自动完成。

2. 域名解析的方法

HOSTS：在网络中的每台主机都用一个文本文件存放域名和 IP 地址的对照表，适用于小型网络。

DNS：域名解析信息分布存储于网络中的每台主机中，实现分布式解析，适用于大型网络。

3. DNS 域名空间

DNS 域名空间采用命名机制，它提供 DNS 数据库的层次树状结构，由根域、顶级域、子域与主机组成，如图 5–78 所示。

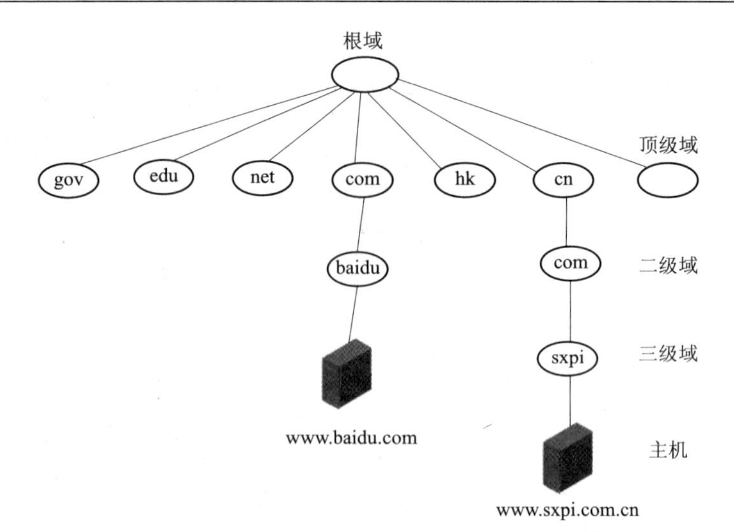

图 5–78　DNS 层次树状结构

在整个域名系统中，顶级域名是确定好的，共分为三大类：

（1）国家顶级域名：与各个国家或地区对应的域名，例如“.cn”表示“中国内地地区”、“.us”表示“美国”等。

（2）国际顶级域名：用“.int”表示，国际性的组织可在“.int”下注册，例如世界卫生组织的域名为“who.int”。

（3）通用顶级域名：用于区别不同类型的组织，例如“.com”表示商业组织、“.edu”表示教育组织、“.gov”表示政府机构、“.net”表示网络服务机构、“.org”表示非营利性组织等。

4. DNS 解析过程

NDS 解析过程如图 5–79 所示。

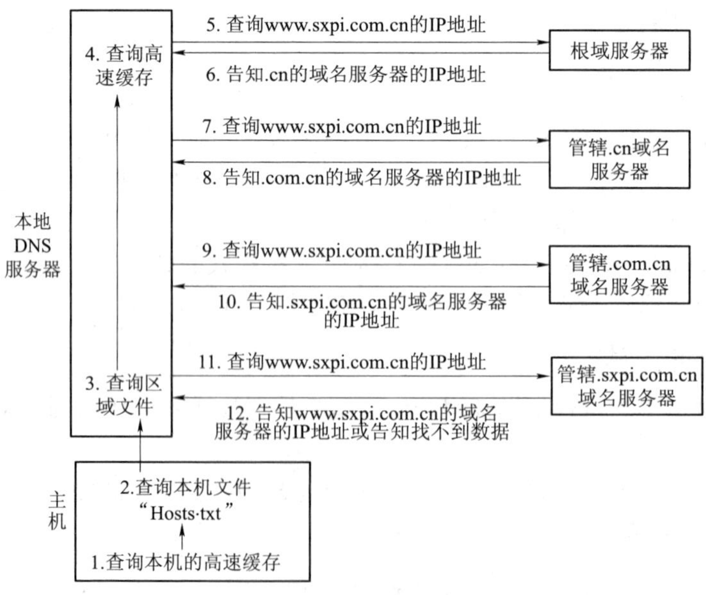

图 5–79　DNS 解析过程

5. DNS 资源

每个 DNS 数据库都由资源记录构成。一般来说，资源记录包含与特定主机有关的信息，如 IP 地址、主机的所有者或者提供服务的类型。当进行 DNS 解析时，DNS 服务器取出的是与该域名相关的资源记录。表 5-1 所示为常用 DNS 资源记录，此表介绍了在 DNS 服务器中常用的 DNS 资源记录的类型和主要用途。

表 5-1 常用 DNS 资源记录

资源名称	备注说明
SOA	初始授权记录
NS	名称服务器记录，指定授权的名称服务器
A	主机记录，实现正向查询，建立域名到 IP 地址的映射
CNAME	别名记录，为其他资源记录指定名称的替补
PTR	指针记录，实现反向查询，建立 IP 地址到域名的映射
MX	邮件交换记录，指定用来交换或转发邮件信息的服务器

5.3.2 任务实战：DNS 的安装和配置

任务目的：

（1）了解 DNS 域名系统的基本概念；

（2）掌握域名解析的原理和模式。

任务内容：

（1）安装 DNS 服务器；

（2）配置正向区域和反向区域；

（3）使用“nslookup”命令进行域名解析。

任务环境：Windows Server 2012 R2 操作系统，“Win2012 R2.iso”系统镜像。

任务步骤：

DNS 拓扑结构如图 5-80 所示。

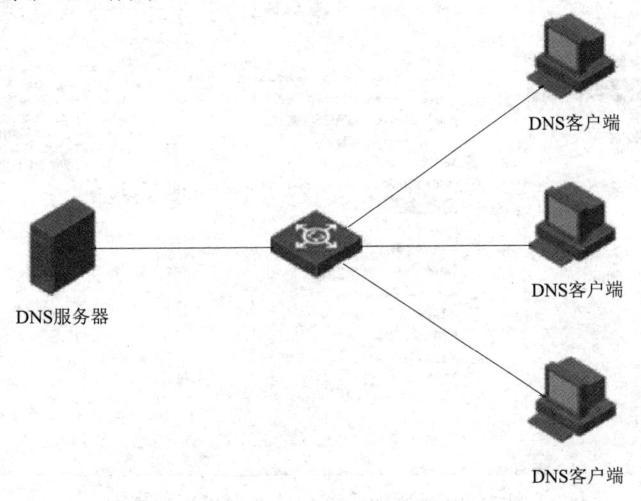

图 5-80 DNS 拓扑结构

1. 安装前的准备工作

确定DNS服务器的IP地址为192.168.3.1；规划DNS正向区域名称为“sxpi.com”；规划DNS反向区域名称为“192.168.3.1”；创建域名记录为www.sxpi.com，其对应IP地址为192.168.3.1。

2. 安装步骤

步骤1：在安装Windows Server 2012 R2的计算机上设置IP地址和参数，如图5–81所示。

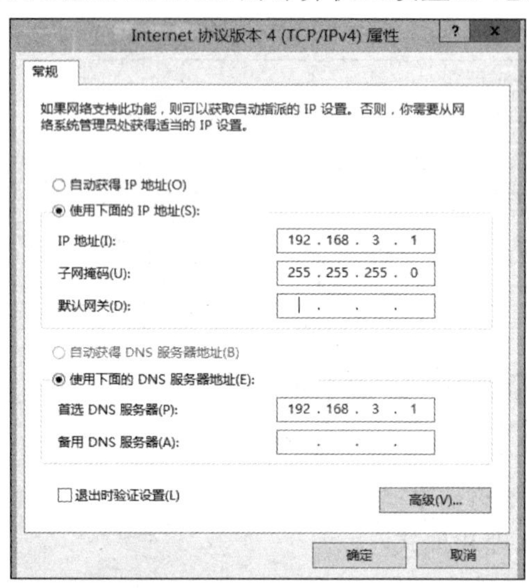

图5–81 设置IP地址和参数

步骤2：按照向导提示，在“添加角色和功能向导”对话框的“服务器角色”界面中勾选“DNS服务器”复选框，按照提示完成安装，如图5–82所示。

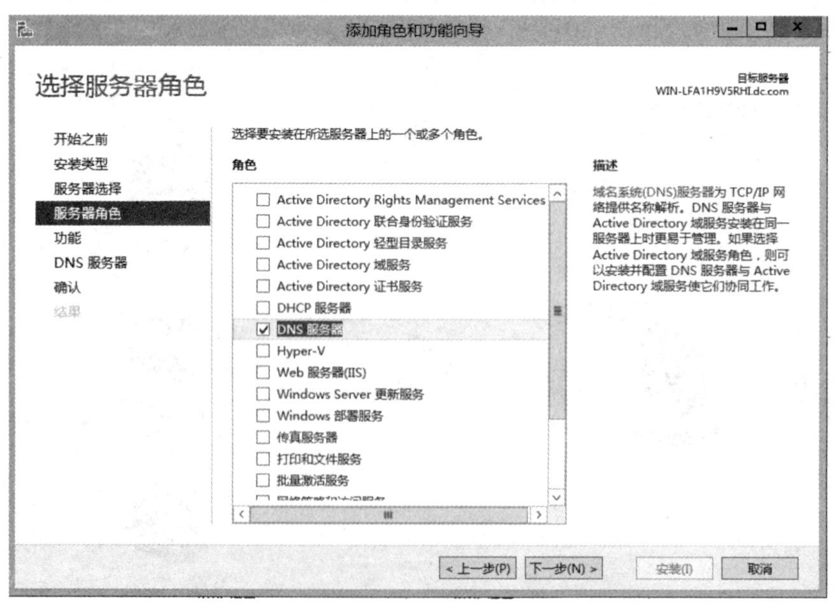

图5–82 “添加角色和功能向导”对话框

步骤 3：选择“开始”→“管理工具”→“DNS”选项，打开“DNS 管理器”对话框，在左侧控制台树中用鼠标右键单击服务器，在弹出的快捷菜单中选择“所有任务”→“启动”命令，如图 5–83 所示。

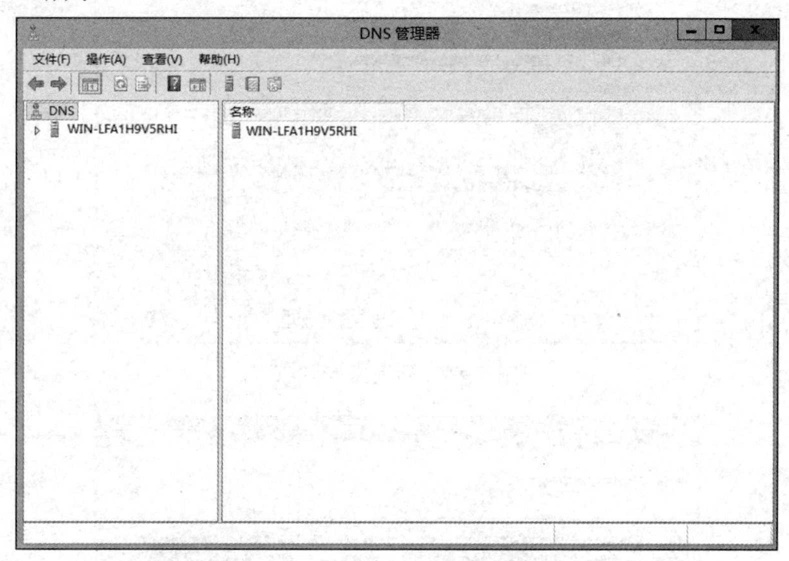

图 5–83　“DNS 管理器”对话框

步骤 4：在控制窗口中选择 DNS 服务器，用鼠标右键单击“正向查找区域”选项，选择“新建区域”命令，如图 5–84 所示。

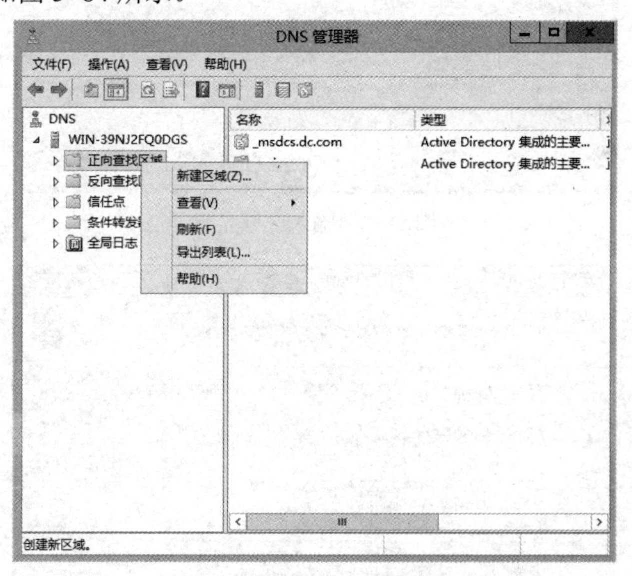

图 5–84　创建正向区域

步骤 5：在“区域类型”界面，单击“下一步”按钮，选择新建区域的区域类型为主要区域，如图 5–85 所示。

步骤 6：在“区域名称”界面输入区域名称“sxpi.com”，如图 5–86 所示。

步骤 7：在“区域文件”界面创建新的区域文件，如图 5–87 所示。

新建区域向导
区域类型
DNS 服务器支持不同类型的区域和存储。
选择你要创建的区域的类型:
主要区域(P)
创建一个可以直接在这个服务器上更新的区域副本。
辅助区域(S)
创建一个存在于另一个服务器上的区域的副本。此选项帮助主服务器平衡处理的工作量，并提供容错。
存根区域(U)
创建只含有名称服务器(NS)、起始授权机构(SOA)和粘连主机(A)记录的区域的副本。含有存根区域的服务器对该区域没有主管权。
在 Active Directory 中存储区域(只有 DNS 服务器是可写域控制器时才可用)(A)
< 上一步(B)
下一步(N) >
取消

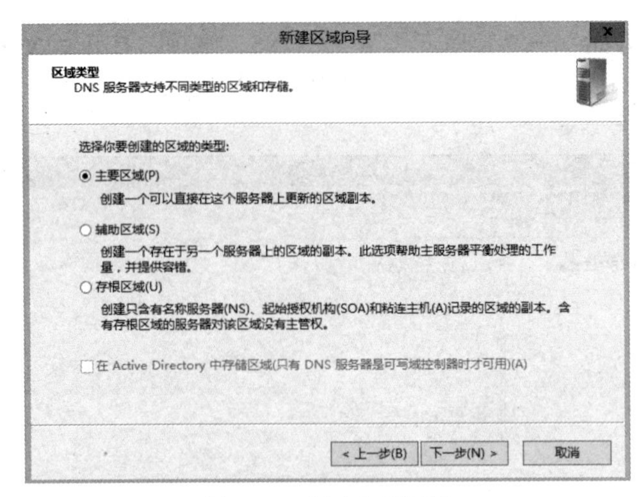

图 5–85　新建主要区域

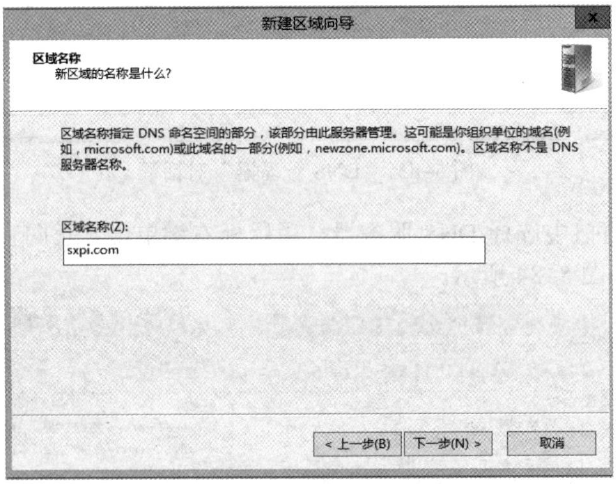

新建区域向导
区域名称
新区域的名称是什么?
区域名称指定 DNS 命名空间的部分，该部分由此服务器管理。这可能是你组织单位的域名(例如，microsoft.com)或此域名的一部分(例如，newzone.microsoft.com)。区域名称不是 DNS 服务器名称。
区域名称(Z):
sxpi.com
< 上一步(B)
下一步(N) >
取消

图 5–86　输入区域名称

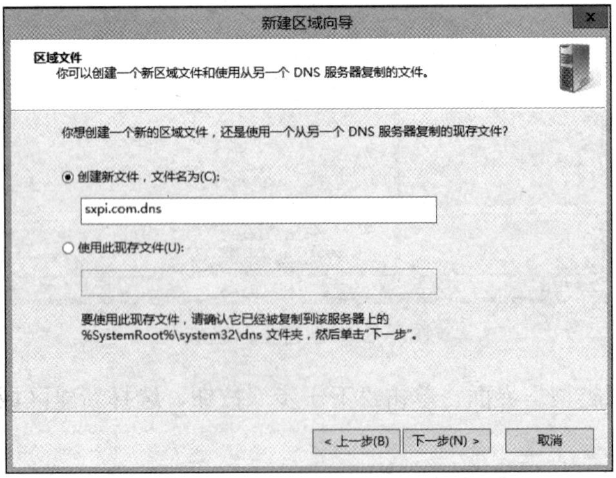

新建区域向导
区域文件
你可以创建一个新区域文件和使用从另一个 DNS 服务器复制的文件。
你想创建一个新的区域文件，还是使用一个从另一个 DNS 服务器复制的现存文件?
创建新文件，文件名为(C):
sxpi.com.dns
使用此现存文件(U):
要使用此现存文件，请确认它已经被复制到该服务器上的 %SystemRoot%\system32\dns 文件夹，然后单击"下一步"。
< 上一步(B)
下一步(N) >
取消

图 5–87　创建新的区域文件

步骤 8：在“动态更新”界面选择“不允许动态更新”选项，单击“下一步”按钮，完成正向区域的创建，如图 5–88 所示。

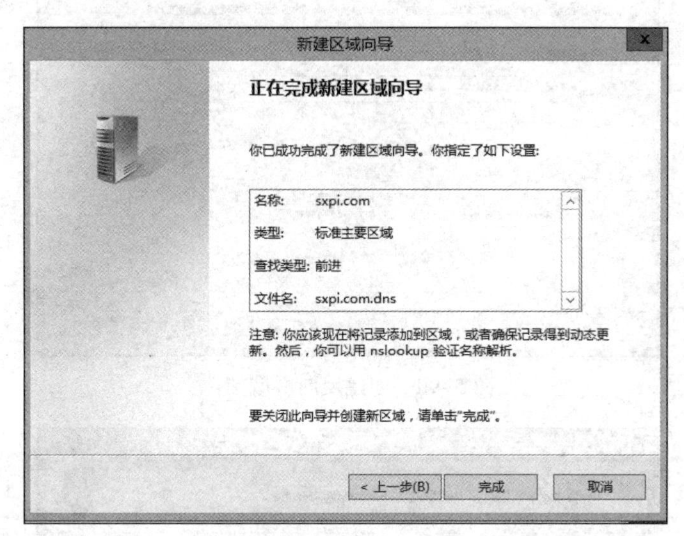

图 5–88　完成正向区域的创建

步骤 9：在控制窗口选择 DNS 服务器，单击鼠标右键选择“反向查找区域”→“新建区域”→“主要区域”选项，输入区域名称“192.168.3”（本网络 ID），如图 5–89 所示。正向查找就是根据 DNS 域名查找其对应的 IP 地址，反向查找就是根据 IP 地址查找其对应的 DNS 域名。

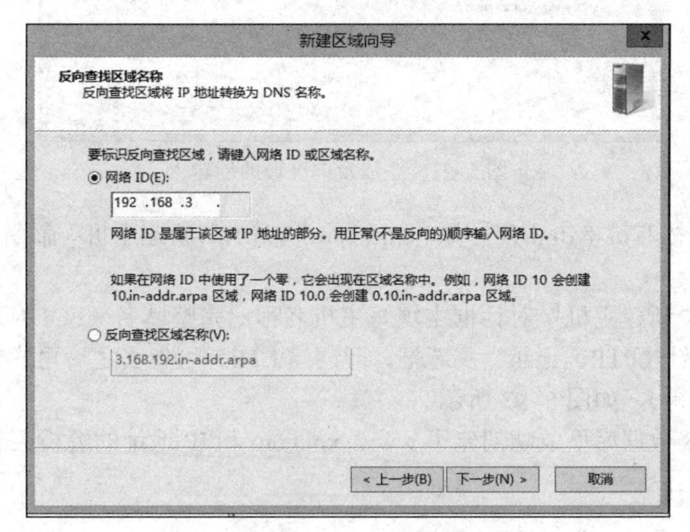

图 5–89　创建反向查找区域名称

步骤 10：创建反向区域文件，保持默认名称，如图 5–90 所示。

步骤 11：指定动态更新的类型为“不允许动态更新”，完成反向区域的创建，如图 5–91 所示。

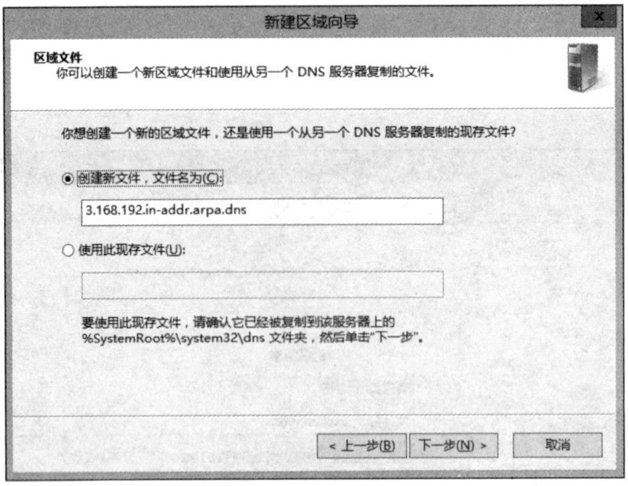

图 5–90 创建反向区域文件

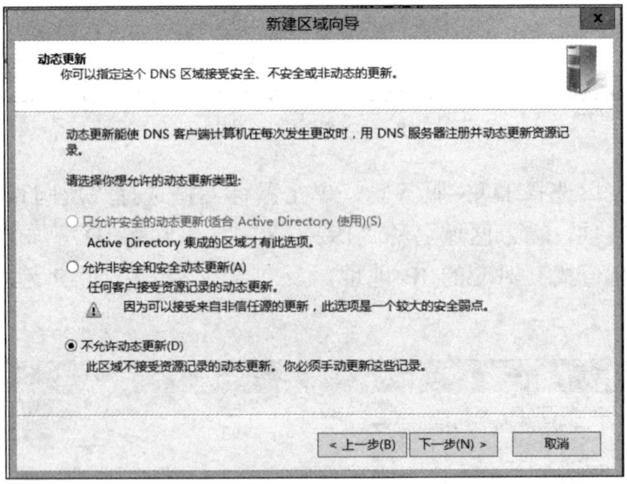

图 5–91 完成反向区域的创建

步骤 12：用鼠标右键单击正向区域“sxpi.com”，选择“新建主机”命令（实现正向解析），如图 5–92 所示。

步骤 13：在“新建主机”对话框中填写主机名称，完整域名（FQDN）会自动添加，勾选“创建相关的指针（PTR）记录”复选框，即创建 PTR，可省去之后再次创建指针记录（指针记录实现反向解析），如图 5–93 所示。

这样就在 DNS 数据库里成功创建了 www.sxpi.com 和 IP 地址的解析关系。

3. 客户端测试

配置好 DNS 并启动进程后，应该对 DNS 进行测试，最常用的测试工具是“Ping”和“nslookup”命令。

“Ping”命令用来测试 DNS 能否正常工作，格式为：Ping IP 地址。

“nslookup”命令用来向 Internet 域名服务器发出查询信息，格式为：nslookup IP 地址或域名。

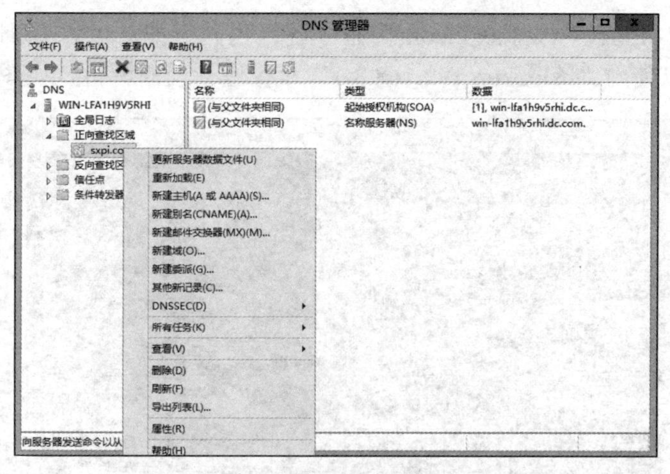

图 5–92　新建主机

图 5–93　创建主机记录

步骤 1：在用户计算机上，设置其 DNS 地址为 193.168.3.1（上面创建的 DNS 服务器地址），如图 5–94 所示。

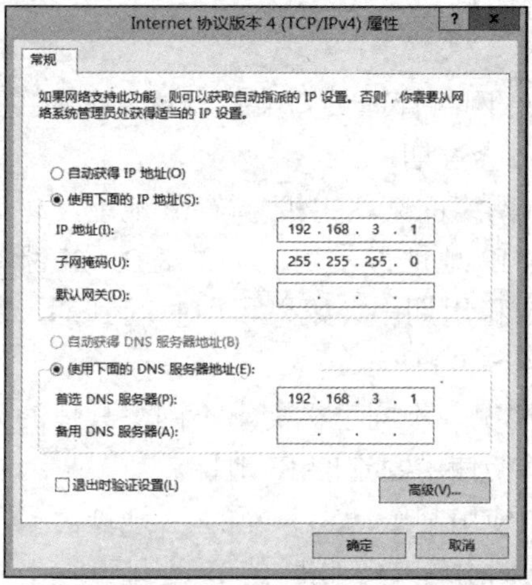

图 5–94　设置客户端的 IP 地址和 DNS 服务器地址

步骤 2：使用“Ping　www.sxpi.com”命令进行正向查找，可以看到解析的 IP 地址为 192.168.3.1，也可以使用“nslookup 192.168.3.1”命令进行反向解析，如图 5–95 所示。

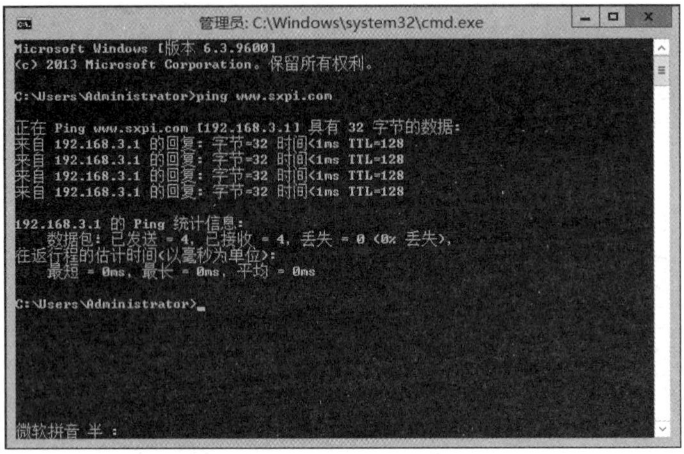

```
管理员: C:\Windows\system32\cmd.exe
Microsoft Windows [版本 6.3.9600]
(c) 2013 Microsoft Corporation。保留所有权利。

C:\Users\Administrator>ping www.sxpi.com

正在 Ping www.sxpi.com [192.168.3.1] 具有 32 字节的数据:
来自 192.168.3.1 的回复: 字节=32 时间<1ms TTL=128
来自 192.168.3.1 的回复: 字节=32 时间<1ms TTL=128
来自 192.168.3.1 的回复: 字节=32 时间<1ms TTL=128
来自 192.168.3.1 的回复: 字节=32 时间<1ms TTL=128

192.168.3.1 的 Ping 统计信息:
    数据包: 已发送 = 4，已接收 = 4，丢失 = 0 (0% 丢失)，
往返行程的估计时间(以毫秒为单位):
    最短 = 0ms，最长 = 0ms，平均 = 0ms

C:\Users\Administrator>

微软拼音 半 :
```

图 5–95　测试 DNS 是否正常

5.4　任务 4：配置 DHCP 服务器

企业内部使用 DHCP 服务器可以实现 IP 地址等信息的统一管理、统一分配，通过 IP 地址租期管理，可以提高 IP 地址的使用效率，简化客户端网络配置，降低维护成本。

5.4.1　DHCP 技术简介

DHCP 是动态主机配置协议（Dynamic Host Configuration Protocol），其作用是为网络中的主机分配动态 IP 地址，并提供子网掩码、缺省网关、路由器的 IP 地址以及一个 DNS 服务器的 IP 地址等信息。

DHCP 采用客户端/服务器模式，服务器负责集中管理，客户端向服务器提出配置申请，服务器根据策略返回相应配置信息。

DHCP 地址分配方式如下：

（1）手工分配：根据需求，网络管理员为某些少数特定的主机（如 DNS 服务器、打印机）绑定固定的 IP 地址，其地址不会过期。

（2）自动分配：为连接到网络的某些主机分配 IP 地址，该地址将长期由该主机使用。

（3）动态分配：主机申请 IP 地址最常用的方法。DHCP 服务器为客户端指定一个 IP 地址，同时为此地址规定了一个租用期限，如果租用时间到期，客户端必须重新申请 IP 地址。

IP 地址动态获取过程如图 5–96 所示。

根据 IP 地址占用时间的情况，不同主机需求不同，具体的分配策略如下：

（1）对于服务器，需要长期使用固定的 IP 地址。

（2）对于主机，需要长期使用某个动态分配的 IP 地址。

（3）对于个人，只在需要时分配一个临时的 IP 地址。

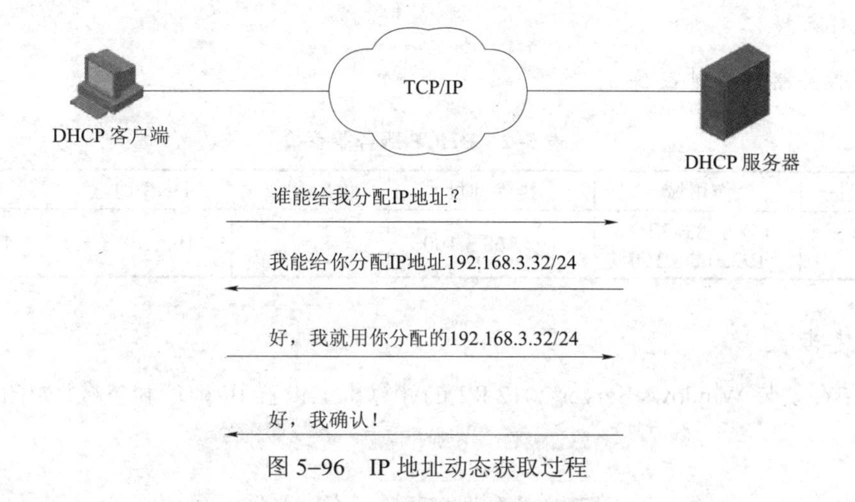

图 5–96　IP 地址动态获取过程

5.4.2　任务实战：DHCP 服务器的安装和配置

任务目的：熟悉 DHCP 的工作原理，掌握 DHCP 服务器的安装及配置方法。

任务内容：

（1）DHCP 服务器的安装与基本设置；

（2）“ipconfig”命令的使用；

（3）DHCP 数据库的备份和恢复。

任务环境：Windows Server 2012 R2 操作系统，“Win2012 R2.iso”系统镜像。

任务步骤：DHCP 采用客户端/服务器模式，服务器负责管理 IP 地址等信息，其拓扑结构如图 5–97 所示。

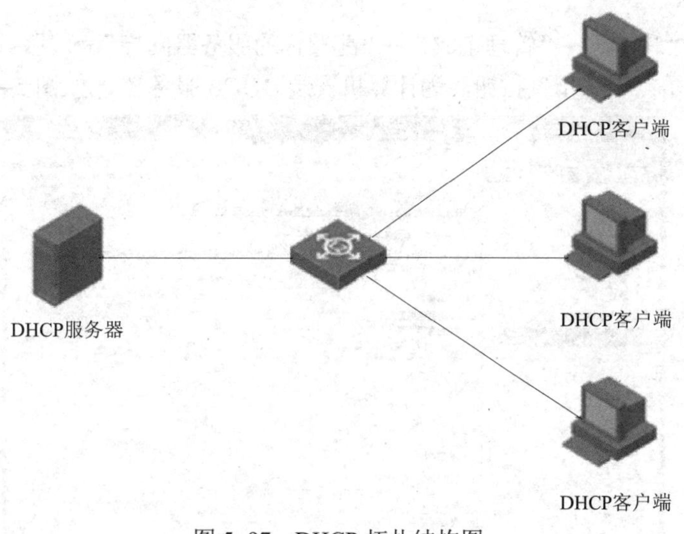

图 5–97　DHCP 拓扑结构图

1. 案例参数

DHCP 服务器参数见表 5–2。

表 5–2　DHCP 服务器参数

DHCP 地址	作用域	排除地址	租用期限	DNS 地址	网关
192.168.3.1	192.168.3.32～192.168.3.150	192.168.3.100	8 天	192.168.3.1	192.168.3.1

2. 安装步骤

步骤 1：在安装 Windows Server 2012 R2 的计算机上设置 IP 地址和参数，如图 5–98 所示。

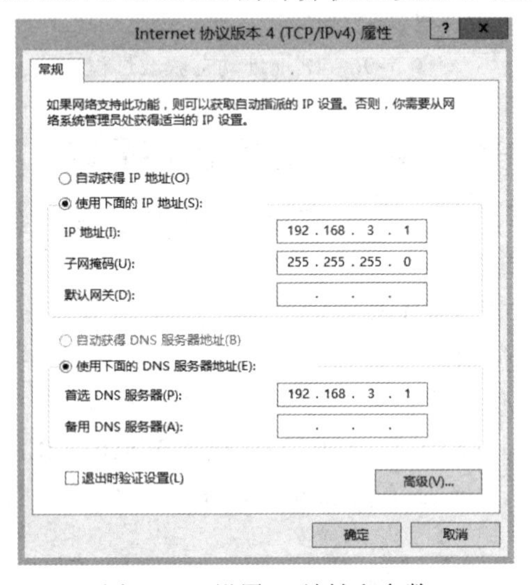

图 5–98　设置 IP 地址和参数

步骤 2：选择“程序”→“管理工具”→“配置你的服务器向导”→“服务器角色”→“DHCP 服务器”选项，单击“下一步”按钮，为计算机安装 DHCP 服务器，如图 5–99 所示。

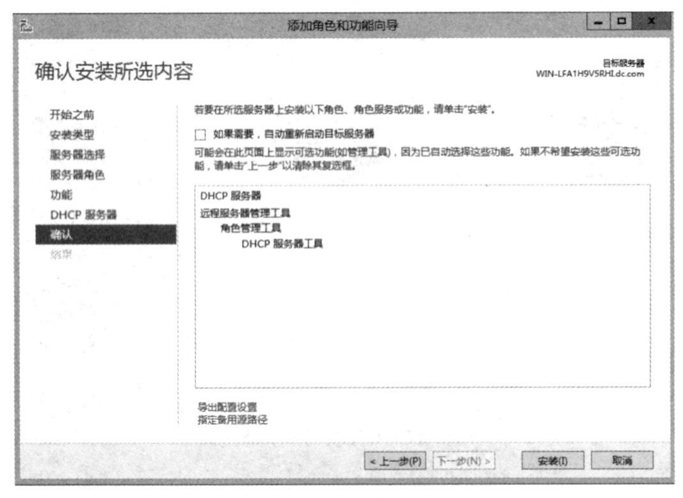

图 5–99　配置服务器向导

步骤 3：单击“关闭”按钮关闭向导，DHCP 服务器安装完成。选择“开始”→“管理工具”→“DHCP”选项，打开 DHCP 控制台，如图 5–100 所示，可以在此配置和管理 DHCP 服务器。

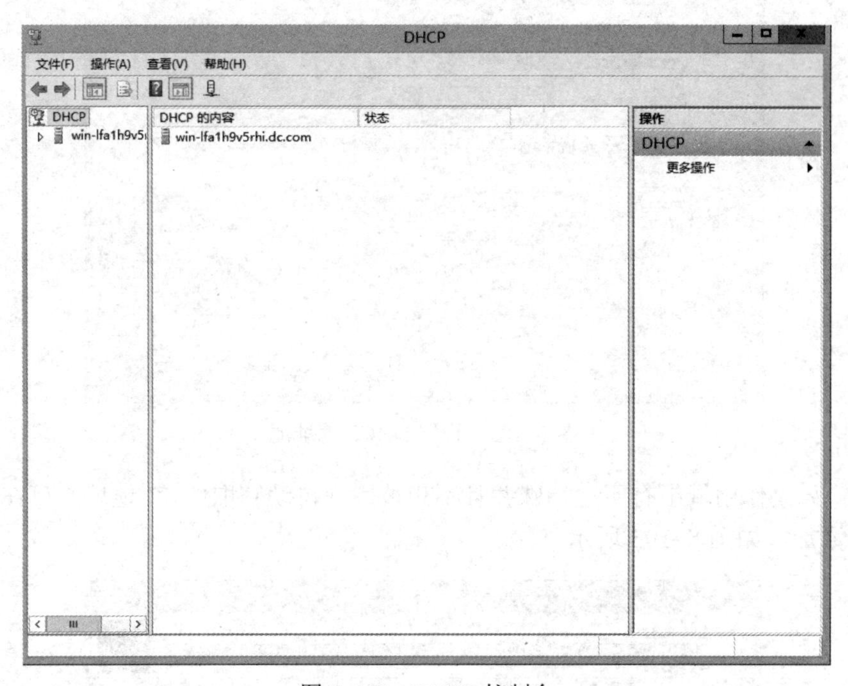

图 5–100　DHCP 控制台

步骤 4：使用新建作用域向导设置作用域，为作用域指定名称“sxpi”，描述此作用域为“sxpi's DHCP”，如图 5–101 所示。

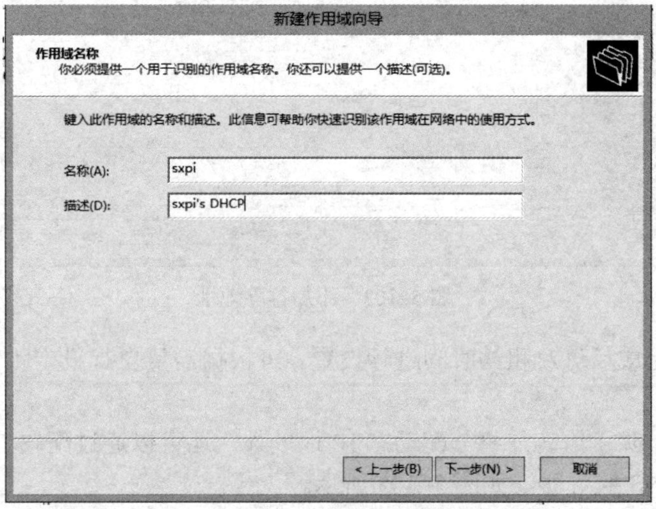

图 5–101　新建作用域

步骤 5：设置作用域范围和子网掩码，给定一个地址池，客户机可在此池中自动获取 IP 地址，如图 5–102 所示。

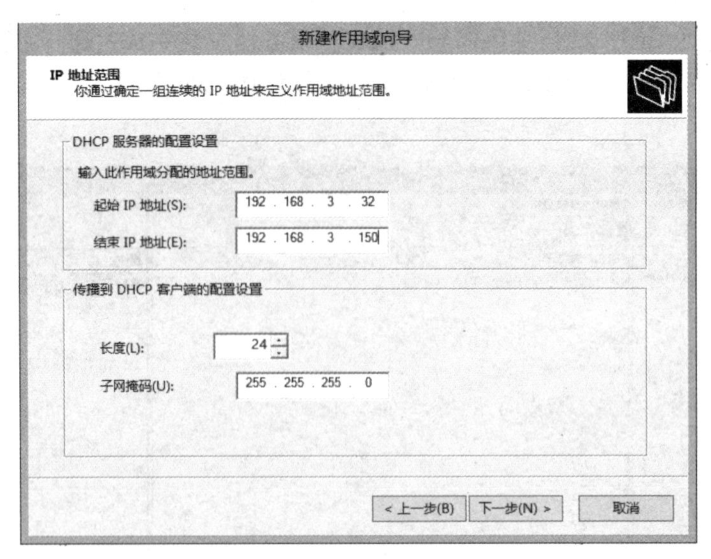

图 5–102　设置 DHCP 地址池

步骤 6：如果作用域中有用途特殊并且不想被用户自动获取的 IP 地址，可在“排除的地址范围”中添加，如图 5–103 所示。

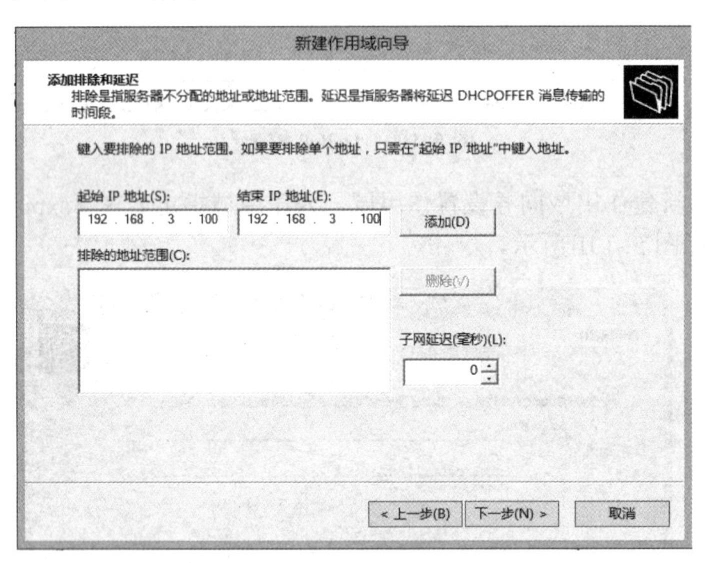

图 5–103　添加排除地址

步骤 7：设置完成后可对租约时间进行设置。可根据需要自行设定租约期限，如图 5–104 所示。

步骤 8：DHCP 除了给客户机分配动态 IP 地址外，还可以通过配置 DHCP 选项，为其指定默认网关以及 DNS 服务器，如图 5–105 所示。

步骤 9：给客户机指定默认网关或者分配路由器地址（192.168.3.1），单击“添加”按钮，如图 5–106 所示。

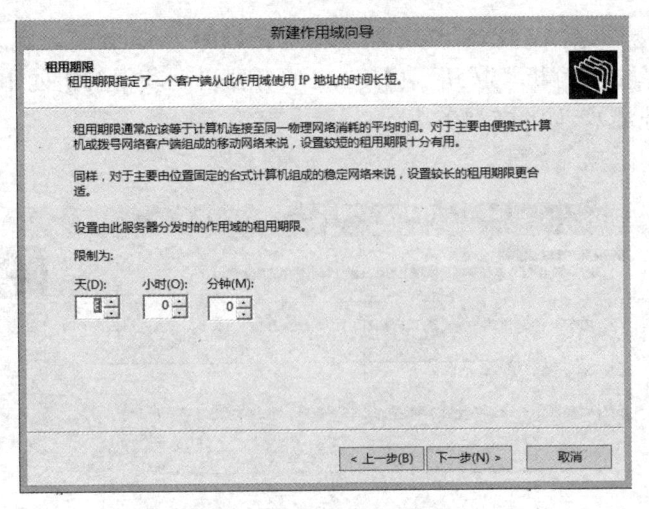

图 5–104　设置租约期限

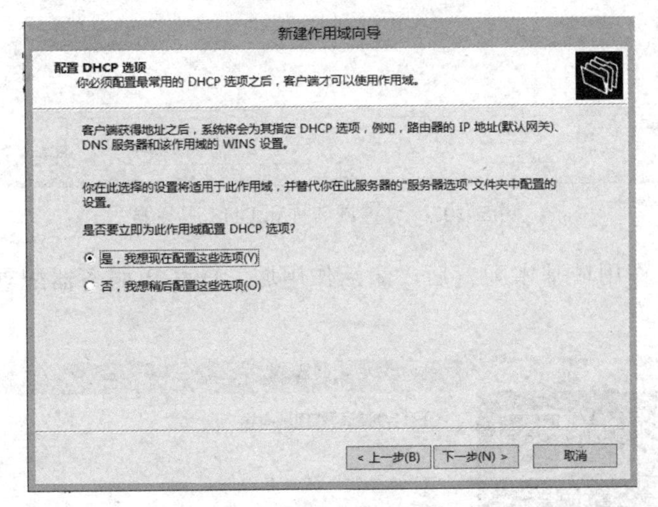

图 5–105　配置 DHCP 选项

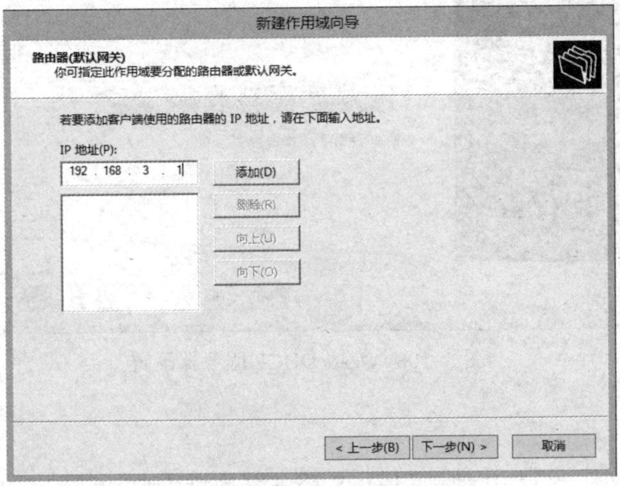

新建作用域向导
路由器(默认网关)
你可指定此作用域要分配的路由器或默认网关。
若要添加客户端使用的路由器的 IP 地址，请在下面输入地址。
IP 地址(P):
192 . 168 . 3 . 1
添加(D)
删除(R)
向上(U)
向下(O)
< 上一步(B)
下一步(N) >
取消

图 5–106　添加默认网关

步骤 10：给客户机指定 DNS 服务器，输入父域为“dc.com”，输入 DNS 服务器名称“www.sxpi.com”，单击“解析”按钮，由 DNS 服务器自动获得解析的 IP 地址为 192.168.3.1（最好不要输入 IP 地址），如图 5–107 所示。

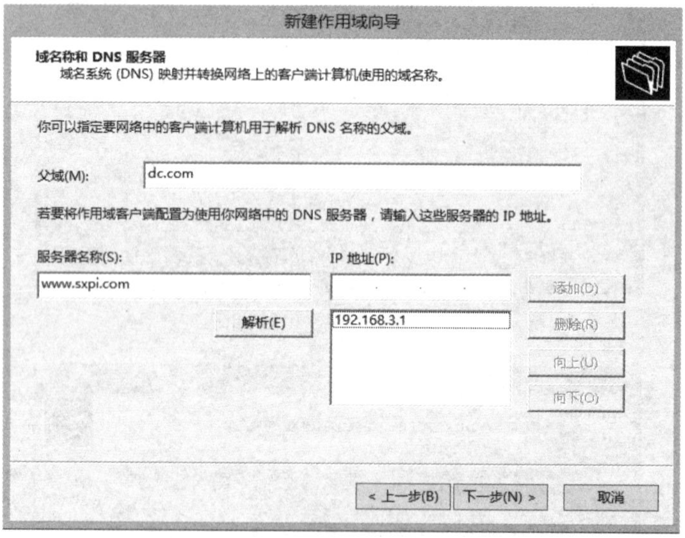

图 5–107　设置域名称和 DNS 服务器

步骤 11：完成作用域基本配置后，激活作用域，DHCP 服务器配置完成，如图 5–108 所示。

图 5–108　完成 DHCP 服务器配置

3. DHCP 测试

步骤 1：在客户机上设置 IP 地址和 DNS 服务器地址为自动获取，如图 5–109 所示。

步骤 2：使用“ipconfig/release”命令释放之前的 IP 地址等信息，如图 5–110 所示。

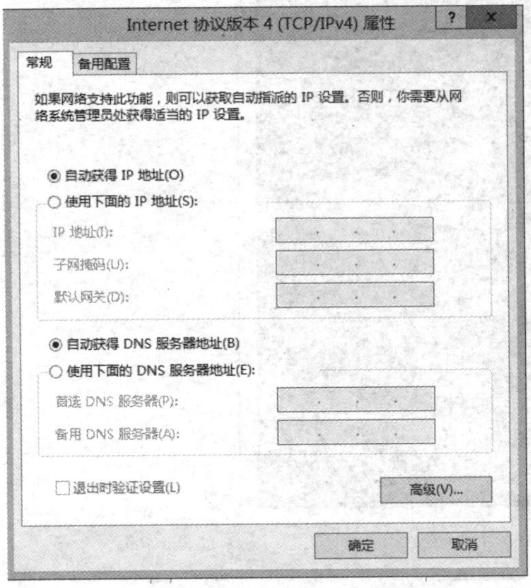

图 5–109　动态设置参数

图 5–110　使用“ipconfig/release”命令

步骤 3：使用“ipconfig/renew”命令重新获取 IP 地址等信息，如图 5–111 所示。如获取成功，就证明 DHCP 服务器的配置没有问题。

图 5–111　使用“ipconfig/renew”命令

步骤 4：使用“ipconfig/all”命令查看当前计算机的所有网络信息，如图 5–112 所示。

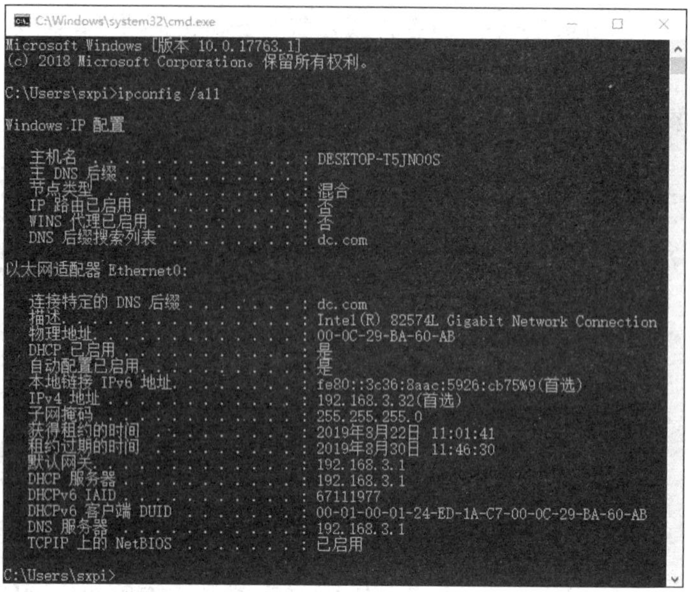

```
C:\Windows\system32\cmd.exe
Microsoft Windows [版本 10.0.17763.1]
(c) 2018 Microsoft Corporation。保留所有权利。

C:\Users\sxpi>ipconfig /all

Windows IP 配置

   主机名  . . . . . . . . . . . . . : DESKTOP-T5JN00S
   主 DNS 后缀 . . . . . . . . . . . :
   节点类型  . . . . . . . . . . . . : 混合
   IP 路由已启用 . . . . . . . . . . : 否
   WINS 代理已启用 . . . . . . . . . : 否
   DNS 后缀搜索列表  . . . . . . . . : dc.com

以太网适配器 Ethernet0:

   连接特定的 DNS 后缀 . . . . . . . : dc.com
   描述. . . . . . . . . . . . . . . : Intel(R) 82574L Gigabit Network Connection
   物理地址. . . . . . . . . . . . . : 00-0C-29-BA-60-AB
   DHCP 已启用 . . . . . . . . . . . : 是
   自动配置已启用. . . . . . . . . . : 是
   本地链接 IPv6 地址. . . . . . . . : fe80::3c36:8aac:5926:cb75%9(首选)
   IPv4 地址 . . . . . . . . . . . . : 192.168.3.32(首选)
   子网掩码  . . . . . . . . . . . . : 255.255.255.0
   获得租约的时间  . . . . . . . . . : 2019年8月22日 11:01:41
   租约过期的时间  . . . . . . . . . : 2019年8月30日 11:46:30
   默认网关. . . . . . . . . . . . . : 192.168.3.1
   DHCP 服务器 . . . . . . . . . . . : 192.168.3.1
   DHCPv6 IAID . . . . . . . . . . . : 67111977
   DHCPv6 客户端 DUID  . . . . . . . : 00-01-00-01-24-ED-1A-C7-00-0C-29-BA-60-AB
   DNS 服务器  . . . . . . . . . . . : 192.168.3.1
   TCPIP 上的 NetBIOS  . . . . . . . : 已启用

C:\Users\sxpi>
```

图 5–112　使用“ipconfig/all”命令

5.5　任务 5：配置信息服务器

中小型企业信息服务平台需求集中在文件服务、企业邮箱、数据库、网站平台等方面，而 Windows Server 2012 R2 和自带的 IIS 6.0 提供了可靠的、高效的、连接的、完整的网络服务解决方案。

5.5.1　IIS 技术简介

互联网信息服务（Internet Information Server，IIS）是一种 Web（网页）服务组件，其中包括 Web 服务器、FTP 服务器、NNTP 服务器和 SMTP 服务器，分别用于网页浏览、文件传输、新闻服务和邮件发送等方面，它使得在网络（包括互联网和局域网）上发布信息变得容易。

1. WWW（万维网服务）

WWW（World Wide Web）常简称为 Web，分为 Web 客户端和 Web 服务器程序。WWW 可以让 Web 客户端（常用浏览器）访问浏览 Web 服务器上的页面。WWW 提供丰富的文本、图形、音频和视频等多媒体信息，并将这些内容集合在一起，提供导航功能，使用户可以方便地在各个页面之间进行浏览。由于 WWW 内容丰富、浏览方便，它目前已经成为互联网最重要的服务。

Web 系统是一种基于超链接（hyperlink）的超文本（hypertext）和超媒体（hypermedia）系统，由于其提供媒体信息的多样性，也称为超媒体环球信息网。

Web 的工作过程如图 5–113 所示。

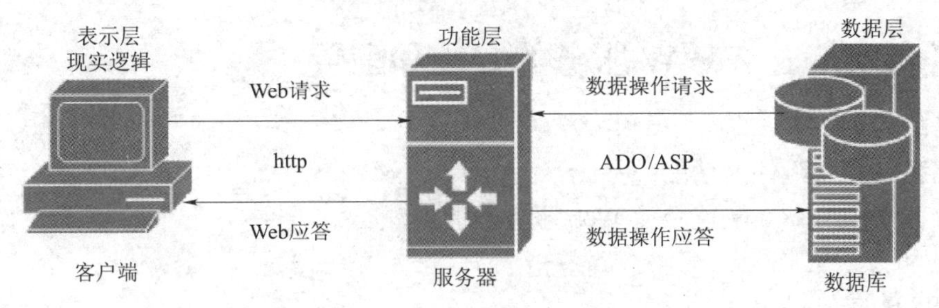

图 5-113　Web 的工作过程

（1）用户启动客户端浏览器，在浏览器中确定将要访问页面的 URL 地址。

（2）Web 服务器根据浏览器送来的请求，需要查询服务，Web 服务器根据某种机制请求数据库服务器的数据服务，然后 Web 服务器把查询结果转变为 HTML 的网页返回浏览器；如果 URL 指向 HTML 文档，Web 服务器使用 HTTP 协议把该文档直接送给浏览器。

（3）浏览器解释 HTML 文档，在客户端屏幕上向用户展示结果。

2. FTP（文件传输协议）

FTP（File Transfer Protocol）使用 TCP 生成一个虚拟连接用于控制信息，然后再生成一个单独的 TCP 连接用于数据传输。控制连接使用类似 Telnet 协议在主机间交换命令和消息。FTP 是 TCP/IP 网络上两台计算机传送文件的协议，是在 TCP/IP 网络和 Internet 上最早使用的协议之一，它属于网络协议组的应用层。FTP 客户机可以给服务器发出命令来下载文件、上传文件、创建或改变服务器上的目录。

FTP 服务一般运行在 20 和 21 两个端口。端口 20 用于在客户端和服务器之间传输数据流，而端口 21 用于传输控制流，并且是命令通向 FTP 服务器的进口。当数据通过数据流传输时，控制流处于空闲状态，而当控制流空闲很长时间后，客户端的防火墙会将其会话置为超时，这样当大量数据通过防火墙时会产生一些问题。此时，虽然文件可以成功传输，但因为控制会话被防火墙断开，传输会产生一些错误。

3. SMTP（简单邮件传输协议）

SMTP（Simple Mail Transfer Protocol）是一组用于由源地址到目的地址传送邮件的规则，由它来控制信件的中转方式。SMTP 属于 TCP/IP 协议族，它帮助每台计算机在发送或中转信件时找到下一个目的地。通过 SMTP 所指定的服务器，可以把 E-mail 发送到收信人的服务器上，整个过程只要几分钟。SMTP 服务器则是遵循 SMTP 的发送邮件服务器，用来发送或中转电子邮件。

4. NNTP（网络新闻传输协议）

NNTP（Network News Transport Protocol）是一个主要用于阅读和张贴新闻文章到新闻组上的 Internet 应用协议，也负责新闻在服务器间的传送。NNTP 用于向 Internet 上的 NNTP 服务器或 NNTP 客户发布网络新闻邮件，通过 Internet 使用可靠的基于流的新闻传输，提供新闻的分发、查询、检索和投递。NNTP 还专门设计用于将新闻文章保存在中心数据库的服务器上，这样用户可以选择要阅读的特定条目，它还提供过期新闻的索引、交叉引用和终止。

5.5.2 任务实战：WWW 服务的安装和配置

任务目的：

（1）熟悉 IIS8.0 组件的功能；

（2）掌握利用 IIS8.0 配置企业 Web 服务器的方法。

任务内容：

（1）IIS8.0 的安装；

（2）虚拟目录的创建；

（3）虚拟主机的创建。

任务环境：Windows Server 2012 R2 操作系统，“Win2012 R2.iso”系统镜像。

任务准备：确定 Web 服务器的 IP 地址为 192.168.3.1；在 DNS 服务器上创建域名记录为 www.sxpi.com，其对应 IP 地址为 192.168.3.1。

任务步骤：

1. 安装 IIS

步骤 1：在服务器角色列表中选择“Web 服务器（IIS）”选项，在弹出的对话框中单击“添加功能”按钮，如图 5–114 所示。

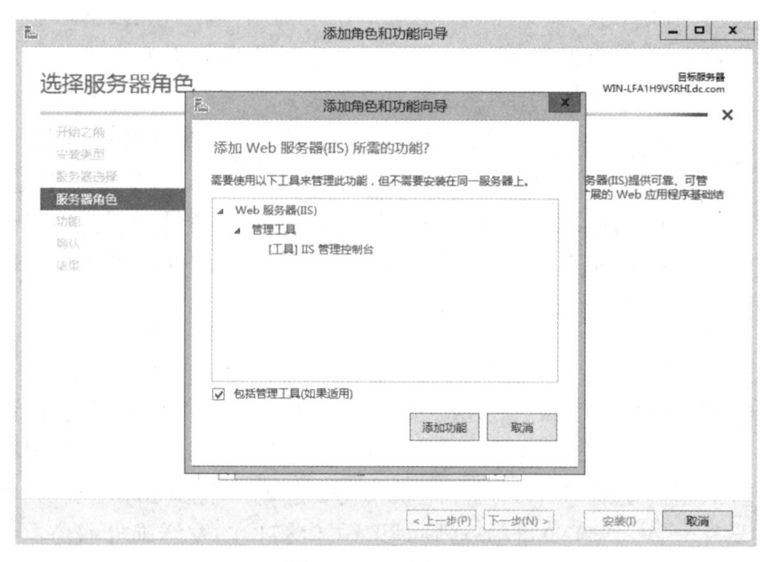

图 5–114 选择 IIS

步骤 2：选择需要安装的项目后，单击“安装”按钮，开始安装 IIS，如图 5–115 所示。

步骤 3：测试 IIS8.0。打开 IE 浏览器，在地址栏中输入“http://localhost”或者“http://127.0.0.1”，出现图 5–116 所示结果，表明 IIS8.0 已正确安装。

2. 测试默认网站

步骤 1：进入默认网站的主目录“C:\inetpub\wwwroot”。

步骤 2：利用记事本建立文件“default.htm”，如图 5–117 所示。

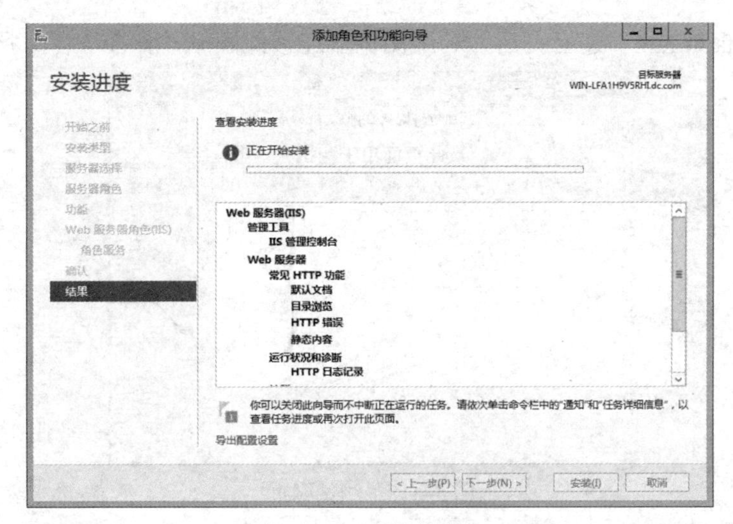

图 5–115　开始安装 IIS

图 5–116　测试网站

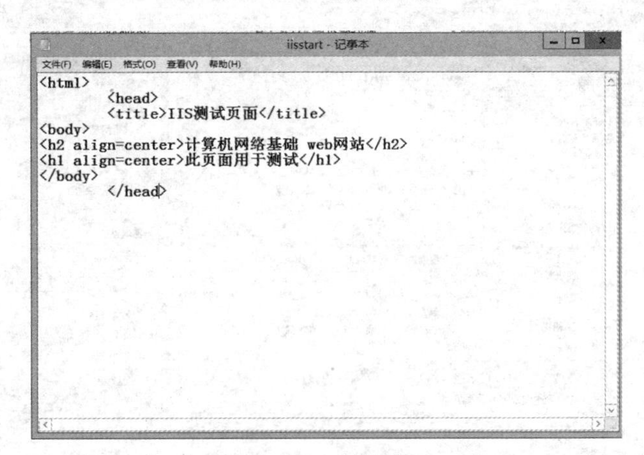

图 5–117　制作网页

步骤3："default.htm"建立完后，利用浏览器连接此网站，如图5–118所示。

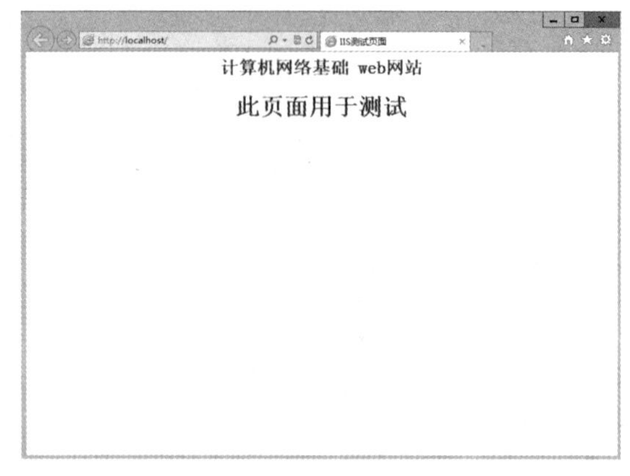

图5–118 测试网页

3. 建立虚拟目录

IIS支持虚拟目录。建立虚拟目录对于管理Web站点具有非常重要的意义。首先，虚拟目录隐藏了有关站点目录结构的重要信息。因为在浏览器中，客户通过选择"查看源代码"命令可以很容易地获取页面的文件路径信息，如果在Web页面中使用物理路径，将暴露有关站点目录的重要信息，容易导致系统受到攻击。其次，只要两台计算机具有相同的虚拟目录，就可以在不对页面代码作任何改动的情况下，将Web页面从一台计算机移到另一台计算机。

步骤1：在"开始"菜单中依次单击"管理工具"→"Internet信息服务（IIS）管理器"菜单项，打开"Internet信息服务（IIS）管理器"窗口。在左窗格中依次展开服务器→"网站"目录，用鼠标右键单击Web站点名称，在弹出的快捷菜单中选择"添加虚拟目录"命令，如图5–119所示。

步骤2：在打开的"虚拟目录创建向导"中单击"下一步"按钮，打开"虚拟目录别名"对话框。在"别名"文本框中输入一个能够反映该虚拟目录用途的名称（如MsserverBook），单击"下一步"按钮。

图5–119 指定虚拟目录名称

步骤 3：打开“添加虚拟目录”对话框，在此处需要指定虚拟目录所在的路径。在本地磁盘或网上邻居中选择目标目录，虚拟目录与网站的主目录可以不在同一个分区或物理磁盘中，如图 5–120 示。

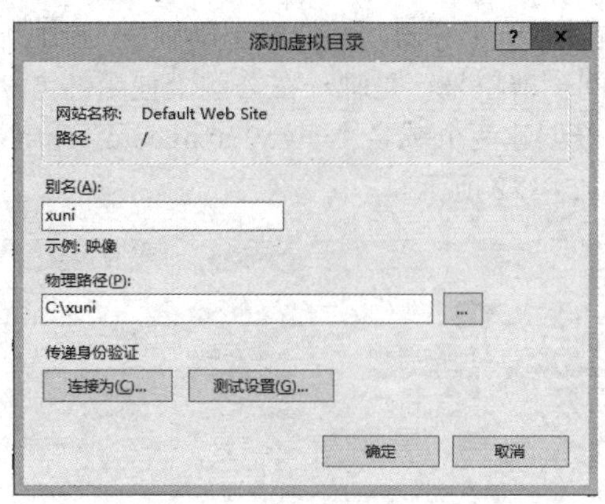

图 5–120 指定虚拟目录路径

步骤 4：在 IE 浏览器利用“http://192.168.3.1/xuni”连接此虚拟目录，如图 5–121 所示。

图 5–121 测试页面

4. 建立多个 Web 网站

建立多个 Web 网站可以通过 3 种方式实现，要根据企业现有的条件，如投资的多少、IP 地址的多少、网站性能的要求等，选择不同的虚拟主机技术。

1）基于 IP 的虚拟主机

基于 IP 的虚拟主机降低了硬件的成本，管理起来也比较方便，但每个 Web 站点都需要使用 IP 地址和端口，而每个地址的同一个端口只能分配给一个网站使用。

2）基于端口的虚拟主机

基于端口的虚拟主机是指多个 Web 站点可以使用同一个 IP 地址的不同端口号，它节约了 IP 资源，但客户端在访问时必须输入相应的端口。

3）基于名称的虚拟主机

基于名称的虚拟主机是指所有站点使用相同的 IP 地址和端口，通过“不同主机头”实现多个网站共用一个 IP 地址，必须在 DNS 中建立相应的记录，并在站点中设置完全相同的主机头名称，客户端必须指向 DNS 服务器，并能够正确解析 IP 地址。基于名称的虚拟主机可以节约 IP 地址，可以使用同一端口号，是唯一在公网上使用的方法。

步骤 1：在 DNS 服务器创建两个域名“www1.sxpi.com”和“www2.sxpi.com”，对应 IP 地址均为 192.168.3.1，如图 5–122 所示。

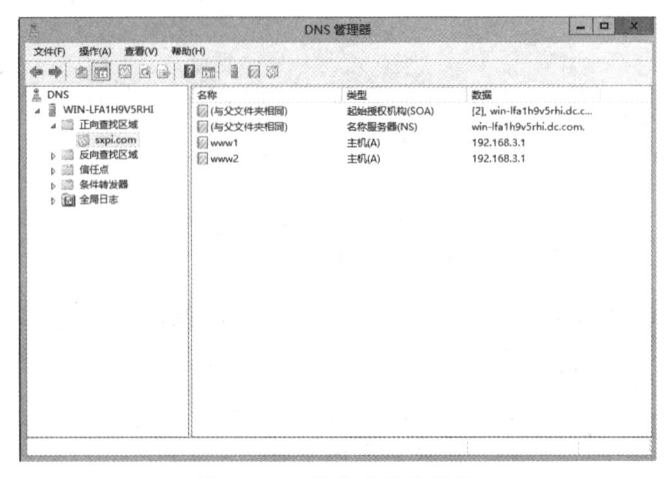

图 5–122 建立主机头记录

步骤 2：在 C 盘下建立一个名称为“wwwroot1”的文件夹，作为网站“www1.sxpi.com”的主目录；另外还要建立一个名称为“wwwroot2”的文件夹，作为网站“www2.sxpi.com”的主目录。

步骤 3：分别在这两个文件夹内建立一个“default.htm”文件，作为网站的默认网页。

步骤 4：打开 IIS 管理器，用鼠标右键单击“网站”，选择“添加网站”命令，打开“添加网站”对话框，如图 5–123 所示。

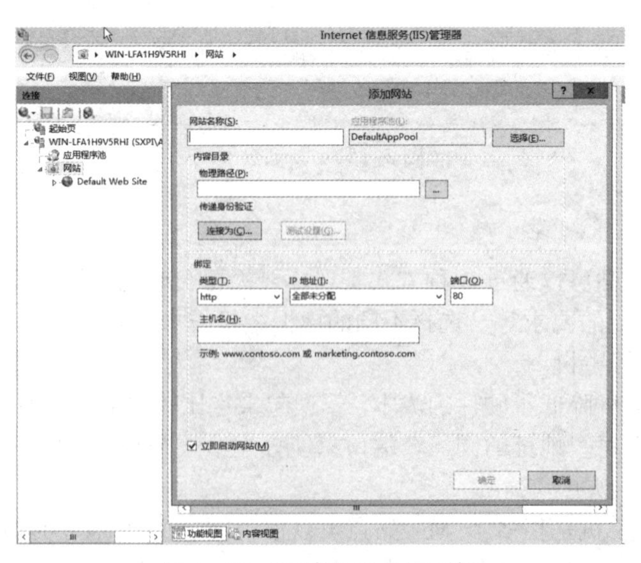

图 5–123 “添加网站”对话框

步骤 5：在“网站名称”处输入“www1”，物理路径选择网站“www1.sxpi.com”的主目录所对应的文件夹，在“主机名”处输入“www1.sxpi.com”，其他字段暂不修改，然后单击“确定”按钮，如图 5–124 所示。

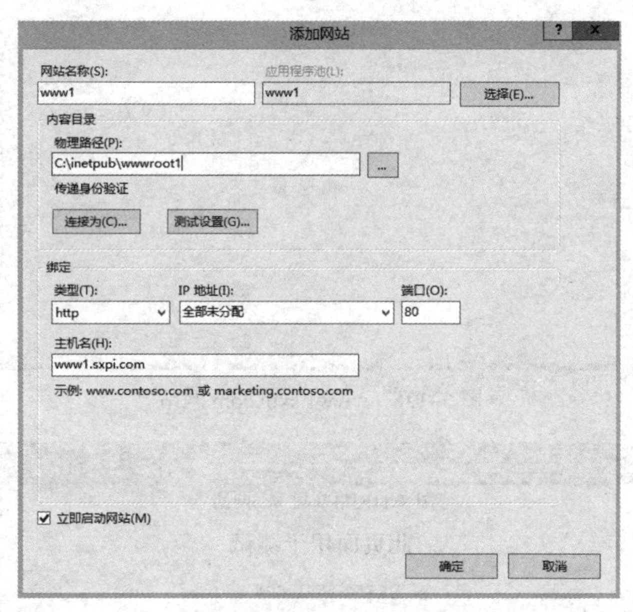

图 5–124　修改网站主机头

步骤 6：按照向导提示完成网站的创建。新网站“www2.sxpi.com”的建立方法与“www1.sxpi.com”类似，将主机头名称设为“www2.sxpi.com”，将主目录设为“C:\wwwroot2”，如图 5–125 所示。

图 5–125　建立的新网站

步骤 7：分别使用“http://www1.sxpi.com”和“http://www2.sxpi.com”测试网站，如图 5–126 和图 5–127 所示。

图 5–126　www1.sxpi.com 网站

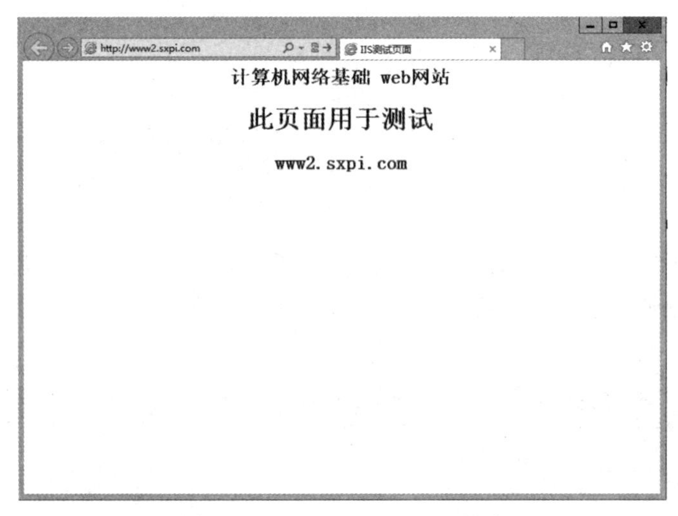

图 5–127　www2.sxpi.com 网站

5.6　项目实战：搭建企业信息服务平台

项目环境：

某企业搭建信息服务平台，要求组建门户网站进行信息发布，内部用户使用 FTP 服务进行文件传输管理，组建 DHCP 服务器简化客户端操作和减少 IP 地址冲突，用户通过域名访问 FTP 和网站，企业网络拓扑结构如图 5–128 所示。

项目要求：

（1）在 Windows Server 2012 R2 安装配置一台 DHCP 服务器，进行以下配置：

① DHCP 服务器 IP 地址为 192.168.3.1；

② 新建作用域名为“xinxi.com”；

③ IP 地址的范围为 192.168.3.100～192.168.3.200，子网掩码长度为 24 位；

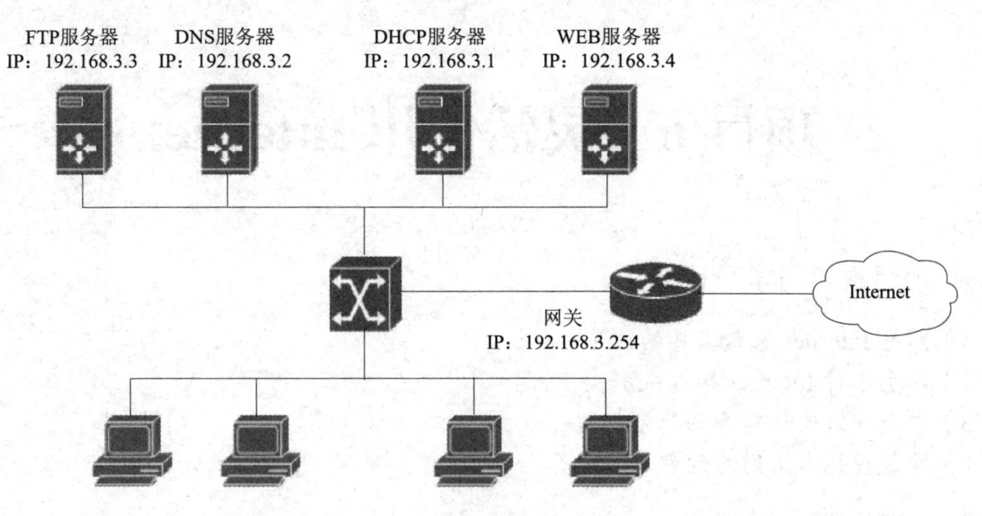

图 5–128　企业网络拓扑结构

④ 排除地址范围为 192.168.3.110～192.168.3.120；

⑤ 租约期限为 24 小时；

⑥ 该 DHCP 服务器同时向客户机分配 DNS 的 IP 地址为 192.168.3.2，父域名称为“xinxi.com”，默认网关的 IP 地址为 192.168.3.254；

⑦ 将 IP 地址 192.168.2.200（MAC 地址：00–01–6C–55–3D–2F）保留，供 Web 服务器使用；

⑧ 在 Windows 2010 上测试 DHCP 服务器的运行情况：用“ipconfig”命令查看分配的 IP 地址以及 DNS、默认网关等信息是否正确，测试访问 Web 是否成功获得保留地址。

（2）在 Windows Server 2012 R2 安装配置一台 DNS 服务器，进行以下配置：

① DNS 服务器域名为“dns.xinxi.com”；

② Web 服务器域名为“www.xinxi.com”；

③ FTP 服务器域名为“ftp.xinxi.com”。

（3）在 Windows Server 2012 R2 安装配置一台 FTP 服务器，要求为 user1 分配只读权限，为 user2 分配读写权限，拒绝 IP 地址 192.168.3.100 访问。

（4）在 Windows Server 2012 R2 安装配置一台 Web 服务器，网站首页自定。

习　题

（1）Windows Server 2012 R2 有哪几个版本？

（2）IIS 组件提供哪些基本服务？

（3）简述 DHCP 的工作过程。

（4）简述 DNS 中什么是正向解析，什么是反向解析。

（5）简述工作组模式与域的区别。

项目 6　灵活使用 Internet

项目重点与学习目标

（1）熟悉 Internet 基本工具的使用；

（2）熟悉各种 Internet 接入技术；

（3）学会网络地址转换的基本配置；

（4）掌握虚拟专用网络的架构技术。

项目情境

随着公司业务类型拓展，公司员工对网络有了新需求：许多员工的个人计算机和部分局域网需要通过 Internet 联系业务，即通过内网访问外网；部分员工在家里也想访问公司资源，即通过外网访问内网。应该采用什么技术解决此问题呢？

项目分析

应根据接入 Internet 用户数量的不同制定不同的方案，选择不同的接入技术和转换技术。本项目应该解决以下几个问题：

（1）一台计算机接入 Internet 的问题；

（2）局域网接入 Internet 的问题；

（3）多个局域网进行远程互连的问题。

6.1　任务 1：灵活使用 Internet

Internet 是信息社会的缩影。对于 Internet 的定义应从通信协议、物理连接、资源共享、相互联系、相互通信等角度综合考虑。

一般认为，Internet 的定义至少包含以下 3 个方面的内容：

（1）是一个基于 TCP/IP 协议族的国际互联网络；

（2）是一个网络用户的团体，用户使用网络资源，同时也为该网络的发展壮大贡献力量；

（3）是所有可被访问和利用的信息资源的集合。

6.1.1　Internet 概述

Internet 是在美国较早的军用计算机网 ARPAnet 的基础上经过不断发展变化而形成的。20 世纪 90 年代初，商业机构开始进入 Internet，开始了 Internet 的商业化进程。Internet 现已发展成为世界上最大的国际性计算机互联网。

1. Internet 的特性

Internet 之所以被称为 21 世纪的商业“聚宝盆”，是因为它具有以下特性：

（1）开放：Internet 是世界上最开放的计算机网络。任何一台计算机只要支持 TCP/IP 协议就可以连接到 Internet 上，实现信息等资源的共享。

（2）自由：Internet 是一个无国界的虚拟自由王国，其中信息的流动自由、用户的言论自由、用户的使用自由。

（3）平等：Internet 是“不分等级”的，计算机与计算机之间，个人、企业、政府组织之间都是平等的、无等级的。

（4）免费：在 Internet 内，虽然有一些付款服务（将来无疑还会增加更多的服务），但绝大多数 Internet 服务都是免费提供的，而且在 Internet 上有许多信息和资源也是免费的。

（5）合作：Internet 是一个没有中心的自主式的开放组织。Internet 强调的是资源共享和双赢发展的模式。

（6）交互：Internet 作为平等自由的信息沟通平台，信息的流动和交互是双向的，信息沟通双方可以平等地与另一方进行交互，无论对方是大还是小，是弱还是强。

（7）虚拟：Internet 的一个重要特点是它通过对信息的数字化处理、信息的流动来代替传统实物流动，使 Internet 通过虚拟技术具有许多传统现实中才具有的功能。

（8）个性：Internet 作为一个新的沟通虚拟社区，它可以鲜明突出个人的特色，只有有特色的信息和服务，才可能在 Internet 上不被信息的海洋所淹没，Internet 引导的是个性化的时代。

（9）全球：Internet 从一开始商业化运作就表现出无国界性，信息流动是自由的、无限制的，因此，Internet 从诞生起就是全球性的产物。

（10）持续：Internet 的发展是持续的，它的发展给用户带来价值，推动用户寻求进一步的发展以带来更大的价值。

2. Internet 的应用现状与发展趋势

Internet 的发展经历了研究网、运行网和商业网 3 个阶段。Internet 的意义并不在于它的规模，而在于它提供了一种全新的全球性的信息基础设施。纵观 Internet 的发展史，可以看出 Internet 的发展趋势主要表现在如下几个方面：

（1）运营产业化：以 Internet 运营为产业的企业迅速崛起，从 1995 年 5 月开始，多年资助 Internet 研究开发的美国科学基金会（NSF）退出 Internet，把 NFSnet 的经营权转交美国 3 家最大的私营电信公司（即 Sprint、MCI 和 ANS），这是 Internet 发展史上的重大转折。

（2）应用商业化：随着 Internet 对商业应用的开放，它已成为十分出色的电子化商业媒介。众多企业不仅把它作为市场销售和客户支持的重要手段，而且把它作为传真、快递及其他通信手段的廉价替代品，以与全球客户保持联系和降低日常的运营成本。电子邮件、IP 电话、网络传真、VPN 和电子商务等日益受到人们的重视便是最好例证。

（3）互联全球化：Internet 早期的使用范围是美国国内的科研机构、政府机构和美国的盟国。随着各国纷纷提出适合本国国情的信息高速公路计划，迅速形成了世界性的信息高速公路建设热潮，各个国家都在以最快的速度接入 Internet。

（4）互联宽带化：随着网络基础的改善、接入技术的革新、接入方式的多样化和运营商服务能力的提高，接入网速率形成的瓶颈问题得到进一步改善，上网速度将会更快，带宽瓶颈约束将会消除。它促进更多的应用在网上实现，并能满足用户多方面的网络需求。

（5）多业务综合平台化、智能化：随着信息技术的发展，互联网将成为图像、语音和数据“三网合一”的多媒体业务综合平台，并与电子商务、电子政务、电子公务、电子医务、电子教学等交叉融合。

综上所述，随着“三网融合”趋势的加强，未来的互联网将是一个真正的多网合一、多业务综合的智能化平台。未来的互联网能融合现今所有的通信业务，并能推动新业务的迅猛发展，给整个信息技术产业带来一场革命。

6.1.2 Internet的主要功能与服务

1. 远程登录服务Telnet

远程登录是Internet提供的基本信息服务之一，提供远程连接服务的终端仿真协议。它可以使计算机登录到Internet上的另一台计算机。计算机成为所登录计算机的一个终端，可以使用另一台计算机上的资源，例如打印机和磁盘设备等。Telnet提供了大量的命令，这些命令可用于建立终端与远程主机的交互式对话，可使本地用户执行远程主机的命令。

2. 文件传送服务FTP

FTP 允许用户在计算机之间传送文件，并且文件的类型不限，可以是文本文件，也可以是二进制可执行文件、声音文件、图像文件、数据压缩文件等。FTP是一种实时的联机服务，在进行工作前必须首先登录对方的计算机，然后才能进行文件的搜索和文件的传送等有关操作。普通的FTP服务需要在登录时提供相应的用户名和口令，当用户不知道对方计算机的用户名和口令时就无法使用FTP服务。为此，一些信息服务机构为了方便Internet的用户通过网络使用他们公开发布的信息，提供了一种“匿名FTP服务”。

3. 电子邮件服务E-mail

电子邮件与邮局中的信件一样，其不同之处在于，电子邮件是通过Internet与其他用户进行联系的快速、简洁、高效、价廉的现代化通信手段。它有很多优点，如比通过传统的邮局邮寄信件快得多，同时在不出现黑客蓄意破坏的情况下，信件的丢失率和损坏率也非常小。

4. 电子公告板系统（BBS）

电子公告板系统（Bulletin Board System，BBS）是Internet上著名的信息服务系统之一，发展非常迅速，几乎遍及整个Internet，它提供的信息服务涉及的主题相当广泛，如科学研究、时事评论等，世界各地的人们可以开展讨论、交流思想、寻求帮助。BBS 为用户开辟一块展示“公告”信息的公用存储空间作为“公告板”。这就像实际生活中的公告板一样，用户在这里可以围绕某一主题开展持续不断的讨论，可以把自己参与讨论的文字“张贴”在公告板上，或者从中读取其他人“张贴”的信息。电子公告板的好处是可以由用户来“订阅”，每条信息也能像电子邮件一样被拷贝和转发。

5. 万维网

WWW（World Wide Web）的中文译名为万维网或环球网。WWW 的创建是为了解决

Internet 上的信息传递问题，在 WWW 创建之前，几乎所有的信息发布都是通过 E-mail、FTP 和 Telnet 等。由于 Internet 上的信息散乱地分布在各处，因此除非知道所需信息的位置，否则无法对信息进行搜索。它采用超文本和多媒体技术，将不同的文件通过关键字建立连接，提供一种交叉式查询方式。在一个超文本的文件中，一个关键字链接着另一个关键字的有关文件，该文件可以在同一台主机上，也可以在 Internet 上的另一台主机上，同样该文件也可以是另一个超文本文件。

6.1.3　任务实战：浏览器和下载工具的基本使用

任务目的：掌握浏览器、网络下载工具、搜索引擎的使用技巧。

任务内容：（1）IE 浏览器的基本操作、百度搜索的基本操作；

（2）迅雷 7 的基本设置、操作。

任务环境：（1）操作系统：Windows Server 2012 R2/Windows 10；

（2）VMware 虚拟机、IE 浏览器、迅雷 7 软件。

1. IE 浏览器的基本操作

IE 浏览器功能强大，比较实用的功能如下：

（1）快速访问根目录。

使用 IE 浏览器时，如果需要打开文件，可以直接在浏览器中打开资源管理器，具体方法是：在浏览器操作界面的地址栏中直接输入一个反斜杠字符（\），接着按 Enter 键，即可以访问根目录。同理，如果想打开 IE 根目录下的文件夹，在“\”后面直接输入文件夹名称即可。

（2）改变临时文件夹存放位置。

IE 浏览器在默认情况下会把临时文件存在系统盘（如 C 盘）中的临时文件夹中。运行 IE 浏览器，打开其主操作界面，选择菜单栏中的“工具”→“Internet 选项”选项，会弹出一个“Internet 选项”对话框。在对话框中单击“常规”选项卡，然后在 Internet 临时文件设置栏下单击“设置”按钮，在打开的对话框中单击“移动文件夹”按钮，如图 6–1 所示。

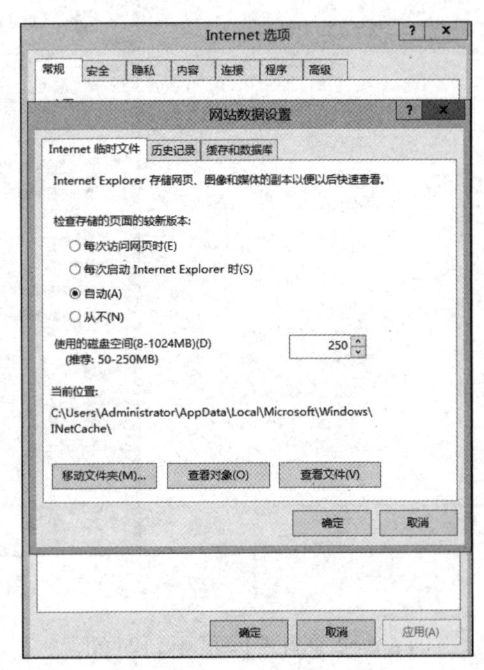

图 6–1　“网站数据设置”对话框

（3）在浏览器地址栏直接运行程序。

打开浏览器窗口，在地址栏中直接输入程序在硬盘中的绝对路径，例如在地址栏中输入“D:\Program Files\Tencent\QQ\QQProtect\Bin\QQProtect.exe”，输入完毕后按 Enter 键，浏览器就会自动打开指定程序的界面。

（4）使用 IE 浏览器内置的内码转换器。

用鼠标右键单击浏览器页面，并从弹出的下拉菜单中选择“编码”命令，然后从其后的下级菜单中选择需要转换成的字符类型，如图 6–2 所示。

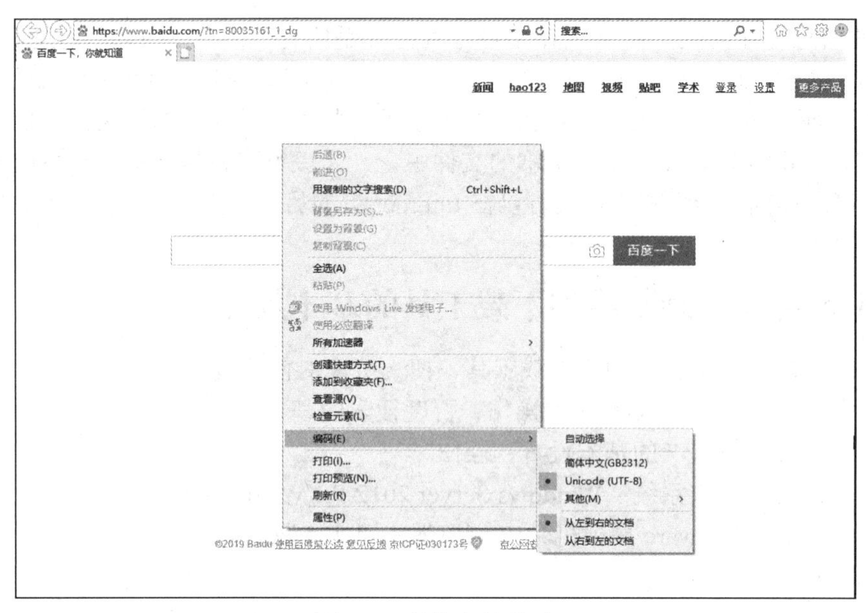

图 6–2 转换字符类型

（5）删除历史记录。

选择“工具”→“Internet 选项”选项，选择要删除的历史记录即可，如图 6–3 所示。

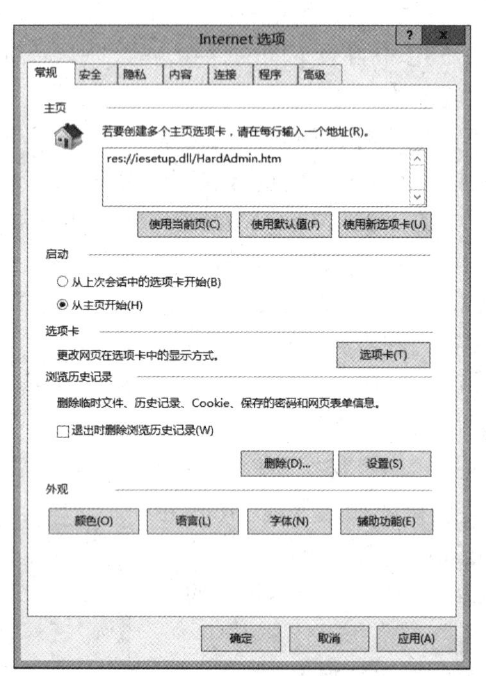

图 6–3 删除历史记录

（6）快速查看网页更新时间。

只要在地址栏中输入“javascript：alert（document.lastModified）”（对动态网页无效），IE 浏览器就会显示所打开网页的最近一次更新日期及时间，如图 6–4 所示。

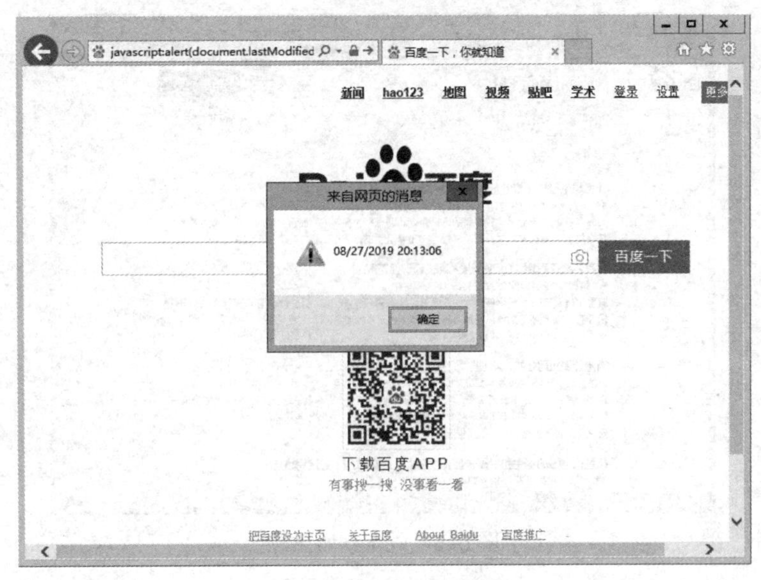

图 6–4　查看更新时间

（7）作为计算器使用。

利用 IE 浏览器的 JavaScript 运行功能，可以让 IE 浏览器作为计算器使用。只要在地址栏中输入“javascript：alert（4/5*9）”，再按 Enter 键，就会弹出一个显示结果的窗口。在此可以更改数字，或进行乘法、减法运算，如图 6–5 所示。

图 6–5　IE 浏览器作为计算器使用

2. 百度高级搜索技巧

（1）把搜索范围限定在网页标题中——intitle。

网页标题通常是对网页内容提纲挈领式的归纳。把查询内容范围限定在网页标题中，有时能获得良好的效果。使用的方式，是在查询内容中特别关键的部分前加“intitle：”，如图 6–6 所示。

图 6–6　限定搜索主题

（2）把搜索范围限定在特定站点中——site。

有时候，如果知道某个站点中有自己需要找的东西，可以把搜索范围限定在这个站点中，以提高查询效率。方法是在查询内容的后面加上“site：站点域名”。

例如，要在天空网查询信息，就可以这样输入：msn site：skycn.com。注意“site：”后面站点域名不要带“http://”；另外，“site：”和站点名之间不要加空格。

（3）把搜索范围限定在 url 链接中——inurl。

网页 url 中的某些信息常常有某种有价值的含义。对搜索结果的 url 作某种限定，可以获得良好的效果。实现的方式是“inurl：”后跟需要在 url 中出现的关键词。例如，找关于 Photoshop 使用技巧的内容，可以这样查询：Photoshop inurl：jiqiao。

（4）利用后缀名搜索软件。

网络资源丰富，在搜索软件时可以上软件的后缀名，即利用后缀名搜索软件。

例如搜索迅雷软件如图 6–7 所示。

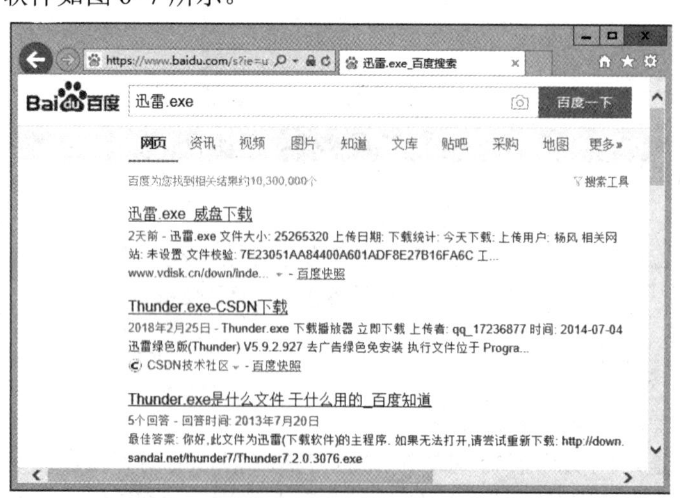

图 6–7　利用后缀搜索

3. 迅雷的下载技巧

1）设置下载安全

一般情况下，电影文件是不带病毒的，带病毒的大多数是“.rar”“.exe”文件，有经验的用户可以关闭“下载完查杀病毒”选项。这一选项在多文件下载时拖累系统，可以酌情关闭。

2）设置磁盘缓存

在迅雷配置选项里，磁盘缓存不要设置得太大，太大将占用更多的物理内存，也影响系统的执行速度，建议内存 4 GB 以下的用户设置磁盘缓存低于 8 192 KB，线程也要全开。

3）修改系统 TCP 连接数

为了安全起见，Windows 10 限制 TCP 连接数最多为 10 个，这影响下载速度。迅雷自带“Windows 系统优化工具”（在迅雷“工具”菜单里），建议修改 TCP 连接数为最高（1 024）后重新启动电脑。

4）限制上传速度

不限制上传速度将在很大程度上降低下载速度。经过试验，限制上传速度为 1 kb/s 时的下载速度为 250 kb/s 以上，不限制的话就降低到 80～100 kb/s 了。建议限制上传速度为 1～5 kb/s。

6.2 任务 2：局域网通过 ADSL 接入 Internet

随着 Internet 网络的高速发展和骨干接入层网络的逐步完成，以用户为目标的所谓“最后一公里”接入显得越来越重要。针对不同的应用环境，有不同的解决方案，不对称数字用户线路（ADSL）就是其中的一种。ADSL 利用传统的电话线，采用先进的调制解调技术，极大地提高了双绞线的带宽，同时针对用户上网时信息流不对称的特点，将大部分带宽用来传输下行信号（即从网上下载信息），而将小部分带宽用来传输上行信号。ADSL 具有以下特点：

（1）可直接利用现有的用户电话线，无须另铺电缆，节省投资；

（2）能提供上、下行不对称的传输带宽；

（3）采用点对点的拓扑结构，用户可独享高带宽，以超高速上网（比普通调制解调器高数十倍到上百倍）；

（4）可广泛用于视频业务及高速 Internet 等数据的接入，它的网上视频实时播放（VOD、MTV 等）突破了传统网上视频播放的限制；

（5）在上网的同时可以打电话，而且上网时不需要另交电话费。

目前，由于普通的 Internet 用户接入网络采用调制解调器拨号的方式，因此，Internet 用户的剧增可能会造成网络的拥塞（国外已经出现了这种情况），而使用 ADSL 则可以避免。

6.2.1 Internet 接入技术

接入 Internet 的方式多种多样，一般都是通过提供接入服务（Internet Service Provider，ISP）接入 Internet。目前国内常见的有以下的几种接入方式。

1. PSTN（公共电话网）

这是最容易实施的方法，费用低廉，只要一条可以连接 ISP 的电话线和一个账号就可以。

其缺点是传输速度低、线路可靠性差。PSTN 适合对可靠性要求不高的办公室以及小型企业。如果用户多，可以多条电话线共同工作，以提高访问速度。

2. ISDN（综合业务数字网）

目前 ISDN 在国内迅速普及，价格大幅度下降，有的地方甚至免初装费用。两个信道 128 kb/s 的速率、快速的连接以及比较可靠的线路，可以满足中小型企业浏览以及收发电子邮件的需求。还可以通过 ISDN 和 Internet 组建企业 VPN。这种方法的性能价格比很高，在国内大多数的城市都有 ISDN 接入服务。

3. ADSL（非对称数字用户线路）

ADSL 可以在普通的电话线缆上提供 1.5～8 Mb/s 的下行和 10～64 kb/s 的上行传输，可进行视频会议和影视节目传输，非常适合中小企业。安装 ADSL 极其方便快捷，只需在现有电话线上安装 ADSL 调制解调器，而用户现有线路无须改动（改动只在交换机房内进行）。

4. DDN 专线（数字数据网）

这种方式适合对带宽要求比较高的应用，如企业网站。它的特点是速率比较高，范围为 64 kb/s～2 Mb/s。但是，由于整个链路被企业独占，所以其费用很高，因此中小企业较少选择。这种线路优点很多：有固定的 IP 地址、可靠的线路运行、永久的连接等。DDN 专线性能价格比太低，除非用户资金充足，否则不推荐使用这种方法。

5. 卫星接入

目前，国内一些 Internet 服务提供商开展了卫星接入 Internet 的业务。它适合偏远地方的需要较高带宽的用户。卫星用户一般需要安装一个甚小口径终端（VSAT），包括天线和其他接收设备，下行数据的传输速率一般为 1 Mb/s 左右，上行通过 PSTN 或者 ISDN 接入 ISP。终端设备和通信费用都比较低。

6. 光纤接入

在一些城市开始兴建高速城域网，主干网速率可达几十 Gb/s，并且推广宽带接入。光纤可以铺设到用户的路边或者大楼，可以以 100 Mb/s 以上的速率接入。光纤接入适合大型企业。

7. 无线接入

在无线接入中，用户通过高频天线和 ISP 连接，距离在 10 km 左右，带宽为 2～11 Mb/s，费用低廉，但是受地形和距离的限制，适合城市里距离 ISP 不远的用户。其性能价格比很高。

8. 电缆调制解调器接入

目前，我国有线电视网遍布全国，很多城市都提供电缆调制解调器接入方式，其速率可以达到 10 Mb/s 以上，但是电缆调制解调器的工作方式是共享带宽的，所以有可能在某个时间段出现速率下降的情况。

6.2.2 任务实战：单机通过 ADSL 接入 Internet

任务目的：掌握 ADSL 的原理、特点及 ADSL 线路客户端配置方法。

任务内容：公司局域网中一台计算机通过 ADSL 接入 Internet。

任务环境：

1. 拓扑结构

单机 ADSL 拓扑结构如图 6–8 所示。

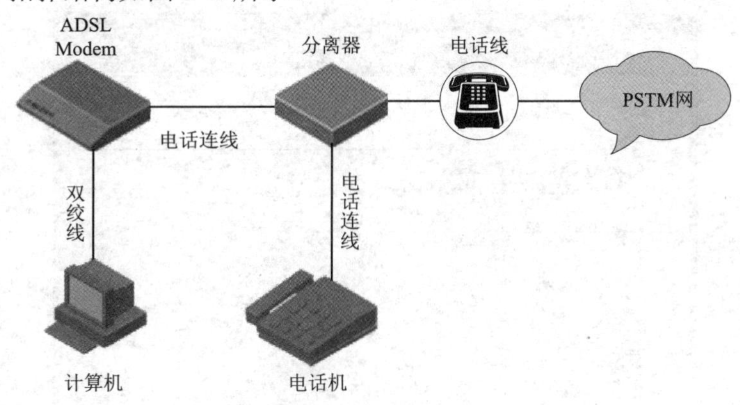

图 6–8　单机 ADSL 拓扑结构

2. 设备与器件

1）硬件环境

计算机 1 台、ADSL 调制解调器 1 台、电话 1 部、分离器 1 个。

2）连接线缆

直通双绞线 1 条、电话线 1 条、电话连线 2 条。

3）软件环境

从电信公司申请的 1 个 ADSL 账户及密码，ADSL 拨号软件或在 Windows 10 以上版本的计算机上创建 PPPoE 拨号连接。

任务步骤：

1. 硬件安装

步骤 1：在分离器上操作。将分离器的 LINE 口与电话线的入屋总线相连，PHONE 口连接电话，分离器的 Modem 口跟 ADSL 调制解调器的 DSL 口用 RJ11 头的连线（普通电话连线）连接起来。

步骤 2：在 ADSL 调制解调器上操作。将直通双绞线的一端接入 ADSL 调制解调器的网线接口（Ethernet），另一端接入计算机的网卡口。最后接好 ADSL 调制解调器的外置电源，打开开关后，硬件连接就完成了。

2. TCP/IP 配置

把计算机的 IP 地址设成自动获取。

3. 创建拨号连接

步骤 1：选择“网络和共享中心”→“设置新的连接或网络”→“连接到 Internet”选项，如图 6–9 所示。

步骤 2：选择“手动设置我的连接”→“用要求用户名和密码的宽带连接来连接”选项，

在 Internet 账户信息窗口中输入 ISP 提供的账户信息，如图 6–10 所示。

步骤 3：完成新建连接向导，并选择“在我的桌面上添加一个到此连接的快捷方式”命令。打开此快捷方式，单击“连接”按钮就可以上网了，如图 6–11 所示。

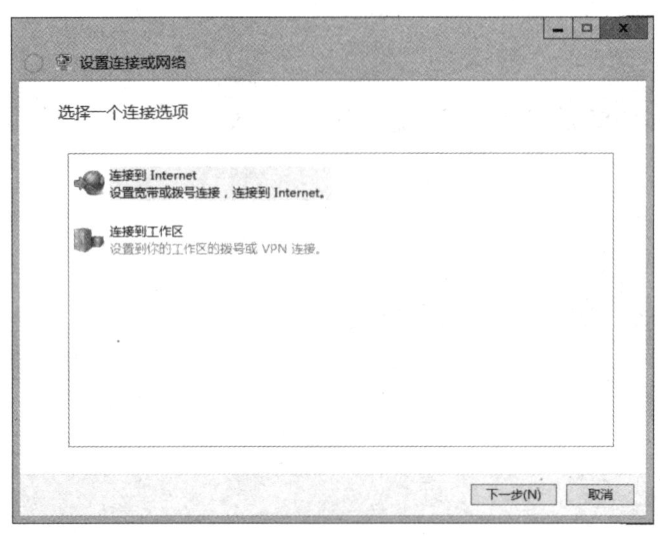

图 6–9　网络连接类型

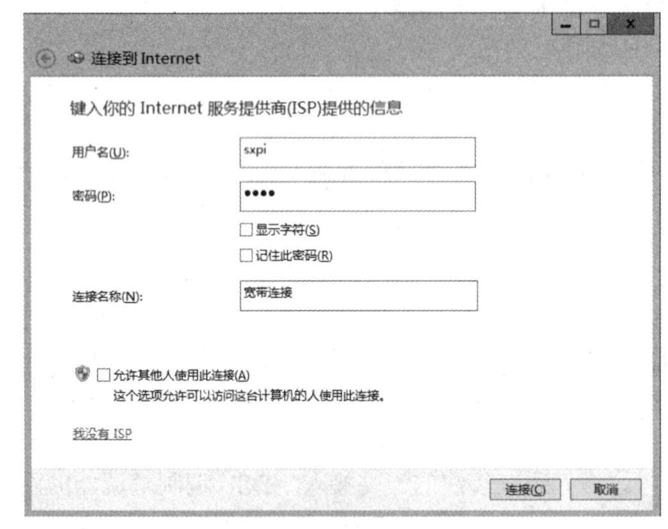

图 6–10　Internet 账户信息

图 6–11　ADSL 连接

6.2.3　任务实战：局域网通过 ADSL 接入 Internet

任务目的：掌握 ADSL 的原理、特点及无线宽带路由器的配置方法。

任务内容：公司局域网（少量计算机）通过 ADSL 拨号接入 Internet。

任务环境：

1. 拓扑结构

对于许多小型企业来说，不需要架构企业应用服务器，用户上网也只是浏览网页或收发邮件，对网络带宽要求不高，通过 ADSL 拨号接入 Internet 是一个不错的选择。多机 ADSL 拓扑结构如图 6–12 所示。

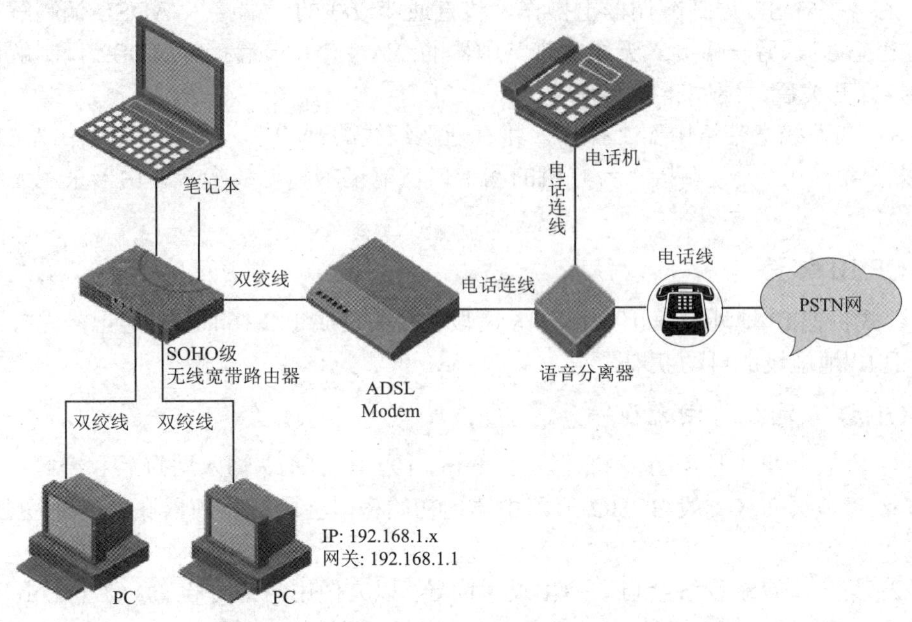

图 6–12　多机 ADSL 拓扑结构

2. 设备与器件

1）硬件环境

台式机 2 台、笔记本 1 台、ADSL 调制解调器 1 台、电话 1 部、分离器 1 个、无线宽带路由器 1 台。

无线路由器品牌：TP-LINK，型号：TL-WR340G+。

无线路由器主要参数见表 6–1。

表 6–1　无线路由器主要参数

协议标准	IEEE 802.11g、IEEE 802.11b； IEEE 802.3、IEEE 802.3u；
接口	4 个 10/100 M 自适应 LAN 口，支持自动翻转（Auto MDI/MDIX）； 1 个 10/100 M 自适应 WAN 口，支持自动翻转（Auto MDI/MDIX）；

2）连接线缆

直通双绞线 3 条、电话线 1 条、电话连线 2 条。

3）软件环境

从电信公司申请的 1 个 ADSL 账户及密码。

任务步骤：

1. 硬件安装

步骤 1：在分离器上操作。将分离器的 LINE 口与电话线的入屋总线相连，PHONE 口连接电话，分离器的 Modem 口跟 ADSL 调制解调器的 DSL 口用 RJ11 头的连线（普通电话连线）连接起来。

步骤 2：在 ADSL 调制解调器上操作。将直通双绞线的一端接入 ADSL 调制解调器的网线接口（Ethernet），另一端接入无线宽带路由器的 WAN 口，最后接好 ADSL 调制解调器的外置电源，打开开关后，硬件连接就完成了。

步骤 3：在无线宽带路由器上操作。将直通双绞线的一端接入无线宽带路由器的 LAN 口（最多可以接 4 个），另一端接入台式机的网卡口，笔记本和无线宽带路由器采用无线连接，不用接线。

2. TCP/IP 配置

两台台式机把 IP 地址设在 192.168.1.x 网段，网关设成 192.168.1.1，笔记本先打开无线网卡开关，把 IP 地址设成自动获取。

3. SOHO 级无线路由器配置

步骤 1：在台式机上使用 IE 浏览器访问 http://192.168.1.1/，输入用户名和密码，登录到路由器的 Web 管理页面（一般 SOHO 级路由器的初始密码会印在路由器底部的标签上），如图 6–13 所示。

步骤 2：第一次登录系统会自动弹出设置向导，以方便用户进行设置。这里单击“下一步”按钮，然后选择“ADSL 虚拟拨号（PPPoE）”选项，如图 6–14 所示。

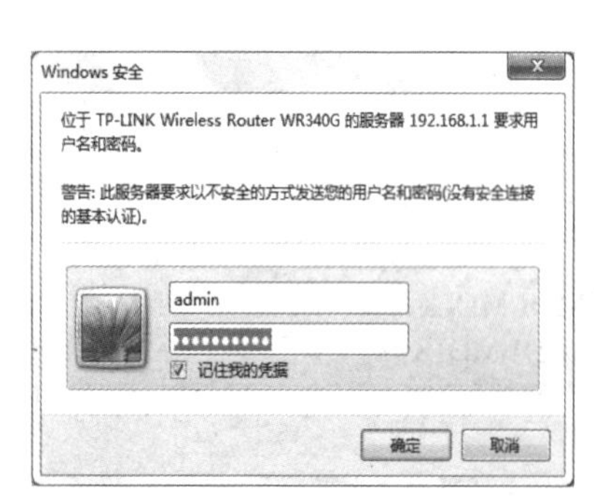

图 6–13　路由器 Web 管理页面

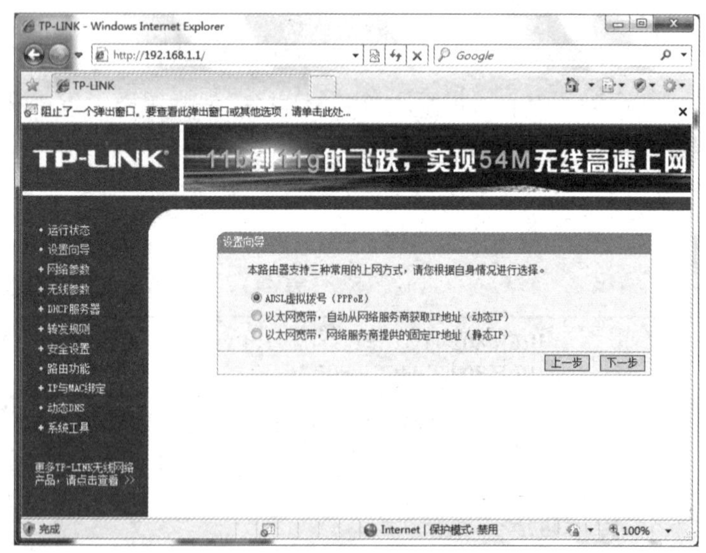

图 6–14　ADSL 设置向导

步骤 3：在设置向导框中输入运营商提供的上网账号和口令，如图 6–15 所示。

步骤 4：设置无线参数，如果有笔记本等无线设备需要接入，在“无线状态”下拉列表中选择“开启”选项。SSID 号就是无线路由器所广播的网络的名称，请自行输入，例如输入“SXPI”。将“模式”选择为“54 Mb/s（802.11 g）”，如图 6–16 所示。

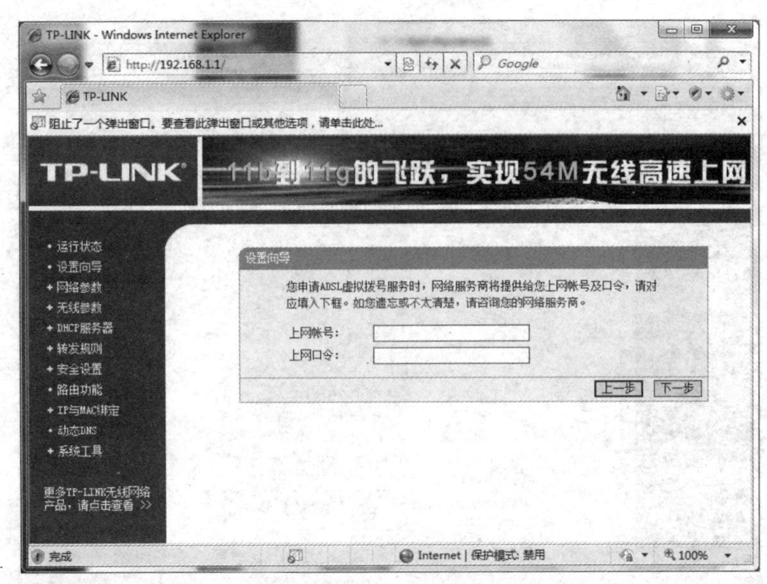

图 6–15　输入上网账号和口令

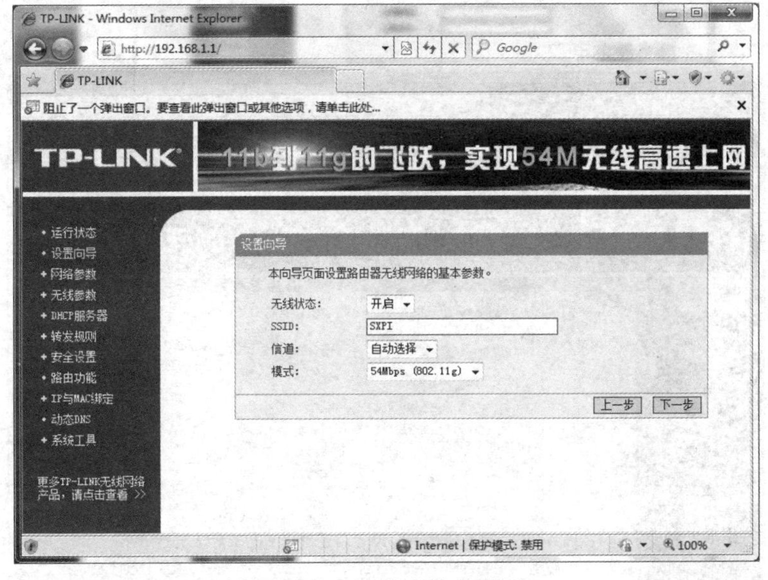

图 6–16　无线参数的设置

步骤 5：基本安全设置。

（1）网络加密。单击左侧功能菜单中的“无线参数”→“基本设置”链接，将窗口滚动条拖动至最下方，勾选“开启安全设置”复选框，“安全类型”选择为“WPA-PSK/WPA2-PSK”，并在框中输入密码（该密码是无线设备登录无线路由网络的密码），如图 6–17 所示。

（2）MAC 地址过滤。在左侧功能菜单中单击“MAC 地址过滤”链接，开启 MAC 地址过滤功能，“过滤规则”选择“禁止列表中生效规则之外的 MAC 地址访问本无线网络”。单击“添加新条目”按钮，可以为 MAC 地址过滤列表添加新内容，如图 6–18 所示。

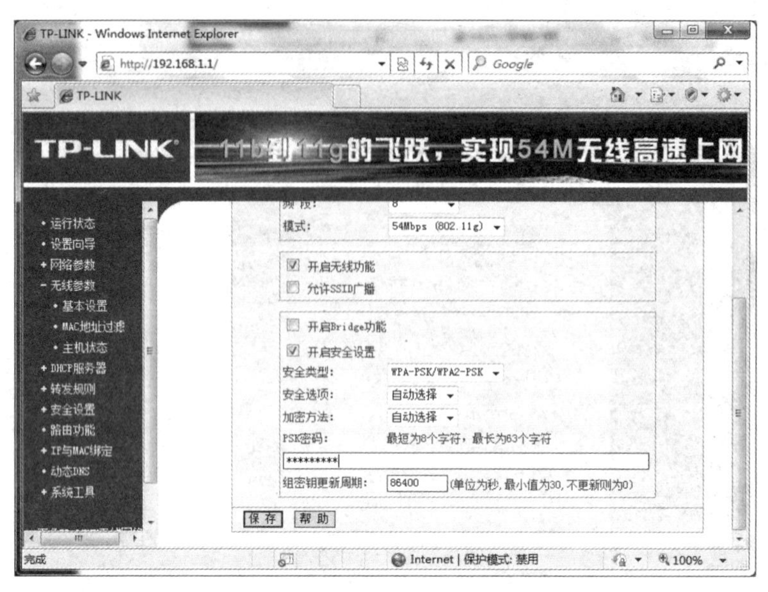

图 6–17　基本安全设置

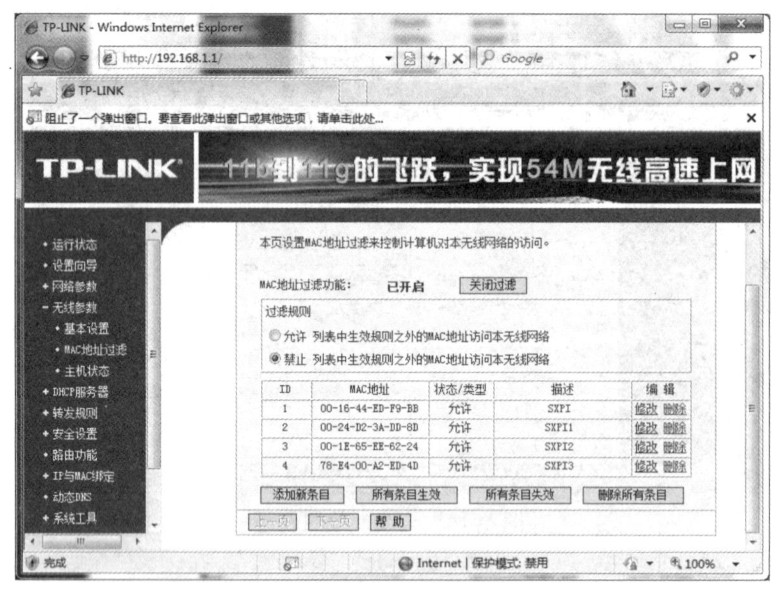

图 6–18　MAC 地址过滤

步骤 6：如果在做完上述步骤之后，发现无线路由器所连接的台式机不能连接到 Internet，那么有可能 MAC 地址是已经被网络提供商绑定的，这时需要打开“MAC 地址克隆”功能，将原有计算机的 MAC 地址克隆到无线路由器上，这样就能够正常上网了，如图 6–19 所示。

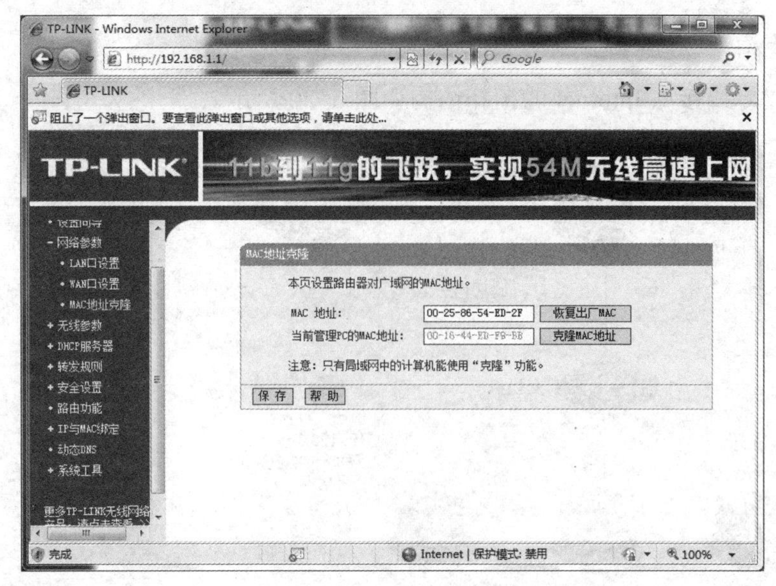

图 6–19 MAC 地址克隆

6.3 任务 3：局域网通过专线接入 Internet

6.3.1 代理服务技术

代理只允许单个主机或少数主机提供 Internet 访问服务，它不允许所有的主机均能为用户提供此类服务。代理服务的条件是：具有访问 Internet 能力的主机才可以作为那些无权访问 Internet 的主机的代理，这样使得一些不能访问 Internet 的主机也可以完成访问 Internet 的工作。

代理服务是指在双重宿主主机或堡垒主机上可以运行一个特殊协议或一组协议。一些能与用户交谈的主机同样也可以与外界交谈，这些用户的客户程序可以与该代理服务器交谈以代替直接与外部 Internet 中服务器的“真正的”交谈。代理服务器判断从客户端来的请求并决定哪些请求允许传送而哪些应被拒绝。当某个请求被允许时，代理服务器就代表客户与真正的服务器进行交谈，并将从客户端发来的请求传送给真实服务器，将真实服务器的回答传送给客户。对用户来说，与代理服务器交谈就好像与真实的服务器交谈一样，而对真实的服务器来说，它是在与运行代理服务器的主机上的用户在交谈，而并不知道用户的真实所在。作为代理服务不需任何特殊硬件，但对于大多数服务来说要求具有专门的软件。

代理服务只是在客户和服务器之间限制 IP 通信的时候才起作用的，如一个屏蔽路由器或双重宿主主机。如果在客户与真实服务器之间存在 IP 级连通的话，那么客户就可以绕过代理系统。

案例 6.1：局域网通过代理服务器接入 Internet。

某公司进行信息化改造，想让内部用户通过服务器访问 Internet。公司局域网用 VMware 虚拟环境模拟，在一台物理机上部署 4 台虚拟机（如果实验环境不允许，可适当减少 PC），1 台虚拟机作为服务器，3 台虚拟机作为客户机。客户机通过 LAN 区段模式与服务器连接，服务器通过桥接模式连接物理机，在服务器上采用代理技术，使用户正常访问 Internet。

1. 拓扑结构

局域网通过专线接入 Internet 的拓扑结构如图 6–20 所示。

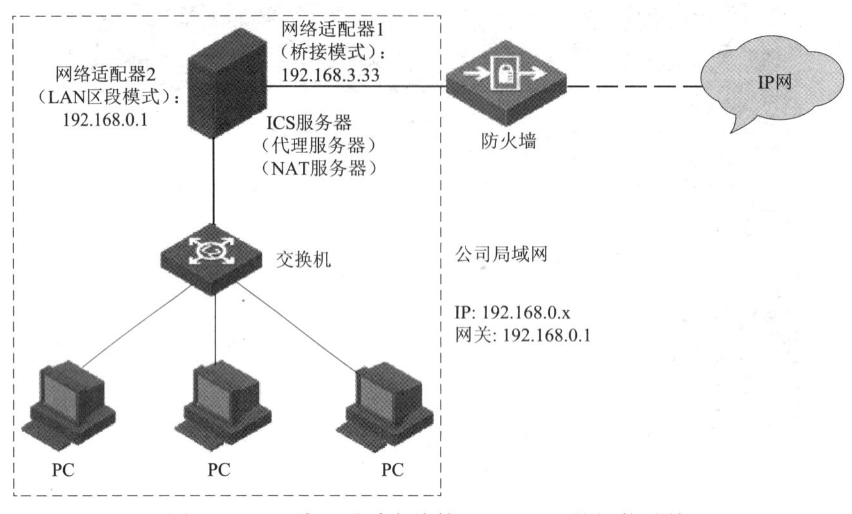

图 6–20　局域网通过专线接入 Internet 的拓扑结构

2. 网络环境

虚拟环境用 VMware Workstation 12 部署，服务器操作系统为 Windows Server 2012 R2，PC 操作系统为 Windows 10。如需要使用代理服务，则安装 CCProxyv8.0。

3. 环境准备

1）设置服务器网卡模式

在服务器上设置连接物理机的网络适配器为“桥接模式”，连接公司局域网的网络适配器为“LAN 区段”模式，如图 6–21 所示。

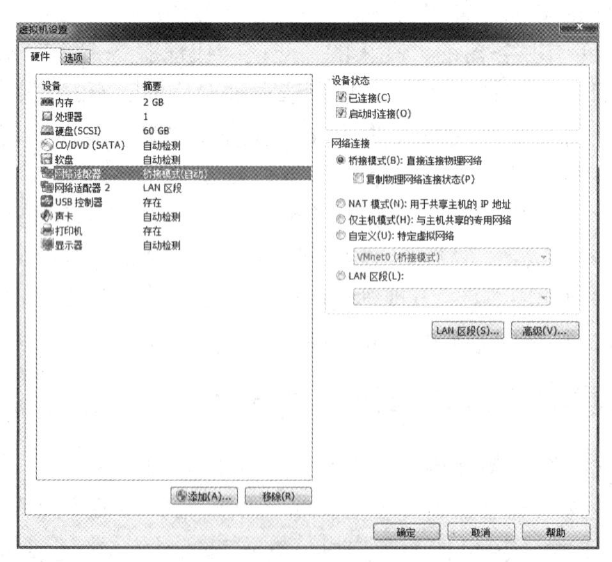

图 6–21　设置服务器网卡模式

2）设置 PC 网卡模式

在 PC 上设置网络适配器为“LAN 区段”模式，如图 6–22 所示。

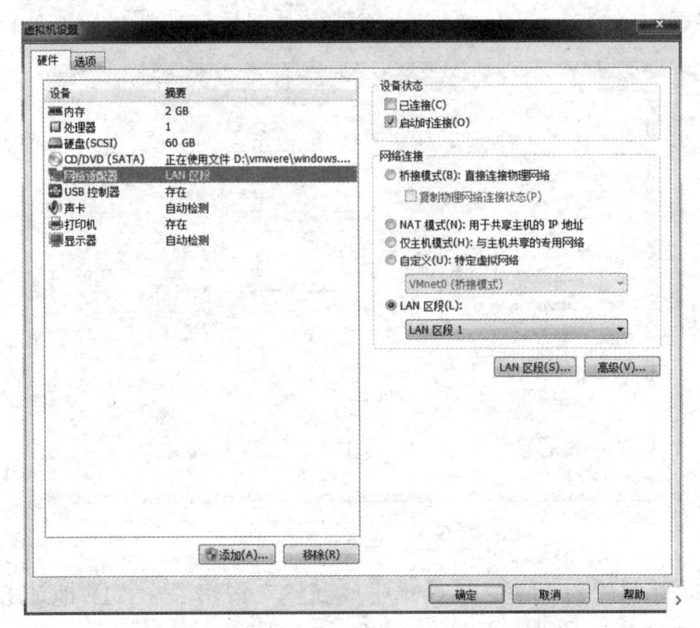

图 6–22　设置 PC 网卡模式

4. 任务步骤

1）代理型服务器配置

步骤 1：给“桥接网卡”模式的虚拟网卡连接改名为“WAN 连接”，并在“WAN 连接”上进行参数设置，参数是企业网络网关分配的，如图 6–23 所示。

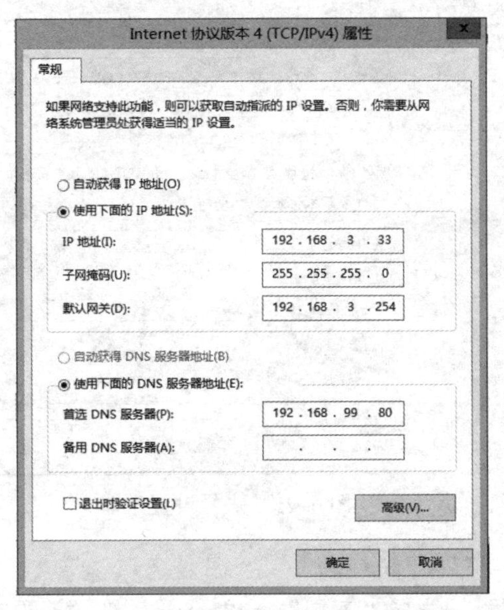

图 6–23　“WAN 连接”的 TCP/IP 属性

步骤 2：把“LAN 区段模式”的虚拟网卡连接改名为“LAN 连接”，IP 参数设置自动获取。在代理型服务器上安装 CCProxy 软件，单击 CCProxy 主界面上的“设置”按钮，打开“设置”对话框，这里显示各种协议的端口，一般情况下保持默认即可以，如图 6–24 所示。

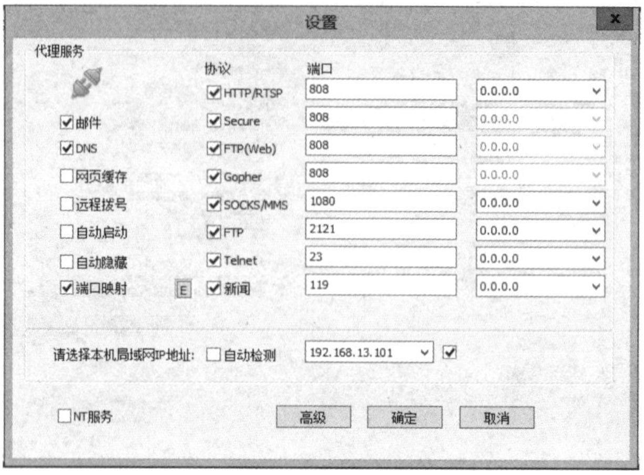

图 6–24 “设置”对话框

步骤 3：打开“账号”对话框之后，单击“新建”按钮，在“IP 地址/IP 段”框中输入要被代理的用户地址，单击“确定”按钮，如图 6–25 所示。

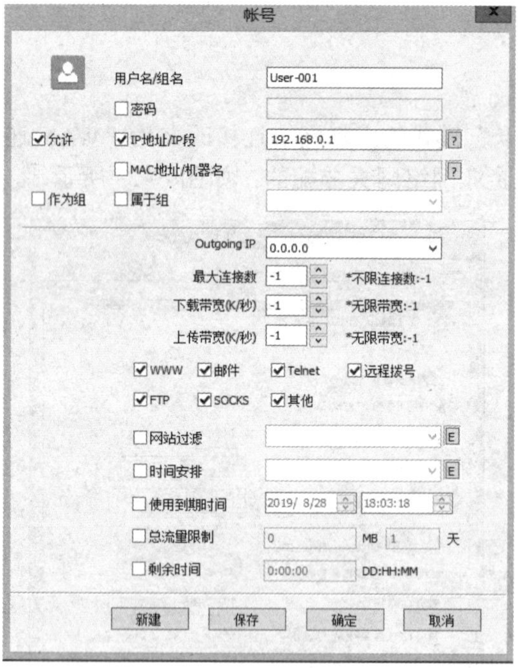

图 6–25 账号设置

2）PC 机配置

步骤 1：打开 IE 浏览器，选择“工具”→“Internet 选项”选项，单击“连接”按钮，打开“局域网（LAN）设置”对话框，勾选“为 LAN 使用代理服务器”复选框，如图 6–26 所示。

步骤 2：打开“代理设置”对话框，输入服务器端的 IP 地址及相应的端口号，单击“确定”按钮，如图 6–27 所示。

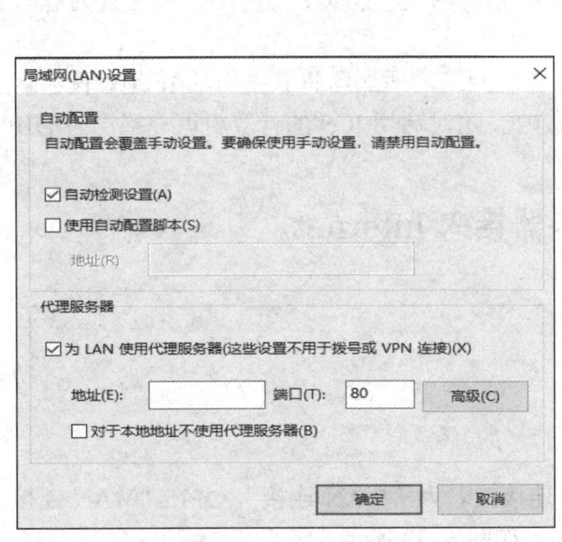

图 6–26　局域网代理设置

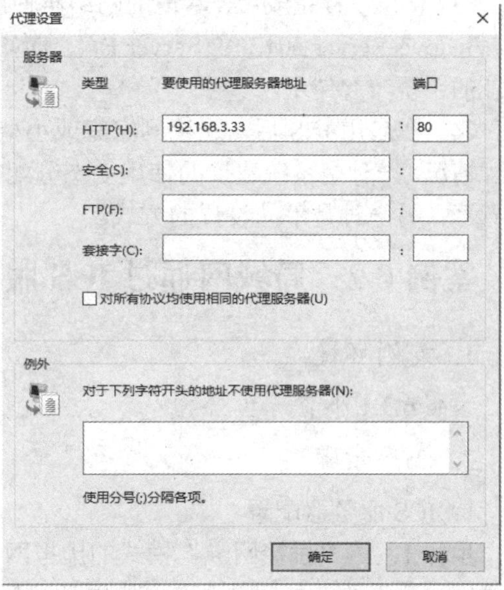

图 6–27　代理服务器地址设置

步骤 3：在局域网 PC 的命令窗口中执行“ipconfig/all”命令，可以查到自动获取的 IP 地址，如图 6–28 所示。

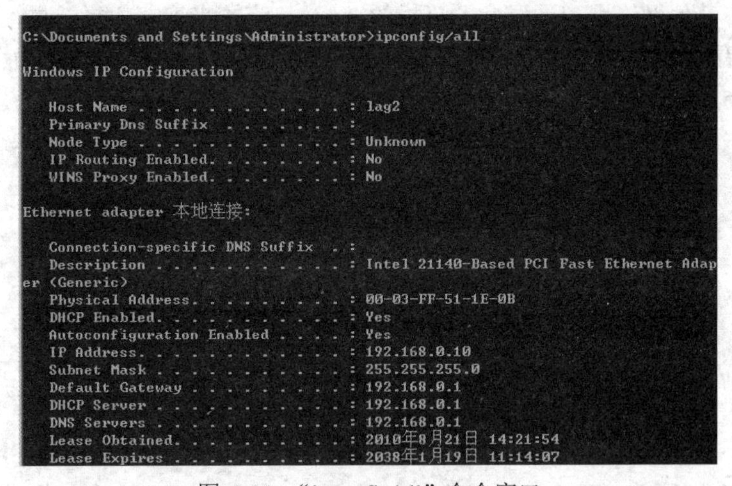

图 6–28　“ipconfig/all”命令窗口

步骤 4：在局域网 PC 的命令窗口中执行“tracert www.baidu.com”命令就可以完成正常追踪。

6.3.2　ICS 技术

ICS（Internet 连接共享）是 Windows Server 2012 R2 内置的一种网络连接共享服务，它可以使家庭网络或小型办公室网络用户非常容易地连接到 Internet。要使用 ICS，有几点需要注意：

（1）启用 ICS 的计算机必须具有两个网络接口：一个连接到内部局域网，通常是网卡；

一个连接到 Internet，通常是 Modem 或 ISDN 接口。

（2）要配置 ICS，必须具有 Administrators 组权限。

（3）ICS 设置完成后，本地的网络将使用动态的地址分配机制，因此不应该将此功能与其他 Windows Server 2012 R2 Server DC、DNS 服务器、网关、DHCP 服务器，或配置为静态 IP 地址的系统一起使用。

（4）在启用 ICS 后，连接到家庭或小型办公室网络的适配器将获得新的 IP 地址配置。有两种情况，一种是系统建议的使用动态分配的方式，这时启用 ICS 的计算机就充当一台 DHCP 服务器；另一种是手动设置的方式。

案例 6.2：局域网通过 ICS 服务器接入 Internet。

1. 案例环境

参照 6.3.1 小节。

2. 任务步骤

1）ICS 服务器配置

步骤 1：给“桥接网卡”模式的虚拟网卡连接改名为“WAN 连接”，并在“WAN 连接”上进行参数设置，参数是企业网络网关分配的，如图 6–23 所示。

步骤 2：把“LAN 区段模式”的虚拟网卡连接改名为“LAN 连接”，将 IP 地址设置为 192.168.0.1，子网掩码为 255.255.255.0。

步骤 3：打开“WAN 连接”的属性对话框，打开“共享”选型卡，在“Internet 连接共享”区域，勾选“允许其他网络用户通过此计算机的 Internet 连接来连接”复选框，如图 6–29 所示。

步骤 4：查看“LAN 连接”的参数，发现 IP 地址变为 192.168.0.1（局域网的网关），子网掩码为 255.255.255.0，如图 6–30 所示。

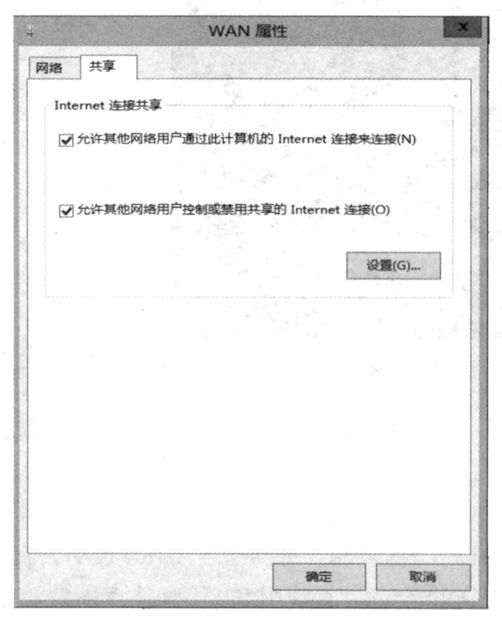

图 6–29　Internet 连接共享

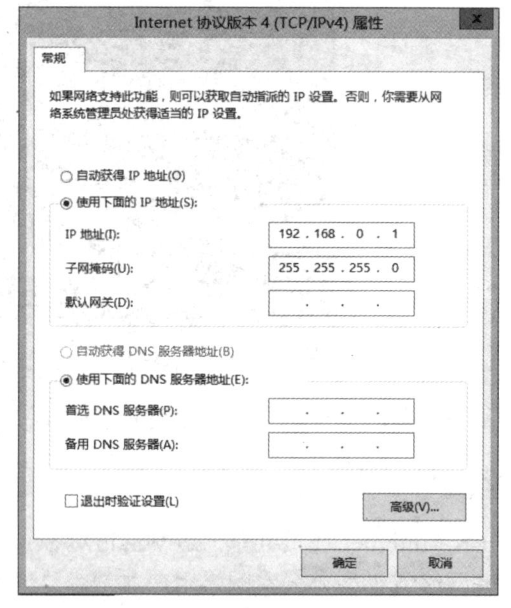

图 6–30　“LAN 连接”的 TCP/IP 属性

2）PC 配置

步骤 1：将局域网 PC 上的 IP 地址设置在 192.168.0.x 网段，网关为 192.168.0.1，DNS 和服务器的一致。

步骤 2：在局域网 PC 的命令窗口中执行“tracert www.baidu.com”命令就可以完成正常追踪。

6.3.3 网络转换技术

网络地址转换（Network Address Translation，NAT）技术可以让那些使用私有地址的内部网络连接到 Internet 或其他 IP 网络。NAT 设备在将内部网络的数据包发送到公用网络时，在 IP 包的报头把私有地址转换成合法的 IP 地址（公有地址）。

NAT 设备可以是路由器、防火墙或服务器。

1. 私有地址和公有地址

公有地址（public address）由因物网信息中心（Internet Network Information Center，Inter NIC）负责。这些 IP 地址分配给注册并向 Inter NIC 提出申请的组织机构。通过它可以直接访问 Internet。

私有地址（private address）属于非注册地址，专门为组织机构内部使用。Inter NIC 在 IP 地址里预留了一部分作为私有地址：

10.0.0.0～10.255.255.255

172.16.0.0～172.31.255.255

192.168.0.0～192.168.255.255

使用私有地址的主机不能直接访问 Internet，在 Internet 上也不能直接访问使用私有地址的主机。使用私有地址能够节省 IPv4 地址，因为一个局域网中在一定时间内只有很少的主机需访问外部网络，而 80%左右的流量只局限于局域网内部。由于局域网内部的互访可通过私有地址实现，且私有地址在不同局域网内可被重复利用，因此私有地址的使用有效缓解了 IPv4 地址不足的问题。当局域网内的主机要访问外部网络时，只需通过网络地址转换技术将私有地址转换为公有地址即可，这样既可保证网络互通，又节省了公有地址。

2. 网络地址转换的基本原理

网络地址转换的基本原理是仅在私有主机需要访问 Internet 时才会分配到合法的公有地址，而在内部互连时则使用私有地址。

当 192.168.0.1 访问 Internet 的 221.11.1.67，报文经过 NAT 网关（200.99.80.1）时，NAT 网关会用一个合法的公有地址 200.99.80.5 替换原报文中的源地址 192.168.0.1，并对这种转换进行记录；之后，当报文从 Internet 侧返回时，NAT 网关查找原有的记录，将报文的目的地址 200.99.80.5 再替换回原来的私有地址 192.168.0.1，并送回发出请求的主机。这样，在私网侧或公网侧的设备看来，这个过程与普通的网络访问并没有任何区别，如图 6–31 所示。

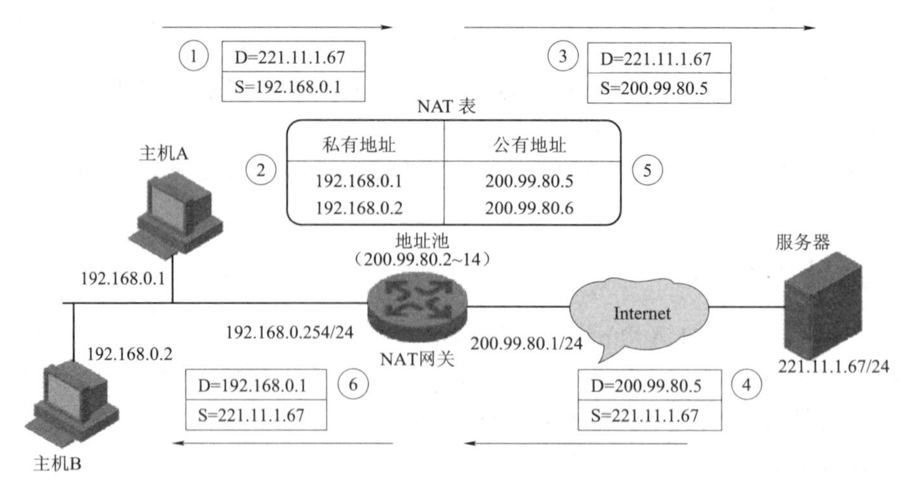

图 6–31　网络地址转换的基本原理

6.3.4　任务实战：局域网通过 NAT 接入 Internet

任务目的：掌握 NAT 的原理、特点及配置方法。

任务内容：局域网通过 NAT 服务器接入 Internet。

任务环境：

参照 6.3.1 小节。

任务步骤：

1. NAT 服务器配置

步骤 1：给“桥接网卡”模式的虚拟网卡连接改名为“WAN 连接”，并在“WAN 连接”上进行参数设置，参数是企业网络网关分配的，如图 6–23 所示。

步骤 2：把“LAN 区段模式”的虚拟网卡连接改名为“LAN 连接”，将 IP 地址设置为 192.168.0.1，子网掩码为 255.255.255.0。

步骤 3：配置路由服务。选择“程序”→“管理工具”→“路由和远程访问”选项，如图 6–32 所示。

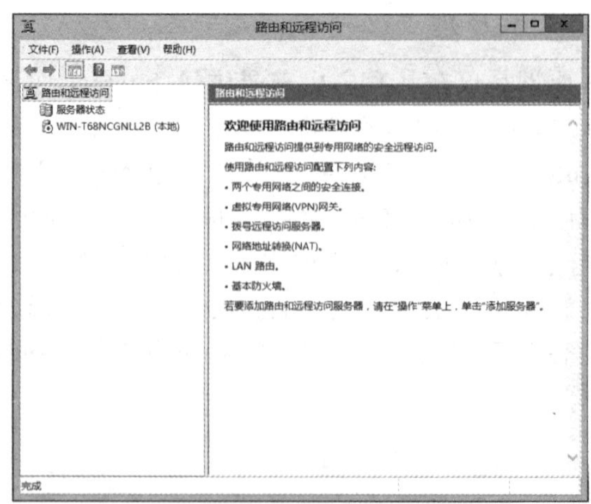

图 6–32　“路由和远程访问”对话框

步骤 4：在服务器属性中配置并启用路由及远程访问，在“路由和远程访问服务器安装向导”界面中选择“网络地址转换”选项，单击“下一步”按钮，如图 6–33 所示。

步骤 5：在“路由及远程服务器安装向导”界面中选择“使用此公共接口连接到 Internet 的请求拨号接口”选项，选中“WAN”接口（通向 Internet 的连接），如图 6–34 所示。

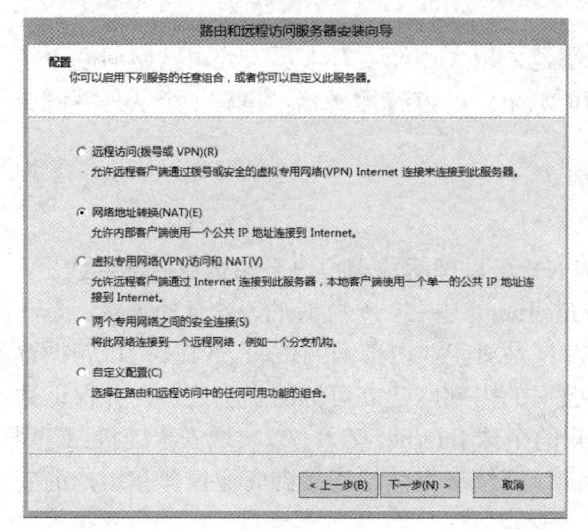

图 6–33　“路由和远程访问服务器安装向导”界面

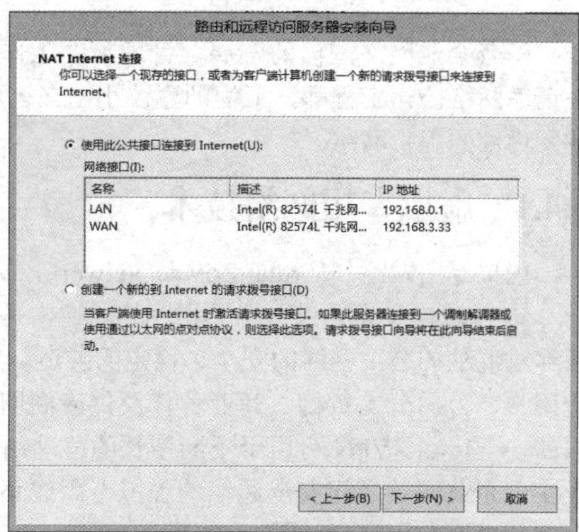

图 6–34　“NAT Internet 连接”对话框

步骤 6：单击“下一步”按钮，启用基本的名称和地址服务（路由和远程访问自动指派地址，并将名称解析请求转发到 Internet 上的 DNS 服务器），根据向导提示完成安装，如图 6–35 所示。

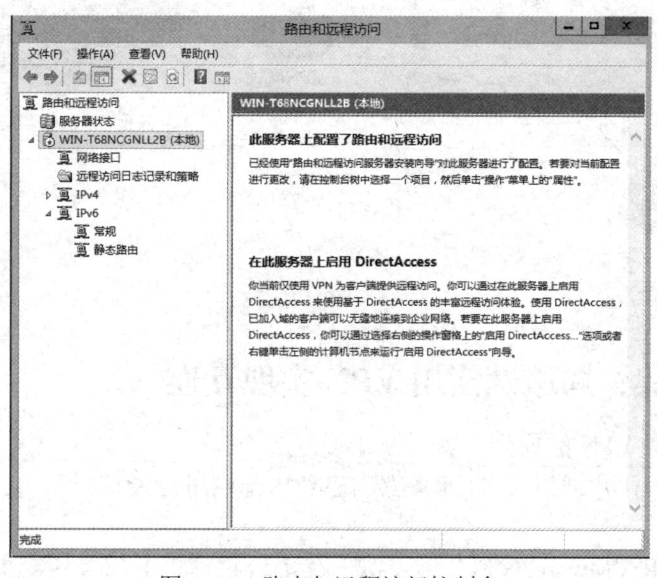

图 6–35　路由与远程访问控制台

2. PC 配置

步骤 1：在 PC 上进行参数设置，IP 地址在 192.168.0.x 网段，网关为 192.168.0.1，DNS

和服务器的一致。

步骤 2：在局域网 PC 的命令窗口中执行“tracert www.baidu.com”命令就可以完成正常追踪。

6.4 任务 4：局域网远程互联

随着企业网络规模的发展，管理员的工作量越来越大，经常有人反映公司网络问题，小王请教网络公司工程师，工程师建议小王在公司架构一个 VPN 服务器，建立一个从外网到企业网内部的虚拟网络。

6.4.1 虚拟专用网络技术

虚拟专用网络（Virtual Private Network，VPN）可以理解成虚拟出来的企业内部专线。

VPN 被定义为通过一个公用网络（通常是 Internet）建立一个临时的、安全的连接，是一条穿过混乱的公用网络的安全、稳定的隧道。VPN 是对企业内部网的扩展。VPN 可以帮助远程用户、公司分支机构、商业伙伴及供应商同公司的内部网建立可信的安全连接，并保证数据的安全传输。VPN 可用于不断增长的移动用户的全球 Internet 接入，以实现安全连接；可用于实现企业网站之间安全通信的虚拟专用线路，以及经济有效地连接到商业伙伴和用户的安全外联虚拟专用网，如图 6–36 所示。

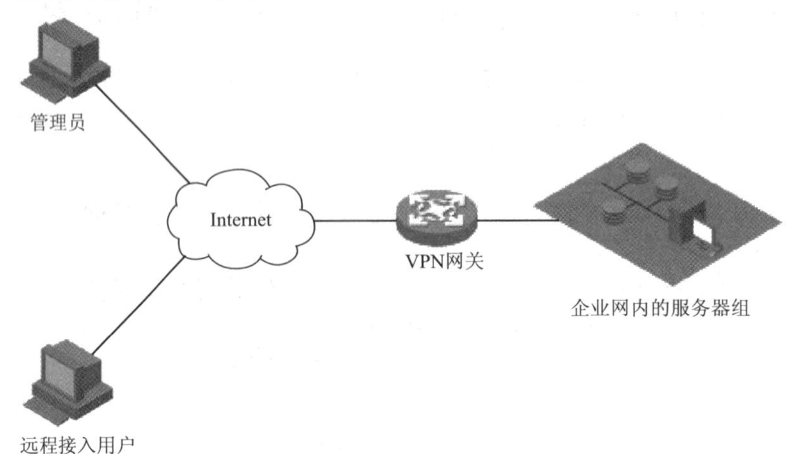

图 6–36 VPN 拓扑结构

6.4.2 任务实战：局域网使用 VPN 实现互连

任务目的：掌握 VPN 的原理、特点及配置方法。

任务内容：远程用户通过 VPN 服务器与企业内部网进行通信。

任务环境：

技术部局域网用 VMware 虚拟环境模拟，在 1 台物理机上部署 4 台虚拟机（如果实验环境不允许，可适当减少 PC），1 台虚拟机作为 VPN 服务器，3 台虚拟机作为 PC。PC 通过 LAN 区段模式与服务器连接，服务器通过桥接模式连接物理机。在服务器上采用 VPN 技术，实现远程用户访问技术部局域网内部资源。

1. 拓扑结构

远程用户接入公司局域网的拓扑结构如图 6–37 所示。

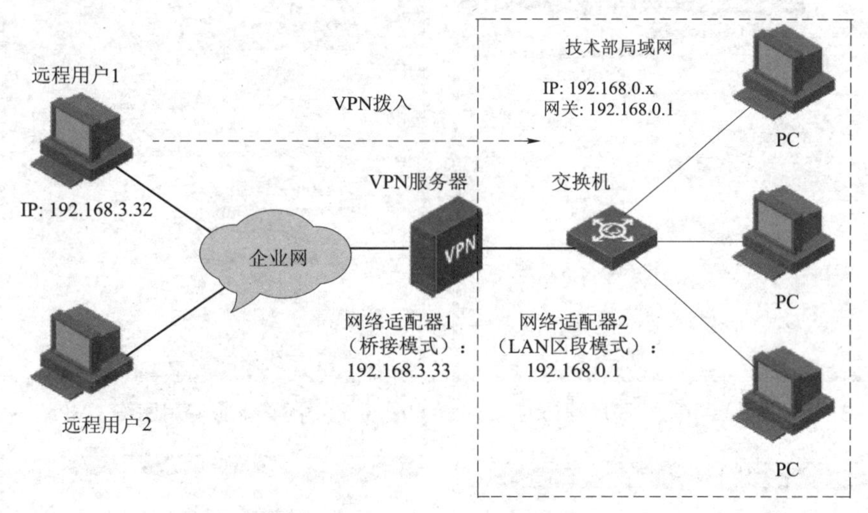

图 6–37　远程用户接入公司局域网的拓扑结构

2. 网络环境

虚拟环境用 VMware Workstation 12 部署，服务器操作系统为 Windows Server 2012 R2，PC 操作系统为 Windows 10。如需要使用代理服务，则安装 CCProxyv8.0。

3. 环境准备

（1）VPN 服务器网卡设置参照图 6–21 进行。

（2）PC 网卡设置参照图 6–22 进行。

任务步骤：

1. VPN 服务器配置

步骤 1：将“桥接网卡”模式的虚拟网卡连接改名为“WAN 连接”，并在“WAN 连接”上进行参数设置，参数是企业网络网关分配的，如图 6–23 所示。

步骤 2：把“LAN 区段”模式的虚拟网卡连接改名为“LAN 连接”，IP 地址设置为 192.168.0.1，子网掩码为 255.255.255.0。

步骤 3：选择“开始”→“管理工具”→“路由和远程访问”选项，用鼠标右键单击服务器名称，选择“配置并启用路由和远程访问”命令，如图 6–38 所示。

步骤 4：“在路由和远程访问服务器安装向导”界面，单击“下一步”按钮，选中“虚拟专用网络（VPN）访问和 NAT”选项，并单击“下一步”按钮，如图 6–39 所示。

步骤 5：选择“使用此服务器连接到 Internet 的网络”选项，选择“WAN”（通向 Internet 的连接），如图 6–40 所示。

步骤 6：选择“来自一个指定的地址范围”选项，如图 6–41 所示。

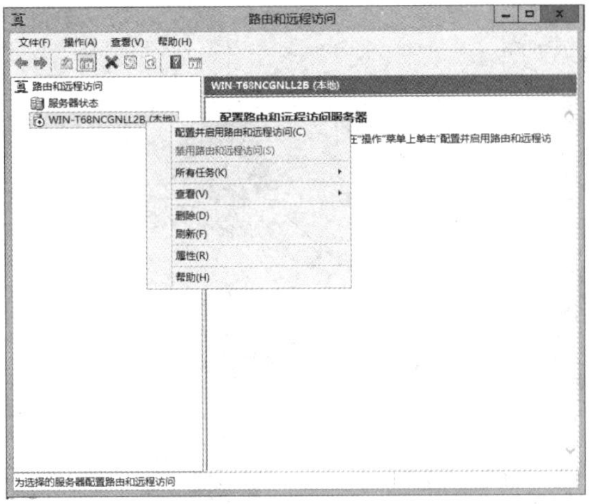

图 6–38 配置并启用路由和远程访问

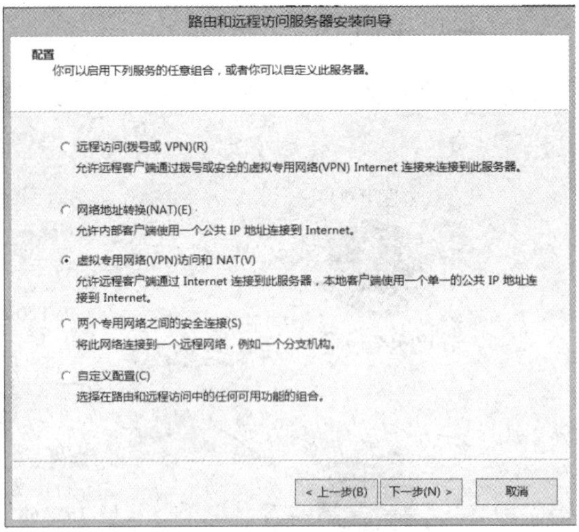

图 6–39 配置虚拟专用网络（VPN）访问和 NAT

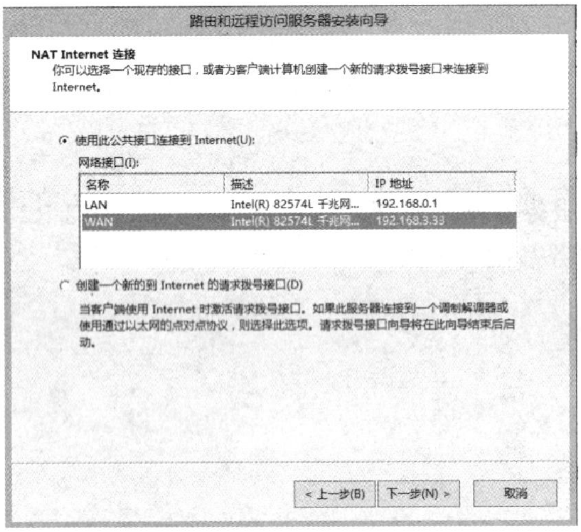

图 6–40 “NAT Internet 连接”对话框

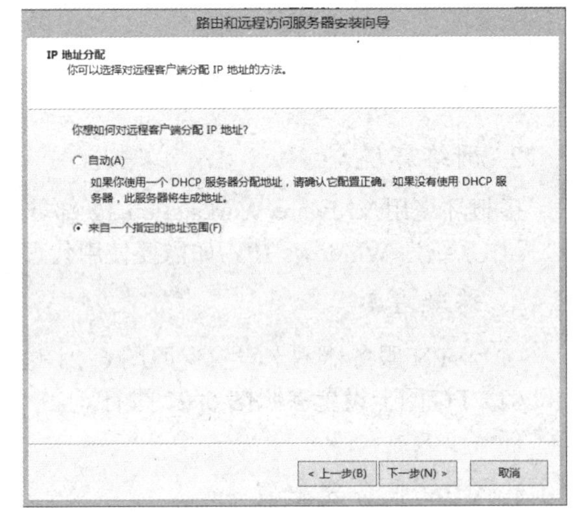

图 6–41 “IP 地址分配”对话框

步骤 7：单击“下一步”→“新建”按钮，添加一个将被分配的地址范围（例如 192.168.0.10～192.168.0.20），单击“确定”按钮，如图 6–42 所示。

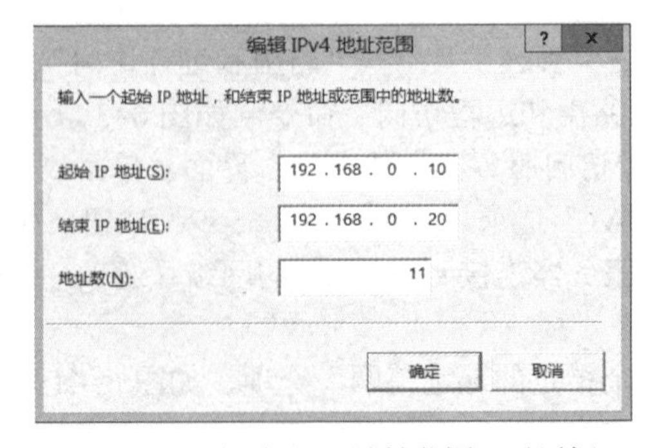

图 6–42 “新建 IPv4 地址范围”对话框

步骤 8：单击“下一步”按钮，选择“否，使用路由器和远程访问来对连接请求进行身份验证”选项（用系统账户验证），如图 6–43 所示。

步骤 9：完成 VPN 服务配置以后，创建新用户“vpnuser”（可以随意命名），输入用户名、密码，单击“创建”按钮，如图 6–44 所示。

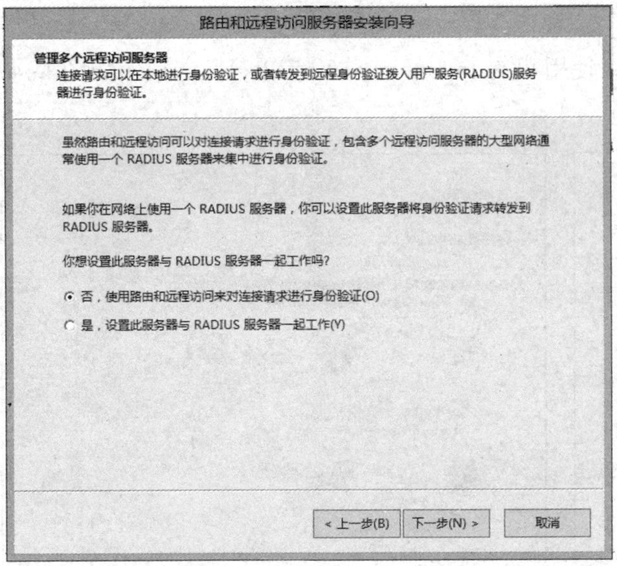

图 6–43　“管理多个远程访问服务器”对话框

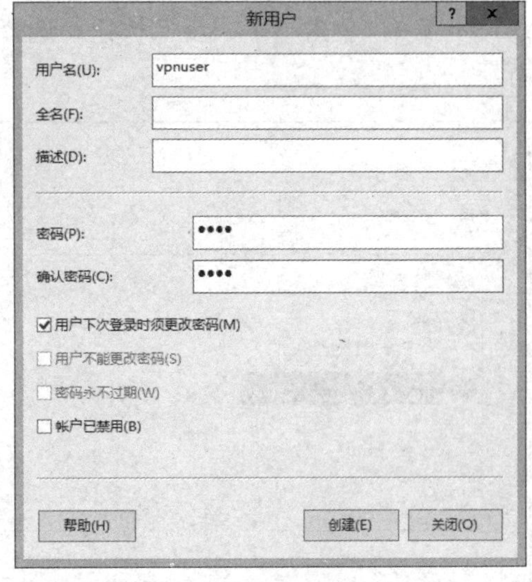

图 6–44　创建新用户窗口

步骤 10：在用户“vpnuser”上选择“属性”→“拨入”选项卡，在“网络访问权限”选项区中选择“允许访问”选项，如图 6–45 所示。

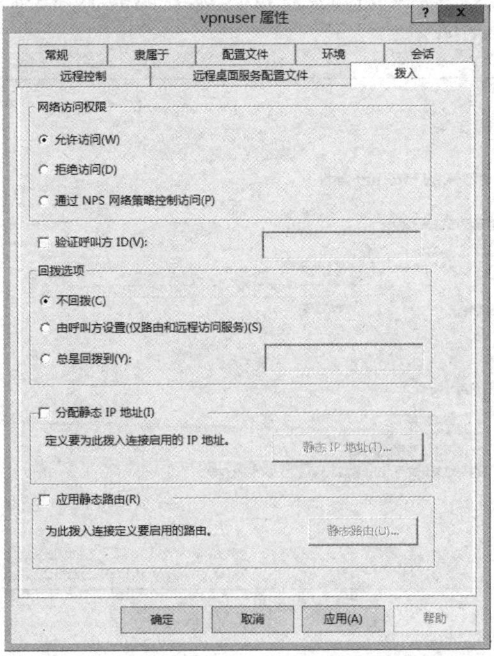

图 6–45　“拨入”选项卡

2. 远程用户计算机设置

步骤 1：在远程用户计算机上设置 IP 地址等参数。通过配置保证远程计算机能够和 VPN 服务器的 WAN 口连通。

步骤 2：创建 VPN 拨号连接。打开“新建链接向导”，单击“下一步”按钮，选择“连接到工作区”选项，如图 6–46 所示。

步骤 3：单击“下一步”按钮，选择“使用我的 Internet 连接（VPN）”选项，如图 6–47 所示。

图 6–46 选择网络连接类型

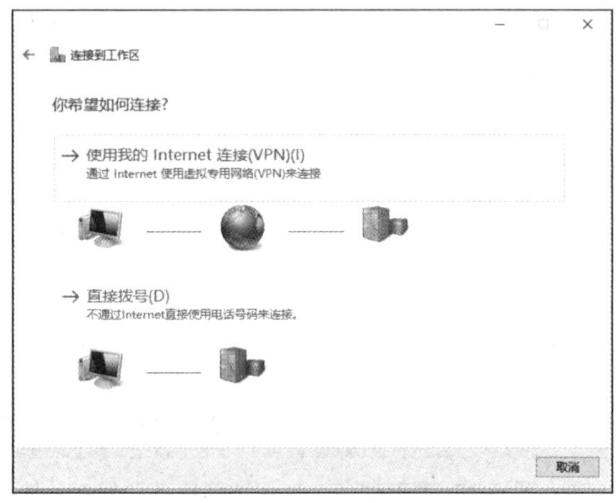

图 6–47 网络连接对话框

步骤 4：单击“下一步”按钮，在指定连接到工作区的连接名称窗口中输入公司名称（例如 SXPI），在 VPN 服务器选择窗口中输入 VPN 服务器的 IP 地址，这里填入 VPN 服务器的 WAN 的 IP 地址，如图 6–48 所示。

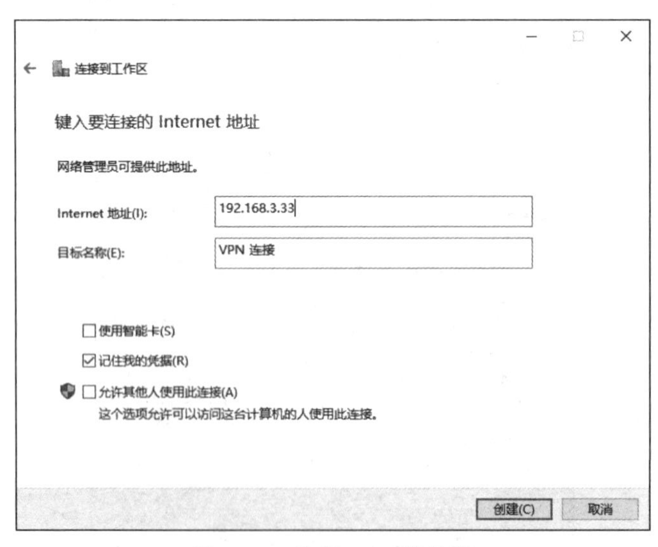

图 6–48 选择 VPN 服务器

步骤 5：打开 SXPI 连接，输入刚才创建的用户名和密码，并单击“连接”按钮。

步骤 6：查看连接状态，这时已经成功连接，在命令行输入“ipconfig/all”，可以看到获得的新的 IP 地址 192.168.0.10，如图 6–49 所示。

```
C:\Documents and Settings\Administrator>ipconfig/all

Windows IP Configuration

   Host Name . . . . . . . . . . . . : lag2
   Primary Dns Suffix  . . . . . . . :
   Node Type . . . . . . . . . . . . : Unknown
   IP Routing Enabled. . . . . . . . : No
   WINS Proxy Enabled. . . . . . . . : No

Ethernet adapter 本地连接:

   Connection-specific DNS Suffix  . :
   Description . . . . . . . . . . . : Intel 21140-Based PCI Fast Ethernet Adap
er (Generic)
   Physical Address. . . . . . . . . : 00-03-FF-51-1E-0B
   DHCP Enabled. . . . . . . . . . . : Yes
   Autoconfiguration Enabled . . . . : Yes
   IP Address. . . . . . . . . . . . : 192.168.0.10
   Subnet Mask . . . . . . . . . . . : 255.255.255.0
   Default Gateway . . . . . . . . . : 192.168.0.1
   DHCP Server . . . . . . . . . . . : 192.168.0.1
   DNS Servers . . . . . . . . . . . : 192.168.0.1
   Lease Obtained. . . . . . . . . . : 2010年8月21日 14:21:54
   Lease Expires . . . . . . . . . . : 2038年1月19日 11:14:07
```

图 6–49 “ipconfig/all”命令窗口

这时远程用户与 3 台 PC 和 Windows Server 2012 R2 服务器的 LAN 口都在一个局域网内，可以进行通信。

本项目介绍了多种 Internet 的接入方法，NAT 是一种应用最广泛的技术。NAT 通过地址重用的方法满足 IP 地址的需要，可以在一定程度上缓解 IP 地址空间枯竭的压力。它具备以下优点：

（1）对于内部通信可以利用私有地址，如果需要与外部通信或访问外部资源，则可通过将私有地址转换成公有地址来实现。

（2）通过公有地址与端口的结合，可使多个私网用户共用一个公有地址。

（3）通过静态映射，不同的内部服务器可以映射到同一个公有地址。外部用户可通过公有地址和端口访问不同的内部服务器，同时还隐藏了内部服务器的真实 IP 地址，从而防止外部对内部服务器乃至内部网络的攻击行为。

（4）方便网络管理，如通过改变映射表就可实现私网服务器的迁移，内部网络的改变也很容易。

6.5　项目实战：企业网接入 Internet 的典型应用

项目背景：

随着各种业务的开展，某企业在全国各地都开设了分公司和办事处，为了提高工作效率，公司部署了 ERP 系统，对各地分公司的业务数据进行整合，但同时由于总公司与各地分公司之间的数据需要通过 Internet 传送，要求必须保证数据安全可靠，这时需要在总公司内架设一个 VPN 服务器。

项目说明：

企业 VPN 服务器采用双网卡工作，网络适配器 1 采用桥接模式与 Internet 连接，IP 地址为 192.168.3.33；网络适配器 2 采用 LAN 模式与公司内部相连，IP 地址为 192.168.0.1。请完成方案设计及配置，如图 6–50 所示。

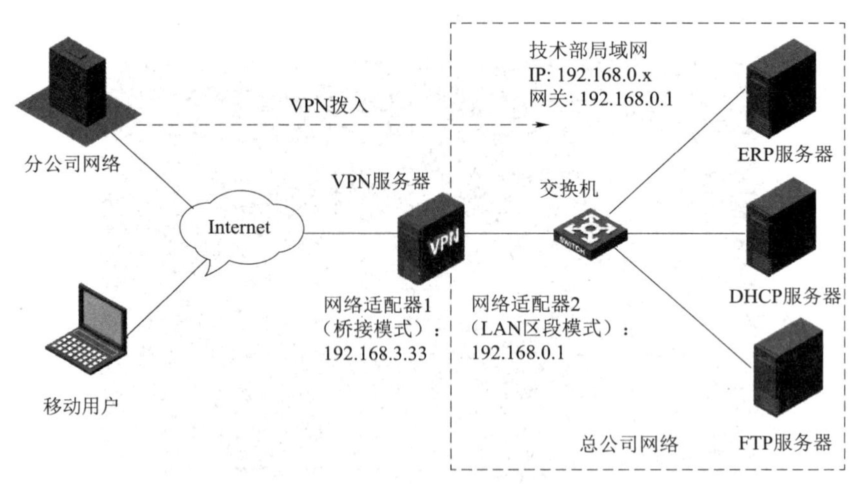

图 6–50 企业 VPN 网络组网图

项目要求：

（1）在总公司架设一台 VPN 服务器，为远程客户端采用 DHCP 方式分配动态 IP 地址，通过网络策略使远程用户只能在工作时间访问总部网络。

（2）部署 DHCP 服务器，IP 地址为 192.168.0.100，子网掩码长度为 24 位，网关地址为 192.168.0.1。地址池为 192.168.0.200～192.168.0.250，子网掩码长度为 24 位。

习 题

（1）目前 Internet 接入方法有哪些？

（2）常见的 Internet 服务有哪些？

（3）为什么要进行网络地址转换？

（4）简述 ADSL 线路的特点。

项目 7　网络攻击与防范

项目重点与学习目标

（1）掌握 Windows Server 2012 R2 安全加固方法；
（2）学会加密文件系统的使用；
（3）熟悉 NTFS 权限的管理；
（4）学会各种安全工具的使用。

项目情境

公司的许多计算机都接入了 Internet，给员工带来了很大的方便，但很快新的问题出现了，用户计算机经常感染病毒，重要数据被未授权访问和破坏，员工个人隐私被公开，公司计算机经常被攻击，面对这一系列安全问题，小王又忙碌起来。

项目分析

网络安全不只是网络技术问题，更是社会问题，为了防患于未然，应该对网络系统安全性作整体规划，除了在公司网络出口安装防火墙和入侵检测系统（IDS）外，更应该重视内网的安全。本项目要解决的问题是：

（1）操作系统的安全管理问题；
（2）数据机密问题；
（3）共享资源的安全问题；
（4）网络病毒的防护问题。

7.1　任务 1：网络安全认知

随着网络应用的不断发展，网络安全问题越来越受到人们的关注，网络作为开放的信息系统必然存在诸多潜在的安全隐患。

计算机安全技术的不断发展越来越体现出一种全面的特性，从安全策略制定、安全技术措施和网络管理员等多个方面综合面对网络安全问题，注重攻击和防御的全面结合，不仅要做正面的防御工作，还要从攻击者的角度出发考虑系统存在的安全隐患，真正做到全面认识、全面管理。

网络安全是指网络系统的硬件、软件及其系统中的数据受到保护，不因偶然的或恶意的原因而遭受破坏、更改，泄漏，系统连续可靠正常地运行，网络服务不中断。网络安全从其本质上来讲就是网络上的信息安全。从广义来说，凡是涉及网络上信息的保密性、完整性、可用性、真实性和可控性的相关技术和理论都属于网络安全的研究领域。

网络安全是一个综合性的技术，具有两层含义：

（1）保护内部和外部进行数据交换的安全；

（2）保证内部局域网的安全。

1. 网络安全的目标

（1）机密性：确保信息不泄露给未授权的实体或进程。

（2）完整性：只有得到允许的人才能修改实体或进程，并且能够判别实体或进程是否已被修改。完整性鉴别机制保证只有得到允许的人才能修改数据。

（3）可用性：得到授权的实体可获得服务，攻击者不能占用所有的资源而阻碍授权者的工作。用访问控制机制，阻止非授权用户进入网络。使静态信息可见，动态信息可操作。

（4）可控性：可控性主要指对危害国家信息安全（包括利用加密的非法通信活动）的监视审计。控制授权范围内的信息流向及行为方式。使用授权机制，控制信息传播范围、内容，必要时能恢复密钥，实现对网络资源及信息的可控性。

（5）不可否认性：对出现的安全问题提供调查的依据和手段。使用审计、监控、防抵赖等安全机制，使攻击者、破坏者、抵赖者"逃不脱"，并进一步对网络出现的安全问题提供调查依据和手段，实现信息安全的可审查性。一般通过数字签名提供不可否认服务。

2. 网络安全模型

常用的网络安全模型是 P2DR 模型。P2DR 是 Policy（策略）、Protection（防护）、Detection（检测）和 Response（响应），如图 7–1 所示。

图 7–1 网络安全模型

1）Policy

在考虑建立网络安全系统时，在了解网络信息安全系统等级划分和评估网络安全风险后，一个重要的任务就是制订网络安全策略。一个策略体系的建立包括：安全策略的制订、安全策略的评估、安全策略的执行等。网络安全策略一般包括两部分：总体的安全策略和具体的安全规则。

2）Protection

防护就是根据系统可能出现的安全问题采取一些预防措施，是通过一些传统的静态安全技术及方法来实现的。通常采用的主动防护技术有：数据加密、身份验证、访问控制、授权和虚拟网络（VPN）技术；被动防护技术有：防火墙技术、安全扫描、入侵检测、路由过滤、数据备份和归档、物理安全、安全管理等。

3）Detection

攻击者如果穿过防护系统，检测系统就会将其检测出来。检测入侵者的身份，包括攻击源、系统损失等。防护系统可以阻止大多数入侵事件，但不能阻止所有入侵事件，特别是那些利用新的系统缺陷、新的攻击手段的入侵。如果入侵事件发生，就要启动检测系统进行检测。

4）Response

系统一旦检测出入侵，响应系统则开始响应，进行事件处理。P2DR 模型中的响应就是在已知入侵事件发生后进行的紧急响应（事件处理）。响应工作可由特殊部门——计算机紧急响应小组（Computer Emergency Response Team，CERT）负责，我国的第一个计算机紧急响应小组是中国教育与科研计算机网络建立的，简称“CCERT”。不同机构有相应的计算机紧急响应小组。

3. 网络安全的等级

不能简单地说一个计算机系统是安全的或不安全的。依据处理信息的等级和所采取的对策，将网络安全等级为 4 类 7 级，从低到高依次是 D1、C1、C2、B1、B2、B3、A。D1～A 分别表示不同的安全等级，如图 7–2 所示。

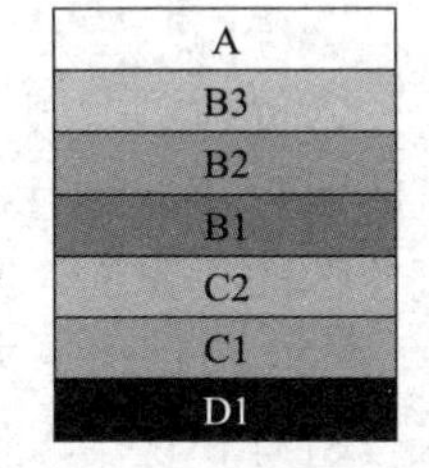

图 7–2 网络安全等级

以下是简单说明：

D1：整个计算机系统是不可信任的，硬件和操作系统都很容易被侵袭。对用户没有验证要求。

C1：对计算机系统硬件有一定的安全机制要求，计算机在被使用前需要进行登录，但是它对登录到计算机的用户没有访问级别的限制。

C2：比 C1 级更进一步，限制了用户执行某些命令或访问某些文件的能力。它不仅进行了许可权限的限制，还进行了基于身份级别的验证。

B1：支持多级安全，也就是说安全保护安装在不同级别的系统中，可以对敏感信息提供更高级别的保护。

B2：此级别也称为结构保护，计算机系统对所有的对象加了标签，且给设备分配安全级别。

B3：要求终端必须通过可信任途径连接到网络，同时要求采用硬件来保护安全系统的存储区。

A：最高的级别。它附加了一个安全系统受监控的设计并要求安全的个体必须通过这一设计。

7.1.1 网络安全防范措施

为了保证网络安全，通常可采取以下措施。

1. 访问控制

对用户访问网络资源的权限进行严格的认证和控制，例如进行用户身份认证，对口令加密、更新和鉴别，设置用户访问目录和文件的权限，控制网络设备配置的权限等。

2. 数据加密

加密是保护数据安全的重要手段。加密的作用是保障信息被人截获后其含义不能被读懂。

3. 数字签名

简单地说，数字签名就是附加在数据单元上的一些数据，或对数据单元所作的密码变换。这种数据或变换允许数据单元的接收者确认数据单元的来源和数据单元的完整性并保护数据，以防止数据单元被人伪造、篡改和否认。

4. 数据备份

数据备份是容灾的基础，是指为防止系统出现操作失误或系统故障导致数据丢失，而将全部或部分数据集合从应用主机的硬盘或阵列复制到其他存储介质的过程。

5. 部署防火墙

防火墙系统决定了哪些内部服务可以被外界访问、外界的哪些人可以访问内部的哪些服务，以及哪些外部服务可以被内部人员访问。

6. 部署IDS

入侵检测系统（Intrusion Detection Systems，IDS）是依照一定的安全策略，对网络、系统的运行状况进行监视，尽可能发现各种攻击企图、攻击行为或者攻击结果，以保证网络系统资源的机密性、完整性和可用性。

IDS根据信息来源可分为基于主机的IDS和基于网络的IDS，根据检测方法又可分为异常入侵检测和误用入侵检测。不同于防火墙，IDS是一个监听设备，没有跨接在任何链路上，无须网络流量便可以工作。

7.1.2 校园网网络安全案例分析

1. 案例背景

在各行业中，大学在信息化方面一直扮演着领头羊的角色，率先建立了校园网，并作为教育网的网络节点。某大学师生人数众多，拥有20 000多台主机，上网用户也在20 000人左右，而且用户数量一直呈上升趋势。校园网在为广大师生提供便捷、高效的学习、工作环境的同时，也在宽带管理、计费和安全等方面存在许多问题。

2. 案例简介

1）IP地址及用户账号的盗用

由于校园网中用户数量众多，难免出现盗用他人IP地址和用户账号的行为，这就大大增加了学校网络管理的难度，IP 地址冲突不断、用户无法正常上网，也给计费、缴费等工作带来麻烦。

2）多人使用同一账号

由于某些计费软件功能相对简单，没有对同一账号同时登录次数进行限制，使多个用户可以使用同一个账号上网，造成了学校资费流失。

3）网络计费管理功能单一

随着校园网规模的不断扩大和用户群体的日益增多，原有的单一计费管理功能已不能满足要求。

4）对带宽资源的大量占用导致重要应用无法进行

对于每个学校来说，带宽资源都是有限的。上网人数的激增和各种各样在线游戏的流行使有限的带宽资源不堪重负，由于没有带宽限制和优先级设置，一些重要用户和重要应用得不到必要的带宽保证而影响了正常的教学和科研工作。

5）访问权限难以控制

互联网上充斥着许多色情、暴力、反动信息，如何让学校、家长放心，使学生尽量远离这些不良信息是必须解决的一个问题。

6）安全问题日益突出

来自校园内部或外部的网络攻击行为不但会影响校园网的正常运行，还可能造成学校重要数据的丢失、损坏和泄露，给学校带来不可估量的损失。

7）异常网络事件的审计和追查困难

当异常网络事件发生后，如何尽快地追根溯源，找出幕后“黑手”，防止事件再次发生，成为网络维护人员不得不面对的棘手问题。

8）多个校区的管理和维护工作量大

由于校园网的规模越来越大，其呈现出多校园、跨地区的特点，这要求网络管理员能对分布在各个校区的管理、计费设备进行管理和维护，管理员的工作量相当大。

3. 案例分析

针对这些问题，该大学进行了一套完整的校园网宽带管理、计费方案。该方案所采用的软、硬件是由西安信利软件科技有限公司自行研发的蓝信系列产品，包括：蓝信 AC（访问控制系统）、蓝信 AAA（管理、认证系统）、蓝信 BL（计费系统）。该方案提供了一个融合防火墙、接入服务器、访问控制、认证和计费功能的强大系统，该系统针对该大学原来存在的问题能提供完整的应对策略。

4. 案例分析战略

1）系统将客户账号与客户使用的 IP 地址、MAC 地址、连接的 NAS 设备地址和 NAS 端口进行四重绑定，极大地提高了客户行为的唯一性，有效地防止了 IP 地址和客户账号盗用现象的发生。

2）限定账号登录次数

系统对同一账号同时登录次数作出明确的限定，避免多人次使用同一账号上网的现象。

3）完善计费管理功能

系统可以支持以账号为单位的三大类、13 种计费方式，不同种类用户可以选择不同的计费方式。此外，系统还能详细记录计费过程，以供用户打印计费清单、查阅详情；系统还根据客户的信用状况，设定对应的信用级别，采用不同的催费方式，实现欠费停机和强制下线功能。同时，系统也完全支持校园网中最常用的卡业务。

4）带宽的限定和业务优先级的设定

系统能对每个客户上、下行的带宽上限加以限定，防止个别客户占用过多网络资源，还能对不同的用户数据设定业务优先级（例如使实验室、教师机房与学生宿舍、普通机房相区别），以保证重要数据能得到更好的服务。

5）访问区域和访问时间的有效控制

系统能将用户可能访问的区域划分为国内、国外、校园网，并根据不同的用户制定不同的访问规则和访问方式，使网络上的色情、暴力、反动信息远离校园。

6）内、外网 IP 地址间的 NAT 功能

系统提供了内、外网 IP 地址间的 NAT 功能（地址转换功能），避免内网 IP 地址的暴露，增加了不怀好意者攻击校园网的难度，降低了网络遭受攻击的可能性。

7）强大的事件追查功能

系统中丰富的日志信息和便捷的追查工具使网络管理员在面对异常事件时，能及时作出

反应，迅速找出幕后“黑手”。

8）多校区远程管理功能

系统能同时对位于不同校区的 NAS 设备提供远程管理功能，在实现统一多个校区资费策略的同时还大大减少了网络管理员的工作量。

7.2 任务 2：ARP 欺骗攻击防御

ARP 攻击是非常典型的安全威胁，受到 ARP 攻击后会出现无法正常上网、拷贝文件无法完成、出现错误、ARP 包暴增、MAC 地址不正常或错误、一个 MAC 地址对应多个 IP 的情况。目前，ARP 攻击导致企业网络瘫痪的例子数不胜数，很多企业面对 ARP 攻击束手无策。ARP 协议对网络安全具有重要的意义。通过伪造 IP 地址和 MAC 地址实现 ARP 欺骗，能够在网络中产生大量的 ARP 通信量使网络阻塞，攻击者只要持续不断地发出伪造的 ARP 响应包就能更改目标主机 ARP 缓存中的 IP-MAC 条目，造成网络中断或中间人攻击。

7.2.1 ARP 欺骗的原理

以太网协议中规定：同一局域网中的一台主机要和另一台主机进行直接通信，必须知道目标主机的 MAC 地址。而在 TCP/IP 协议栈中，网络层和传输层只关心目标主机的 IP 地址。这就导致在以太网中使用 IP 协议时，数据链路层的以太网协议接到上层 IP 协议提供的数据中，只包含目的主机的 IP 地址。于是需要一种方法，根据目的主机的 IP 地址获得其 MAC 地址。这就是 ARP 协议要做的事情。所谓地址解析（address resolution）就是主机在发送帧前将目标 IP 地址转换成目标 MAC 地址的过程。

另外，当发送主机和目的主机不在同一个局域网中时，即便知道目的主机的 MAC 地址，两者也不能直接通信，必须经过路由转发才可以。所以，此时发送主机通过 ARP 协议获得的将不是目的主机的真实 MAC 地址，而是一台可以通往局域网外的路由器的某个端口的 MAC 地址。此后发送主机发往目的主机的所有帧都将发往该路由器，通过它向外发送。这种情况称为 ARP 代理（ARP Proxy）。

在每台安装有 TCP/IP 协议的计算机里都有一个 ARP 缓存表，表里的 IP 地址与 MAC 地址是一一对应的。

以主机 A（192.168.1.5）向主机 B（192.168.1.1）发送数据为例。当发送数据时，主机 A 会在自己的 ARP 缓存表中寻找是否有目标 IP 地址。如果找到了，也就知道了目标 MAC 地址，直接把目标 MAC 地址写入帧里面发送就可以了；如果在 ARP 缓存表中没有找到目标 IP 地址，主机 A 就会在网络上发送一个广播“主机 A 的 MAC 地址”，这表示向同一网段内的所有主机发出这样的询问：“我是 192.168.1.5，我的硬件地址是主机 A 的 MAC 地址，请问 IP 地址 192.168.1.1 的 MAC 地址是什么？”网络上其他主机并不响应 ARP 询问，只有主机 B 接收到这个帧时，才向主机 A 作出这样的回应：“IP 地址 192.168.1.1 的 MAC 地址是 00-aa-00-62-c6-09。”这样，主机 A 就知道了主机 B 的 MAC 地址，它就可以向主机 B 发送信息了。同时主机 A 和主机 B 还同时更新了自己的 ARP 缓存表（因为主机 A 在询问的时候把自己的 IP 地址和 MAC 地址一起告诉了主机 B），下次主机 A 再向主机主机 B 或者主机 B 向主机 A 发送信息时，直接从各自的 ARP 缓存表里查找就可以了。ARP 缓存表采用了老化机制

（即设置了生存时间 TTL），在一段时间内（一般为 15～20 分钟），如果表中的某一行没有使用，就会被删除，这样可以大大减少 ARP 缓存表的长度，加快查询速度。

ARP 攻击就是通过伪造 IP 地址和 MAC 地址实现 ARP 欺骗，它能够在网络中产生大量的 ARP 通信量使网络阻塞，攻击者只要持续不断地发出伪造的 ARP 响应包就能更改目标主机 ARP 缓存中的 IP-MAC 条目，造成网络中断或中间人攻击。

ARP 攻击主要存在于局域网中，局域网中若有一个人感染 ARP 木马，则感染该 ARP 木马的系统将会试图通过 ARP 欺骗手段截获所在网络内其他计算机的通信信息，并造成网内其他计算机的通信故障。

ARP 的工作原理如下：

（1）发送主机发送一个本地的 ARP 广播包，在此广播包中，声明自己的 MAC 地址并且请求任何收到此请求的 ARP 服务器分配一个 IP 地址；

（2）本地网段上的 ARP 服务器收到此请求后，检查其 ARP 列表，查找该 MAC 地址对应的 IP 地址；

（3）如果存在，ARP 服务器就给源主机发送一个响应数据包并将此 IP 地址提供给对方主机使用；

（4）如果不存在，ARP 服务器对此不作任何响应；

（5）源主机收到从 ARP 服务器的响应信息，就利用得到的 IP 地址进行通信，如果一直没有收到 ARP 服务器的响应信息，表示初始化失败；

（6）如果在过程（1）～（3）中被 ARP 病毒攻击，则服务器作出的反映就会被占用，源主机同样得不到 ARP 服务器的响应信息，此时并不是服务器没有响应，而是服务器返回的源主机的 IP 地址被占用。

7.2.2　任务实战：WinArpAttacker 工具的使用

任务目的：

（1）了解 WinArpAttacker 软件攻击的方法和步骤；

（2）学会使用 ARP 欺骗的攻击方法，掌握 ARP 欺骗的防范方法。

任务内容：

（1）ARP 欺骗攻击；

（2）ARP 防御。

任务环境：

（1）操作系统：Windows Server 2012 R2/Window 10；

（2）VMware 虚拟机两台，一台安装 WinArpAttacker 工具，另一台安装 ARP 防火墙工具 antiarp 软件。

任务步骤：

步骤 1：ARP 的攻击器 V3.70 升级版需要 WinPcap 的支持，安装后可进行下一步操作。

步骤 2：打开 ARP 攻击器 V3.70，双击 ARP 攻击器，执行扫描命令，便可扫描到网内主机，如图 7–3 所示。

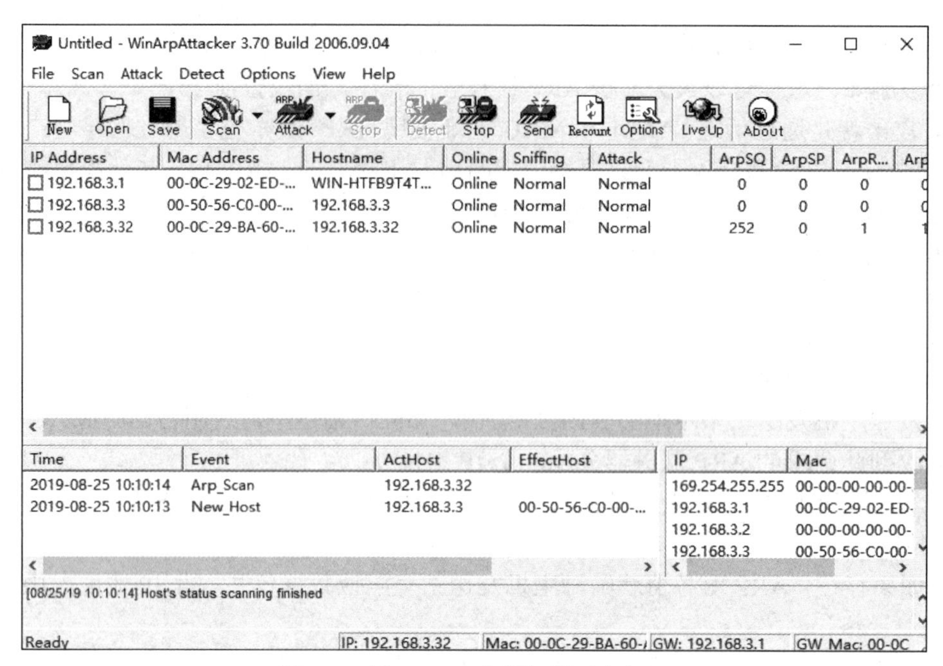

图 7–3　用 ARP 攻击器扫描网内主机

步骤 3：选中目标主机进行扫描，如图 7–4 所示。

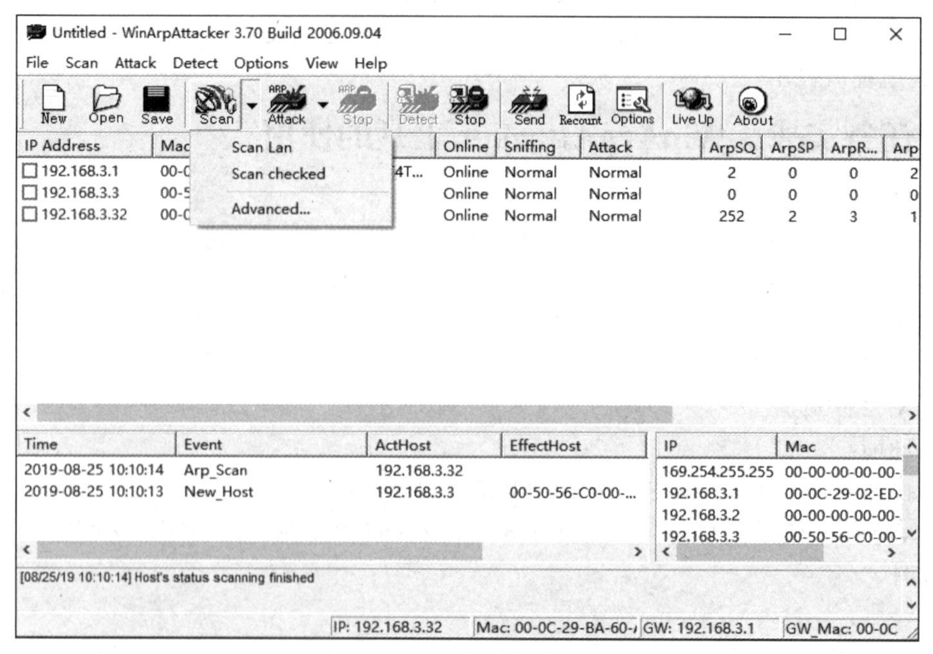

图 7–4　选中目标主机进行扫描

步骤 4：对选中的目标机进行 IP 占用，如图 7–5 所示。

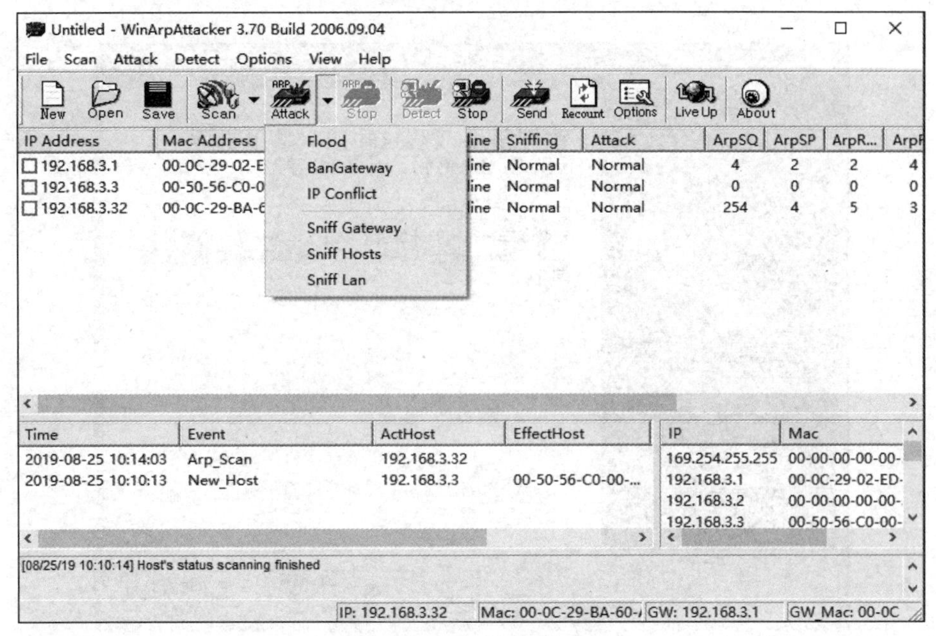

图 7–5　占用目标机 IP

图 7–6 所示为 ARP 的一个冲突显示。

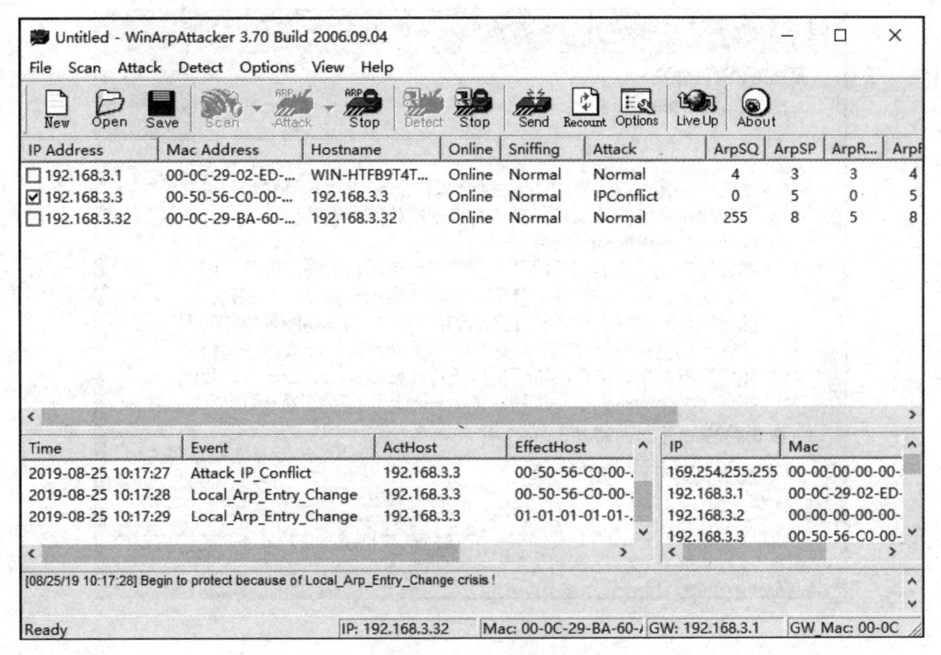

图 7–6　ARP 冲突

步骤 5：安装 ARP 防火墙，打开 antiarp 软件（需要先解压缩），然后双击安装程序，进入安装向导，如图 7–7 所示。

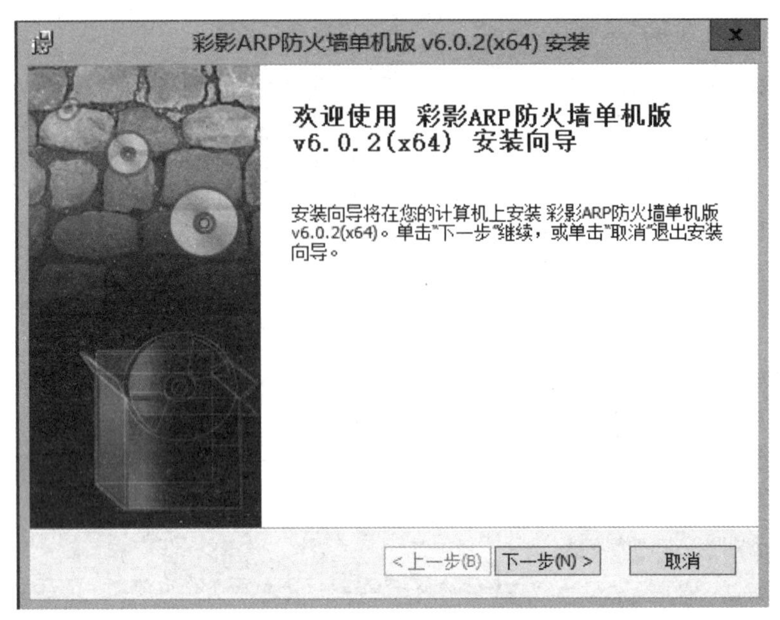

图 7–7 ARP 防火墙安装向导

步骤 6：接受许可协议并单击“下一步”按钮，如图 7–8 所示。

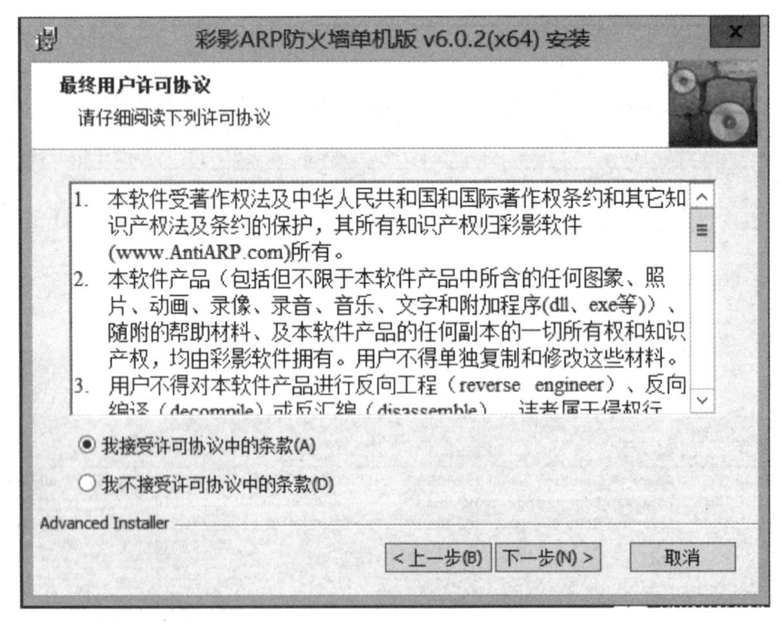

图 7–8 许可协议

步骤 7：选择默认安装路径，单击“下一步”按钮，如图 7–9 所示。

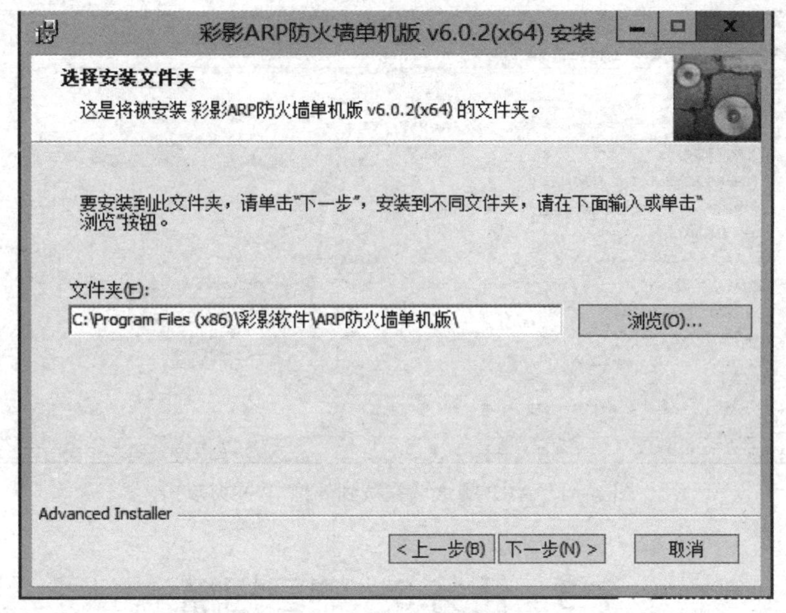

图 7–9　选择安装路径

步骤 8：按照相关提示操作，单击“安装”按钮，如图 7–10。

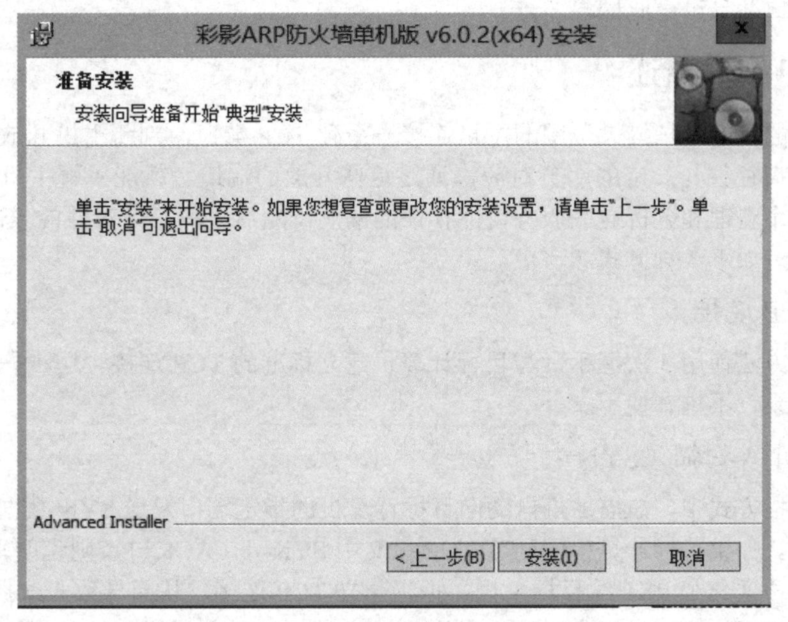

图 7–10　安装完成

步骤 9：单击安装好的应用程序，启动保护功能。在 ARP 防火墙的保护功能下，可拦截到外部 IP 冲突攻击，如图 7–11 所示。

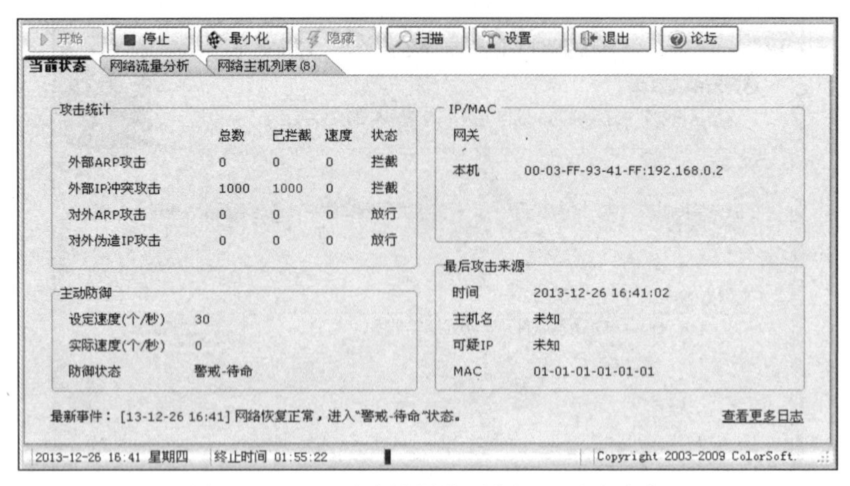

图 7–11 ARP 防火墙拦截到外部 IP 冲突攻击

7.3 任务 3：端口扫描

端口扫描是一种计算机解密方式。攻击者可以通过它了解从哪里可探寻到攻击弱点。实质上，端口扫描包括向每个端口发送消息，一次只发送一个消息。接收到的回应类型表示是否在使用该端口并且可由此探寻弱点。

7.3.1 端口扫描概述

端口扫描的目的是扫描大范围的主机连接一系列 TCP 端口，判断主机开放了哪些服务，这些开放的端口往往与一定的服务对应，通过这些开放的端口，就能了解主机运行的服务，然后可以进一步整理和分析这些服务可能存在的漏洞，随后采取有针对性的攻击。

端口扫描有如下 3 种方式。

1. 全 TCP 连接

这种扫描方法使用 3 次握手，与目标计算机建立标准的 TCP 连接。这种扫描方式很容易被目标主机记录，不推荐使用。

2. 半打开式扫描（SYN 扫描）

在这种扫描方式中，扫描主机自动向目标计算机的指定端口发送 SYN 数据段，表示发送建立连接请求。如果目标计算机的回应 TCP 报文中 SYN=1，ACK=1，则说明端口是活动的，接着扫描主机传送一个 RST 给目标主机，拒绝建立 TCP 连接，从而导致 3 次握手过程失败。如果目标计算机回应 RST，则表示该端口为“死端口”，在这种情况下，扫描主机不用作任何回应。由于扫描过程中全连接尚未建立，所以大大降低了被目标计算机记录的可能性，并且加快了扫描的速度。

3. FIN 扫描

这种扫描方式依靠发送 FIN 来判断目标计算机的指定端口是否活动。发送一个 FIN=1 的 TCP 报文到一个关闭的端口时，该报文被丢弃，并返回一个 RST 报文。但是，当 FIN 报文到一个活动的端口时，该报文只是被简单地丢掉，不返回任何回应。从 FIN 扫描可以看出，这种扫描没有涉及任何 TCP 连接部分，因此，这种扫描方式比前两种都安全，所以称为秘密扫描。

7.3.2　端口扫描工具

1. X-Scan

X-Scan 是一款扫描漏洞软件，采用多线程方式对指定 IP 地址段（或单机）进行安全漏洞检测，支持插件功能。扫描内容包括：远程服务类型、操作系统类型及版本、各种弱口令漏洞、后门、应用服务漏洞、网络设备漏洞、拒绝服务漏洞等 20 几个大类。该工具不用注册码，完全免费。X-Scan 把扫描报告和安全焦点网站相连接，对扫描到的每个漏洞进行“风险等级”评估，并提供漏洞描述、漏洞溢出程序，方便网管测试、修补漏洞。

2. Nmap

Nmap 是一个非常有用的网络扫描和主机检测工具，用来扫描主机上开放的端口，确定哪些服务运行在哪些连接端，并且推断计算机运行哪个操作系统（亦称为 fingerprinting）。其基本功能有 3 个：（1）探测一组主机是否在线；（2）扫描主机端口，嗅探所提供的网络服务；（3）推断主机所用的操作系统。Nmap 可用于扫描仅有两个节点的 LAN，直至 500 个节点以上的网络。Nmap 还允许用户定制扫描技巧。通常，一个简单的使用 ICMP 协议的 ping 操作可以满足一般需求；也可以深入探测 UDP 或者 TCP 端口，直至主机所使用的操作系统；还可以将所有探测结果记录到各种格式的日志中，供进一步分析操作。

3. Superscan

Superscan 是功能强大的端口扫描工具，具有以下功能：

（1）通过 ping 操作检验 IP 是否在线；

（2）IP 和域名相互转换；

（3）检验目标计算机提供的服务类别；

（4）检验一定范围内的目标计算机是否在线和端口情况；

（5）通过自定义列表检验目标计算机是否在线和端口情况；

（6）自定义要检验的端口，并可以保存为端口列表文件；

（7）自带一个木马端口列表“trojans.lst”，通过这个列表可以检测目标计算机是否有木马；同时，也可以自定义修改这个木马端口列表。

7.3.3　任务实战：X-Scan 的使用

任务目的：掌握网络安全工具 X-Scan 的安装和使用方法。

任务内容：利用 X-Scan 对局域网内的指定计算机进行扫描。

任务环境：

（1）操作系统：Windows Server 2012 R2/Window 10；

（2）VMware 虚拟机，安装 X-Scan-v3.3 工具。

任务步骤：

步骤 1：启动软件，打开 X-Scan-v3.3 文件，如图 7–12 所示。

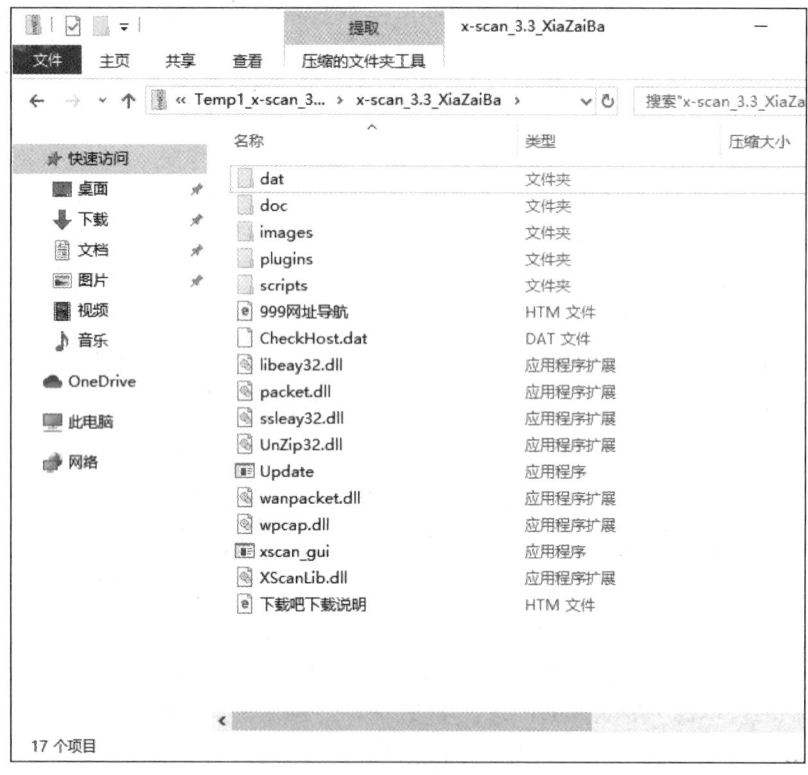

图 7–12 打开 X-Scan-v3.3 文件

步骤 2：运行“xscan_gui.exe”，如图 7–13 所示。

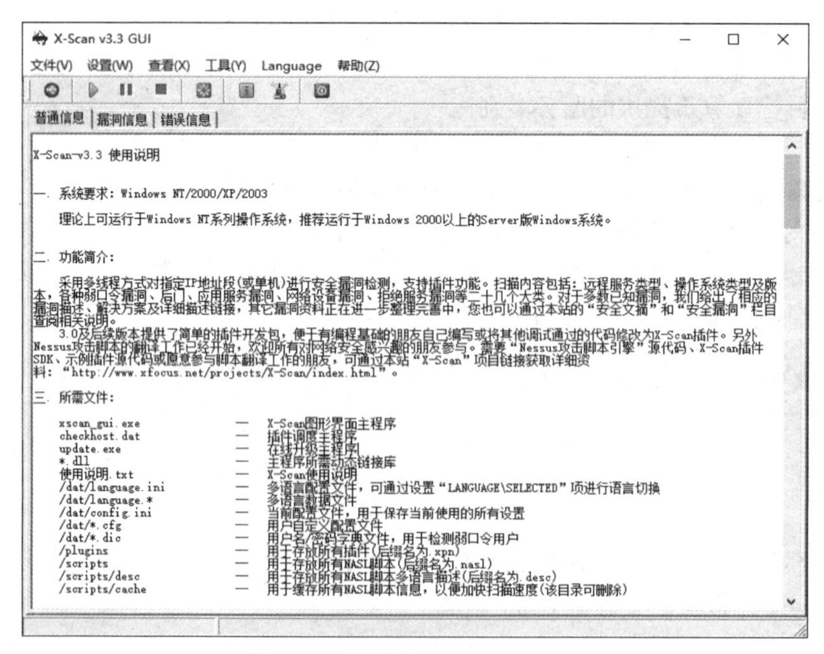

图 7–13 运行“xscan_gui.exe”

步骤 3：设置扫描参数，如图 7–14 所示。

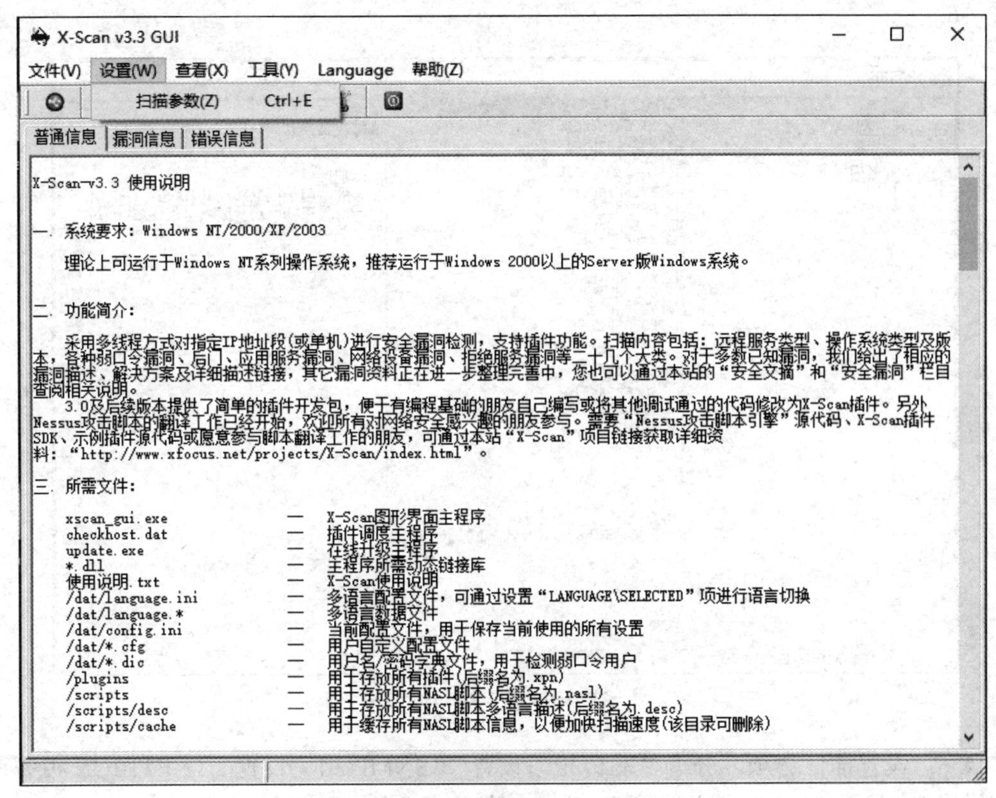

图 7–14　设置扫描参数

步骤 4：指定 IP 范围，如图 7–15 所示。

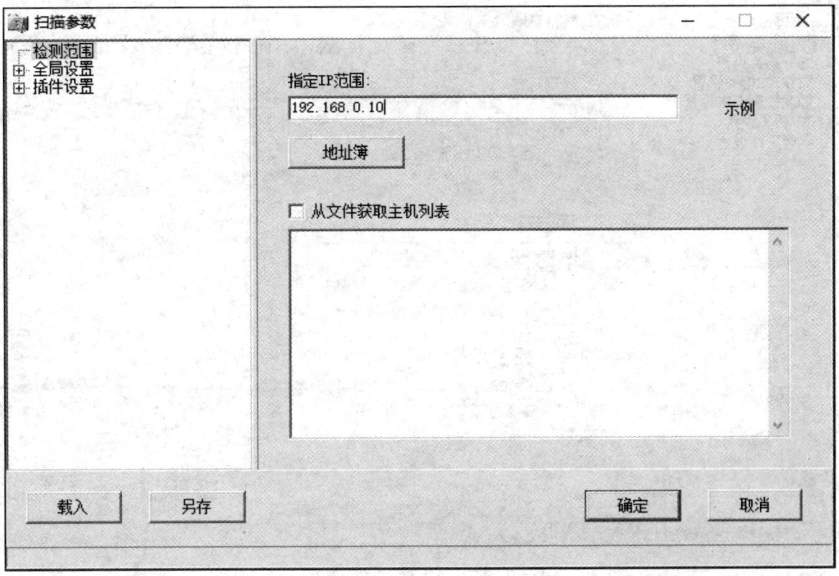

图 7–15　指定 IP 范围

步骤 5：设置全局扫描选项，分为“扫描模块”“并发扫描”“扫描报告”“其他设置”，如图 7–16。

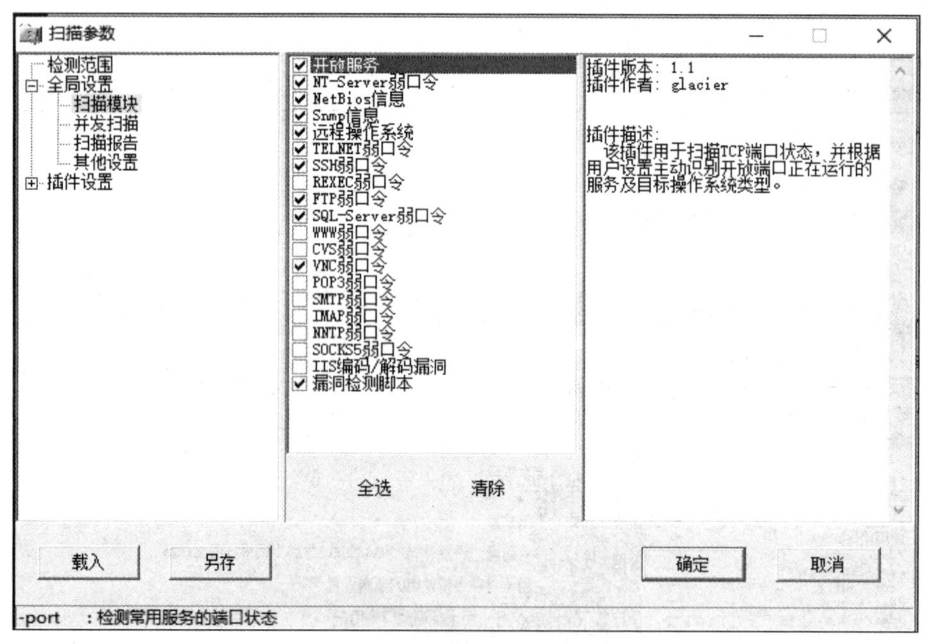

图 7–16　设置全局扫描选项

步骤 6：设置插件选项，分为“端口相关设置”“SNMP 相关设置”“NETBIOS 相关设置”“漏洞检测脚本设置”“CGI 相关设置”“字典文件设置”，如图 7–17 所示。

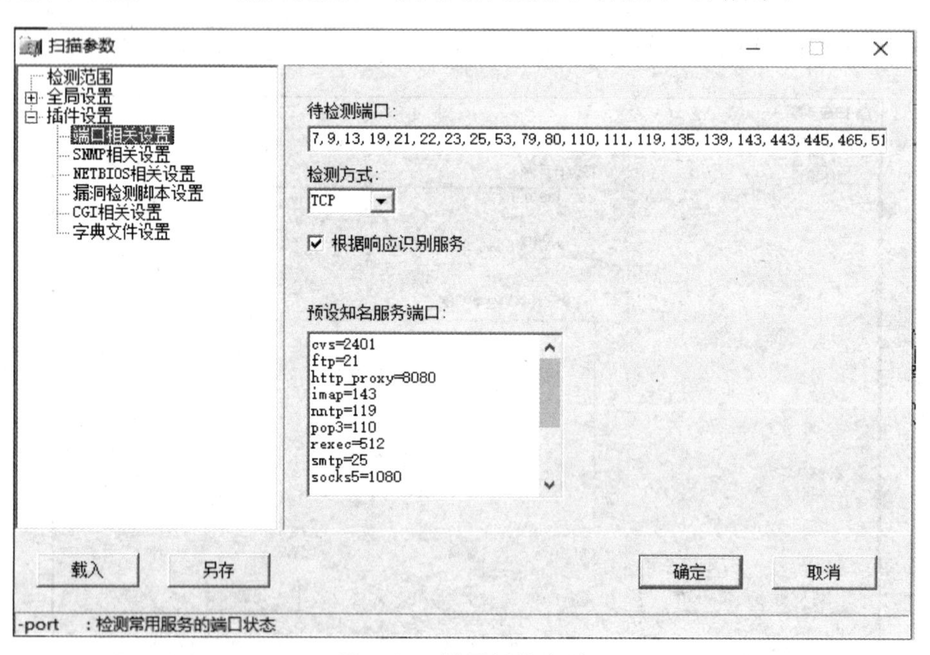

图 7–17　设置插件选项

步骤 7：设置成功后，开始扫描指定对象，如图 7–18 所示。

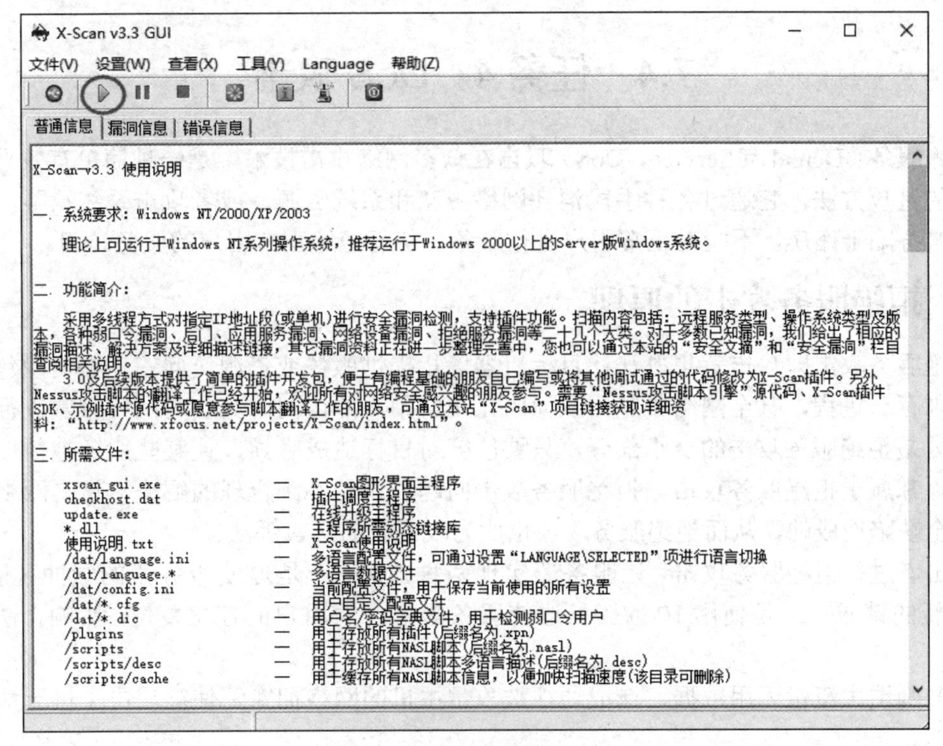

图 7–18　开始扫描指定对象

步骤 8：扫描结束后，报告自动生成，并且通过 IE 浏览器自动打开，如图 7–19 所示。

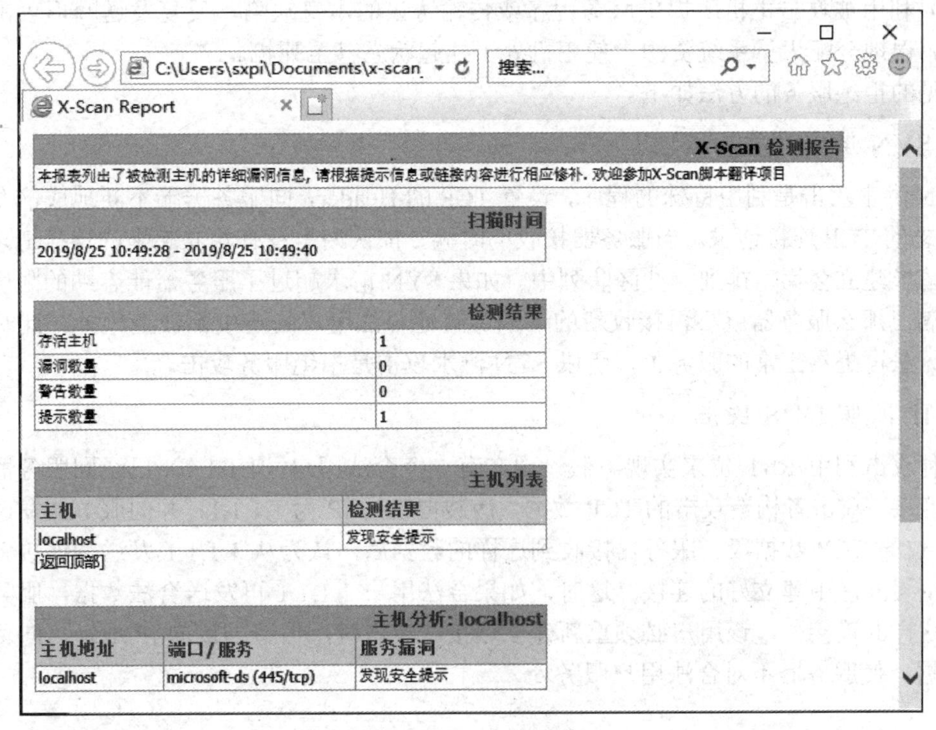

图 7–19　查看扫描报告

7.4　任务4：DoS攻击

拒绝服务（Denial of Service，DoS）攻击在众多网络攻击技术中是一种简单有效且有很大危害性的进攻方法。它通过各种手段消耗网络带宽和系统资源，或者攻击系统缺陷，使系统的正常服务陷于瘫痪，不能对正常用户进行服务，从而拒绝正常用户的服务访问。

7.4.1　拒绝服务攻击的原理

拒绝服务攻击即攻击者想办法让目标机器停止提供服务或资源访问。这些资源包括磁盘空间、内存、进程，甚至网络带宽，从而阻止正常用户的访问。其实对网络带宽进行的消耗性攻击只是拒绝服务攻击的一小部分，只要能够对目标造成麻烦，使某些服务被暂停甚至主机死机，都属于拒绝服务攻击。拒绝服务攻击问题一直得不到合理的解决，这是网络协议本身的安全缺陷造成的，从而拒绝服务攻击也成为攻击者的终极手法。

攻击者进行拒绝服务攻击，让服务器实现两种效果：一是迫使服务器的缓冲区队列满，不接收新的请求；二是使用IP欺骗，迫使服务器把合法用户的连接复位，影响合法用户的连接。

（1）制造大流量无用数据，造成通往被攻击主机的网络拥塞，使被攻击主机无法正常和外界通信。

（2）利用被攻击主机提供服务或传输协议上处理重复连接的缺陷，反复高频地发出攻击性的重复服务请求，使被攻击主机无法及时处理其他正常的请求。

（3）利用被攻击主机所提供服务程序或传输协议的本身缺陷，反复发送畸形攻击数据引发系统错误地分配大量系统资源，使主机处于挂起状态甚至死机。

常见的拒绝服务的方法如下。

1. SYN洪水攻击

SYN洪水攻击是利用特殊的程序，设置TCP的Header，向服务器端不断地成倍发送只有SYN标志的TCP连接请求。当服务器接收的时候，都认为是没有建立起来的连接请求，于是为这些请求建立会话，排到缓冲区队列中。如果SYN请求超过了服务器能容纳的限度，缓冲区队列满，那么服务器就不再接收新的请求，其他合法用户的连接都被拒绝掉。此时，服务器已经无法再提供正常的服务了，所以SYN洪水攻击是拒绝服务攻击。

2. IP欺骗DOS攻击

这种攻击利用RST位来实现。假设现在有一个合法用户（1.1.1.1）已经同服务器建立了正常的连接，攻击者构造攻击的TCP数据，伪装自己的IP为1.1.1.1，并向服务器发送一个带有RST位的TCP数据段。服务器接收到这样的数据后，认为从1.1.1.1发送的连接有错误，就会清空缓冲区中建立好的连接。这时，如果合法用户1.1.1.1再发送合法数据，服务器中已经没有这样的连接了，该用户必须重新建立连接。攻击时，伪造大量的IP地址，向目标发送RST数据，使服务器不对合法用户服务。

3. UDP 洪水攻击

UDP 洪水攻击是当前最流行的 DoS（拒绝服务攻击）与 DDoS（分布式拒绝服务攻击）的方式之一。这种攻击抓住了 UDP 协议是一个面向无连接的传输层协议，以至于在数据传送过程中不需要建立连接和进行认证这一特点，进行攻击时攻击方可以向被攻击方发送大量的异常高流量的完整 UDP 数据包，这样不仅会使被攻击主机所在的网络资源被耗尽（CPU 满负荷或内存不足），还会使被攻击主机忙于处理 UDP 数据包而导致系统崩溃。

4. Smurf 攻击

Smurf 攻击就是利用发送 ICMP 应答请求数据包导致目标主机的服务拒绝攻击。在 Smurf 攻击中，ICMP 应答请求数据包中的目标 IP 是一个网络的广播 IP 地址，源 IP 地址是其要攻击主机的 IP 地址。这种攻击方式主要由 3 部分组成：攻击者、中间媒介（主机、路由器和其他网络设备）和被攻击者。当攻击者发送一个 ICMP 应答请求数据包时，其并不将自己机器的 IP 作为源 IP。相反，攻击者将被攻击对象的 IP 作为包的源 IP。当中间媒介收到一个指向其所在网络的广播地址后，中间媒介将向源 IP（被攻击者的 IP）发送一个 ICMP 应答请求数据包。

7.4.2　任务实战：DoS/DDoS 攻击与防范

任务目的：

（1）了解 DoS/DDoS 攻击的原理和危害，掌握利用 TCP 协议的 DoS/DDoS 攻击原理；

（2）了解针对 DoS/DDoS 攻击的防范措施和手段。

任务内容：

利用 DDoSer 软件在局域网内演练攻击和防范。

任务环境：

（1）操作系统：Windows Server 2012 R2/Window 10；

（2）VMware 虚拟机，安装 DDoSer 工具。

任务步骤：

DDoSer 是一个 DDoS 攻击工具，程序运行后自动驻入系统，并在以后随系统启动，在上网时自动对事先设好的目标进行攻击。可以自由设置“并发连接线程数”“最大 TCP 连接数”等参数。由于采用了与其他同类软件不同的攻击方法，效果更好。

DDoSer 软件分为生成器（DDoSMaker.exe）与 DDoS 攻击者程序（DDoSer.exe）两部分。

软件在下载后只有生成器，没有 DDoS 攻击者程序，DDoS 攻击者程序要通过生成器生成。生成时，可以自定义一些设置，如攻击目标的域名或 IP 地址、端口等。DDoS 攻击者程序默认的文件名为“DDoSer.exe”，可以在生成时或生成后任意改名。

DDoS 攻击者程序类似于木马软件的服务端程序，程序运行后不会显示任何界面，看上去好像没有反应，其实已经将自己复制到系统里面了，并且会在每次开机时自动运行，此时可以将拷贝过去的程序删除。它运行时，唯一的工作就是不断地对事先设定好的目标进行攻击。其攻击手段是 SYN 洪水攻击。

步骤 1：打开生成器“DDosMaker.exe”，设置目标主机的 IP 地址为自己的主机 IP 地址；端口为 80；并发连接线程数为 10；最大 TCP 连接数为 1 000；注册表启动项键名和攻击者程序文件名为缺省，如图 7–20 所示。

要说明的是：

（1）生成 DDoS 攻击者程序时，使用域名可防止 IP 动态变化；

（2）端口只能是基于 TCP 端口。要攻击 HTTP 就填写“80”，要攻击 FTP 就填写“21”，要攻击 SMTP 就填写“25”；

（3）并发连接线程数默认为 10，线程数越多服务器压力越大；

（4）最大 TCP 连接数默认为 1 000，连接数越多服务器压力越大；

（5）注册表启动项键名就是在注册表里写入自己的启动项键名，越隐蔽越好；

（6）服务端程序文件名就是在 Windows 系统目录里自己的文件名，越隐蔽越好；

（7）在 DDoS 攻击者源主机处保存 DDoS 攻击者程序，默认程序名为“DDoSer.exe”。

步骤 2：单击“生成”按钮，DDoS 攻击者程序自动生成，如图 7–21 所示。

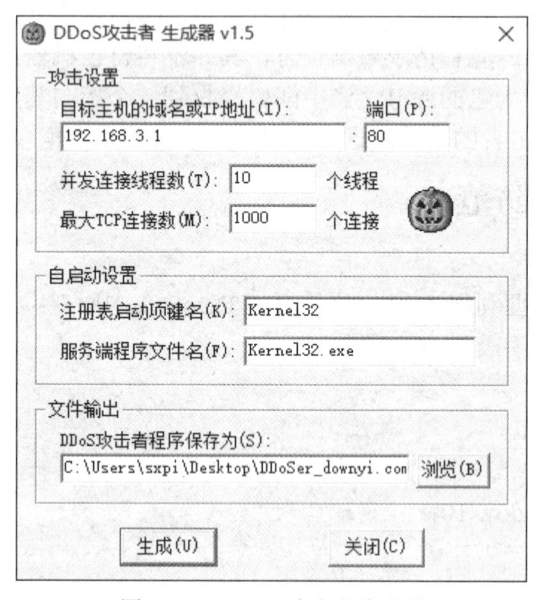

图 7–20 DDoS 攻击者生成器

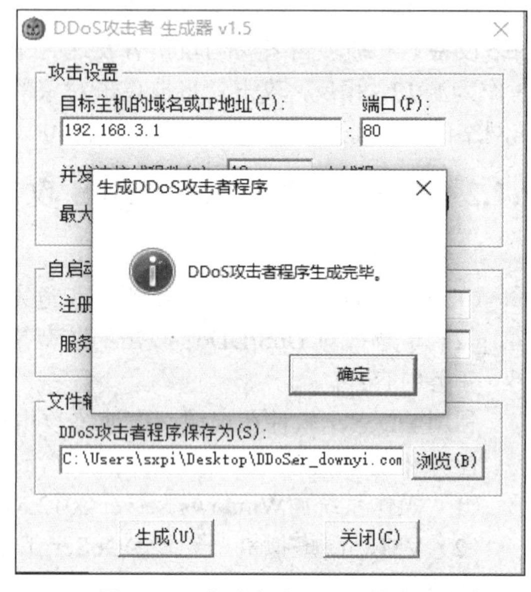

图 7–21 自动生成 DDoS 攻击者程序

步骤 3：受到攻击时，会收到大量不完整的 TCP“两次握手”连接。在目标主机的文本和屏幕下执行“netstat”命令，可以看到从另外一台主机发来的大量连接，如图 7–22 所示。

在实际攻击中，可以将 DDoS 攻击者程序作为木马程序种植到一个主机数量众多的网络中并运行，驱使大量主机向同一个目标主机进攻，其威胁极强。攻击机一旦运行攻击程序，下次开机后其攻击自动开始；由于这种攻击不是 C/S 模式，不需要与目标主机通信，无论目标主机是否开机、上线，这种攻击总会存在；况且，按 IP 地址寻找攻击者主机也是困难的。但是，这种攻击程序一旦生成，其攻击目标不可再变，这是 DDoS 攻击者程序的不灵活之处。

当攻击机不需要扮演“攻击者”角色时，要将 DDoS 攻击者程序清除，可按如下方法处理：

（1）从攻击机上删除“DDoSer.exe”程序；

（2）在任务管理器中，结束 Kernel32 进程；

（3）修改注册表：通过“开始”→“运行”→“regedit”命令，进入注册表，然后逐级进行修改：HKEY_LOCAL_MACHINE→Software→Microsoft→Windows→CurrentVersion→Run

和 RunServices，若有“Kernerl32.exe”一项存在，将其键值删除，如图 7–23 所示。

图 7–22　用“netstat”命令检测活动链接

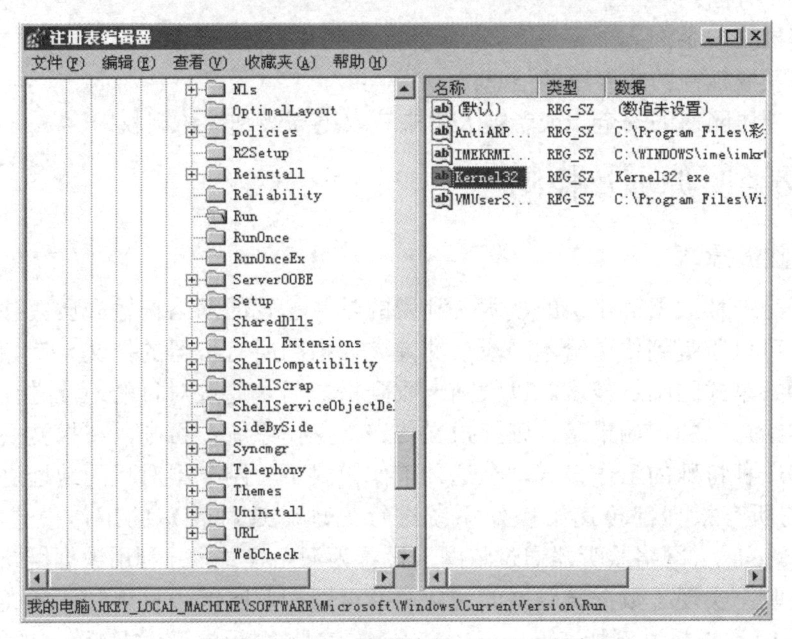

图 7–23　在注册表删除 Kernel32 程序

如果主机系统上有防毒软件，可打开它清除“DDoSer.exe”程序，包括删除源程序、修改注册表、杀死 Kernel32 进程等。

由于 DDoS 攻击者程序具有隐蔽性，因此到目前为止还没有发现行之有效的解决方法。要加强安全防范意识，提高网络系统的安全性。可采取的安全防御措施有以下几种：

（1）及早发现系统存在的攻击漏洞，及时安装系统补丁程序。

（2）在网络管理方面，要经常检查系统的物理环境，禁止那些不必要的网络服务。

（3）利用网络安全设备（如防火墙）提高网络的安全性，配置好安全规则，过滤掉所有可能的伪造数据包。

（4）遭受 DDoS 攻击时，应启动应对策略，尽可能快地追踪攻击包，并且及时联系 ISP 和有关应急组织，分析受影响的系统，确定涉及的其他节点，从而阻挡已知攻击节点的流量。

（5）及时清除系统中存在的 DDoS 攻击工具。

7.5 任务 5：网络监听

网络监听技术是指捕获网络电缆上传输的所有网络报文的技术。一方面，网络监听技术可以用在网络管理或网络测试中；另一方面，网络监听在很大程度上危及局域网的安全。这是因为目前的局域网基本上都采用以广播技术为基础的以太网，任何两个节点之间的通信数据包不仅为这两个节点的网卡所接收，也同时为处在同一冲突域上的任何一个节点的网卡所截取。因此，黑客只要接入以太网上的任一节点进行监听，就可以捕获发生在这个冲突域上的所有数据包，对其进行解包分析，从而窃取关键信息（当然，如果不在同一个冲突域而在同一个广播域上，监听器也可以收集很多可用于攻击目的的信息）。网络监听可能造成的危害主要有以下几个方面：

（1）能够捕获口令；

（2）能够获取机密的或专用的信息；

（3）危及邻居网络的安全，或者被人用来获取更高级别的访问权限。

7.5.1 网络监听原理及检测

1. 网络监听原理

网络监听是一种数据链路层的技术，利用的是共享式的网络传输介质。共享意味着网络中的一台机器可以监听到传递给本网段（冲突域）中的所有机器的报文。例如，最常见的以太网就是一种共享式的网络技术。以太网卡收到报文后，通过对目的地址进行检查来判断报文是否是传递给自己的，如果是，则把报文传递给操作系统；否则，将报文丢弃，不进行处理。网卡存在一种特殊的工作模式，在这种工作模式下，网卡不对目的地址进行判断，而直接将它收到的所有报文都传递给操作系统进行处理。这种特殊的工作模式称为混杂模式（Promiscuous Mode）。网络监听器通过将网卡设置为混杂模式，并利用数据链路访问技术来实现对网络的监听。实现了数据链路层的访问，就可以把监听能力扩展到任意类型的数据链路帧，而不只是 IP 数据报。例如 Tcpdump、Netxray 就是直接访问数据链路层的常用程序。

2. 网络监听防范措施

网络监听是很难被发现的，因为运行网络监听的主机只是被动地接收在局域局上传输的信息，不主动与其他主机交换信息，也不修改在网上传输的数据包。

1）从逻辑或物理上对网络分段

网络分段通常被认为是控制网络广播风暴的一种基本手段，但它其实也是保证网络安全的一项措施。其目的是将非法用户与敏感的网络资源相互隔离，从而防止可能的非法监听。

2）以交换式集线器代替共享式集线器

对局域网的中心交换机进行网络分段后，局域网监听的危险仍然存在。这是因为网络最终用户的接入往往是通过分支集线器而不是中心交换机，而使用最广泛的分支集线器通常是共享式集线器。这样，当用户与主机进行数据通信时，两台机器之间的数据包（称为单播包 Unicast Packet）还是会被同一台集线器上的其他用户所监听。因此，应该以交换式集线器代替共享式集线器，使单播包仅在两个节点之间传送，从而防止非法监听。当然，交换式集线器只能控制单播包，而无法控制广播包（Broadcast Packet）和多播包（Multicast Packet）。广播包和多播包内的关键信息远远少于单播包。

3）使用加密技术

数据经过加密后，通过监听仍然可以得到传送的信息，但显示的是乱码。使用加密技术的缺点是影响数据传输速度，并且若使用弱加密术比较容易被攻破。系统管理员和用户需要在网络速度和安全性上进行折中。

4）划分 VLAN

运用 VLAN（虚拟局域网）技术，将以太网通信变为点到点通信，可以防止大部分基于网络监听的入侵。

3. 网络监听检测方法

1）Ping 方法

大多数非法的网络监听程序都是运行在网络中安装了 TCP/IP 协议栈的主机上，这就意味着如果向这些计算机发送一个请求，它们将产生回应。Ping 方法就是向可疑主机发送包含正确 IP 地址和错误 MAC 地址的 Ping 包。没有运行网络监听程序的主机将忽略该帧，不产生回应。如果得到回应，那么说明可疑主机确实在运行网络监听程序。目前针对这种检测方法，有的网络监听程序已经增加了虚拟地址过滤功能。从这种方法可以引申出其他方法，任何产生回应的协议都可以利用，比如 TCP、UDP 等。

2）ARP 方法

这是本项目要重点描述的 Wireshark 检测方法，以下根据连接网络的不同介质来介绍。在共享介质环境中，利用 ARP 协议，由检测主机创建并发送可疑主机的 IP 地址作为目的 IP 地址，而 MAC 地址不同于此主机的 ARP 请求包，所有计算机都将收到这个 ARP 请求包，但只有运行了 Wireshark 软件的主机的网卡驱动程序会直接将这个请求包传送给内核协议栈进行处理，其他主机会丢弃这个 ARP 请求包。可以通过接收可疑主机是否有 ARP 应答包来判断该主机的网卡是否处于混杂模式以进一步作出判断。在交换介质环境中，通过对 ARP 欺骗原理的分析发现，当网络中存在 Wireshark 进行 ARP 欺骗时，会有以下两种情况出现。一是出现源 IP 地址相同、源 MAC 地址不同的 ARP 冲突应答包，这是由于欺骗主机向目标主机发送构造的 ARP 应答包，而被骗主机在正常响应 ARP 请求时也会发送正确的 ARP 应答包，这样网络中就出现了两种不同的 ARP 冲突应答包。二是为了达到稳定欺骗效果，某主机周期性地发送 ARP 应答包，且发包频率高于正常的 ARP 包出现频率。假定交换机是可管理的，可以得到通过交换机的所有数据拷贝，将运行反窃听程序的主机接到交换机监听口，监视流经交换机的所有 ARP 数据包，对收到的每一个 ARP 包进行 IP-MAC 地址对解析，再与缓存表中的地址对进行比较来判断是否有监听行为发生。

Wireshark 是一个网络封包分析软件。它拥有强大的过滤器引擎，用户可以使用过滤器筛选出有用的数据包，显示网络封包的详细信息。

7.5.2　任务实战：Wireshark 软件的使用

任务目的：

（1）掌握嗅探工具的安装与使用方法，理解 TCP/IP 协议栈中 IP、TCP、UDP 等协议的数据结构；

（2）了解 FTP、HTTP 等协议明文传输的特性，建立安全意识，防止此类协议传输明文造成的泄密。

任务内容：分析 Wireshark 所捕获的 TCP 数据报报文。

任务环境：

（1）操作系统：Windows Server 2012 R2/Window 10；

（2）VMware 虚拟机，安装 Wireshark v2.6.2 工具。

任务步骤：

步骤 1：在 PC1 上启动 Wireshark v2.6.2，可以看到嗅探器已经开始扫描网内的主机 MAC 地址，如图 7–24 所示。

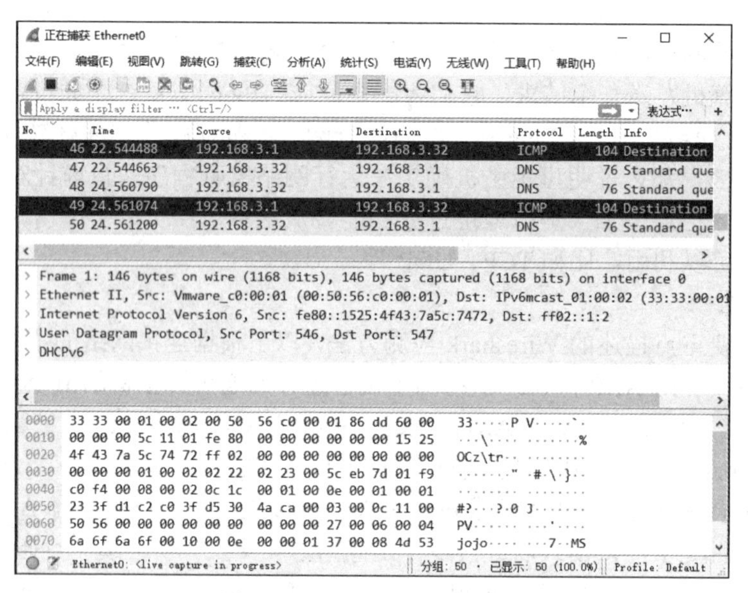

图 7–24　Wireshark 初始界面

步骤 2：单击开始按钮，如图 7–25 所示。

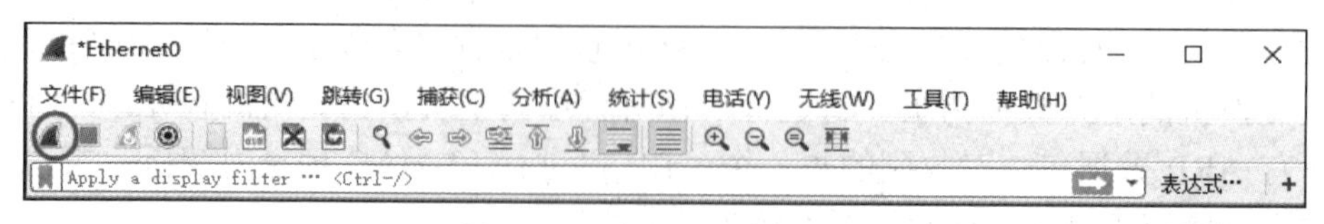

图 7–25　用 Wireshark 抓包

步骤 3：在 PC2 上运行命令“ftp 192.168.3.1”访问 FTP 服务器，如图 7–26 所示。

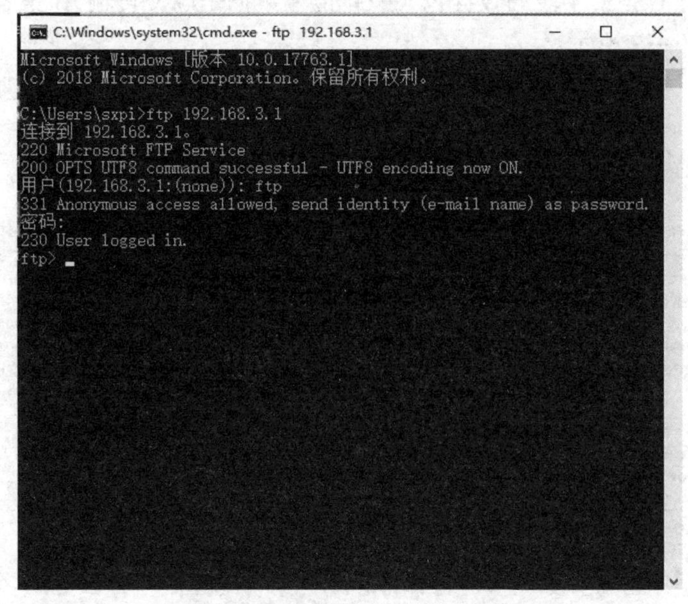

图 7–26　远程登录 FTP 服务器

步骤 4：观察工具栏的状态，当捕获状态图标变红时，表示已捕捉到数据，如图 7–27 所示。

图 7–27　Wireshark 捕捉到数据

步骤 5：对捕获到的解码数据包进行分析，如图 7–28 所示。

正在捕获 Ethernet0
文件(F) 编辑(E) 视图(V) 跳转(G) 捕获(C) 分析(A) 统计(S) 电话(Y) 无线(W) 工具(T) 帮助(H)
表达式… +

No.	Time	Source	Destination	Protocol	Length	Info
3	5.026012	192.168.3.3	239.255.255.250	SSDP	175	M-SEARCH * H
4	7.481631	192.168.3.32	192.168.3.1	TCP	66	50574 → 21 [
5	7.481981	192.168.3.1	192.168.3.32	TCP	66	21 → 50574 [
6	7.482039	192.168.3.32	192.168.3.1	TCP	54	50574 → 21 [
7	7.482491	192.168.3.1	192.168.3.32	FTP	81	Response: 22

```
> Frame 7: 81 bytes on wire (648 bits), 81 bytes captured (648 bits) on interface 0
> Ethernet II, Src: Vmware_02:ed:5f (00:0c:29:02:ed:5f), Dst: Vmware_ba:60:ab (00:0c:29:ba:60
> Internet Protocol Version 4, Src: 192.168.3.1, Dst: 192.168.3.32
> Transmission Control Protocol, Src Port: 21, Dst Port: 50574, Seq: 1, Ack: 1, Len: 27
> File Transfer Protocol (FTP)
  [Current working directory: ]

0000  00 0c 29 ba 60 ab 00 0c  29 02 ed 5f 08 00 45 00   ··)·`···)··_··E·
0010  00 43 0e 6a 40 00 80 06  64 d9 c0 a8 03 01 c0 a8   ·C·j@···d·······
0020  03 20 00 15 c5 8e d0 be  28 a8 2d fe 9d dd 50 18   ········(·-···P·
0030  01 00 01 70 00 00 32 32  30 20 4d 69 63 72 6f 73   ···p··22 0 Micros
0040  6f 66 74 20 46 54 50 20  53 65 72 76 69 63 65 0d   oft FTP  Service·
0050  0a
```

Ethernet0: <live capture in progress>　分组: 32 · 已显示: 32 (100.0%)　Profile: Default

图 7–28　分析解码数据包

步骤6：选择有USER字段的数据包（FTP传输数据是明文传输），很容易就找到FTP用户名和密码，如图7–29所示。

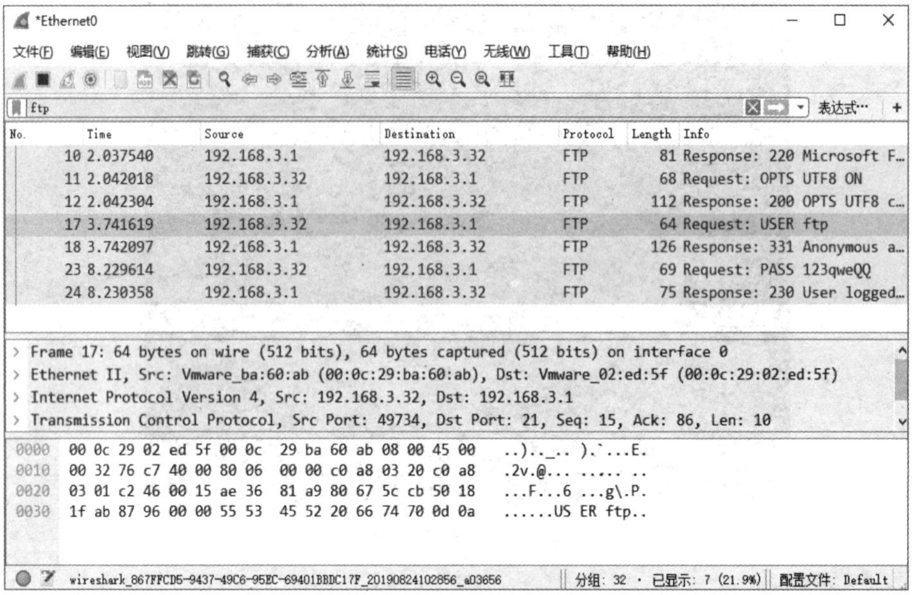

图7–29　捕获到的用户名和密码

7.6　任务6：使用防火墙保护计算机系统

目前网络安全的一个重要保障是防火墙技术，它可以保护本地系统或网络免受来自外部网络的威胁，同时也是当前网络安全技术中较为成熟、商业化程度较高的一项技术。

7.6.1　防火墙技术概述

防火墙是一套可以增强机构内部网络资源安全性的系统，用于加强网络间的访问控制，防止外部用户非法使用内部网的资源，保护内部网络的设备不被破坏，防止内部网络的敏感数据被窃取。防火墙只允许授权的数据通过，并且防火墙自身必须能够免于渗透。但是，防火墙一旦被攻击者突破或者迂回，就不会再有任何的保护效果。

按照实体性质分类，防火墙可分为硬件方式和软件方式，其中硬件方式是在内部网与Internet之间放置一个硬件设备，以隔离或过滤外部人员对内部网络的访问；软件方式是在Web主机或单独的计算机上运行一类软件，监测、侦听来自网络的信息，对访问内部网的数据起到过滤的作用，从而保护内部网免受破坏。

对于防火墙来说，从其原理上进行划分，可将防火墙分为以下4种。

1. 包过滤型防火墙

数据包过滤技术是在网络层对数据包进行分析、选择，选择的依据是系统内设置的过滤逻辑，称为访问控制表。通过检查数据流中每一个数据包的源地址、目的地址、所用端口号、协议状态等因素或它们的组合来确定是否允许该数据包通过。如果检查到数据包的条件符合规则，则允许进行路由；如果检查到数据包的条件不符合规则，则阻止数据包通过并将其丢弃。

数据包检查是对 IP 层的首部和传输层的首部进行过滤，一般检查下面几项：源 IP 地址、目的 IP 地址、TCP/UDP 源端口、TCP/UDP 目的端口、协议类型（TCP 包、UDP 包、ICMP 包）、TCP 报头中的 ACK 位、ICMP 消息类型。

2. 应用层代理防火墙

应用层代理防火墙是在网络的应用层实现协议过滤和转发功能。它针对特定的网络应用服务协议，使用指定的数据过滤逻辑，并在过滤的同时，对数据包进行必要的分析、记录和统计，形成报告。这种防火墙很容易运用适当的策略区分一些应用程序命令，像 HTTP 中的“put”和“get”等。应用层代理防火墙打破了传统的客户机/服务器模式，每个客户机/服务器的通信需要两个连接：一个是从客户端到防火墙，另一个是从防火墙到服务器。这样就将内部和外部系统隔离开来，从系统外部对防火墙内部系统进行探测变得非常困难。

3. 状态检测防火墙

状态检测防火墙和包过滤型防火墙一样，是在网络层实现的，它是基于操作系统内核中的状态表的内容转发或拒绝数据包的传送，比静态的包过滤型防火墙有更好的网络性能和安全性。静态包过滤型防火墙使用的过滤规则集是静态的，而状态检测防火墙在运行过程中一直维护着一张动态状态表，这张表记录着 TCP 连接的建立到终止的整个过程中进行安全决策所需的相关状态信息，这些信息将作为评价后续连接安全性的依据。

4. 自适应代理防火墙

自适应代理防火墙的基本安全检测在安全应用层进行，但一旦通过安全检测，后续包则将直接通过网络层，因此自适应代理防火墙比应用层代理防火墙的效率更高。

7.6.2　防火墙组网

为了维护计算机网络的安全，在工作中人们提出了许多手段和方法，其中防火墙技术是增加网络安全的最主要的手段，它有效地起到了防止内部信息外漏和外部网络人员恶意入侵的作用，大大提高了网络整体的安全性。

1. 屏蔽路由器系统

屏蔽路由器实际上是一个包过滤型防火墙，可以由厂家专门生产的路由器实现，也可以用主机来实现，采用这种技术的防火墙的优点是速度快、实现方便，但该技术的安全性能差，被攻陷后很难发现，而且不能识别不同的用户，如图 7–30 所示。

2. 双宿主机（堡垒主机）网关系统

双宿主机网关属于应用层代理防火墙，双宿主机又称为堡垒主机，一般装有两块网卡，分别与内、外网相连。双宿主机内、外的网络都可以和双宿主机通信，但内、外网络之间不可直接通信，如图 7–31 所示。

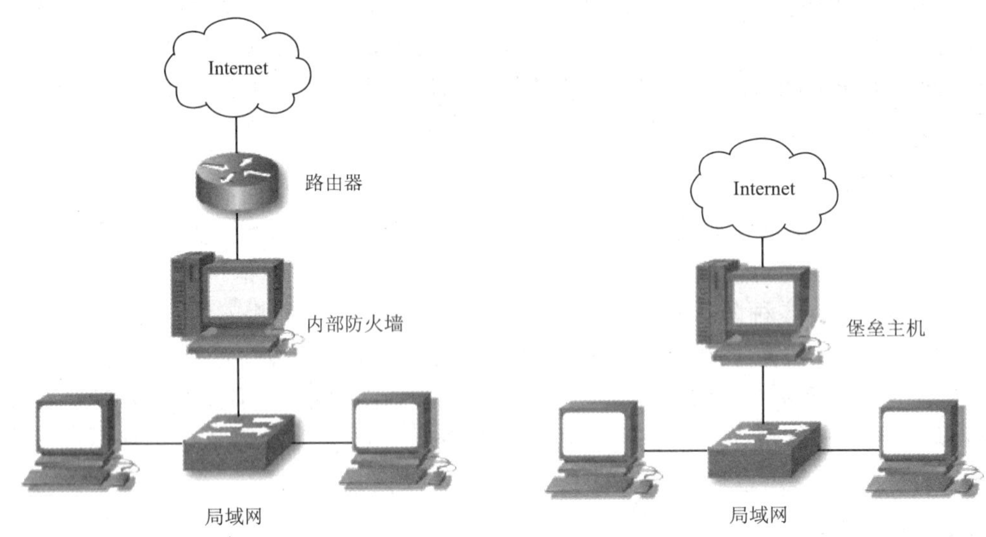

图 7–30 屏蔽路由器系统　　图 7–31 双宿主机网关系统

3. 三宿主机（堡垒主机）网关系统

三宿主机一般装有3块网卡，分别与内、外网及DMZ（Demilitarized Zone）区相连，DMZ称作隔离区或非军事化区，是为了解决安装防火墙后外部网络不能访问内部网络服务器的问题而设立的一个非安全系统与安全系统之间的缓冲区，如图7–32所示。

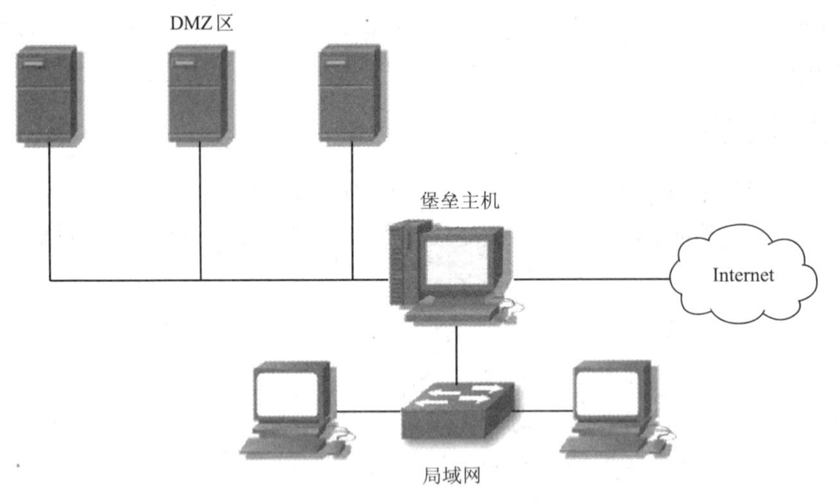

图 7–32 三宿主机网关系统

4. 被屏蔽子网网关系统

这种方法是在网络中包含两个屏蔽路由器和堡垒主机，形成内部防火墙和外部防火墙，在两个防火墙之间建立一个被隔离的子网，子网内构成一个DMZ区，如图7–33所示。

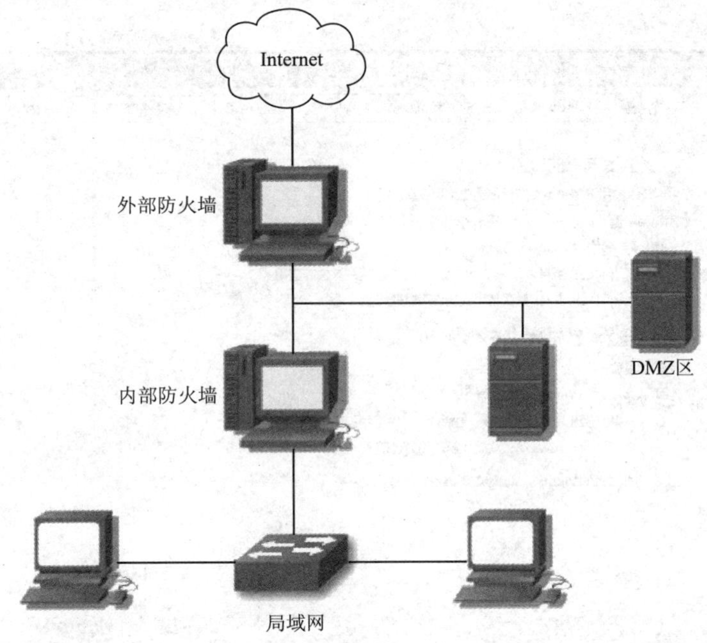

图 7–33　被屏蔽子网网关系统

7.6.3　任务实战：Windows 防火墙配置

任务目的：

（1）掌握防火墙的基本原理和功能；

（2）掌握 Windows 防火墙的基本使用方法。

任务内容：

设置 Windows 防火墙规则，允许 FTP 程序运行。

任务环境：

（1）操作系统：Windows Server 2012 R2/Window 10；

（2）VMware 虚拟机两台，Windows 自带防火墙及 FTP 服务软件，如图 7–34 所示。

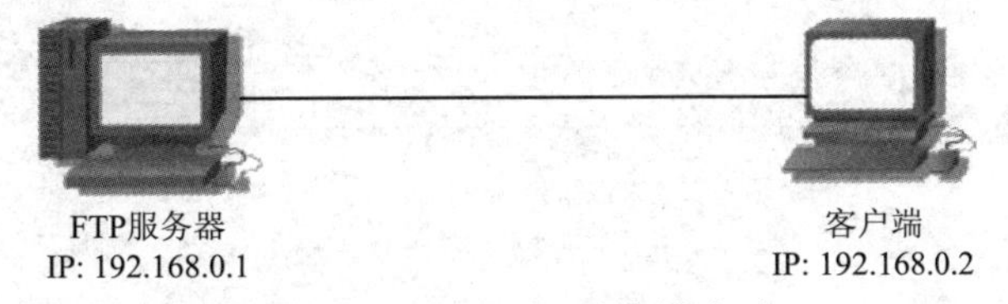

图 7–34　Windows 防火墙实验

任务步骤：

Windows 防火墙是一个基于主机的状态防火墙，它丢弃所有未请求的传入流量，即那些既没有对应于为响应计算机的某个请求而发送的流量（请求的流量），也没有对应于已指定为允许的未请求的流量（异常流量）。Windows 防火墙提供某种程度的保护，避免那些依赖未请求的传入流量来攻击网络上的计算机的恶意用户和程序。

步骤 1：在“控制面板”中打开并启用“Windows 防火墙”应用程序，如图 7–35 所示。

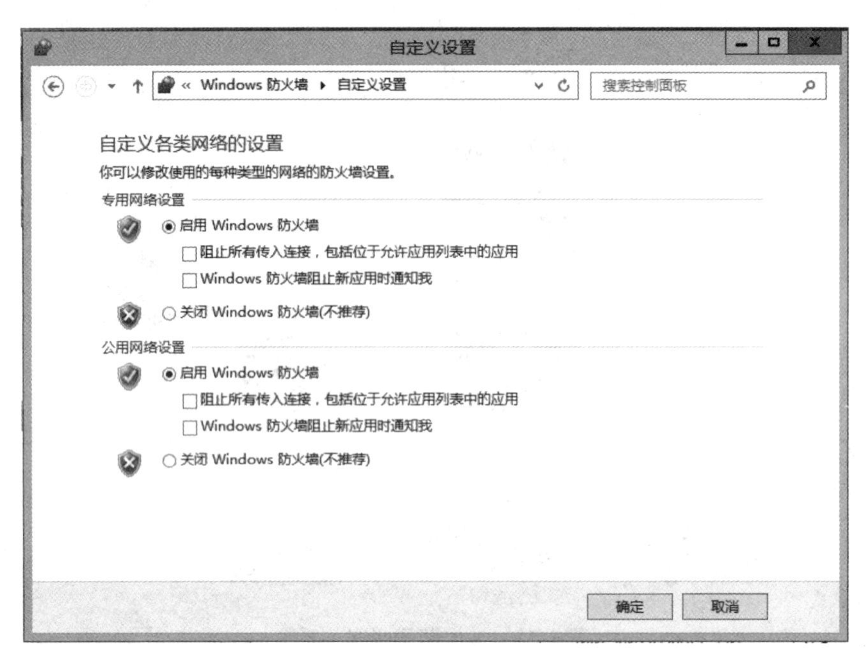

图 7–35　启用 Windows 防火墙

步骤 2：在客户端访问 FTP 服务器，连接结果如图 7–36 所示。

图 7–36　连接结果

步骤 3：选择“高级设置”选项，进入“高级安全 Windows 防火墙”界面，如图 7–37 所示。

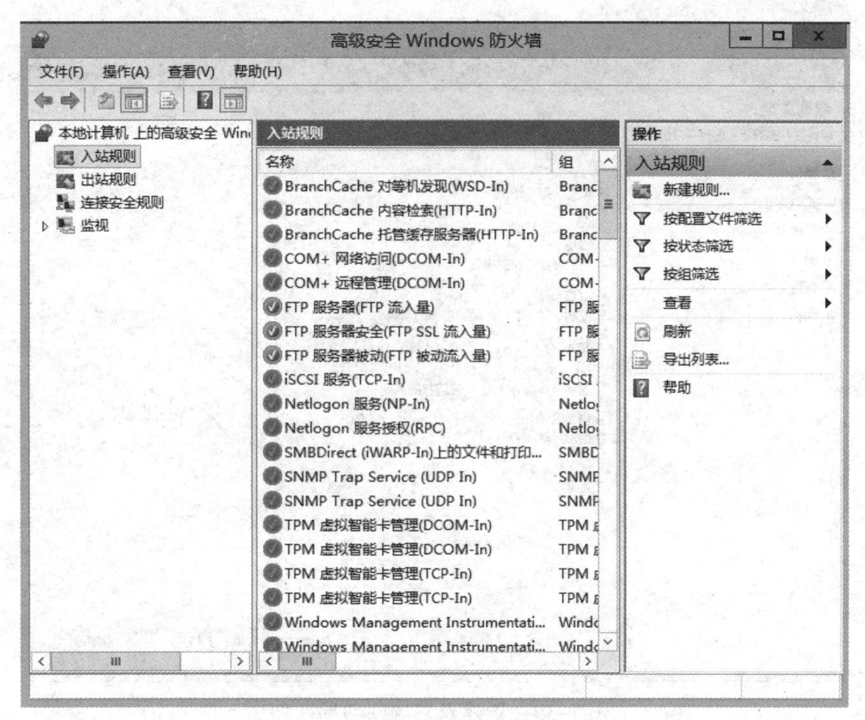

图 7–37　“高级安全 Windows 防火墙”界面

步骤 4：用鼠标右键单击“入站规则”，选择“新建规则”选项，如图 7–38 所示。

图 7–38　新建规则

步骤 5：选择要创建的规则类型为“端口”，如图 7–39 所示。

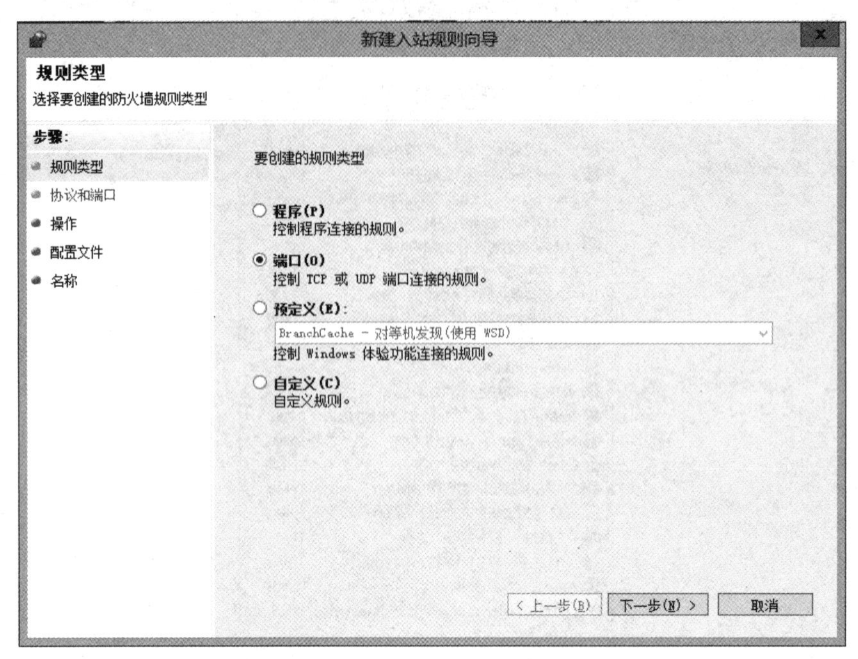

图 7–39　新建入站规则向导（1）

步骤 6：选择此规则应用的协议为“TCP”，端口为“20，21”，如图 7–40 所示。

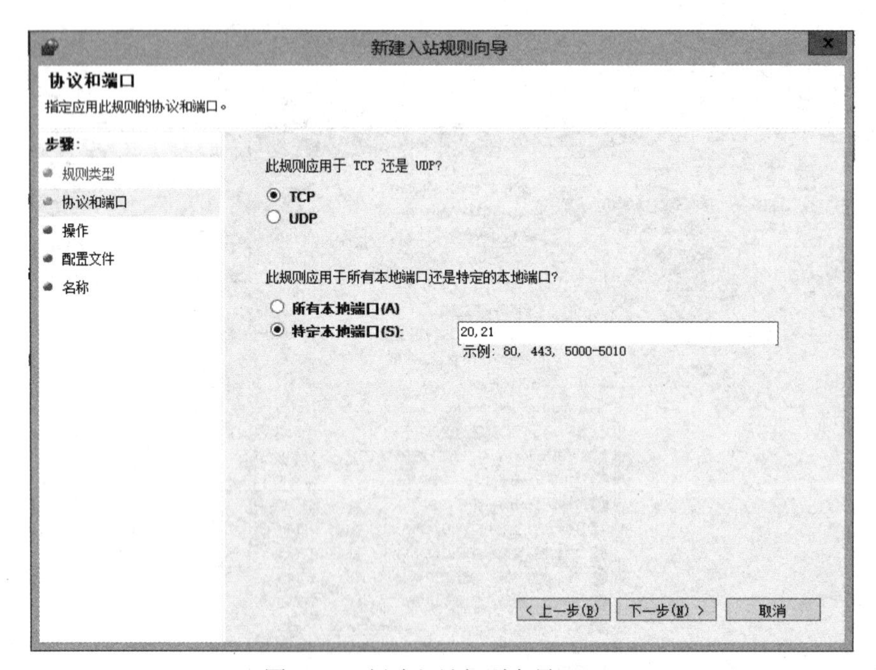

图 7–40　新建入站规则向导（2）

步骤 7：设置连接符合指定条件时进行“允许连接”操作，如图 7–41 所示。

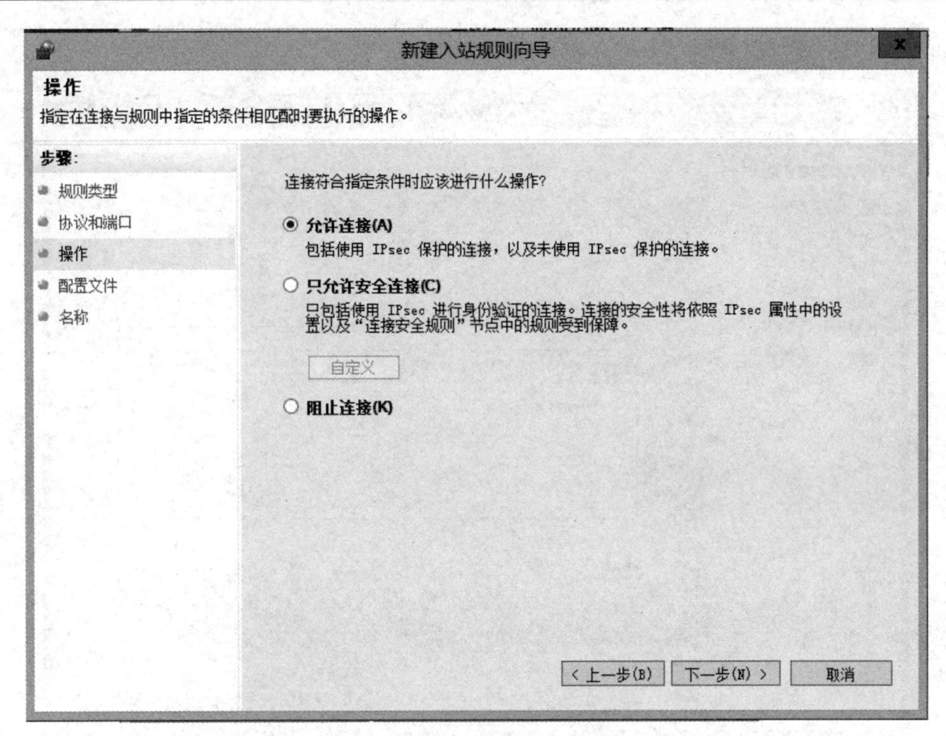

图 7–41　新建入站规则向导（3）

步骤 8：根据环境选择规则使用场合，如图 7–42 所示。

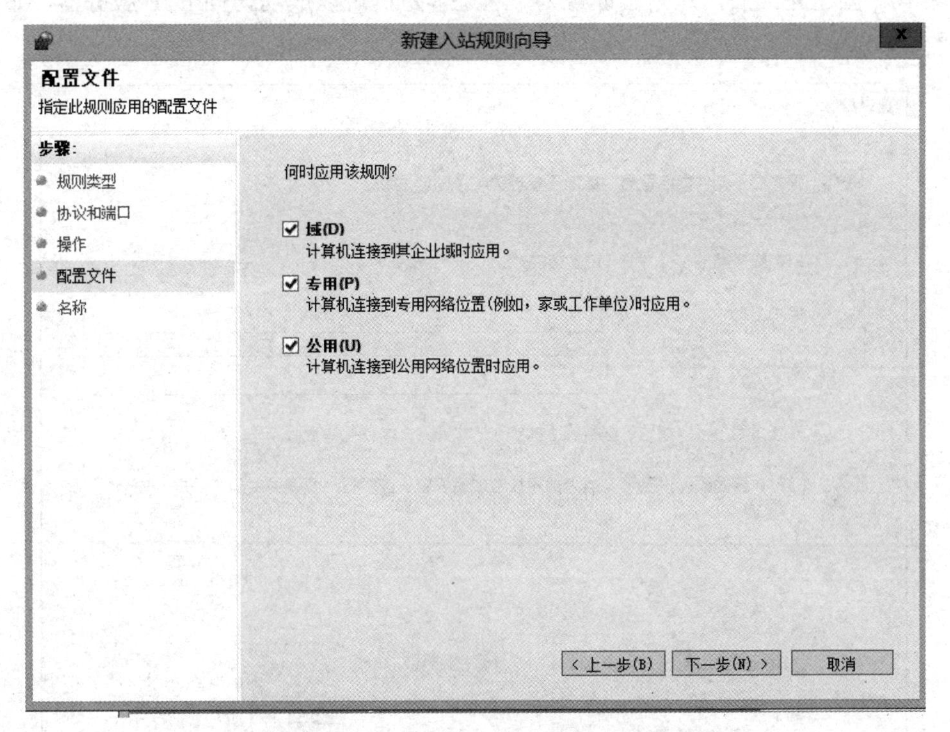

图 7–42　新建入站规则向导（4）

步骤 9：将此规则命名为“ftp”，如图 7–43 所示。

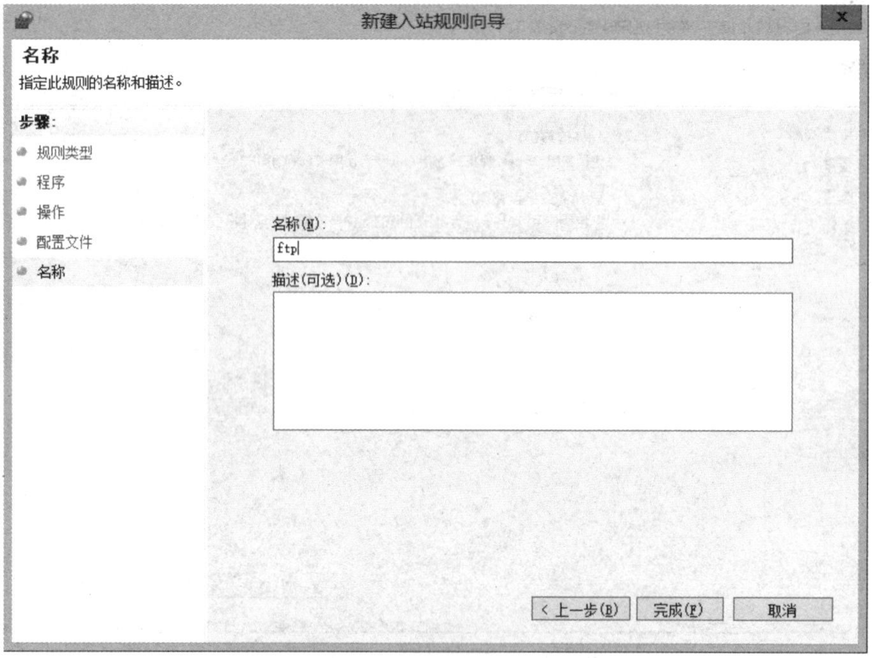

图 7–43　新建入站规则命名向导（5）

步骤 10：创建完成后，开始验证规则。通过客户机可以成功访问 FTP 服务器，如图 7–44 所示。

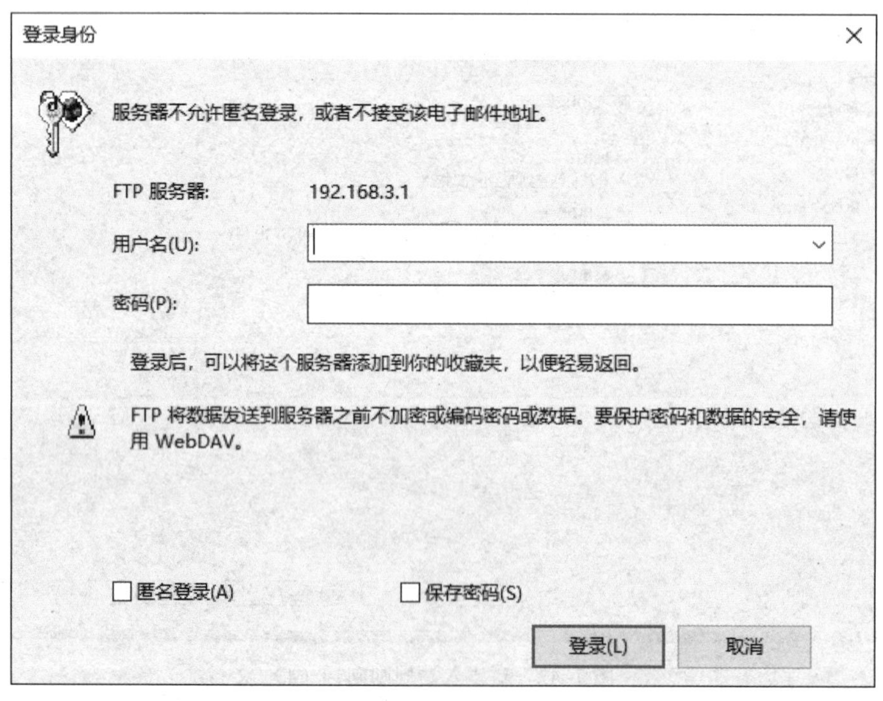

图 7–44　成功访问 FTP 服务器

7.7　任务 7：系统资源的安全管理

随着计算机及网络技术与应用的不断发展，计算机系统资源的安全问题越来越引起人们的关注。系统资源一旦遭到破坏，将给使用单位造成重大经济损失，并严重影响正常工作的顺利开展。加强系统资源的安全工作，是信息化建设工作的重要内容之一。

7.7.1　共享资源的安全管理

1. 卷影副本启用和管理

卷影副本的功能是提供网络共享上的文件的即时点副本。利用共享文件夹的卷影副本，可以查看网络文件夹在过去某一时间点的内容。在以下 3 种情况下此功能非常有用：

（1）希望恢复被意外删除的文件。此功能是“回收站”功能的网络替代品。如果意外地删除了一个文件，则可以打开该文件的旧版本，然后将它复制到一个安全位置。共享文件夹的卷影副本可以恢复通过任何方法删除的文件，只要存在所需的历史文件夹。

（2）希望恢复被意外覆盖的文件。通过打开一个现有文件，对其进行修改，然后用一个新名称保存该文件来创建新文件，那么在这样的环境中，共享文件夹的卷影副本可能非常有用。

（3）在处理文件时，经常需要检查同一文件的不同版本。在正常的工作周期内，如果需要确定同一文件的两个版本之间发生了哪些更改，则可以使用共享文件夹的卷影副本。

使用卷影副本的方法如下：

（1）启用共享文件夹的卷影副本功能。

步骤 1：选择“开始”→“管理工具”→“计算机管理”选项，用鼠标右键单击“共享文件夹”，选择“所有任务”→“配置卷影副本”选项，如图 7–45 所示。

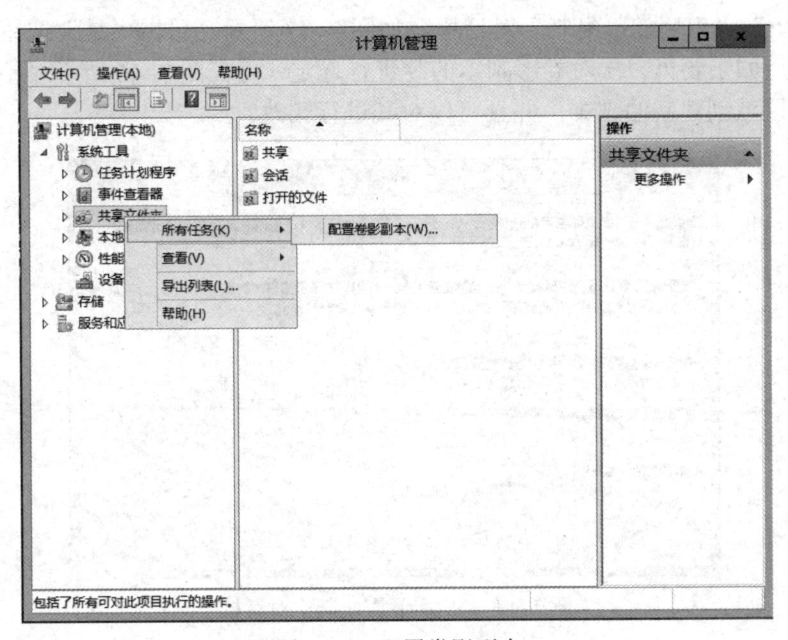

图 7–45　配置卷影副本

步骤 2：在“卷影副本”对话框中，选择要启用卷影副本的驱动器，例如“C:\”，单击“启用”按钮，如图 7–46 所示。

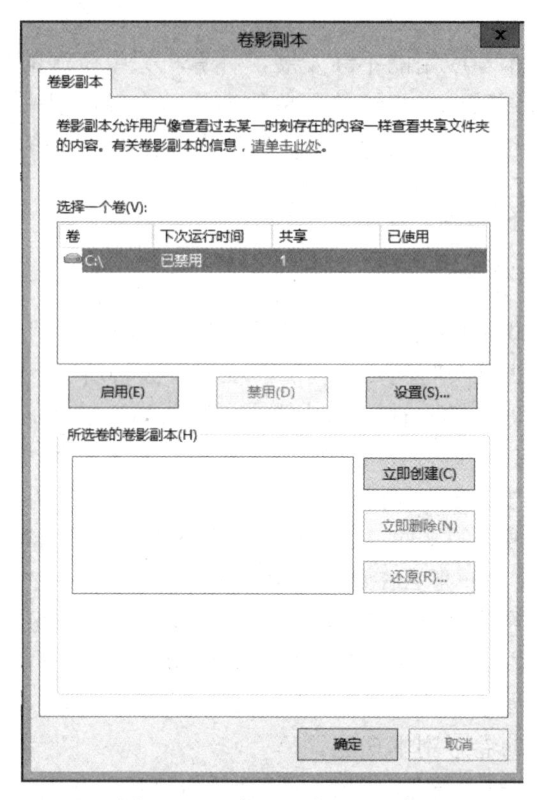

图 7–46 “卷影副本”对话框

步骤 3：出现“启用卷影复制”对话框，如图 7–47 所示。单击“是”按钮，完成卷影副本的创建。之后如果要再一次对卷影副本的卷进行选定，可在图 7–46 所示对话框中“所选卷的卷影副本”区域创建新的副本，并且可以对其进行删改。

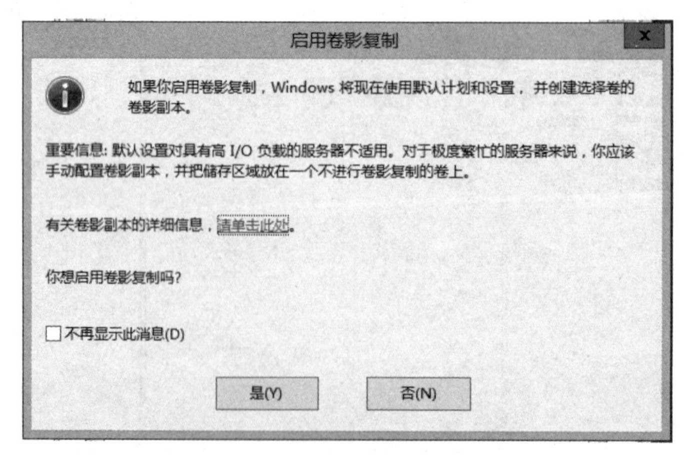

图 7–47 “启用卷影复制”对话框

步骤 4：在创建卷影副本之后可根据需要在“设置”对话框中对副本的存储最大值进行限

制，并且可以根据需要进行计划性的创建，其可有效提高效率，保证创建卷影副本的便捷，如图 7–48 所示。

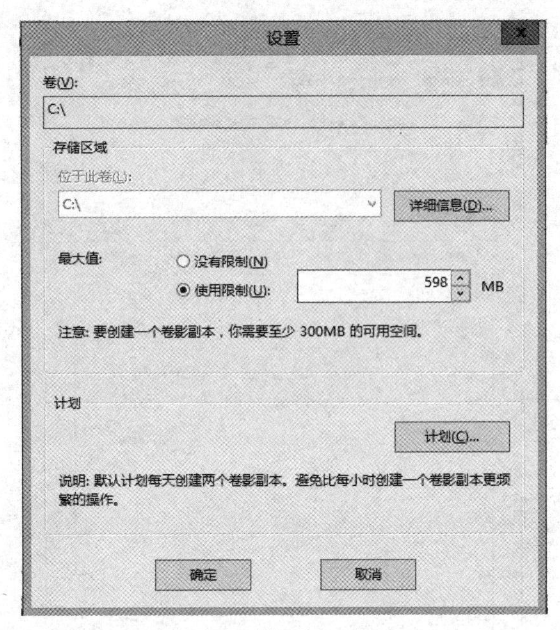

图 7–48　“设置”对话框

（2）客户端访问卷影副本内的文件。

步骤 1：假设误操作删掉了 192.168.3.1 共享资源“Share”文件夹中的新建文件夹，如图 7–49 所示。

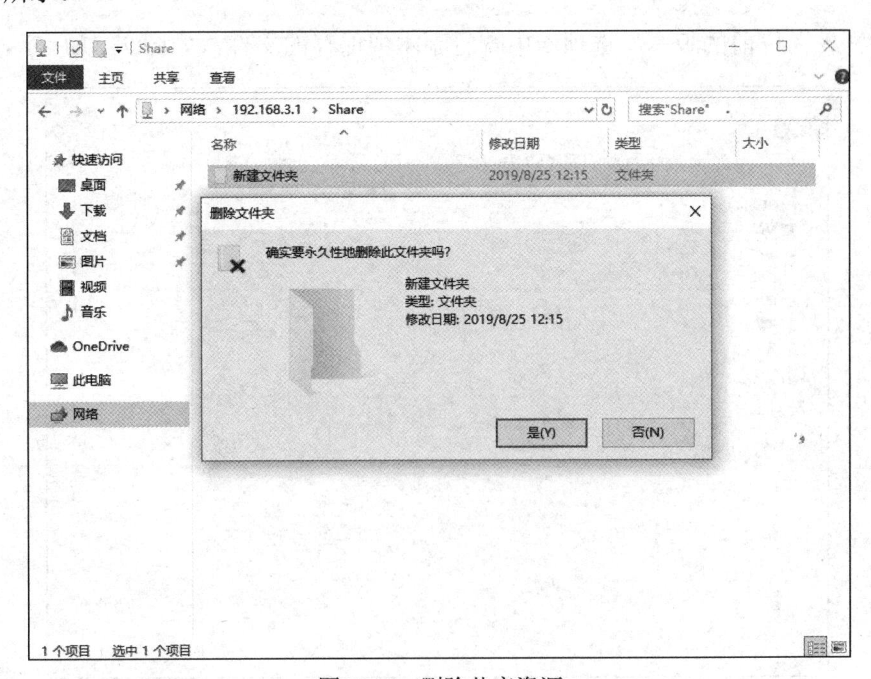

图 7–49　删除共享资源

步骤 2：在空白处单击鼠标右键，选择“属性”选项，在对话框里选择“以前的版本”选项卡，如图 7–50 所示。

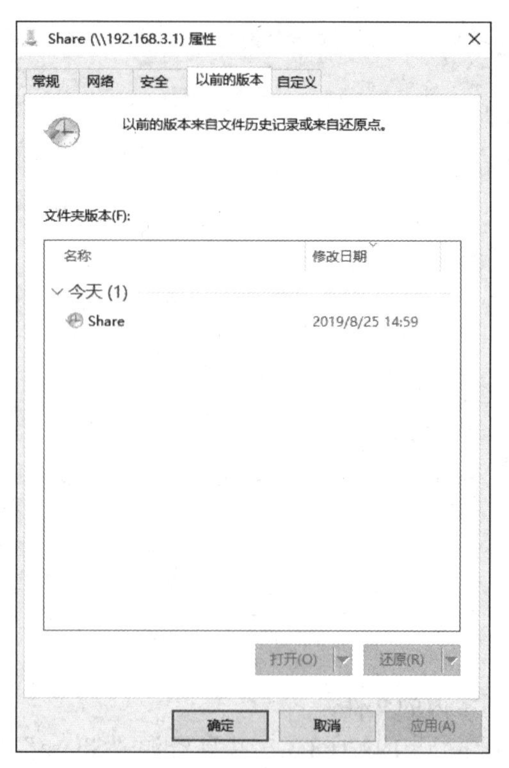

图 7–50 “以前的版本”选项卡

步骤 3：在“以前的版本”选项卡中查看副本中保存的文件，如图 7–51 所示。

图 7–51 副本内容

步骤 4：关掉以前的副本内容，单击“还原”按钮，在弹出的对话框中单击“确定”按钮，还原成功，如图 7–52 所示。

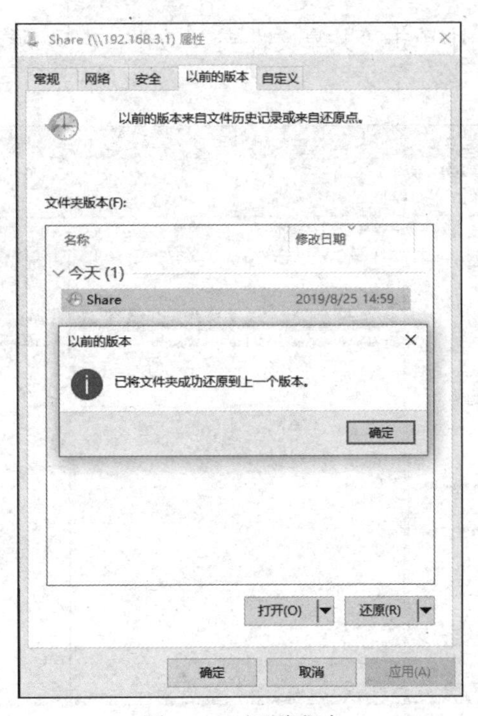

图 7–52　还原成功

步骤 5：再次查看 192.168.3.1 上的共享资源“Share”文件夹，发现之前删除的文件已被还原，如图 7–53 所示。

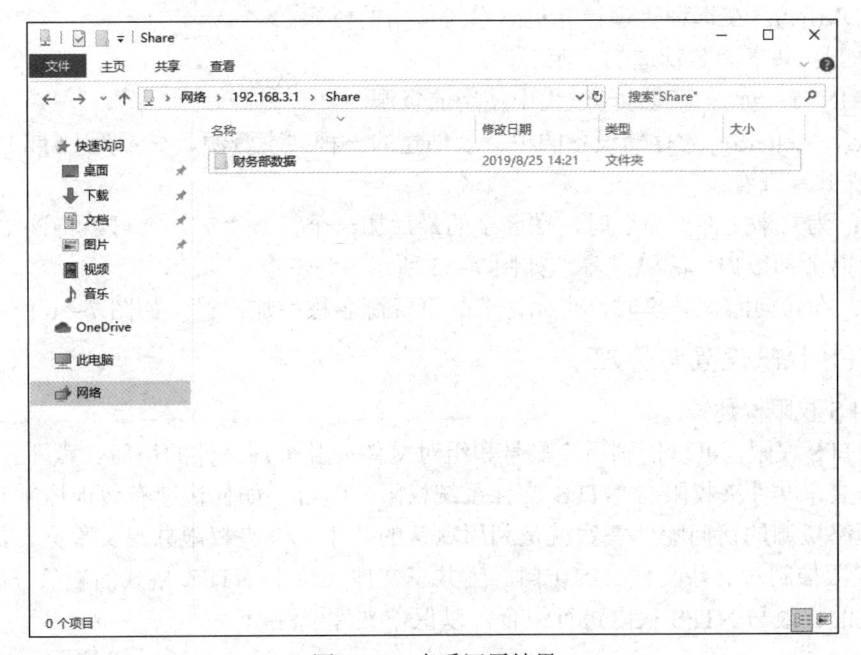

图 7–53　查看还原结果

2. 文件夹权限隐藏管理

1）特殊共享查看

在“计算机管理”界面中单击“共享文件夹”，如图 7–54 所示，出现“共享文件夹”管理单元。

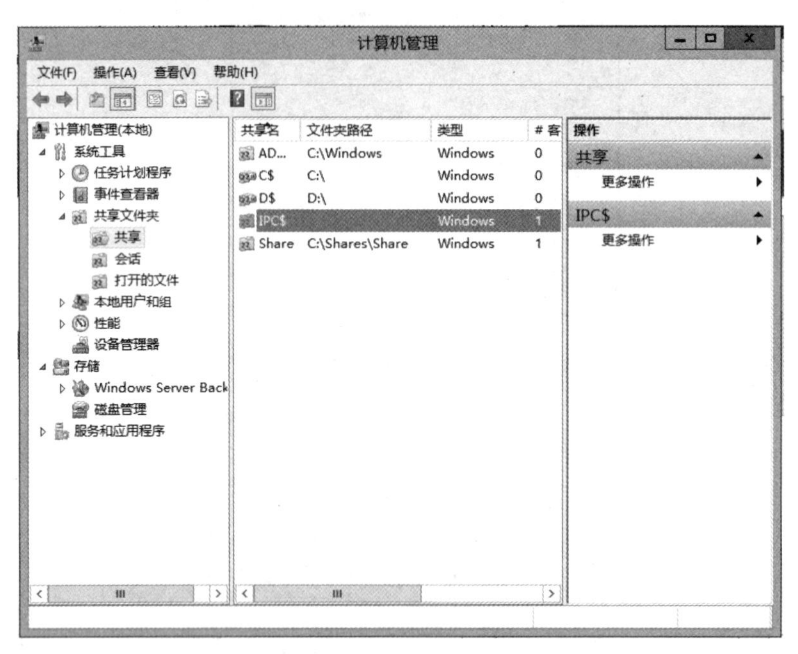

图 7–54 “计算机管理”界面

常见的有如下几种：

（1）ADMIN$：在远程管理计算机时系统使用的资源。

（2）IPC$：共享命名管道的资源

（3）PRINT$：远程管理打印过程中使用的资源。

（4）Drive Letter$：为存储设备的根目录创建的一种共享资源，显示为 C$或 D$。

2）特殊共享查看

步骤 1：为共享文件夹命名时，在名字的最后加一个符号“$”，就可以将该文件夹隐藏。例如新建“财务部数据”隐藏共享，如图 7–55 所示。

步骤 2：在访问隐藏共享时，也允许在共享资源名称后加“$”，如图 7–56 所示。

3. NTFS 权限设置与管理

1）NTFS 权限概述

利用 NTFS 权限，可以控制用户账号和组对文件夹及个别文件的访问。其只适用于 NTFS 磁盘分区、共享文件夹权限与 NTFS 文件系统权限的组合。如何快速有效地控制对 NTFS 磁盘分区上网络资源的访问呢？答案就是利用默认的共享文件夹权限共享文件夹，然后通过授予 NTFS 权限控制对这些文件夹的访问。当共享文件夹位于 NTFS 格式的磁盘分区上时，该共享文件夹的权限与 NTFS 权限进行组合，以保护文件资源。

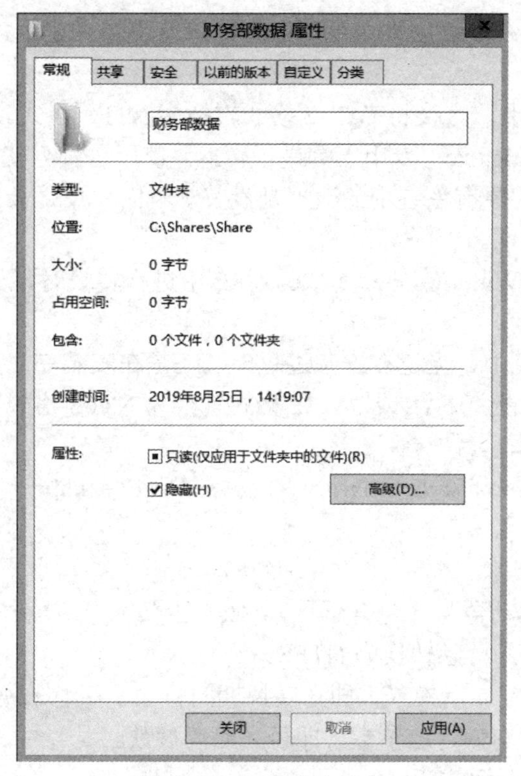

图 7–55　创建隐藏共享

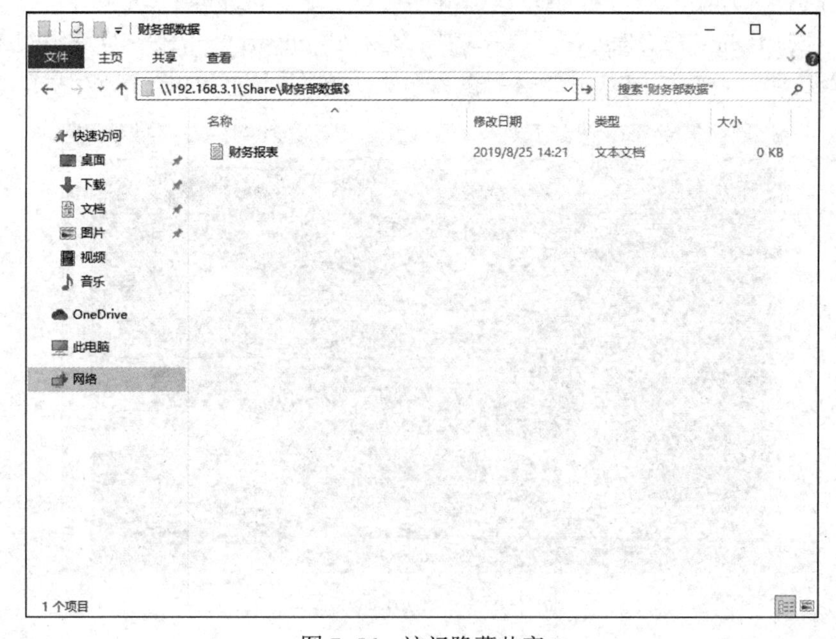

图 7–56　访问隐藏共享

2）转换分区的文件系统

运行 Windows 操作系统的客户机的磁盘分区通常使用 FAT32 和 NTFS 两种文件格式。安装 Windows Server 2012 R2 的域控制器系统文件所在分区，必须使用 NTFS 文件系统格式。此外，如有些计算机为了具有更高的安全性能，也建议使用 NTFS 格式。

转换方式有 3 种：

方式 1：在安装过程中，直接将 FAT32 格式转换为 NTFS 格式。

方式 2：使用“pqmagic.exe”专用工具进行转换。使用这种方式应当注意的是：从 FAT32 格式转换为 NTFS 格式对原有系统中的数据是没有影响的；反之会对系统有影响，如设置的审核、文件和目录的安全性。

方式 3：在已安装的 Windows Server 2012 R2 中进行转换时，只能进行从 FAT32 格式到 NTFS 格式的转换。

在 Windows 操作系统中，无论在安装过程中，还是在安装完之后，都可以使用系统内置的命令进行转换，但是只能将 FAT 或 FAT32 格式转换为 NTFS 格式，而且这种转换不会损坏已安装的系统；反之则不行。

语法：convert［Volume］/FS：ntfs［/v］［/cvtarea：FileName］［/nosecurity］［/x］

参数说明：

convert：命令关键字。

Volume：用来指定驱动器号（包含冒号），如“C：”。

/FS：ntfs：不能省略，将卷转换为 NTFS。

［/v］：可选参数，指定显示模式，即在转换期间将显示所有的消息。

其他：［ ］内的参数均为任选参数，即可省略的参数。

“convert”命令的操作步骤如下：

步骤 1：选择“开始”→“程序”→“附件”→“命令提示符”选项。

步骤 2：在打开的“命令提示符”窗口中，输入“convert C：/FS：NTFS”，然后按 Enter 键，即可进入自动转换的过程。用户只需按窗口提示操作即可，如图 7–57 所示。

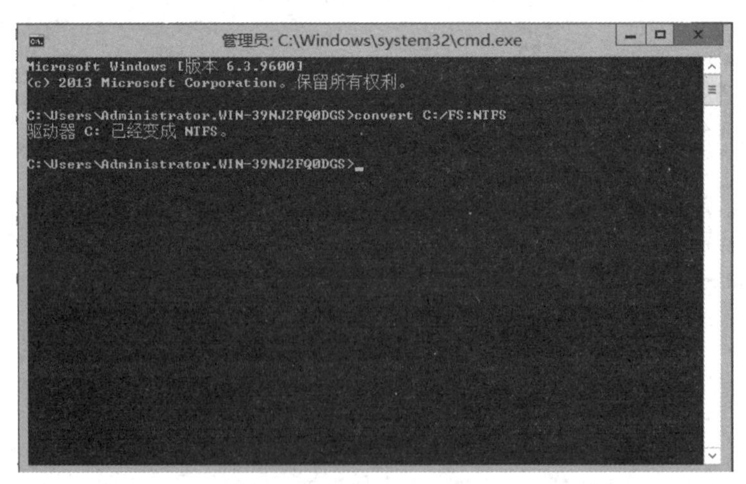

图 7–57 convert 命令窗口

3）利用 NTFS 权限管理数据

步骤 1：授予标准 NTFS 权限。

打开 Windows 资源管理器，用鼠标右键单击要设置权限的文件夹“Share”，选择“属性”选项，切换到“安全”选项卡，选择要分配的用户和赋予的权限，如图 7–58 所示。

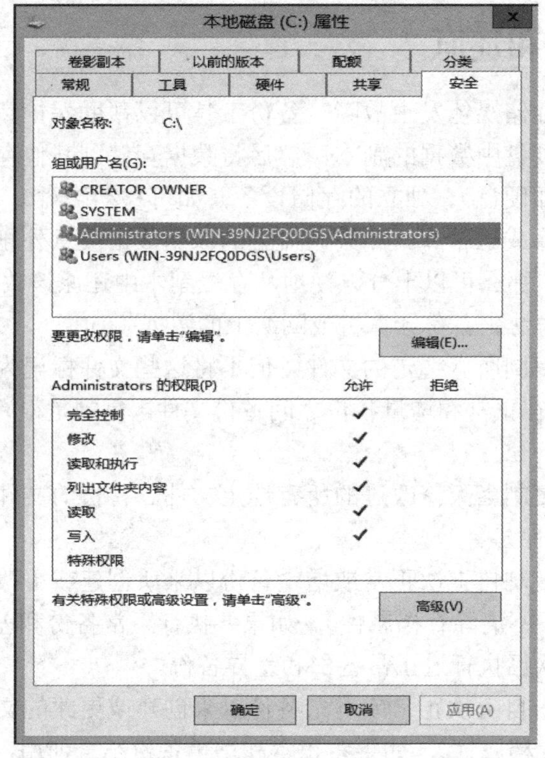

图 7–58　“安全”选项卡

步骤 2：授予特殊访问权限。

在“安全”选项卡中单击“高级”按钮，在弹出的“高级安全设置”对话框中单击“编辑”按钮，显示图 7–59 所示的“Share 的权限项目”对话框，在此可以更精确地设置用户的权限。

Share 的权限项目
主体: Administrators (WIN-HTFB9T4TS51\Administrators) 选择主体
类型: 允许
应用于: 只有该文件夹
基本权限:
☑完全控制
☑修改
☑读取和执行
☑列出文件夹内容
☑读取
☑写入
☐特殊权限
☐仅将这些权限应用到此容器中的对象和/或容器(T)

图 7–59　“Share 的权限项目”对话框

7.7.2 数据的备份和还原

如果系统的硬件或存储媒体发生故障，备份工具可以帮助保护数据免受意外的损失。例如，可以使用备份创建硬盘中数据的副本，然后将数据存储到其他存储设备。备份存储媒体既可以是逻辑驱动器（如硬盘）、独立的存储设备（如可移动磁盘），也可以是由自动转换器组织和控制的整个磁盘库或磁带库。如果硬盘上的原始数据被意外删除或覆盖，或因为硬盘故障而不能访问该数据，那么可以十分方便地从存档副本中还原该数据。

备份工具支持 5 种方法来备份计算机或网络上的数据：

（1）副本备份可以复制所有选定的文件，但不将这些文件标记为已经备份（换言之，不清除存档属性）。如果要在正常和增量备份之间备份文件，复制是很有用的，因为它不影响其他备份操作。

（2）每日备份用于复制当天修改过的所有选定文件。备份的文件将不会标记为已经备份（换言之，不清除存档属性）。

（3）差异备份用于复制自上次正常或增量备份以来所创建或更改的文件。它不将文件标记为已经备份（换言之，不清除存档属性）。如果要执行正常备份和差异备份的组合，则还原文件和文件夹将需要上次已执行过正常备份和差异备份。

（4）增量备份仅备份自上次正常或增量备份以来创建或更改的文件。它将文件标记为已经备份（换言之，清除存档属性）。如果将正常和增量备份结合使用，需要具有上次的正常备份集和所有增量备份集才能还原数据。

（5）正常备份用于复制所有选定的文件，并且在备份后标记每个文件（换言之，清除存档属性）。使用正常备份，只需备份文件或磁盘的最新副本就可以还原所有文件。通常，在首次创建备份集时执行一次正常备份。

组合使用正常备份和增量备份来备份数据，需要的存储空间最少，这是最快的备份方法。然而，恢复文件可能比较耗时而且比较困难，因为备份集可能存储在不同的磁盘或磁带上。

组合使用正常备份和差异备份来备份数据更加耗时，尤其当数据经常更改时，但是它更容易还原数据，因为备份集通常只存储在少量磁盘和磁带上。

1. 数据备份

使用 Windows Server 2012 R2 的备份工具可以很方便地进行数据备份。

步骤 1：选择“服务器管理器”→“工具”→“Windows Server Backup”→“本地备份”→“备份计划”选项，打开“备份计划向导”对话框，单击“下一步”按钮，对数据进行备份，接着选择备份文件和设置，如图 7–60 所示。

步骤 2：单击“下一步”按钮，出现“选择备份配置”页面，选择“自定义”选项，如图 7–61 所示。

步骤 3：单击“下一步”按钮，出现“选择要备份的项”对话框，可根据需要进行选择，如图 7–62 所示。

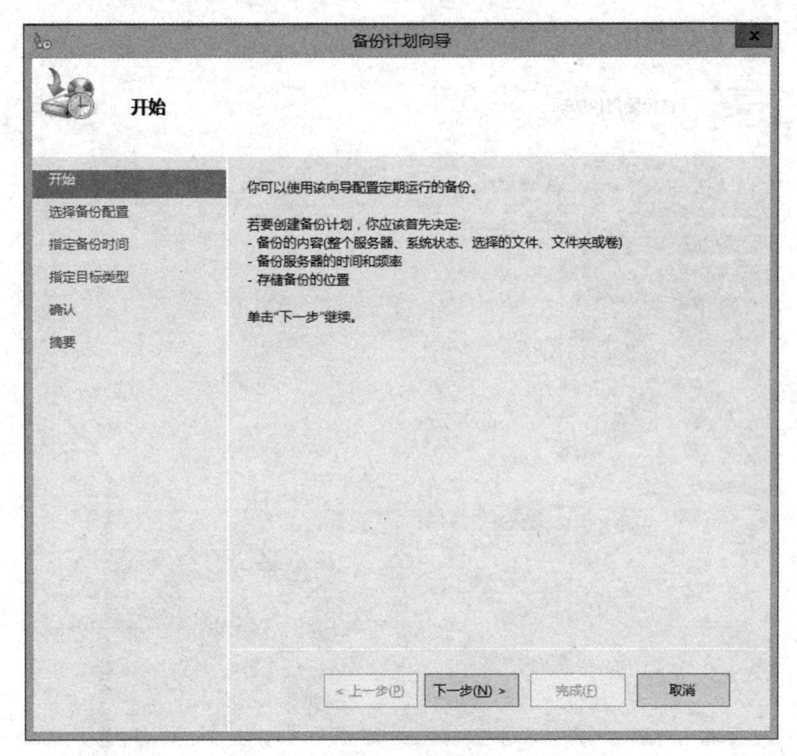

图 7–60　“开始”页面

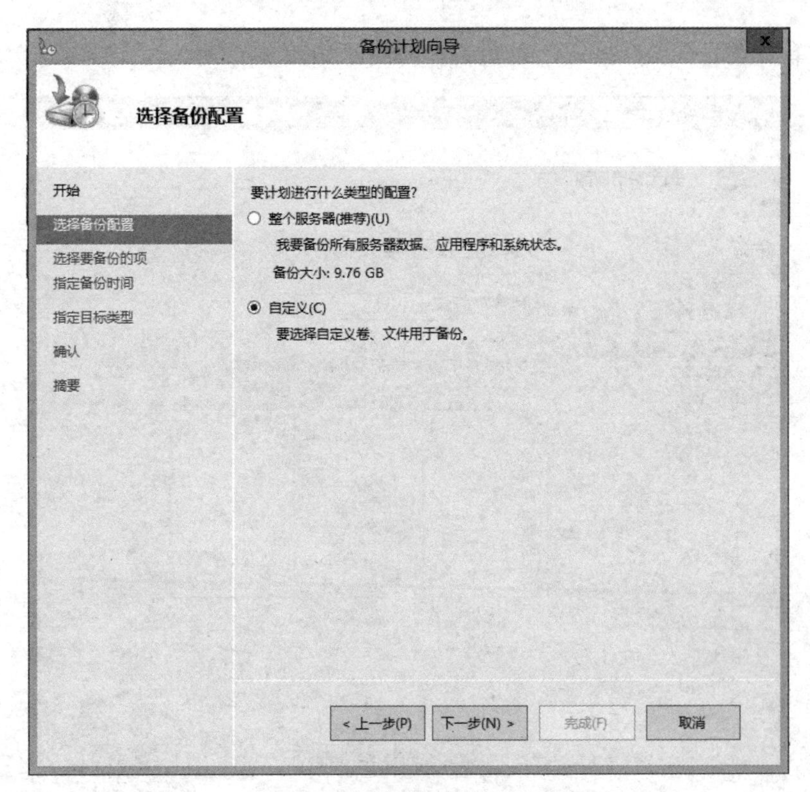

图 7–61　“选择备份配置”页面

图 7–62 “选择要备份的项”页面

步骤 4：单击“下一步”按钮，设置备份时间，如图 7–63 所示。

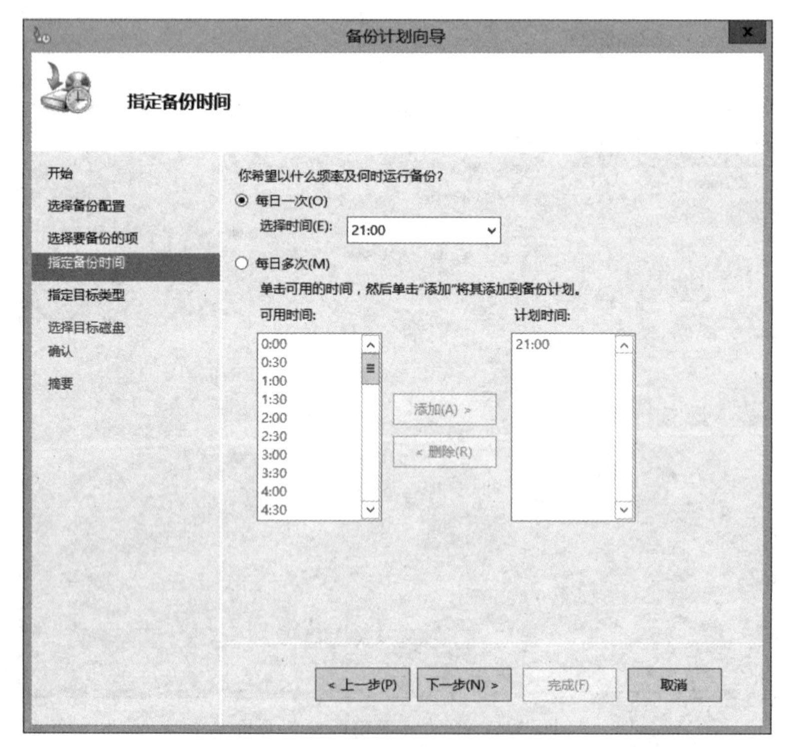

图 7–63 “指定备份时间”页面

步骤 5：单击“下一步”按钮，选择目标类型为“备份到卷”，如图 7–64 所示。

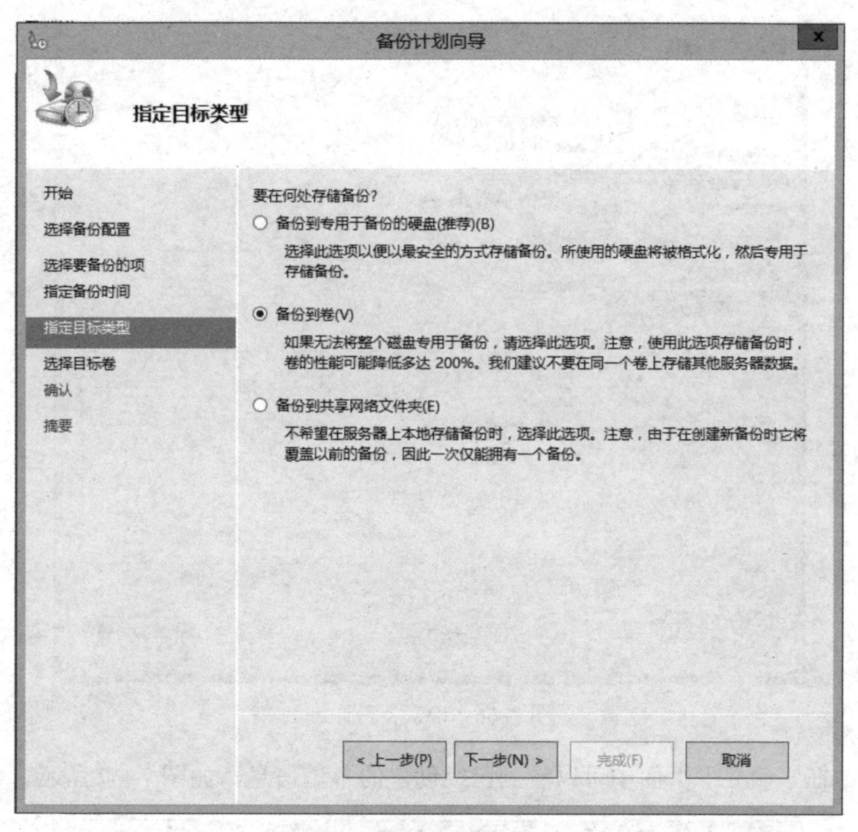

图 7–64　“指定目标类型”页面

步骤 6：单击“下一步”按钮，添加备份的路径为“本地磁盘（D：）”，如图 7–65 所示。

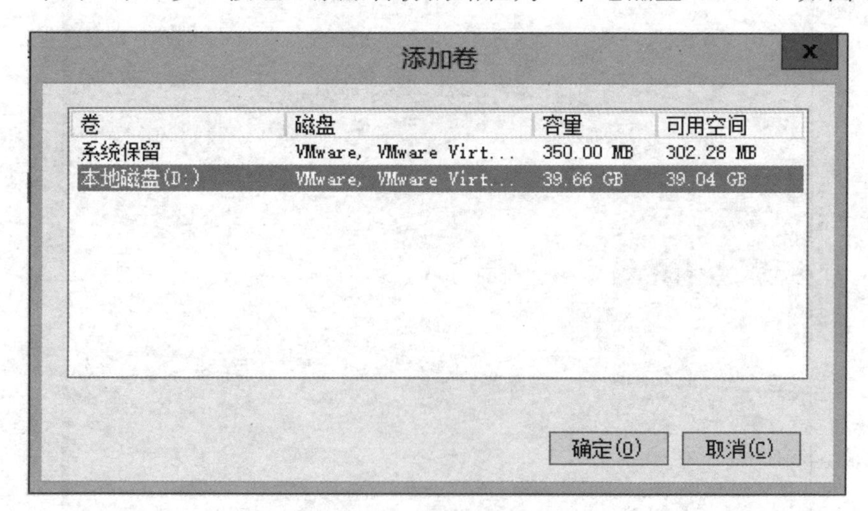

图 7–65　添加备份的路径

步骤 7：单击“下一步”按钮，确认备份计划，如图 7–66 所示。

图 7–66　确认备份计划

步骤 8：在“摘要”页面中可以看到已经创建的备份信息，如图 7–67 所示。

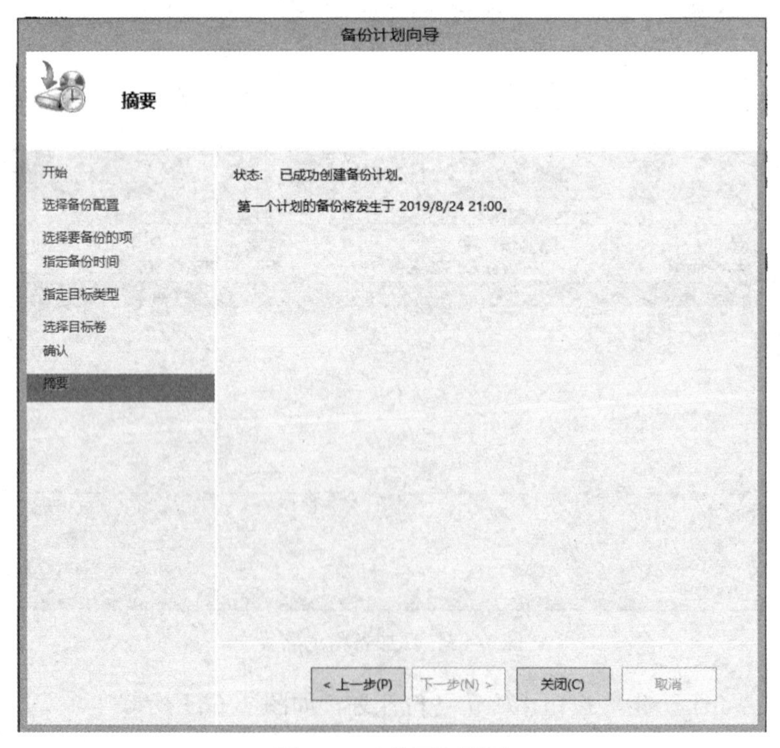

图 7–67　“摘要”页面

2. 数据还原

在出现数据异常或丢失时，可以很快捷地使用 Windows Server 2012 R2 的故障恢复工具还原以前备份的数据。

步骤 1：打开备份工具对话框（图 7–68），在默认情况下，将启动恢复向导。

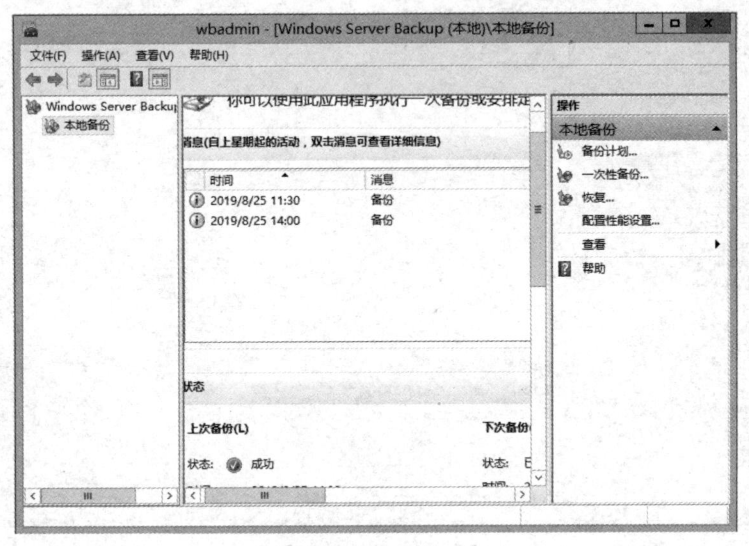

图 7–68　还原对话框

步骤 2：打开“选择要恢复的项目”页面，选择需要还原的任何组织形式的驱动器、文件夹或文件，如图 7–69 所示。

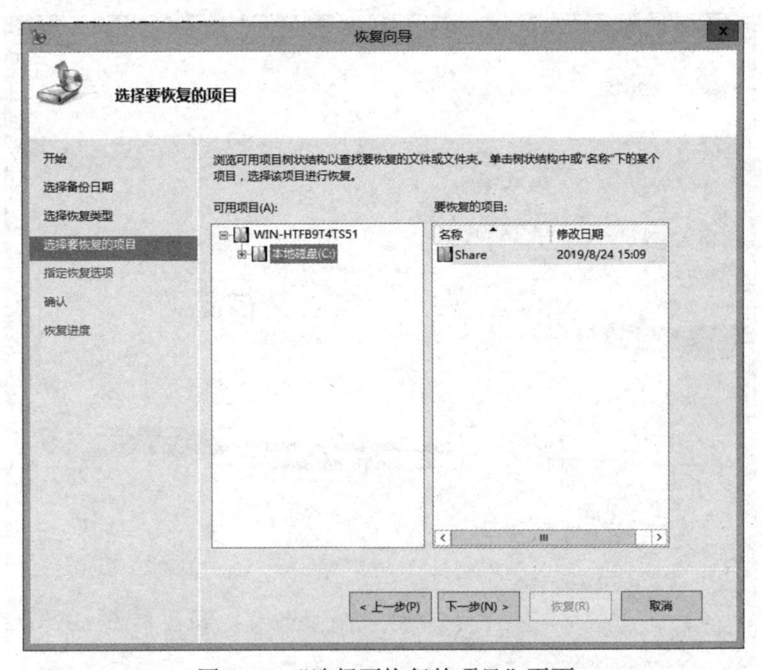

图 7–69 “选择要恢复的项目”页面

步骤 3：单击“下一步”按钮，对选择的恢复项目进行确认。图 7–70 所示。

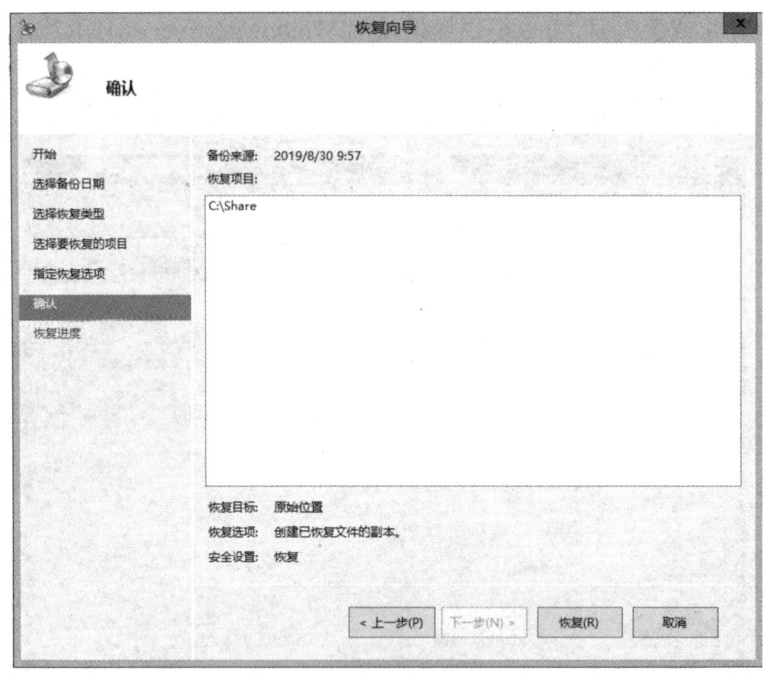

图 7–70 “确认”页面

步骤 4：在确认了还原的项目之后，可以在“恢复进度”页面看到恢复状态。单击“关闭”按钮，完成还原，如图 7–71 所示。

图 7–71 “恢复进度”页面

7.7.3　任务实战：加密文件系统的使用

任务目的：

（1）掌握对称加密和非对称加密技术原理；

（2）掌握 EFS 使用方法。

任务内容：

使用 EFS 对文件进行加密。

任务环境：

（1）操作系统：Windows Server 2012 R2/Window 10；

（2）VMware 虚拟机。

任务背景：在技术部公用计算机上，用户小张采用 EFS 加密技术资料文件夹，以防止他人非法使用。小李经小张授权，使用授权证书及证书密钥访问加密资料。

任务步骤：

步骤 1：用鼠标右键单击件技术资料，选择“属性”选项。在“常规”选项卡中单击“高级”按钮，在“高级属性”对话框中勾选“加密内容以便保护数据”复选框，如图 7–72 所示。

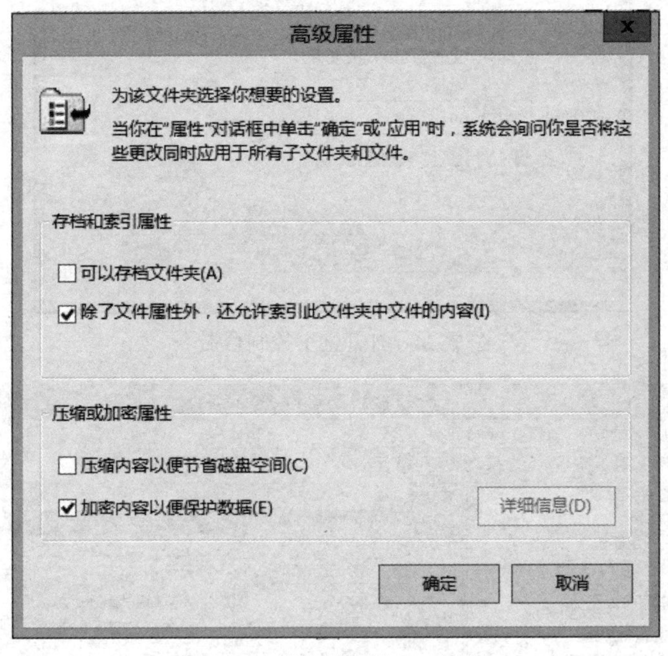

图 7–72　“高级属性”对话框

步骤 2：单击“确定”按钮，文件变成绿色，代表已经加密，如图 7–73 所示。

步骤 3：单击“开始”，打开“运行”对话框，输入“certmgr.msc”，然后按 Enter 键，如图 7–74 所示。

步骤 4：打开证书控制台窗口，选择“当前用户”→“个人”→“证书”选项，用鼠标右键单击该证书，在弹出的快捷菜单中选择“所有任务”→“导出”命令，如图 7–75 所示。

图 7–73　加密文件

图 7–74　打开证书控制台命令

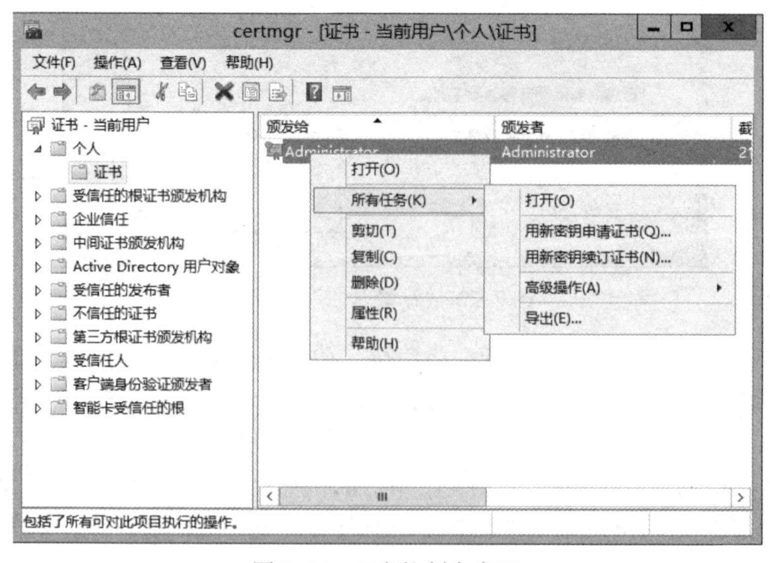

图 7–75　证书控制台窗口

步骤 5：弹出“证书导出向导”对话框，单击“下一步”按钮，进入“导出私钥”页面，选择“是，导出私钥”选项，如图 7–76 所示。

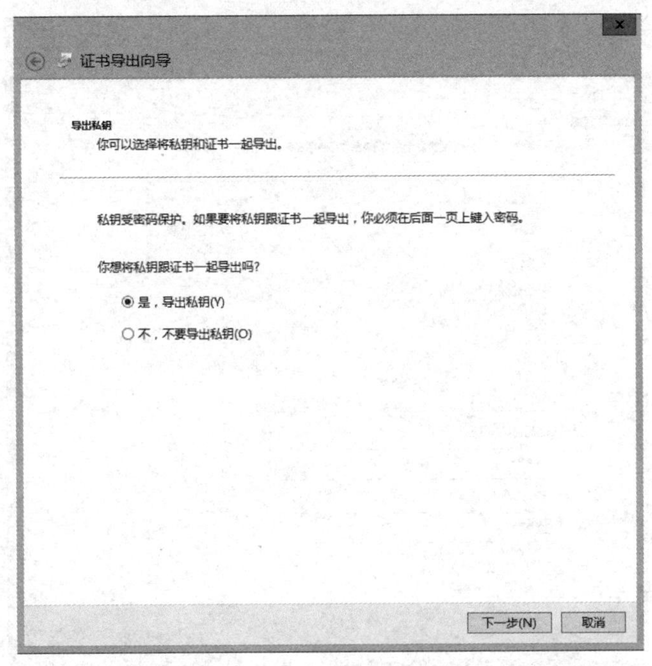

图 7–76　“导出私钥”页面

步骤 6：单击“下一步”按钮，进入“导出文件格式”页面，选择“个人信息交换–PKCS#12（.PEX）”选项，如图 7–77 所示。

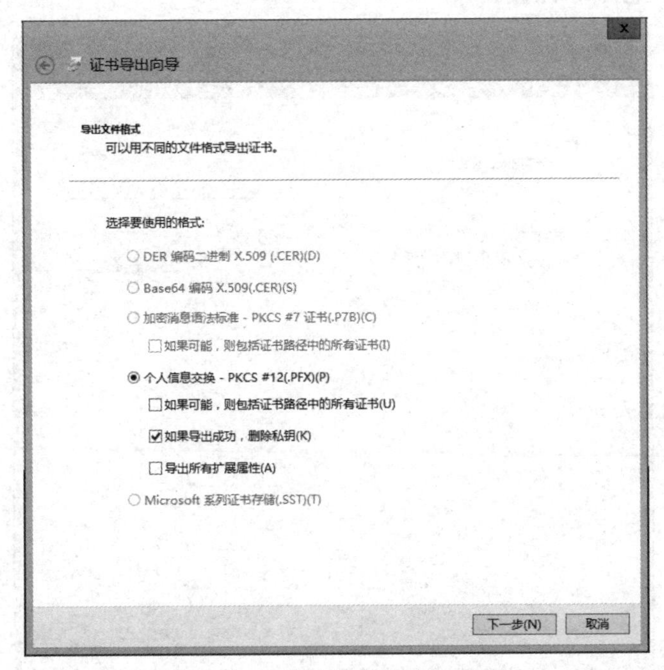

图 7–77　“导出文件格式”页面

步骤 7：单击“下一步”按钮，进入“安全”页面，如图 7–78 所示。指定在导入证书时要用到的密码，如果丢失，将无法打开加密的文件。

图 7–78 “安全”页面

步骤 8：单击“下一步”按钮，进入“要导出的文件”页面，如图 7–79 所示，指定要导出的证书和私钥的文件名和位置。

图 7–79 “要导出的文件”页面

步骤 9：单击“下一步”按钮，继续安装，最后单击“完成”按钮，如图 7–80 所示，将完成证书的导出。

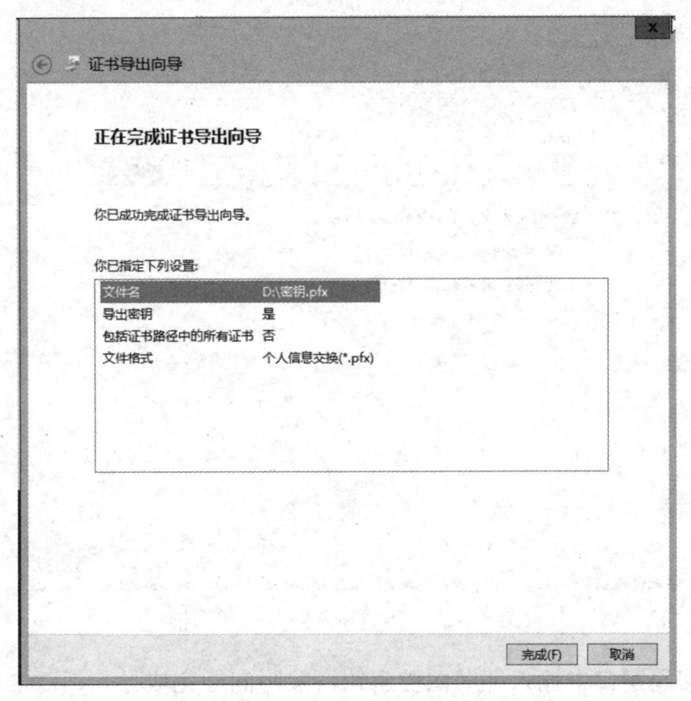

图 7–80　完成证书导出

步骤 10：切换用户，用小李的帐户访问，打开文件时出现“拒绝访问”提示，如图 7–81 所示。

图 7–81　“拒绝访问”提示

步骤 11：双击该证书，便会出现“证书导入向导”对话框，进入“要导入的文件”页面，选择证书文件，如图 7–82 所示。

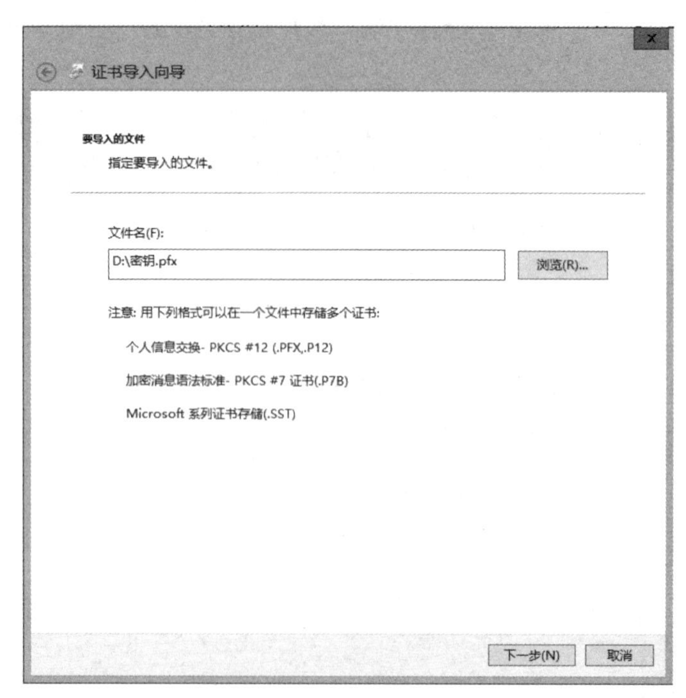

图 7–82 “证书导入向导”对话框

步骤 12：在密码窗口中输入证书保护密钥，按照向导完成导入，双击打开加密文件，如图 7–83 所示。

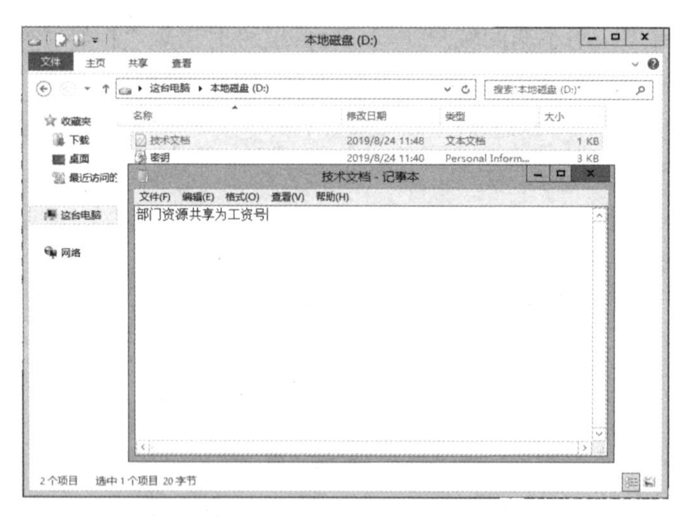

图 7–83 打开加密文件窗口

7.8 项目实战：加固 Windows Server 2012 R2 操作系统

项目背景：随着各行各业信息化水平的不断提高、业务应用的不断增多，产生了大量的业务数据，这些业务数据在很大程度上具有很强的机密性。虽然很多企业和组织已经部署了防火墙、杀毒软件等，但外部与内部的信息窃取、系统渗透、网站被黑、业务中断等恶意攻击行为却时有发生，服务器安全面临严峻的考验。

项目方案：

虽然操作系统本身在不断完善，对攻击的抵抗能力日益提高，但是要提供完整的系统安全保证，仍然有许多安全配置和管理工作要做。全面设置新安装的 Windows Server 2012 R2 服务器，可以从以下几个方面入手。

1. 启用 Windows Update 服务

（1）新系统安装后，先进行全面的 Windows Update 服务，打全所有官方公布的补丁程序。

微软公司提供的安全补丁有两类：服务包（Service Pack）和热补丁（Hot fixes）。

服务包已经通过回归测试，能够保证安全安装。每个 Windows 的服务包都包含在此之前所有的安全补丁。微软公司建议用户及时安装服务包的最新版。安装服务包时，应仔细阅读其自带的“Readme”文件并查找已经发现的问题，最好先安装一个测试系统，进行试验性安装。

安全热补丁的发布更及时，只是没有经过回归测试。

在安装之前，应仔细评价每一个补丁，以确定是立即安装，还是等待更完整的测试之后再安装。在 Web 服务器上正式使用热补丁之前，最好在测试系统上对其进行测试。

自动更新是 Windows 操作系统的一项功能，当重要更新发布时，它会及时提醒用户下载和安装。

步骤 1：用鼠标右键单击“我的电脑”图标，选择“属性”选项，打开“自动更新”选项卡，一般选择每天凌晨更新一次（这时上网人少，速度快）。

注意：一般运行完更新脚本后更新并不会立刻开始，需要等待一段时间（30 分钟以内），计算机一旦发现有新的更新存在会立刻自动给出下载安装的提示以及各种更新的详细说明（屏幕右下角会出现一个图标）。

步骤 2：单击链接“http://www.microsoft.com/zh-cn/default.aspx”随时进行在线更新，如图 7–84 所示。

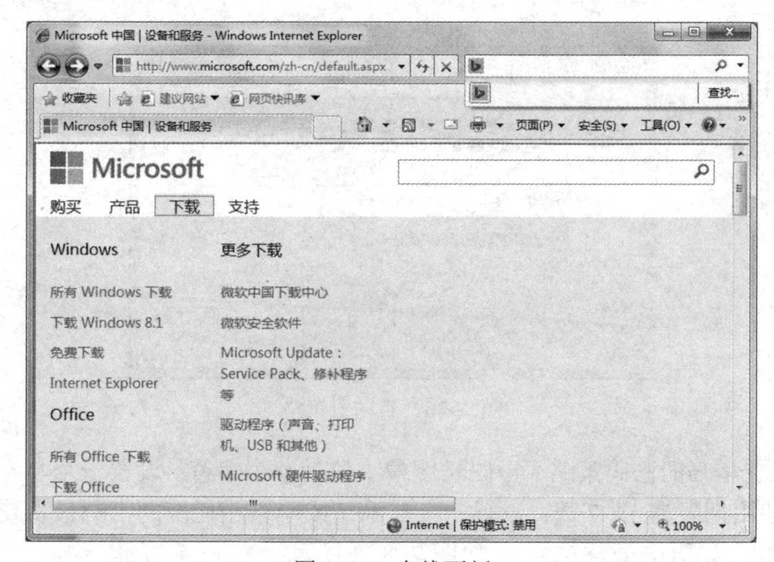

图 7–84　在线更新

2. 用户基本管理

步骤 1：禁止或删除不必要的账户（如 Guest），如图 7–85 所示。

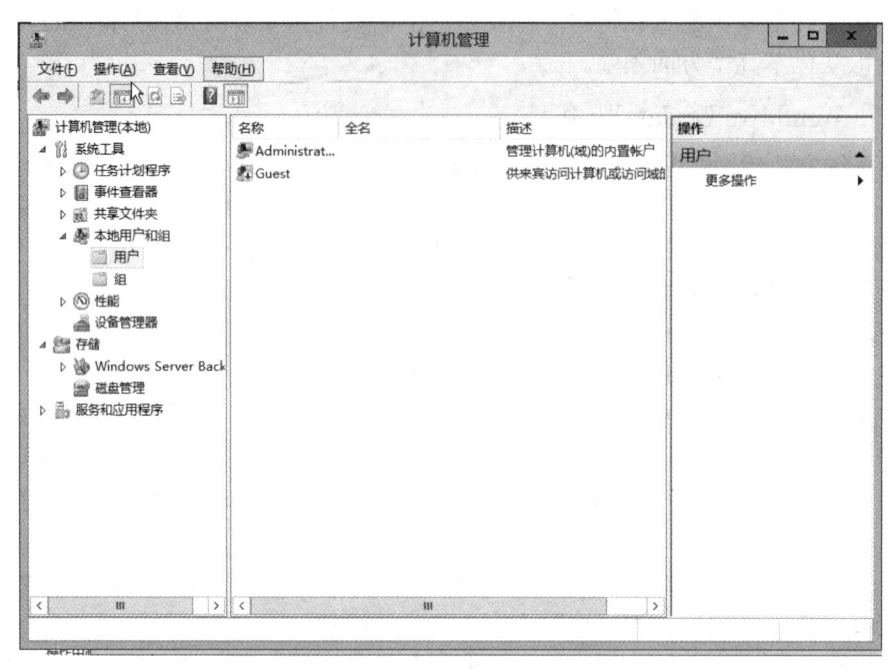

图 7–85　禁止或删除不必要的账户

步骤 2：单击“开始”按钮，选择“运行”命令，在“运行”对话框中输入“gpedit.msc”命令，即可启动组策略，如图 7–86 所示。

图 7–86　启动组策略

步骤 3：设置增强的密码策略（密码长度最小值为 9 个字符；设置一个与系统或网络相适应的密码最短使用期限为 1～7 天；设置一个与系统或网络相适应的密码最长使用期限不超过 42 天；设置强制密码历史至少 6 个），如图 7–87 所示。

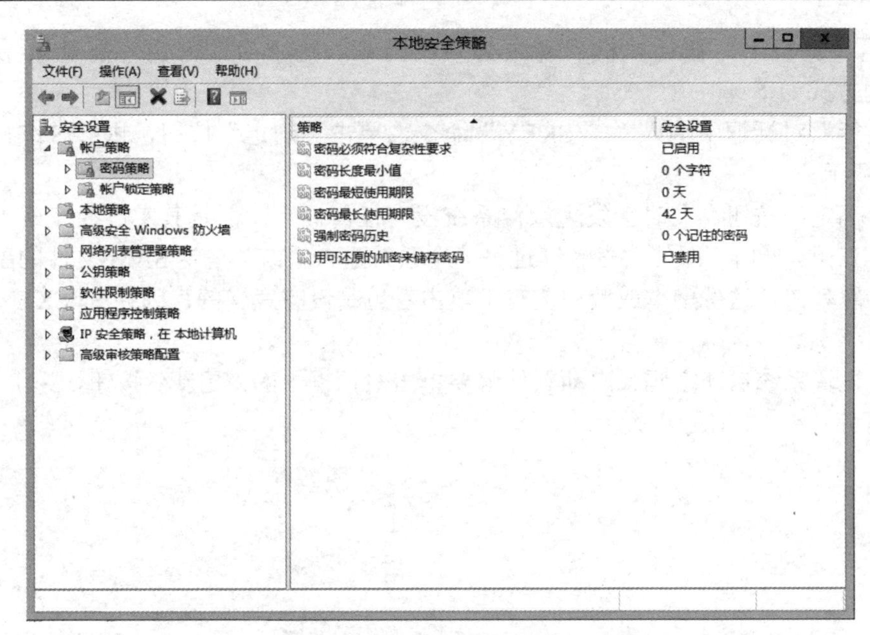

图 7–87　设置增强的密码策略

步骤 4：设置账户锁定策略（修改重置账户锁定计数器为 30 分钟之后，账户锁定时间为 30 分钟，账户锁定阈值为 5 次），如图 7–88 所示。

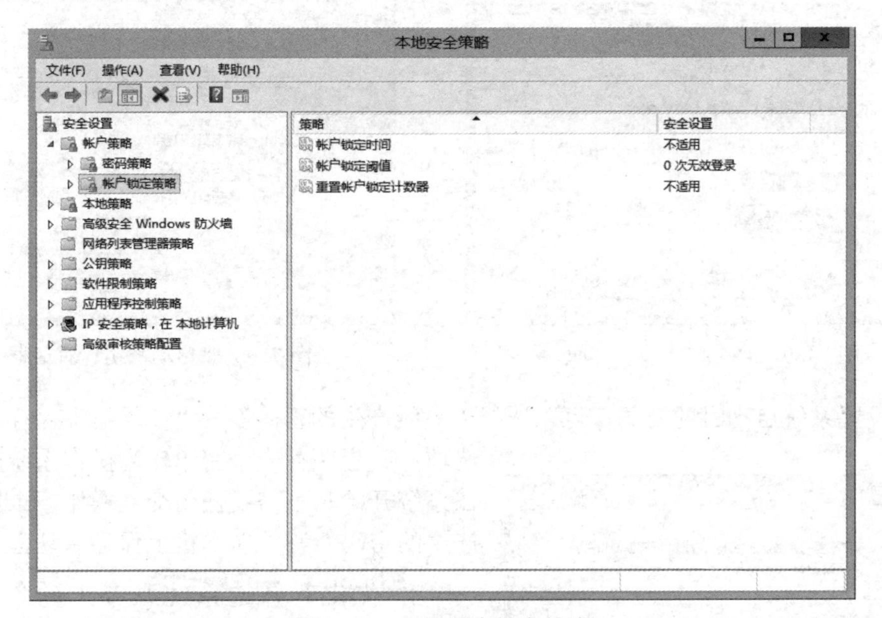

图 7–88　设置账户锁定策略

步骤 5：加强管理员账户的安全性：将 Administrator 重命名；为 Administrator 账户设置一个复杂密码；建立一个伪账户，其名字虽然是 Administrator，但是没有任何权限；除管理员账户外，有必要再增加一个属于管理员组（Administrators）的账户，作为备用账户。

步骤 6：利用 SYSKEY 保护账户信息。

SYSKEY 用来保护 SAM 的账户信息。在默认情况下，启动密钥是一个随机生成的密钥，存储在本地计算机上，在计算机启动时必须正确输入这个启动密钥才能登录系统。运行 SYSKEY 的方式如下：

在“运行”对话框中输入“SYSKEY”命令，单击“确定”按钮，进行 SYSKEY 设置，如图 7–89 所示。

单击“确定”按钮，此时会发现操作系统没有任何提示，但是其实已经完成了对散列值的二次加密工作。此时，即使攻击者通过另一个系统进入系统，盗走 SAM 文件的副本或者在线提取密码散列值，这份副本或散列值对于攻击者也是没有意义的，因为 SYSKEY 提供了安全保护。

如果要设置系统启动密码或启动软件就要单击对话框中的“更新”按钮，弹出图 7–90 所示的对话框。

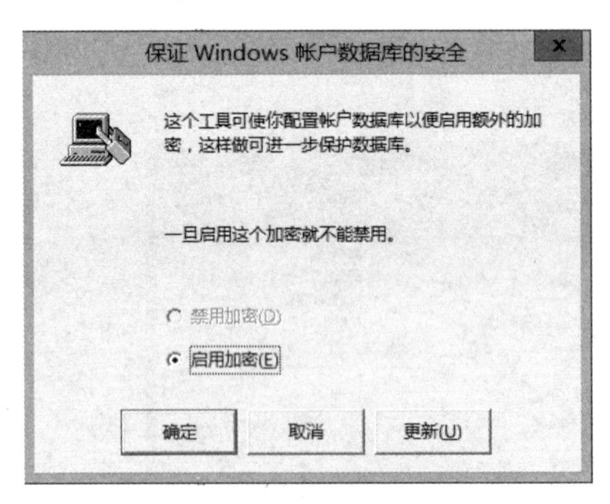

图 7–89 SYSKEY 设置界面

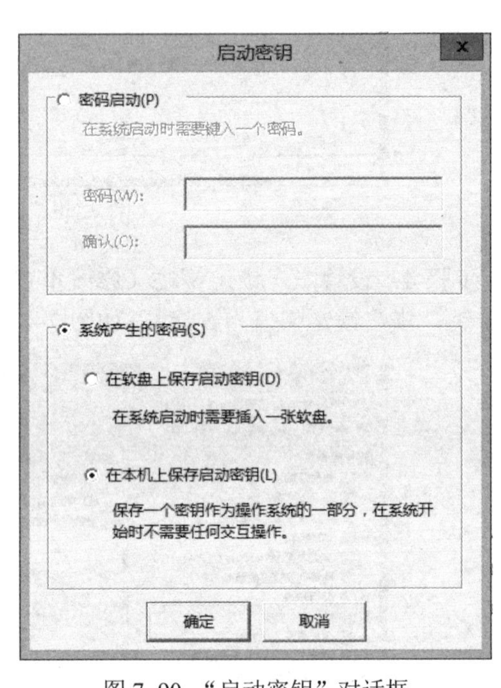

图 7–90 “启动密钥”对话框

若想设置系统启动时的密码，可以选择“系统产生的密码”→“在软盘上保存启动密钥”选项；若想保存一个密码作为操作系统的一部分，在系统开始时不需要任何交互操作，可选择“系统产生的密码”→“在本机上保存启动密钥”。

图 7–91 打开服务控制台

3. 优化和筛选系统服务中的各项服务

步骤 1：单击“开始”按钮，选择“运行”命令，在“运行”对话框中输入“services.msc”命令，单击“确定”按钮，如图 7–91 所示。

步骤 2：在服务控制台中，打开“Computer Browser”，如图 7–92 所示。

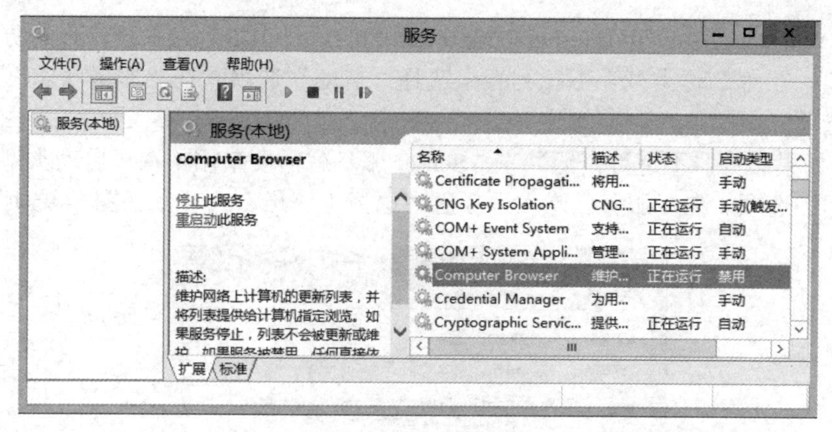

图 7–92　运行服务控制台

步骤 3：在“常规”选项卡中的“启动类型”下拉列表中选择“禁用”选项，在“服务状态”下拉列表中选择“停止”选项。Computer Browser 服务被关闭，可用来防止局域网之间的浏览，如图 7–93 所示。

步骤 4：按同样的方法停止 Messenger、Print Spooler、Windows Time、Windows User Mode Driver Framework、WinHTTP Web Proxy Auto-Discovery Service、Wireless Configuration、Workstation、Remote Registry、TCP/IP NetBIOS Helper、Telnet 终端等服务。

步骤 5：Remote Procedure Call（RPC）服务不能停止，要把“恢复”选项卡中的“第一次失败”“第二次失败”“后续失败”全部设置为“无操作”，如图 7–94 所示。

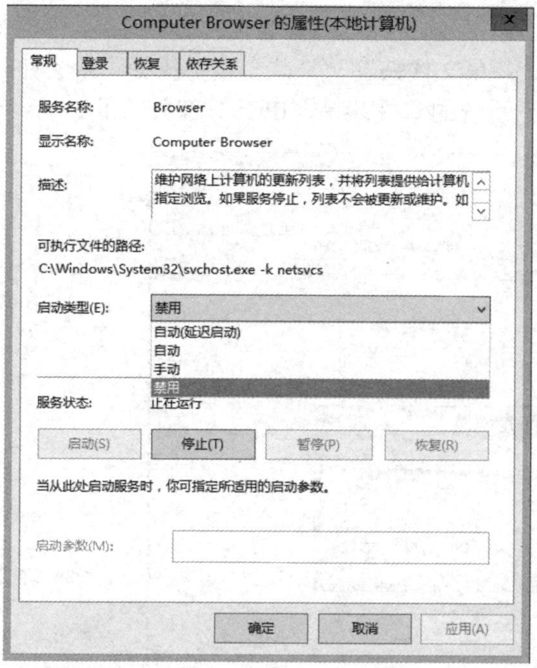

图 7–93　“Computer Browser 的属性”对话框

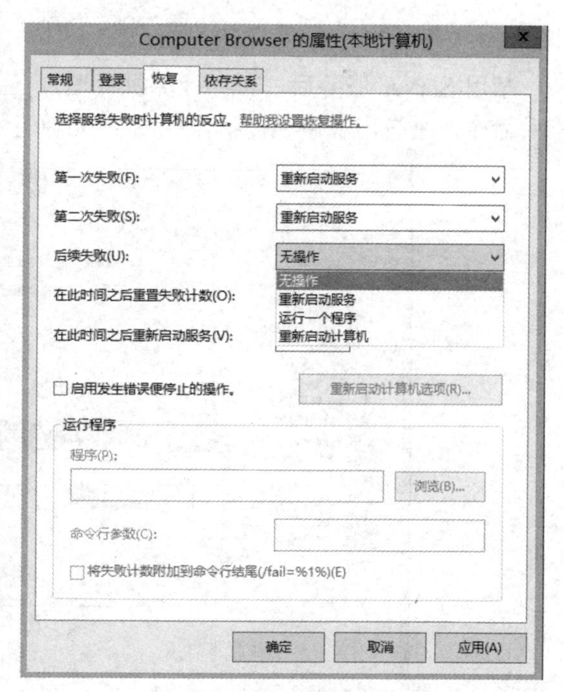

图 7–94　RPC 服务失败恢复选项

步骤 6：Windows Firewall/Internet Connection Sharing（ICS）为系统自带的防火墙，根据情况最好开启。在“启动类型”下拉列表中选择“自动”选项，在“服务状态”选项区中选择“启动”选项。

步骤 7：如果服务器不进行资源共享，Server 服务就需要禁用。在“启动类型”下拉列表中选择“禁用”选项，在“服务状态”选项区中选择“停止”选项，如图 7–95 所示。

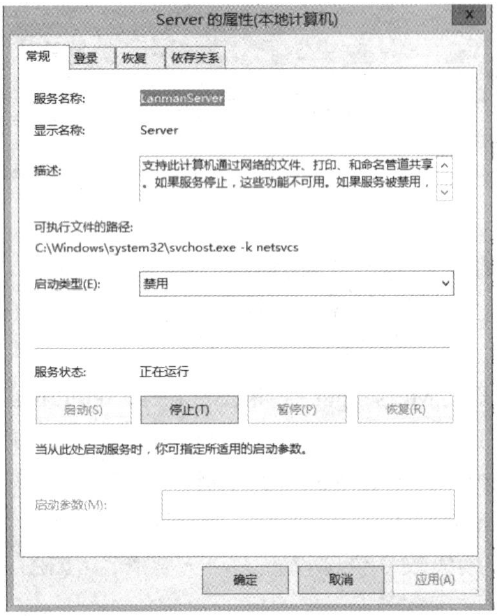

Server 的属性(本地计算机)
常规 登录 恢复 依存关系
服务名称: LanmanServer
显示名称: Server
描述: 支持此计算机通过网络的文件、打印、和命名管道共享。如果服务停止，这些功能不可用。如果服务被禁用，
可执行文件的路径:
C:\Windows\system32\svchost.exe -k netsvcs
启动类型(E): 禁用
服务状态: 正在运行
启动(S) 停止(T) 暂停(P) 恢复(R)
当从此处启动服务时，你可指定所适用的启动参数。
启动参数(M):
确定 取消 应用(A)

图 7–95 “Server 的属性”对话框

禁用 Server 服务后，在“计算机管理”→“共享文件夹”→“共享”中执行“新文件共享”命令，系统出现错误提示，如图 7–96 所示。系统的常规共享、IPC$等都关闭了。

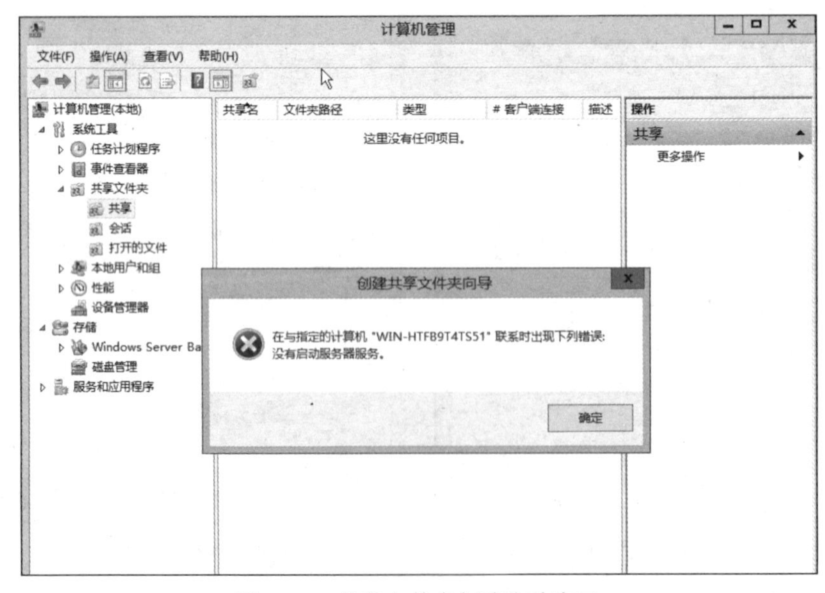

图 7–96 共享文件夹创建失败窗口

步骤 8：禁用 TCP/IP 上的 NetBIOS（关闭 137/138 端口）。

在“高级 TCP/IP 设置”对话框中选择“WINS”选项卡，在“NetBIOS 设置”选项区中选择“禁用 TCP/IP 上的 NetBIOS”选项，单击“确定”按钮，如图 7–97 所示。

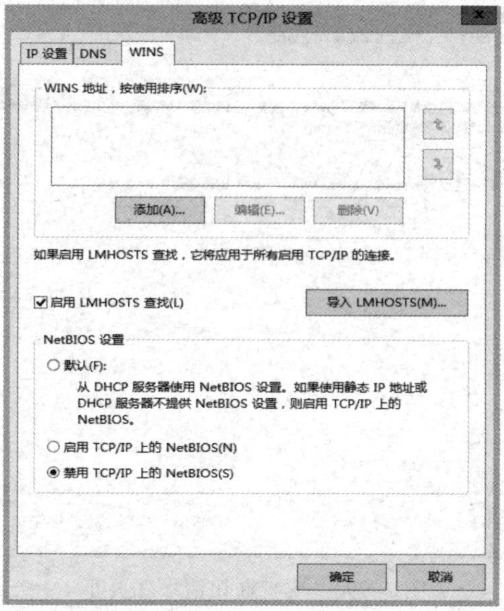

图 7–97　禁用 TCP/IP 上的 NetBIOS

4. 关闭常用端口及防止 Ping 攻击

步骤 1：选择“程序”→“管理工具”→“本地安全策略”→“IP 安全策略，在本地计算机”选项，在右边窗格的空白位置单击鼠标右键，弹出快捷菜单，选择“创建 IP 安全策略”命令，会弹出一个“IP 安全策略向导”对话框。在对话框中单击“下一步”按钮，将新的安全策略命名为“禁用 ICMP”，如图 7–98 所示。

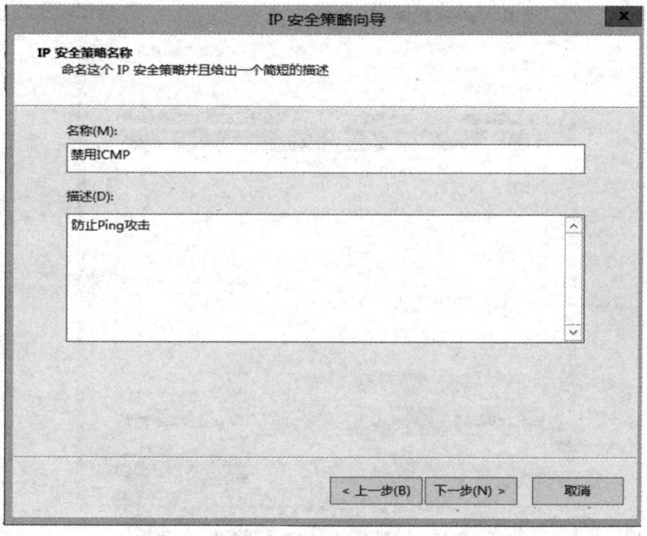

图 7–98　“IP 安全策略向导”对话框

步骤 2：单击“下一步”按钮，显示“安全通讯请求”页面，在对话框上把“激活默认响应规则”选项，如图 7–99 所示。

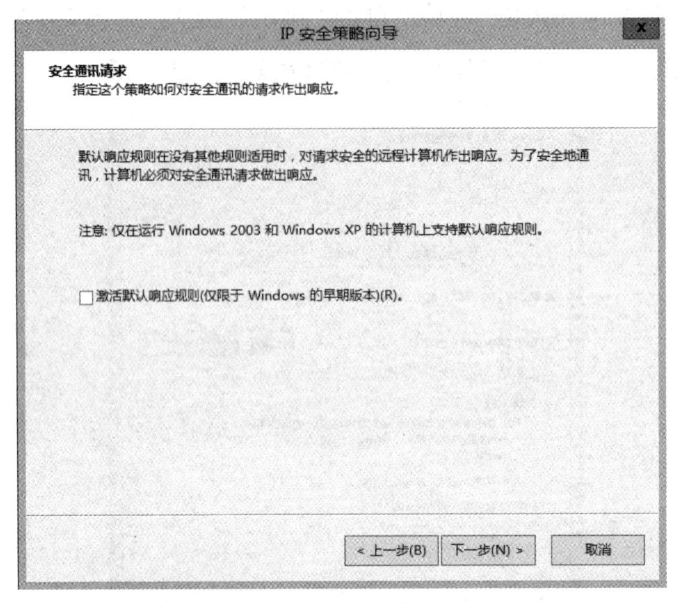

图 7–99 “安全通讯请求”页面

步骤 3：单击“下一步”按钮，选择验证方法，再单击“下一步”按钮，出现一个警示窗口，单击“是”按钮，再单击“完成”按钮就创建了一个新的 IP 安全策略。

步骤 4：用鼠标右键单击该 IP 安全策略，在“禁用 ICMP 属性”对话框中“IP 安全规则”区域中取消勾选“使用添加向导”选项，如图 7–100 所示。

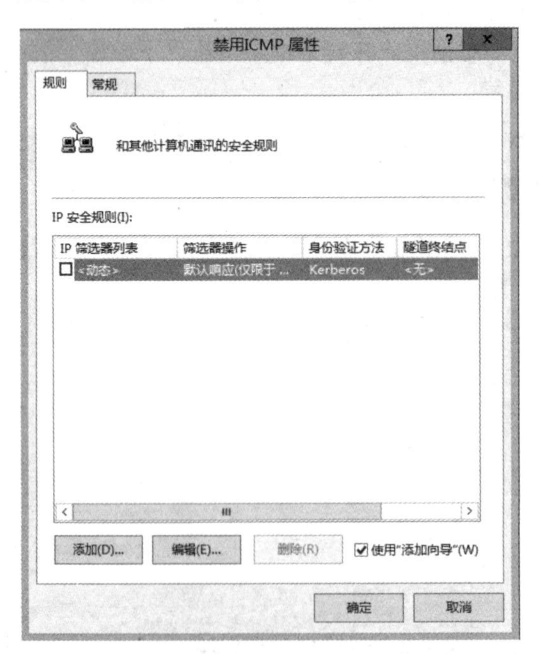

图 7–100 “禁用 ICMP 属性”对话框

步骤 5：单击“添加”按钮添加新的规则，随后弹出“新规则属性”对话框，单击“添加”按钮，弹出“IP 筛选器列表”对话框，修改名称为“ICMP-Ping”。取消勾选“使用添加向导”选项，然后单击“添加”按钮添加新的筛选器，如图 7–101 所示。

步骤 6：进入“IP 流量源”页面，在“源地址”下拉列表中选择“我的 IP 地址”选项，如图 7–102 所示。

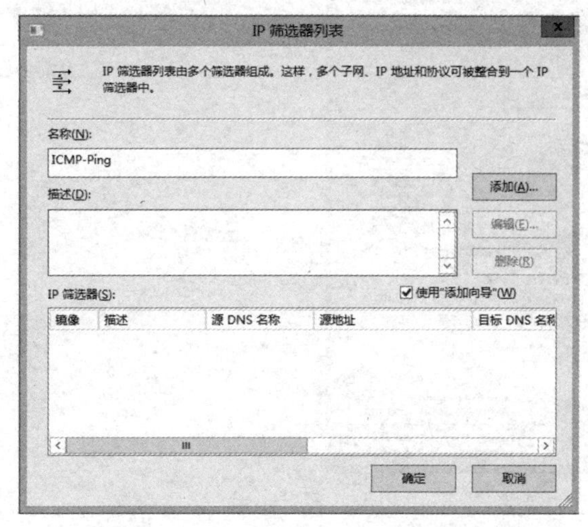

图 7–101　“IP 筛选器列表”对话框

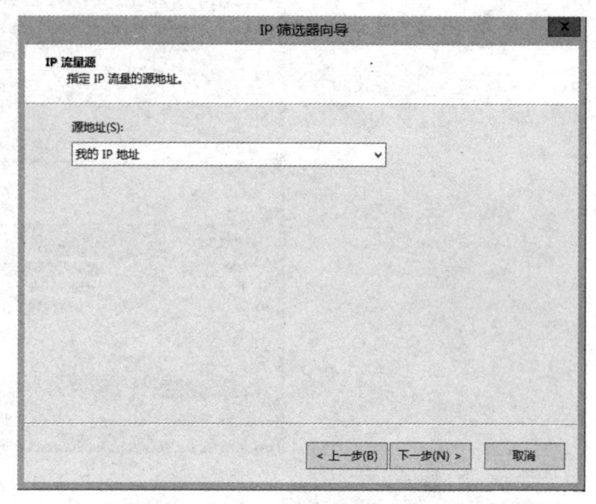

图 7–102　“IP 流量源”页面

步骤 7：单击“协议”选项卡，在“选择协议类型”下拉列表中选择“ICMP”选项，如图 7–103 所示。

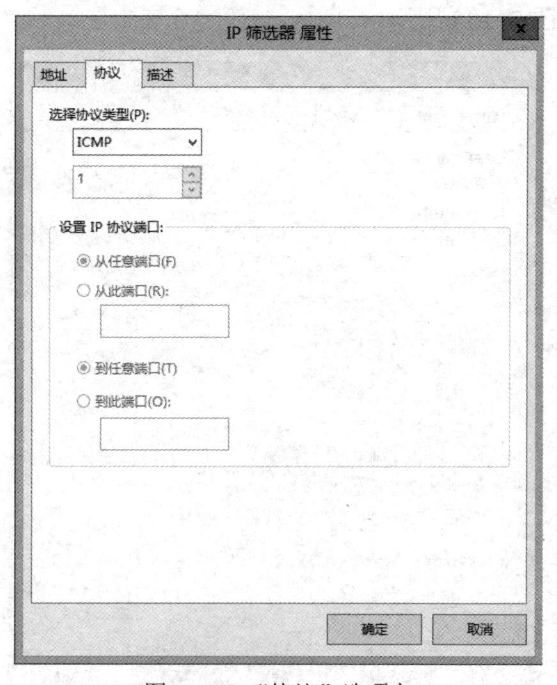

图 7–103　“协议”选项卡

步骤 8：单击“确定”按钮回到“IP 筛选器列表”对话框，可以看到已经添加了一条策略，重复以上步骤可以添加多条策略（例如：在“选择协议类型”下拉列表中选择“TCP”选项，然后在“到此端口”文本框中输入“4012”，最后单击“确定”按钮，就可以关闭 4012 端口），如图 7–104 所示。

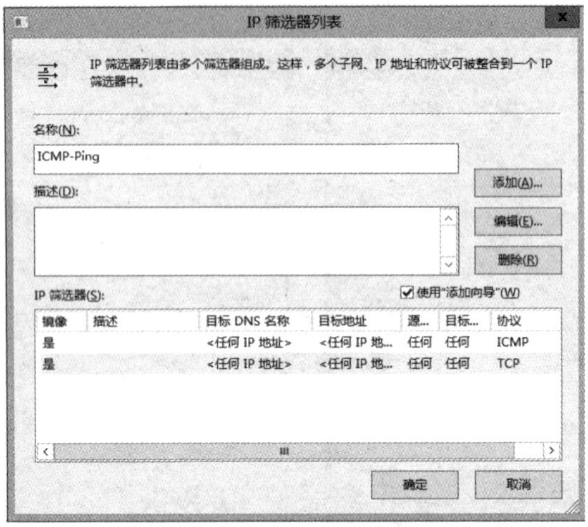

图 7–104　添加策略

步骤 9：在“新规则属性”对话框中，激活“新 IP 筛选器列表”，选择“筛选器操作”选项卡。在“筛选器操作”选项卡中，取消勾选“使用添加向导”选项，单击“添加”按钮，添加“阻止”操作。在“ICMP 属性”对话框的“安全方法”选项卡中选择“阻止”选项，然后单击“确定”按钮，如图 7–105 所示。

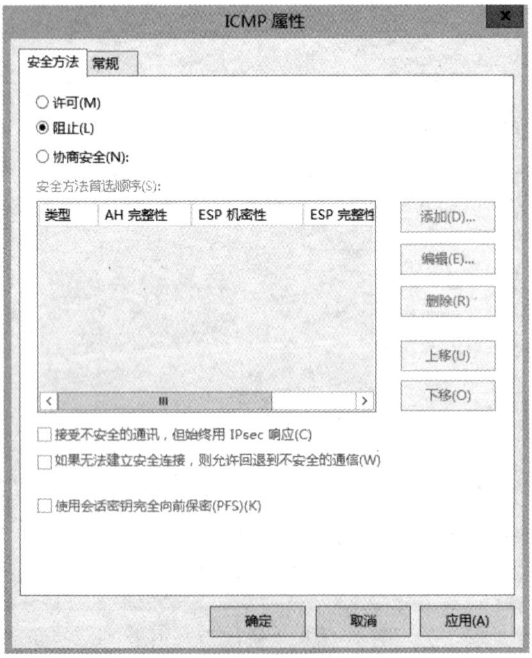

图 7–105　“安全方法”选项卡

步骤 10：进入“新规则属性”对话框，勾选“新筛选器操作”选项，单击“关闭”按钮，关闭对话框。最后回到“新 IP 安全策略属性”对话框，勾选“新的 IP 筛选器列表”选项，单击“确定”按钮关闭对话框。在“本地安全策略”对话框中用鼠标右键单击“禁用 ICMP”，选择“指派”选项，如图 7–106 所示。

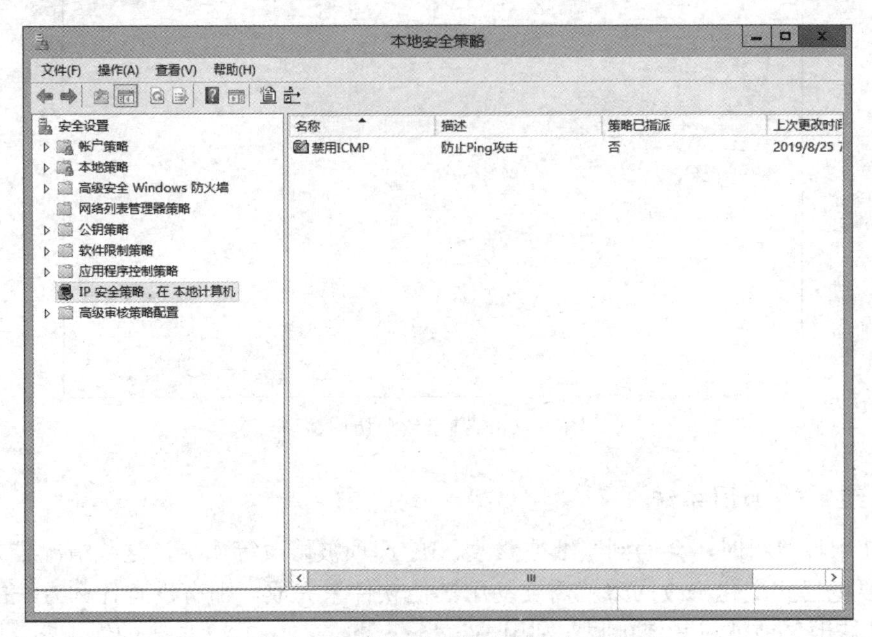

图 7–106　“本地安全策略”对话框

步骤 11：重新启动后，计算机上相应的网络端口就被关闭了，病毒和黑客再也不能连接这些端口，从而达到保护计算机系统的目的。在本例中配置了禁用 ICMP 策略，发现本机不能 Ping 通 192.168.3.1，如图 7–107 所示，但是可以访问该机的共享资源，如图 7–108 所示。

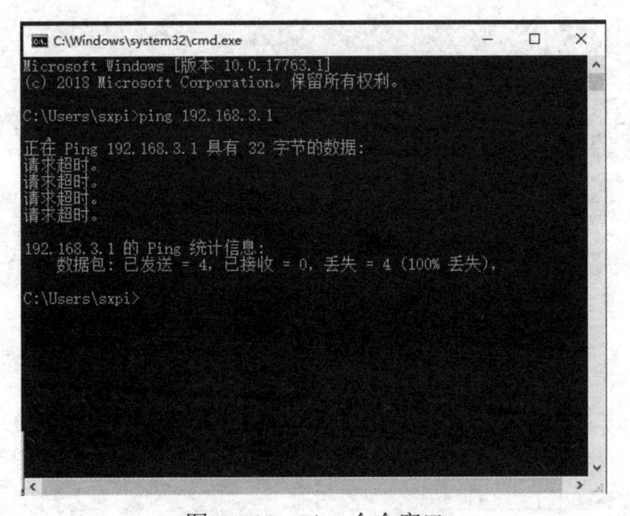

图 7–107　Ping 命令窗口

图 7–108　共享资源访问窗口

5. 用组策略加固系统

平时使用计算机时，会遇到壁纸被修改、IE 选项被修改等情况，这些情况带来了诸多不便。如果要把这些变化修改回来就需要动用其他软件来完成，那有没有什么方法能够防患于未然，在被修改之前就将其禁止呢？利用 Windows Server 2012 R2 自带的组策略，只需要对相关的选项进行设置就可以实现加固系统的目的。

（1）在组策略中，提供了一个“Active Desktop”策略，这个策略允许用户设置壁纸并防止用户更改壁纸及其外观。

步骤 1：在“本地组策略编辑器”窗口左侧的“本地计算机策略”中依次展开“用户配置”→“管理模版”→“桌面”→“Active Desktop”，如图 7–109 所示。

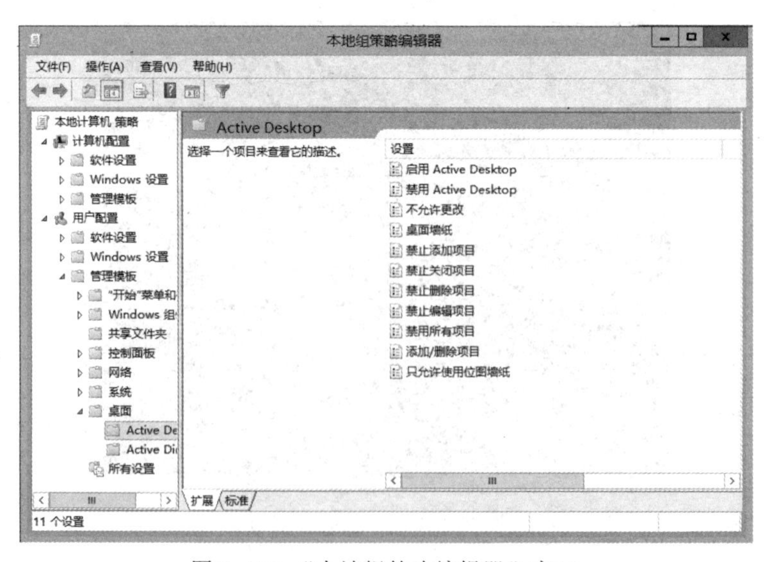

图 7–109　“本地组策略编辑器”窗口

步骤 2：在窗口右侧双击“启用 Active Desktop”策略项，弹出一个设置对话框，选择“已启用”选项，这时下面的文本框已被激活，在“壁纸名称”项中输入壁纸文件所在的文件夹和名称，并在“壁纸样式”中指定墙纸是否居于中央、是否平铺或拉伸等，在此可以根据需要选择，然后单击“确定”按钮即可。

在该策略中，系统提供了一个 UNC 路径，通过该功能可以设置网络中的图片或局域网中其他计算机中的图片作壁纸，如果设置其他计算机上的图片作壁纸可以输入“//Server/*.jpg”格式。通过该策略设置后，用户就不能通过“系统属性”更改壁纸了。

（2）屏蔽“Internet 选项”。

如果有一台公用计算机，用户对 IE 浏览器进行了必要的设置，如安全级别、控件启用设置等，若不想让他人进行修改，就可以通过组策略将“Internet 选项”中的各项屏蔽掉，以后使用时启用即可。

屏蔽 IE 浏览器的“Internet 选项”时，依次展开“用户配置”→“管理模版”→“Windows 组件”→“Internet Explore”→“Internet 控制面板”，此时在窗口右侧出现了禁用“Internet 选项”的所有标签项策略，如果要屏蔽某一标签项，如常规标签项，在此双击“禁用常规页”策略，然后在弹出的对话框中选择“已启用”选项，即可将其屏蔽，以后再使用各项功能时在此选择“未配置”选项即可将其恢复，如图 7–110 所示。

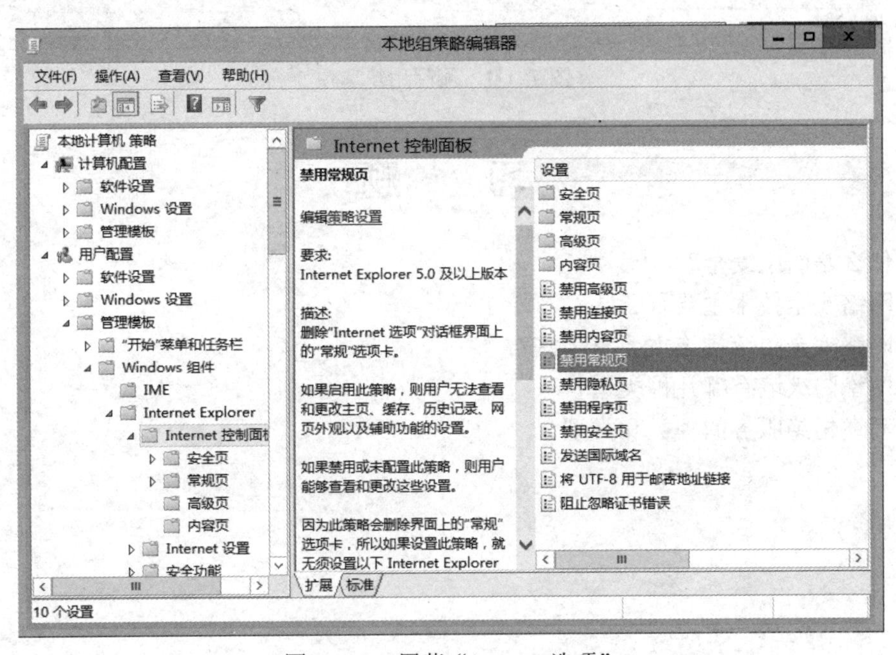

图 7–110　屏蔽“Internet 选项”

（3）删除用户选项。

许多人使用“Ctrl+Alt+Del”组合键来显示用户选项，包括“任务管理器”“锁定计算机”“更改 Windows 密码”“注销 Windows”“关机”等选项。这些选项都是非常重要的，为了防止他人操作可以在组策略中屏蔽这些选项。

依次展开“用户设置”→“管理模版”→“系统”→“Ctrl+Alt+Del 选项”，在该分支下共有“删除‘更改密码’”“删除‘锁定计算机’”“删除‘任务管理器’”“删除‘注销’”4 个策略，双击其中需要屏蔽的项目，弹出一个设置对话框，在该对话框中选择“启用”选项即可，如图7–111所示。

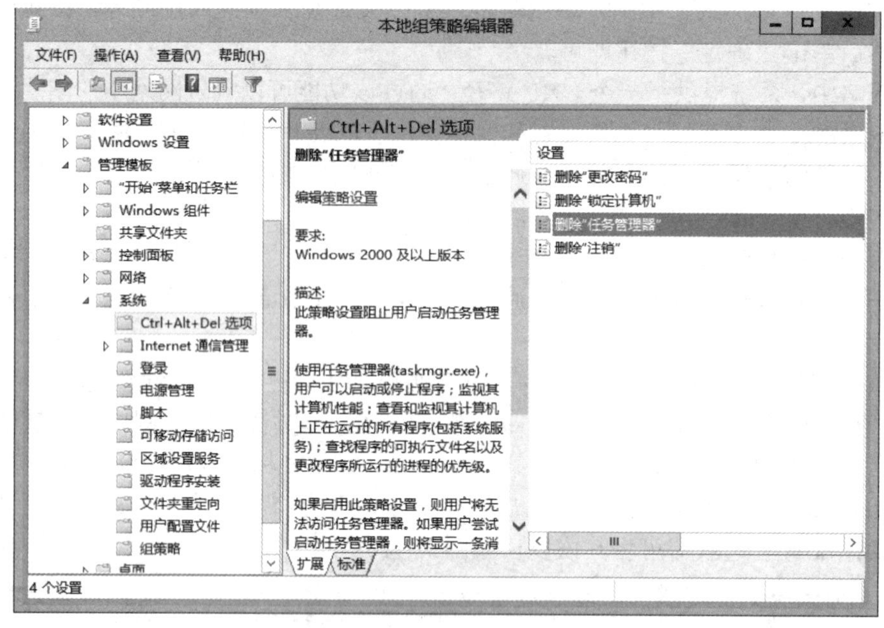

图7–111　删除用户选项

习　题

（1）什么是网络安全？
（2）网络安全技术主要有哪些？
（3）网络安全防范措施主要有哪些？
（4）网络防火墙有哪几种类型？
（5）简述拒绝服务的种类和类型。

项目8　网络故障检测与排除

项目重点与学习目标

（1）掌握故障排除的基本方法和步骤；
（2）熟悉网络故障诊断与排除的基本操作流程；
（3）掌握故障排除的常用工具软件的使用方法；
（4）学会分析处理基本的网络故障问题。

项目情境

随着企业网络规模的日益增大，新业务的应用对网络带宽和网络传输技术有了更高的要求，导致网络带宽不断增长和新网络协议不断出现。在应用新技术的同时还要兼顾传统技术，现在互联网环境变得非常复杂，企业网络经常出现断网、网速慢等故障。

项目分析

要正确地维护网络，对故障进行迅速、准确的定位，必须建立一个系统化的故障排除思路和合理的规划方案，将复杂的问题进行隔离、分解或缩减排错范围。网络故障诊断以网络原理、网络配置和网络运行的知识为基础，从故障现象出发，以网络诊断工具为手段获取诊断信息，确定网络故障点，查找问题的根源，排除故障，恢复网络正常运行。

8.1　任务1：识别网络故障

网络故障诊断是从故障现象出发，以网络诊断工具为手段获取诊断信息，确定网络故障点，查找问题的根源，排除故障，恢复网络的正常运行。

网络故障诊断应该实现3个目的：确定网络的故障点，恢复网络的正常运行；发现网络规划和配置的欠佳之处，改善和优化网络的性能；观察网络的运行状况，及时预测网络通信质量。网络故障诊断是管好、用好网络，使网络发挥最大作用的重要技术工作。

网络故障通常有以下几种可能：

（1）物理层中物理设备相互连接失败或者硬件和线路本身存在问题；
（2）数据链路层的网络设备的接口配置存在问题；
（3）网络层网络协议配置或操作错误；
（4）传输层的设备性能存在或通信拥塞；
（5）网络应用程序错误。

诊断网络故障的过程应该沿着OSI7层模型从物理层开始向上进行。首先检查物理层，然后检查数据链路层，依此类推，确定故障点。

根据网络故障对网络应用的影响程度，网络故障一般分为连通性故障和性能故障两大类。

连通性故障是指网络中断，业务无法进行，它是最严重的网络故障；性能故障是指网络的性能下降，传输速率变慢，业务受到一定程度的影响，但并未中断。

1. 连通性故障

连通性故障的表现形式主要有以下几种：

（1）硬件、介质、电源故障：硬件故障是引起连通性故障的最常见的原因。网络中的网络设备是由主机设备、板卡、电源等硬件组成的，并由电缆等介质连接起来。设备遭到撞击、安装板卡有静电、电缆使用错误等都可能引起硬件损失，从而导致网络无法连通。另外，电源中断，如交换机的电源线连接松脱，也是引起连通性故障的常见原因。

（2）配置错误：设备的正常运行离不开软件的正确配置。如果软件配置错误，则很可能导致连通性故障。目前网络协议种类众多且配置复杂，如果某一种协议的某一个参数没有被正确配置，很可能导致连通性故障。

（3）设备间兼容性问题：计算机网络的构建需要许多网络设备，同时网络也可能是由多个厂商的网络设备组成的，这时，网络设备的兼容性显得十分重要。如果网络设备不能很好地兼容，设备间的协议报文交互有问题，就会导致连通性故障。

2. 性能故障

有时可能网络连通性没有问题，但是网络访问速度却慢了下来，或者某些业务的流量阻塞，而其他业务的流量正常，这意味着网络出现了性能故障。一般来说，性能故障的主要原因如下：

（1）网络拥塞：网络中任何一个节点的性能出现问题都会导致网络拥塞。这时需要查找网络的瓶颈节点并进行优化。

（2）到目的地不是最佳路由：如果在网络中使用了某种路由协议，但在部署协议时并没有仔细规划，则可能导致数据经次优化路线到达目的网络。

（3）供电不足：确保网络设备电源达到规定的电压水平，否则会导致设备处理性能问题，从而影响整个网络。

（4）网络环路：交换网络中如果有物理环路存在，则可能引发广播风暴，降低网络性能。距离矢量路由协议也可能产生路由环路。因此，在交换网络中一定要避免产生环路，而在网络中应用路由协议时，也要选择没有路由环路的协议或采取措施来避免产生路由环路。

网络故障发生时，维护人员首先要判断是连通性故障还是性能故障，然后根据故障类型进行相应的检查。对于连通性故障，首先检查硬件，看电源是否正常、电缆是否损坏等。对于性能故障，则重点从以上几个方面来考虑，查找具体的故障原因。

8.1.1 网络故障排除综述

如何排除网络故障？建议采用系统化故障排除思想。故障排除系统化是合理地、一步一步找出故障原因，并解决故障的总体原则。它的基本思想是将可能的故障原因所构成的一个大集合缩减（或隔离）成几个小的子集，从而使问题的复杂度迅速下降。排除故障时，有序的思路有助于解决所遇到的困难。图8–1所示为网络故障排除流程。

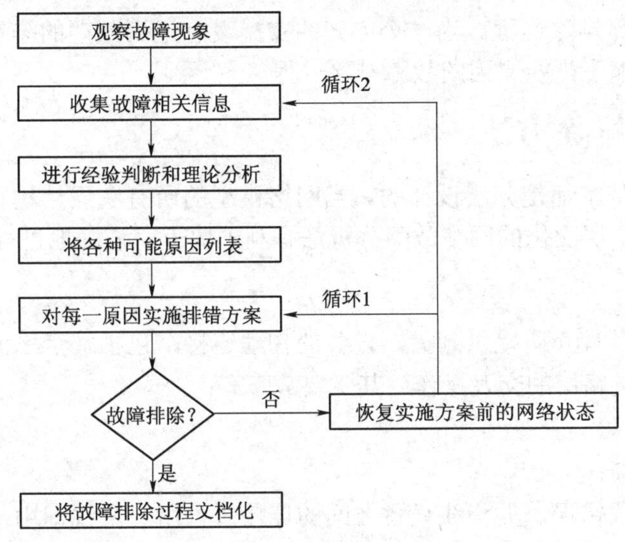

图 8–1　网络故障排除流程

（1）观察故障现象。要想对网络故障作出准确的分析，首先应该完整清晰地描述网络故障现象，标志故障发生的时间、地点，故障所导致的后果，然后确定可能产生这些现象的根源或症结。因此，准确观察故障现象，对网络故障作出完整、清晰的描述是重要的一步。

（2）收集故障相关信息。本步骤是搜集有助于查找故障原因的更详细的信息，主要有以下 3 种途径：

① 向受影响的用户、网络人员或其他关键人员提出问题。

② 根据故障描述性质，使用各种工具搜集情况，如网络管理系统、协议分析仪、“show”和“debugging”命令等。

③ 测试目前的网络性能，将测试结果与网络基线进行比较。

（3）进行经验判断和理论分析。利用前两个步骤收集到的数据，并根据故障排除经验和网络设备与协议的知识，确定一个排错范围。通过范围的划分，只需注意某一故障或与故障情况相关的那一部分产品、介质和主机。

（4）将各种可能原因列表。根据潜在症结制订故障排除计划，列出每一种可能的故障原因。从最有可能的症结入手，每次只作一处改动，然后观察改动后的效果。每次只做一处改动，是因为这样有助于确定特定故障的解决方法。如果同时做了两处或更多处改动，也许能够解决故障，但是难以确定最终是哪些改动消除了故障的征状，而且对日后解决同样的故障也没有太大的帮助。

（5）对每一原因实施排错方案。根据制订的故障排除计划，对每一个可能的故障原因逐步实施排除方案。在故障排除过程中，如果某一可能原因经验证无效，务必恢复到故障排除前的状态，然后验证下一个可能原因。如果列出的所有可能原因都验证无效，那么就说明没有收集到足够的故障信息，没有找到故障发生点，返回第（2）步，继续收集故障相关信息，分析故障原因，重复此过程，直到找出故障原因并排除故障。

（6）观察故障排除结果。当对某一原因执行了排错方案后，需要对结果进行分析，判断问题是否得到解决，是否引入了新的问题。如果问题解决，那么就可以直接进入文档化过程；如果没有解决问题，那么就需要再次循环进行故障排除过程。

（7）循环进行故障排除过程。当一个方案的实施没有达到预期的排错目的时，便进入该步骤。这是一个努力缩小可能原因的故障排除过程。

8.1.2 网络故障排除方法

现有的网络模型基本都是分层设计的。当网络模型的所有底层结构正常工作时，它的高层结构才能正常工作。层次化的网络故障分析法有利于快速、准确地进行故障定位。

1. 物理层

物理层负责通过某种介质提供到另一设备的物理连接，包括端点之间的二进制流的发送和接收，完成与数据链路层的交互操作。其主要故障有：

1）线路方面的故障

（1）没有连接电缆；

（2）电缆连接方式错误，如集线设备之间的连接线该用交叉线却用了直通线等（如果用双绞线，则大多用交叉电缆连接）；

（3）连接电缆不正确，如双绞线采用标准不一致（EIA568–A 和 EIA568–B）；

（4）违反以太网接线规则和布线标准；

（5）网线、跳线或信息座故障。

2）端口设置方面的故障

（1）两端设备对应的端口类型不统一，如 RS–232 端口和 V.35 端口之间的转换；

（2）速率和双工设置不匹配；

（3）数据收/发的线路没有接通，如路由器中的端口表现为“down”状态。

3）集线器故障

（1）连接距离过大；

（2）必须采用交叉电缆连接而采用直通电缆连接；

（3）端口出现故障。

4）电源故障

（1）掉电；

（2）超载、欠压等。

5）网卡故障

（1）网卡参数设置错误；

（2）在同一网段的网络设备的全双工状态、绑定帧的类型等参数要设置一致，否则网络速度变慢甚至不通；

（3）网卡受到干扰；

（4）网卡驱动不正常。

排除物理层故障的基本方法是：观察网卡、交换机或集线器的指示灯是否正常。

2. 数据链路层

数据链路层负责在网络层和物理层之间进行信息传输，它规定了介质如何接入和共享、站点如何进行标识、如何根据物理层接受的二进制数据建立帧。其主要故障有：

（1）数据链路层数据帧的问题，包括帧错发、帧重发、丢帧和帧碰撞；

（2）流量控制问题；

（3）数据链路层地址的设置问题；

（4）链路协议的建立问题（在连接端口应该使用同一数据链路层协议封装）；

（5）同步通信的时钟问题，表现为在端口上设置了不正确的时钟；

（6）数据终端设备的数据链路层驱动程序的加载问题。

排除数据链路层故障的基本方法是：使用“show interface”命令显示端口和协议均为“up”状态时，基本可以认为该层工作正常；而如果端口为“up”状态而协议为“down”状态，那么该层存在故障。链路的利用率也和该层有关，端口和协议是好的，但链路带宽有可能被过度使用，从而引起间接性的连接中断或网络性能下降。

3. 网络层

网络层负责实现数据的分段封装与重组以及差错报告，更重要的是它负责信息通过网络的最佳路径的选择。其主要故障有：

（1）地址错误和子网掩码错误；

（2）网络地址重复；

（3）路由协议配置错误。

排除网络层故障的基本方法是：沿着从源到目的地的路径查看路由器上的路由表，同时检查那些路由器接口的 IP 地址是否正确。如果所需路由没有在路由表中出现，就应该检查路由器上的相关配置，然后手动添加静态路由或排除动态路由协议的故障以使路由表更新。

4. 传输层、应用层

传输层负责端到端的数据传输，应用层是各种网络应用软件工作的地方。其主要故障有：

（1）数据包差错检查；

（2）操作系统的系统资源（如 CPU、内存、输入/输出系统、核心进程等）的运行错误；

（3）应用程序对系统资源的占用和调度；

（4）管理方面问题，如安全管理、用户管理等。

排除传输层、应用层故障的基本方法是：检查网络中的计算机、服务器等网络终端，确保应用程序正常工作。

8.1.3　任务实战：在 Cisco Packet Tracer 中进行故障检测与排除

任务目的：训练 Cisco 交换机基本故障的排错能力；强化 Cisco 交换机的基本命令配置能力。

任务内容：通过检查、分析和排除网络故障，实现设备互相通信。

任务环境：Cisco Packet Tracer 6.0。

任务步骤：

步骤 1：问题描述。某办公网络拓扑结构如图 8–2 所示，计算机与交换机之间丢包严重，致使相互之间不能正常通信。

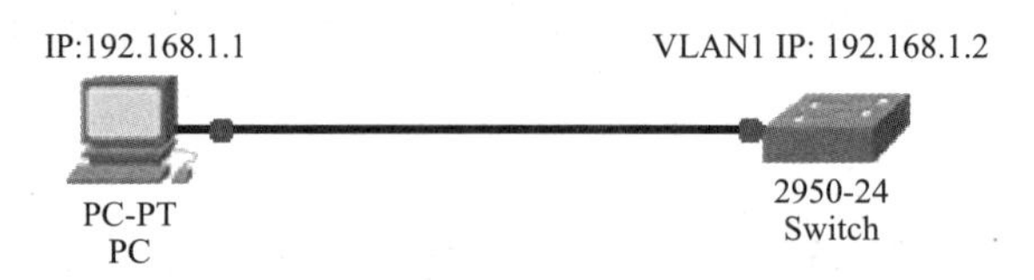

图 8–2 办公网络拓扑结构

步骤 2：原因分析。

（1）网线问题，需检查网线的好坏；

（2）检查 PC 网卡和 Switch 的 f0/1 端口的状况；

（3）从警告可以估计故障与双工模式有关，需进行配置分析。因为 Switch 以太网口默认速率是 100 MB/s，而 PC 的网卡速率也是 100 MB/s，两者很可能因为双工模式不匹配，造成网络的物理连接不通。

步骤 3：查找故障。

（1）监测网线，测试结果正常；

（2）监测 PC 网卡，测试结果正常；

（3）通过“show interfaces”命令查看 Switch 的 f0/1 端口状态，发现该端口工作在半双工模式下，如图 8–3 所示。

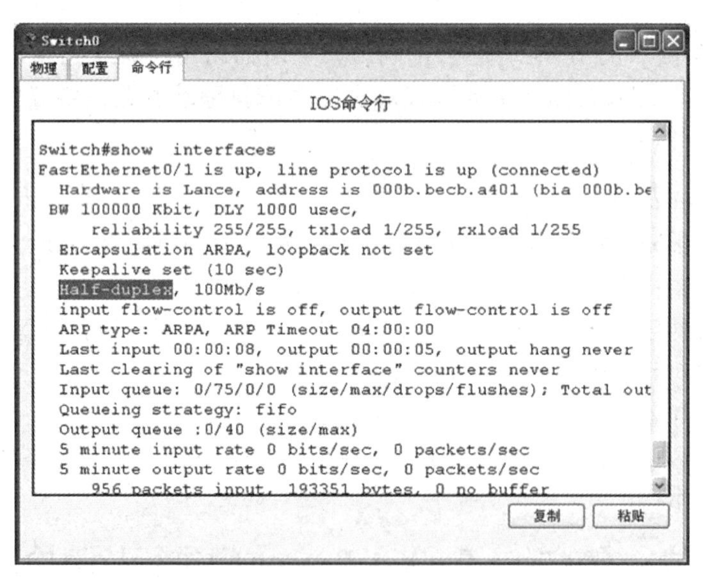

图 8–3 查看 Switch 的 f0/1 端口状态

步骤 4：排除故障。

通过“Switch（config-if）#duplex full”命令配置 Switch 的 f0/1 端口为全双工模式，重新激活该端口并进行连通性测试，如图 8–4 所示。

步骤 5：建议与总结。

在与路由器或以太网交换机连接时，如果发现网络连接不通，排除网线问题后，很可能就是双工模式不匹配的问题，在某一方修改双工模式一般都能解决此问题。

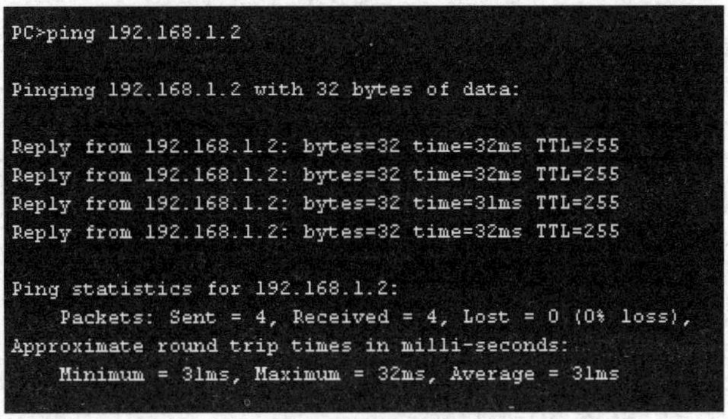

```
PC>ping 192.168.1.2

Pinging 192.168.1.2 with 32 bytes of data:

Reply from 192.168.1.2: bytes=32 time=32ms TTL=255
Reply from 192.168.1.2: bytes=32 time=32ms TTL=255
Reply from 192.168.1.2: bytes=32 time=31ms TTL=255
Reply from 192.168.1.2: bytes=32 time=32ms TTL=255

Ping statistics for 192.168.1.2:
    Packets: Sent = 4, Received = 4, Lost = 0 (0% loss),
Approximate round trip times in milli-seconds:
    Minimum = 31ms, Maximum = 32ms, Average = 31ms
```

图 8–4　测试结果

8.2　任务 2：故障排除工具的使用

网络故障的定位和排除既需要长期的知识和经验积累，也需要一系列软件和硬件工具，更需要维护者的智慧。

8.2.1　常见网络故障排除工具

在日常维护网络的过程中出现的问题一般有两类，即硬件设备问题和软件问题，解决这两类问题时使用的工具、采取的方法不同。表 8–1 所示为网络故障组件及故障诊断工具。

表 8–1　网络故障组件及故障诊断工具

TCP/IP 体系结构	OSI 模型	网络故障组件	故障诊断工具	测试重点
应用层	应用层	应用程序、操作系统	浏览器、各类网络软件、网络性能测试软件、nslookup 命令	网络性能、计算机系统
	会话层			
	表示层			
传输层	传输层	各类网络服务器	网络协议分析软件、网络协议分析硬件、网络流量监控工具	服务器端口设置、网络攻击与病毒
网络层	网络层	路由器、计算机网络配置	路由及协议设置、计算机的本地连接、Ping 命令、route 命令、tracert 命令、pathping 命令、netstat 命令	计算机 IP 设置、路由设置
网络接入层	数据链路层	交换机、网卡	设备指示灯、网络测试仪、交换机配置命令、arp 命令	网卡及交换机硬件、交换机设置、网络环路、广播风暴
	物理层	双绞线、光缆、无线传输介质、电源	电缆测线仪、网络万用表、光纤测试仪、电源指示灯	双绞线、光缆接口及传输特性

1. 网络维护的硬件检测工具

1）低端设备：电缆测试仪

标志产品及功能：BIC TX6000 电缆测试仪通过使用电气原理检查电缆的连通性。

BIC TX6000 电缆测试仪的特点如下：

（1）采用手持式设计，仅重 350 g；

（2）有 11 段量程，测试范围最大为 6 000 m；

（3）可选电缆阻抗为 25 Ω、50 Ω、75 Ω和 100 Ω；

（4）具有存储功能，可存储 50 条轨迹；

（5）USB 2.0 接口便于下载数据；

（6）内置音频发生器，可用于查线；

（7）适用于通信电缆、网线、同轴电缆等。

2）中端设备：网络万用表

标志产品及功能：Fluke 公司的 NetTool 网络万用表是集电缆、网络及 PC 配置功能于一体的手持式网络测试仪。

NetTool 网络万用表的特点如下：

（1）在线型：可同时连接两个网络设备，监听它们之间的流量，检测一般连通性问题；

（2）识别可用的网络资源：查看由运行着的服务器、路由器、打印机提供的 MAC 地址、IP 地址、子网及服务；

（3）识别 PC 所在网络：检查 PC 所配置的服务列表；

（4）电缆验证：测试电缆长度、短路、串绕或开路，包括点到点的接线图。

3）高端设备：数字式电缆分析仪

标志产品及功能：Fluke DSP–4000 系列高精度数字式电缆分析仪可提供 5 类、超 5 类及 6 类线测试所要求的 TIA Ⅲ级精度。

DSP–4300 系列高精度数字式电缆分析仪具有以下特点：

（1）测量精度高；

（2）使用新型永久链路适配器获得更准确、更真实的测试结果；

（3）标配的 6 类通道适配器使用 DSP 技术精确测试 6 类通道链路；

（4）能够自动诊断电缆故障并显示准确位置；

（5）可以存储全天的测试结果；

（6）允许将符合 TIA–606A 标准的电缆编号下载到 DSP–4300；

（7）内含先进的电缆测试管理软件包，可以生成和打印完整的测试文档。

2. 网络维护的软件检测工具

1）Ping 命令

因特网包探索器（Packet Internet Grope，Ping）是 Windows 系统中集成的一个专用于 TCP/IP 协议网络的测试工具，用于查看网络上的主机是否在工作。它是通过向该主机发送 ICMP ECHO_REQUEST 包进行测试，对方返回一个同样大小的数据包，根据返回的数据包可以确定目标主机的存在，并可初步判断目标主机的操作系统等。

使用 Ping 命令前提条件是局域网计算机已经安装了 TCP/IP 协议，并且每台计算机已经分配了 IP 地址。

作用：验证与远程计算机的连接。

格式：Ping [–t] [–a] [–n count] [–l length] [–f] [–i ttl] [–v tos] [–r count] [–s count] [[–j computer-list] | [–k computer-list]] [–w timeout] destination-list

参数：

–t Ping 指定的计算机直到用“Ctrl+C”组合键中断。

–a 将地址解析为计算机名。

–n count 发送 count 指定的 ECHO 数据包数，默认值为“4”。

–l length 发送包含由 length 指定的数据量的 ECHO 数据包，默认为 32 字节，最大值是 65 527。

–f 在数据包中发送“不要分段”标志。这时数据包就不会被路由上的网关分段。

–i ttl 将“生存时间”字段设置为 ttl 指定的值。

–v tos 将“服务类型”字段设置为 tos 指定的值。

–r count 在“记录路由”字段中记录传出和返回数据包的路由。count 可以指定最少 1 台、最多 9 台计算机。

–s count 指定 count 指定的跃点数的时间戳。

–j computer-list 利用 computer-list 指定的计算机列表路由数据包。连续计算机可以被中间网关分隔（路由稀疏源）IP 允许的最大数量为 9。

–k computer-list 利用 computer-list 指定的计算机列表路由数据包。连续计算机不能被中间网关分隔（路由严格源）IP 允许的最大数量为 9。

–w timeout 指定超时间隔，单位为毫秒。

destination-list 指定要 Ping 的远程计算机。

Ping 命令举例：

（1）连续对目标 IP 地址 192.168.2.254 执行 Ping 命令（图 8–5）。

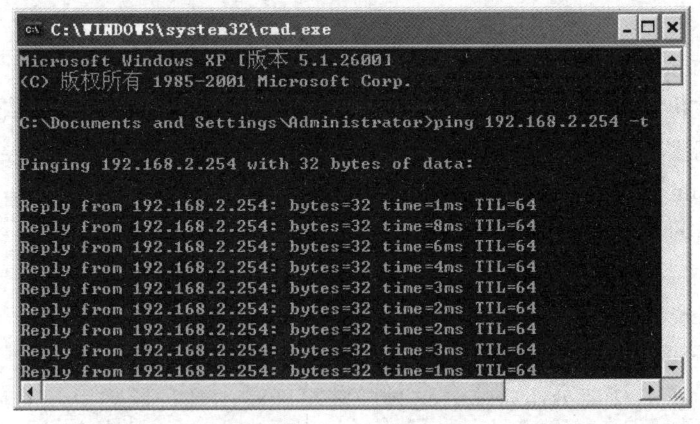

图 8–5　Ping –t 命令

（2）指定 Ping 命令中的数据长度为 100 字节，而不是缺省的 32 字节（图 8–6）。

```
C:\WINDOWS\system32\cmd.exe
Microsoft Windows XP [版本 5.1.2600]
(C) 版权所有 1985-2001 Microsoft Corp.

C:\Documents and Settings\Administrator>ping 192.168.2.254 -l 100

Pinging 192.168.2.254 with 100 bytes of data:

Reply from 192.168.2.254: bytes=100 time=2ms TTL=64
Reply from 192.168.2.254: bytes=100 time=6ms TTL=64
Reply from 192.168.2.254: bytes=100 time=3ms TTL=64
Reply from 192.168.2.254: bytes=100 time=1ms TTL=64

Ping statistics for 192.168.2.254:
    Packets: Sent = 4, Received = 4, Lost = 0 (0% loss),
```

图 8–6　Ping –l 命令

（3）对目标地址 192.168.2.254 发送 5 个数据包（图 8–7）。

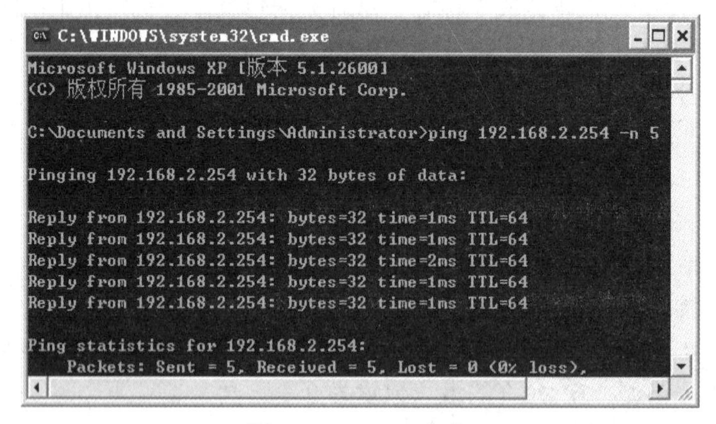

图 8–7　Ping –n 命令

Ping 命令的错误提示如下：

（1）Request timed out（请求超时）。

表示此时发送的数据包没能到达目的地，这可能有两种情况：一种是网络不通；另一种是网络连通状况不佳。

（2）Unknown host（不知名主机）。

表示该远程主机的名字不能被域名服务器（DNS）转换成 IP 地址。网络故障可能为 DNS 有故障，或者其名字不正确，或者网络管理员的系统与远程主机之间的通信线路有故障。

（3）Network unreachable（网络不能到达）。

表示本地系统没有到达远程系统的路由，可用“netstat（空格）–r n”检查路由表来确定路由配置情况。

（4）No answer（无响应）。

表示远程系统没有响应。这种故障说明本地系统有一条到达远程主机的路由，但接受不到它发给该远程主机的任何分组报文。这种故障可能是由几种原因引起的：远程主机没有工作；本地或远程主机网络配置不正确；本地或远程的路由器不工作；通信线路有故障；远程主机存在路由选择问题。

使用 Ping 命令进行网络检测的顺序如下：

（1）Ping 127.0.0.1（或 Ping 127.1）。

该地址是本地循环地址，如发现无法 Ping 通，就表明本地机 TCP/IP 协议不能正常工作，此时应检查本机的操作系统安装设置。

（2）Ping 本地 IP 地址。

如 Ping 192.168.1.10 通则表明网络适配器（网卡或 MODEM）工作正常，Ping 不通则表明网络适配器出现故障，可尝试更换网卡或驱动程序。出现此问题时，局域网用户应断开网线，然后重新发送该命令。如果网线断开后本命令正确，则表示另一台计算机可能配置了相同的 IP 地址。

（3）Ping 一台同网段计算机的 IP 地址。

不通则表明网络线路出现故障；若网络中还包含路由器，则应先 Ping 路由器在本网段端口的 IP 地址，不通则此段线路有问题，应检查网内交换机或网线。

（4）Ping 路由器（默认网关）。

如 Ping 不通，则是路由器出现故障，可更换连接路由器的网线，或用网线将计算机直接连接至路由器，如能 Ping 通，则应检查路由器至交换机的网线，如无法 Ping 通，可尝试更换计算机再 Ping，若还不能 Ping 通，则应检查路由器。

（5）Ping 远程 IP 地址。

如收到 4 个应答，表示成功地使用了缺省网关。对于拨号上网用户则表示能成功地访问 Internet（但不排除 ISP 的 DNS 有问题）。

（6）Ping 网站。

如果到路由器都正常，可再检测一个带 DNS 服务的网络，即网站。Ping 通了目标计算机的 IP 地址后，仍无法连接到该机，则可 Ping 该机的网络名。比如，在正常情况下会出现该网址所指向的 IP 地址，这表明本机的 DNS 设置正确而且 DNS 服务器工作正常，反之就可能是其中之一出现了故障。

无法 Ping 通可能有以下原因：

（1）程序未响应。

网线刚插到交换机上就想 Ping 通网关，忽略了生成树的收敛时间。当然，较新的交换机都支持快速生成树。有的管理员干脆把用户端口（access port）的生成树协议关掉，问题就解决了。

（2）访问控制。

不管中间跨越了多少跳，只要有节点（包括端节点）对 ICMP 进行了过滤，Ping 不通就是正常的。最常见的就是防火墙的行为。

（3）某些路由器端口是不允许用户 Ping 的。

当主机网关和中间路由的配置认为正确时，出现 Ping 问题也是很普遍的现象。此时应该把 Ping 的扩展参数和反馈信息、traceroute、路由器 debug 以及端口镜像和 Sniffer 等工具结合起来进行分析。

可以通过 Ping 命令的 TTL 值判断对方的操作系统（表 8–2）。

表 8–2　各种操作系统的 TTL 值

操作系统	TTL 值
Linux	64/255
Windows XP/2003、Windows7	128
Windows 98	32
UNIX	255

2）ipconfig

作用：该诊断命令显示所有当前的 TCP/IP 网络参数。

格式：ipconfig [/? | /all | /release [adapter] | /renew [adapter]

| /flushdns | /registerdns

| /showclassid adapter

| /setclassid adapter [classidtoset]]

参数：/all 产生完整显示。在没有该开关的情况下 ipconfig 只显示 IP 地址、子网掩码和每个网卡的默认网关值。

（1）通过 ipconfig /all 查看获取的详细网络信息（图 8–8）。

```
C:\WINDOWS\system32\cmd.exe
C:\Documents and Settings\Administrator>ipconfig /all

Windows IP Configuration

        Host Name . . . . . . . . . . . . : PC-201209211320
        Primary Dns Suffix  . . . . . . . :
        Node Type . . . . . . . . . . . . : Unknown
        IP Routing Enabled. . . . . . . . : No
        WINS Proxy Enabled. . . . . . . . : No

Ethernet adapter 本地连接:

        Connection-specific DNS Suffix  . :
        Description . . . . . . . . . . . : Marvell Yukon 88E8057 PCI-E Gigabit
Ethernet Controller
        Physical Address. . . . . . . . . : 00-60-6E-00-01-C0
        Dhcp Enabled. . . . . . . . . . . : Yes
        Autoconfiguration Enabled . . . . : Yes
        IP Address. . . . . . . . . . . . : 192.168.2.79
        Subnet Mask . . . . . . . . . . . : 255.255.255.0
        Default Gateway . . . . . . . . . : 192.168.2.254
        DHCP Server . . . . . . . . . . . : 192.168.2.253
        DNS Servers . . . . . . . . . . . : 192.168.100.180
                                            8.8.8.8
        Lease Obtained. . . . . . . . . . : 2013年12月28日 星期六 17:24:12
```

图 8–8　ipconfig/all 获得正确参数

（2）如果发现获取的地址为 169.254.*.*，则说明系统自动查找 IP 地址失败，造成错误的原因可能是本地网络线路故障或 DHCP 服务器发生故障（图 8–9）。

```
C:\WINDOWS\system32\cmd.exe

C:\Documents and Settings\Administrator>ipconfig /all

Windows IP Configuration

        Host Name . . . . . . . . . . . . : PC-201209211320
        Primary Dns Suffix  . . . . . . . :
        Node Type . . . . . . . . . . . . : Unknown
        IP Routing Enabled. . . . . . . . : No
        WINS Proxy Enabled. . . . . . . . : No

Ethernet adapter 本地连接:

        Connection-specific DNS Suffix  . :
        Description . . . . . . . . . . . : Marvell Yukon 88E8057 PCI-E Gigabit
Ethernet Controller
        Physical Address. . . . . . . . . : 00-60-6E-00-01-C0
        Dhcp Enabled. . . . . . . . . . . : Yes
        Autoconfiguration Enabled . . . . : Yes
        Autoconfiguration IP Address. . . : 169.254.16.135
        Subnet Mask . . . . . . . . . . . : 255.255.0.0
        Default Gateway . . . . . . . . . : 169.254.16.135
```

图 8–9　ipconfig/all 获得错误参数

3）arp

作用：显示和修改 IP 地址与物理地址之间的转换表。

格式：arp –s inet_addr eth_addr [if_addr]

arp –d inet_addr [if_addr]

arp –a [inet_addr] [–N if_addr]

参数：

–a 显示当前的 ARP 信息，可以指定网络地址。

–g 跟 –a 一样。

–d 删除由 inet_addr 指定的主机，可以使用“*”来删除所有主机。

–s 添加主机，并将网络地址跟物理地址对应，这一项是永久生效的。

eth_addr 物理地址。

inet_addr 以加点的十进制标记指定 IP 地址。

if_addr 指定需要修改其地址转换表接口的 IP 地址。

ARP 允许主机通过 IP 地址查找同一物理网络上的主机的 MAC 地址。为使 ARP 更加有效，每个计算机缓存 IP 地址到 MAC 地址映射消除重复的 ARP 广播请求。

可以使用 arp 命令查看和修改本地计算机上的 ARP 表项。arp 命令对于查看 ARP 缓存和解决地址解析问题非常有用。

（1）arp –a 命令用于查看所有当前网卡的 ARP 表条目数（图 8–10）。

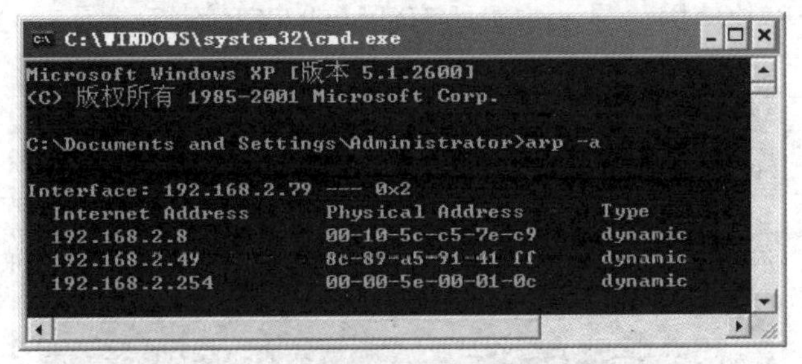

图 8–10　arp–a 命令

（2）arp–s 命令用来将某个 IP 地址和某个 MAC 地址静态绑定起来，在 ARP 中，一般的 IP 地址和 MAC 地址是根据 ARP 动态绑定的，如果将某个 IP 地址和某个 MAC 地址静态绑定起来，那么主机将不会再使用 ARP 动态获取这个 IP 地址对应的 MAC 地址。这个命令一般用来绑定局域网主机默认网关的 IP 地址和其对应的 MAC 地址（图 8–11）。

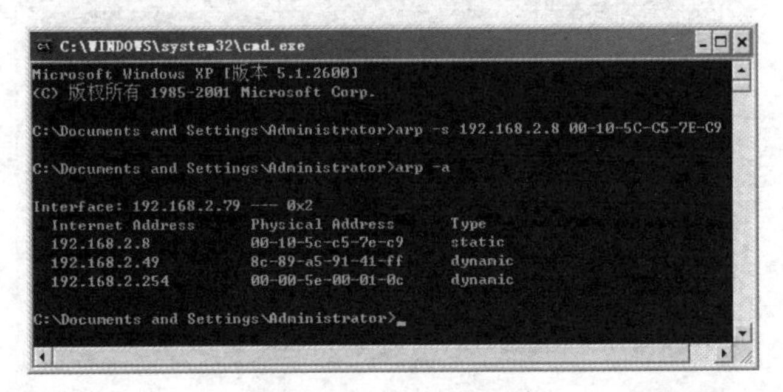

图 8–11　arp–s 命令

4）netstat

作用：显示协议统计和当前的 TCP/IP 网络连接。该命令只有在安装了 TCP/IP 协议后才可以使用。

格式：Netstat [–a] [–e] [–n] [–s] [–p protocol] [–r] [interval]

参数：

–a 显示所有连接和侦听端口。服务器连接通常不显示。

–e 显示以太网统计。该参数可以与 –s 选项结合使用。

–n 以数字格式显示地址和端口号（而不是尝试查找名称）。

–s 显示每个协议的统计。在默认情况下，显示 TCP、UDP、ICMP 和 IP 的统计。

–p 可以用来指定默认的子集。

–p protocol 显示由 protocol 指定的协议的连接；protocol 可以是 TCP 或 UDP。如果与–s 选项一同使用则显示每个协议的统计，protocol 可以是 TCP、UDP、ICMP 或 IP。

–r 显示路由表的内容。

Interval 重新显示所选的统计，在每次显示之间暂停 interval 秒。按“Ctrl+B”组合键停止重新显示统计。如果省略该参数，netstat 命令将打印一次当前的配置信息。

可以使用 netstat 命令显示协议统计信息和当前的 TCP/IP 连接。netstat –a 命令显示所有连接，而 netstat –r 命令显示路由表和活动连接。netstat –e 命令显示 Ethernet 统计信息，而 netstat –s 显示每个协议的统计信息。如果使用 netstat –n 命令，则不能将地址和端口号转换成名称。

（1）netstat 命令单独使用，显示本机所有活动的 TCP 连接（图 8–12）。

```
C:\WINDOWS\system32\cmd.exe
C:\Documents and Settings\Administrator>netstat

Active Connections

  Proto  Local Address            Foreign Address          State
  TCP    PC-201209211320:1028     localhost:1029           ESTABLISHED
  TCP    PC-201209211320:1029     localhost:1028           ESTABLISHED
  TCP    PC-201209211320:1051     localhost:1052           ESTABLISHED
  TCP    PC-201209211320:1052     localhost:1051           ESTABLISHED
  TCP    PC-201209211320:1047     117.34.7.110:http        CLOSE_WAIT
  TCP    PC-201209211320:1072     220.181.32.87:http       TIME_WAIT
  TCP    PC-201209211320:1075     220.181.32.87:http       TIME_WAIT
  TCP    PC-201209211320:1076     220.181.32.87:http       TIME_WAIT
  TCP    PC-201209211320:1082     119.147.21.202:https     TIME_WAIT
  TCP    PC-201209211320:1084     119.147.21.202:https     TIME_WAIT
  TCP    PC-201209211320:1085     119.147.21.202:https     TIME_WAIT
  TCP    PC-201209211320:1087     117.34.6.138:http        TIME_WAIT
  TCP    PC-201209211320:1088     117.34.26.52:http        TIME_WAIT
  TCP    PC-201209211320:1089     117.34.6.138:http        TIME_WAIT
  TCP    PC-201209211320:1090     117.34.6.138:http        TIME_WAIT
  TCP    PC-201209211320:1091     183.61.32.185:http       TIME_WAIT
  TCP    PC-201209211320:1093     dns190.online.tj.cn:http  TIME_WAIT
  TCP    PC-201209211320:1096     183.61.32.185:http       TIME_WAIT
  TCP    PC-201209211320:1097     dns190.online.tj.cn:http  TIME_WAIT
  TCP    PC-201209211320:1098     dns190.online.tj.cn:http  TIME_WAIT
```

图 8–12 netstat 命令

（2）netstat –a 命令可以查看本机所有 TCP 和 UDP 网络连接的状况（图 8–13）。

图 8–13 netstat–a 命令

5）tracert

作用：tracert（跟踪路由）是路由跟踪实用程序，用于确定 IP 数据报访问目标所采取的路径。tracert 命令用 IP 生存时间（TTL）字段和 ICMP 错误消息来确定从一个主机到网络上其他主机的路由。

格式：

tracert [–d] [–h maximum_hops] [–j host–list] [–w timeout] target_name

参数：

–d 指定不将 IP 地址解析到主机名称。

–h maximum_hops 指定跃点数以跟踪到名称为 target_name 的主机的路由。

–j host–list 指定 tracert 实用程序数据包所采用路径中的路由器接口列表。

–w timeout 等待 timeout 为每次回复所指定的毫秒数。

target_name 目标主机的名称或 IP 地址。

使用 tracert 命令跟踪本机发送数据包路由，如图 8–14 所示。

```
C:\WINDOWS\system32\cmd.exe

C:\Documents and Settings\Administrator>tracert www.163.com

Tracing route to 163.xdwscache.glb0.lxdns.com [123.138.60.183]
over a maximum of 30 hops:

  1     1 ms     1 ms     2 ms  192.168.2.253
  2     *        *        *     Request timed out.
  3     4 ms     2 ms     2 ms  123.138.199.1
  4     4 ms     1 ms     1 ms  123.139.188.161
  5     3 ms     1 ms     1 ms  123.139.188.14
  6     6 ms     2 ms     2 ms  221.11.71.29
  7     3 ms     2 ms     4 ms  221.11.0.230
  8     8 ms     8 ms     9 ms  123.138.61.238
  9     3 ms     3 ms     3 ms  172.23.0.138
 10     2 ms     2 ms     2 ms  123.138.60.183

Trace complete.
```

图 8–14　tracert 命令

用 tracert 命令可以解决网络问题，使用 tracert 命令可确定数据包在网络上的停止位置。在图 8–15 中，默认网关确定 192.168.2.253 主机没有有效路径。这可能是路由器配置的问题，或者因为 192.168.3.0 网络不存在（错误的 IP 地址）。

tracert 实用程序对于解决大网络问题非常有用，此时可以采取几条路径到达同一个点。

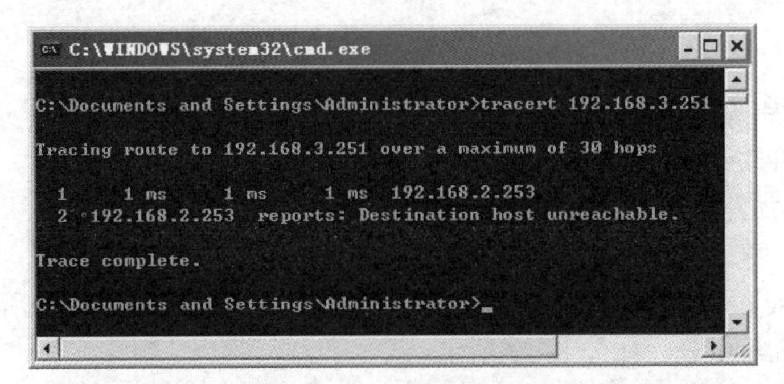

图 8–15　用 tracert 命令进行故障定位

6）nslookup

作用：

Nslookup 命令显示可用来诊断域名系统（DNS）基础结构的信息。只有在已安装 TCP/IP 协议的情况下才可以使用 nslookup 命令。

格式：

nslookup [–SubCommand ...] [{ComputerToFind| [–Server]}]

参数

–SubCommand ... 将一个或多个 nslookup 子命令指定为命令行选项。

ComputerToFind 如果未指定其他服务器，就使用当前默认 DNS 名称服务器查阅 ComputerToFind 的信息。要查找不在当前 DNS 域的计算机，应在名称上附加句点。

Server 指定将该服务器作为 DNS 名称服务器使用。如果省略了–Server，将使用默认的 DNS 名称服务器。

使用 nslookup 命令对 www.sxpi.com.cn 域名进行解析，获得对应的 IP 地址为 192.168.100.165，如图 8–16 所示。

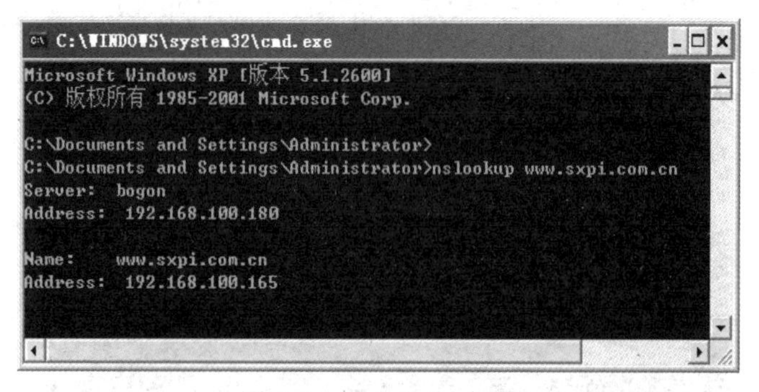

图 8–16 nslookup 命令

7）route 命令

作用：

route 命令可在本地 IP 路由表中显示和修改条目。

格式：

route [–f] [–p] [Command [Destination] [mask Netmask] [Gateway] [metric Metric]] [if Interface]]

参数：

route delete：删除路由；

route print：打印路由的 Destination；

route add：添加路由；

route change：更改现存路由。

一般使用 route delete、route add、route print 这 3 条命令可解决路由的所有功能。使用 route print 命令输出主机路由表，如图 8–17 所示。

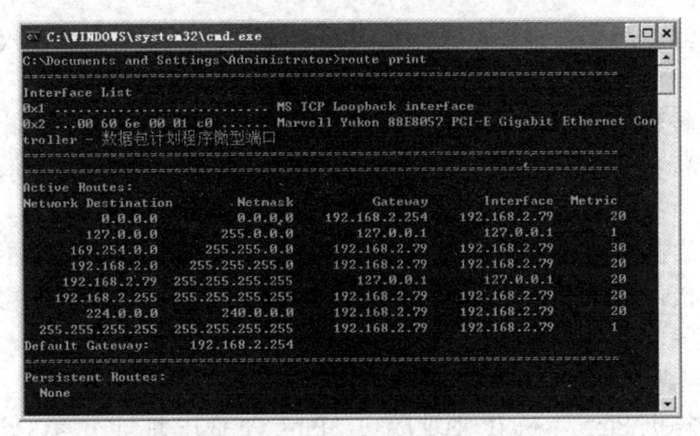

图 8–17　route print 命令

8.2.2　常见网络故障实例及解决办法

排除网络故障时一般应先排除本地主机故障，再检查局域网故障。

1. 本地主机故障排除步骤

（1）确定网络线缆是否问题。

首先，在开机状态下观察网卡指示灯颜色：如果为绿色，表明线路畅通；若为黄色，表明线路不通（不同型号网卡指示灯的状态显示不一样，平时要注意观察）。若显示不通，要用测线仪测试网线，同时检查网卡是否有问题。一般情况下网线不通的概率很高，网卡坏的概率较小。

（2）确定是网卡故障还是 IP 参数配置不当。

查看网卡指示灯和系统设备表中的网卡状态，确定网卡是否出现故障以及网卡驱动程序是否正确安装。使用 Ping 和 ipconfig 命令查看和测试 IP 参数配置是否正确，主要包括 IP 地址与子网掩码、网关地址、DNS 服务器地址。

（3）检查本机软件配置诊断故障。

检查系统安全设置与应用程序之间是否存在冲突，检查应用程序所依赖的系统服务是否正常，检查应用程序是否与其他程序存在冲突，检查应用程序本身配置是否存在问题。

（4）确定故障是否由计算机安全问题引起。

检查是否存在病毒感染、黑客入侵、安全漏洞、局域网内部的“交叉感染”，甚至恶意攻击等问题。

2. 局域网故障排除步骤

（1）查看主机和路由器的局域网连接是否正确。

（2）考虑速率匹配问题。

（3）查看主机和路由器的以太网接口的 IP 地址是否位于同一子网内。

（4）查看链路层协议是否匹配。

（5）查看以太网接口的工作方式是否正确。

常见网络故障实例及解决方法：

实例 1：双绞线两端连接不好引起无法通信。

故障现象：网络中的某台计算机挪动后，线路连接中断，用手按住水晶头时，网络时断时续。

故障原因：双绞线连接不好是网络中最容易造成线路不通的原因，此类问题往往是操作者插拔不到位、水晶头芯线压制不牢等原因造成的。尤其是在计算机挪动、线路受外力拉扯、接口重新插拔过程中最容易出现此类情况。

故障排除：将水晶头拔下，检查水晶头与网卡接口，发现网卡 RJ–45 接口中的部分弹簧片松动，导致网卡接口与 RJ–45 接头没有连接好，用镊子将弹簧片复位再接入后故障即可排除。

实例 2：因线路遭受物理破坏而出现线路中断。

故障现象：计算机 Ping 本机 IP 地址成功，Ping 外部 IP 地址不通，使用测线仪对网络线路进行测量，发现部分用于传输数据的主要芯线不通。

故障原因：在外力作用下对双绞线路造成的人为破坏可能直接造成线路中断或出现混线，从而直接影响计算机的正常通信。

故障排除：采用网络测线仪对双绞线两端接头进行测试，必要时可让两端双绞线脱离配线架、模块或水晶头直接进行测量确诊，以防因连接问题造成误诊，确诊后即可沿网络路由对故障点进行人工查找。如果有专用网络测试仪就可直接查到断点处与测量点间的距离，从而更准确地定位故障点。对于线路断开，通常可将双绞线、铜芯一一对应缠绕连接后，加以焊接并进行外皮的密封处理，也可将断点的所有芯线断开，分别压入水晶头后用对接模块进行直接连接。如果无法查找断点或无法焊接，在保证断开芯线不多于 4 根的情况下也可在两端将完好芯线线序优先调整为 1、2、3、6，以确保信号有效传输。在条件允许的情况下，也可用新双绞线重新进行布设。

实例 3：双绞线线序错误导致无法通信。

故障现象：在 10 MB/s 网络环境下不明显，在 100 MB/s 网络环境下如果流量大或者距离长，网络就无法连通。

故障原因：在以太网中，一般使用两对双绞线，排列在 1、2、3、6 的位置，如果使用的不是两对线，而是将原配对的线分开使用，就会形成串扰（SplitPair 错误是指在打线时没有按照正确的线标安装，由此引发的传输性能故障），对网络性能有较大影响。

故障排除：这个故障比较常见，也比较容易在工程审核过程中被检测出来，只需要将 RJ–45 接头重新按线序做过以后，就可以一切恢复正常。

实例 4：双绞线的连接距离问题导致网络故障。

故障现象：通信能力下降，影响网络的稳定性，出现时断时续现象。

故障原因：双绞线的标准连接长度一般为 100 m，然而在 5 类及超 5 类双绞线产品上市后，一些网络设备制造商都先后声称自己生产的双绞线和集线器实际的连接距离已经超过 100 m，能够达到 120～150 m 的传输范围。

故障排除：尽量将网络传输范围控制在 100 m 以内，或者换用其他线缆。

实例 5：交换机端口故障。

故障现象：整个网络的运作正常，但个别机器不能正常通信。

故障原因：这是交换机故障中最常见的，光纤插头或 RJ–45 端口污染可能导致不能正常通信。带电插拔接头增加了端口故障的发生率；在搬运时的不小心也可能导致端口物理损坏；

若水晶头尺寸偏大，插入交换机时也很容易破坏端口。此外，如果接在端口上的双绞线有一段暴露在室外，万一这根电缆被雷电击中，就会导致所连交换机端口被击坏。

故障排除：在一般情况下，端口故障是个别的端口损坏，先检查出现问题的计算机，在排除了端口所连计算机的故障后，可以通过更换所连端口来判断是否是端口问题，若更换端口后问题能得到解决，再进一步判断是何种缘故。关闭电源后，用酒精棉球清洗端口，如果端口确实被损坏，只能更换端口。此外，无论是光纤端口还是双绞线的 RJ–45 端口，在插拔接头时一定要小心，建议插拔时最好不要带电操作。

实例 6：交换机电路板故障。

故障现象：有一个电脑室经常出现一部分电脑不能访问服务器的现象。

故障原因：交换机一般是由主电路板和供电电路板组成，造成这种故障一般都是因为这两个部分出现了问题。造成电路板不能正常工作的主要因素有：电路板上的元器件受损或基板不良、硬件更新后由于兼容问题造成电路板块类型不合适等。

故障排除：首先确定究竟是主电路板还是供电电路板出现问题，先从电源部分开始检查，用万能表在去掉主电路板负载的情况下通电测量，看测量出的指标是否正常，若不正常，则换用一个 AT 电源，若交换机前面板的指示灯恢复正常的亮度和颜色，连接这台交换机的电脑正常互访，就说明是供电电路板出现了问题。若以上操作无效，问题就应该出现在主电路板上。

实例 7：交换机电源故障。

故障现象：开启交换机后，交换机没有正常工作，而且发现面板上的 POWER 指示灯不亮，风扇也不转动。

故障原因：这种故障的原因通常是外部供电环境不稳定、电源线路老化或遭受雷击等导致电源损坏或者风扇停止，从而导致交换机不能正常工作。还有可能是由于电源缘故导致交换机机内的其他部件损坏。

故障排除：当发生这种故障时，首先检查电源系统，看供电插座中有没有电流、电压是否正常。若供电正常，则检查电源线是否损坏或松动等，若电源线损坏就更换一条，如果松动就重新插好。

如果问题还没有解决，那原因就应该是交换机的电源或者机内的其他部件损坏。预防方法也比较简单，保证外部供电环境的稳定，可以通过引入独立的电力线来提供独立的电源，并添加稳压器来避免瞬间高压或低压。最好配置 UPS 系统。还要采取必要的避雷措施，以防雷电对交换机造成损害。

实例 8：无线客户端接收不到信号。

故障现象：构建无线局域网之后，发现笔记本无线网卡接收不到无线 AP 的信号。无线网络没有信号。

故障原因：

（1）无线网卡距离无线 AP 或者无线路由器的距离太远，超过了无线网络的覆盖范围，无线信号在到达无线网卡时已经非常微弱了，使无线客户端无法进行正常连接。

（2）无线 AP 或者无线路由器未加电或者没有正常工作，导致无线客户端无法进行连接。

（3）当无线客户端距离无线 AP 较远时，经常使用定向天线技术增强无线信号的传播，定向天线的角度存在问题也会导致无线客户端无法正常连接。

（4）如果无线客户端没有正确设置网络IP地址，就无法与无线AP进行通信。

（5）出于安全考虑，无线AP或者无线路由器会过滤一些MAC地址，如果网卡的MAC地址被过滤掉了，也会出现无线网络连接不上的情况。

故障排除：

（1）在无线客户端安装天线以增强接收能力。如果有很多客户端都无法连接到无线AP，则在无线AP处安装全向天线以增强发送能力。

（2）通过查看LED指示灯来检查无线AP或者无线路由器是否正常工作，并使用笔记本电脑进行近距离测试。

（3）若无线客户端使用了天线，则试着调整天线的方向，使其面向无线AP或者无线路由器的方向。

（4）为无线客户端设置正确的IP地址。

（5）查看无线AP或者无线路由器的安全设置，将无线客户端的MAC地址设置为可信任的MAC地址。

实例9：无线客户端能够正常接收信号，但无线网络连接不上。

故障现象：有信号但无线网络连接不上。

故障原因：

（1）无线AP或者无线路由器的IP地址已经分配完毕。当无线客户端设置成自动获取IP地址时，就会因没有可用的IP地址而连接不上无线网络。

（2）无线网卡没有设置正确的IP地址。当用户采用手工设置IP地址时，如果所设置的IP地址和无线AP的IP地址不在同一个网段内，也会出现无线网络连接不上的情况。

故障排除：

（1）增加无线AP或者无线路由器的地址范围。

（2）为无线网卡设置正确的IP地址，确保其和无线AP的IP地址在同一网段内。

实例10：局域网内部计算机之间无法相互访问。

故障现象：

一台位于单位局域网内部的计算机可以访问单位的服务器和Internet，但无法访问局域网内某用户的计算机。

故障原因：

两台计算机都可以通过代理服务器访问Internet，这说明网卡、网线等硬件设备和介质没有问题。使用Ping命令分别从这台计算机对无法访问的计算机以及从无法访问的计算机到这台计算机进行检查，结果无法Ping通。产生这种现象的原因可能是两台计算机分属于不同的子网。

这两台计算机分别属于不同的子网，但是却使用了同样的子网掩码。由于管理员为了省事将子网掩码的范围扩大，使两台计算机都以为自己和对方处于同一个子网内，结果原来应该通过网关转发的数据包不再经过网关而直接进入广播寻址，最终导致数据包丢失，从而造成双方其他连接正常，但无法相互访问。

从实例10可以看出子网掩码的设置在局域网中的重要性。如果将子网掩码范围设置过大就会出现上面的问题。如果将子网掩码范围设置过小，则本来属于同一子网内的计算机之间的通信被当作跨越子网的传输，数据包都交给缺省网关处理，网关再将数据包发送到相应的主机，但是网关的负担加重，网络效率下降。

故障排除：根据网络需求，合理划分子网，采用 VRRP 等技术提高网关等核心设备的可靠性。

8.2.3　某小型局域网故障排除案例

1. 问题描述

某企业内部网络分为工程部、技术部、财务部网络，如图 8–18 所示。工程部部分计算机经常掉线甚至无法登录网络。某天技术部网络开始不稳定，用户上网困难，随后整个公司各办公室均不能上网。

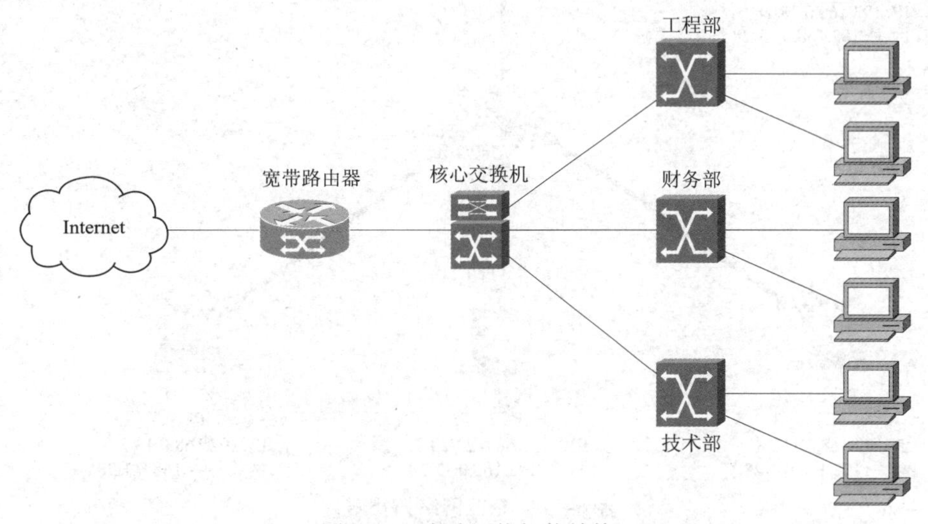

图 8–18　办公网络拓扑结构

2. 原因分析

工程部部分计算机经常掉线甚至无法登录网络，网络管理员在故障计算机中发现丢包现象严重。这种故障的原因一般是网络适配器与连接设备端口的速率、双工模式不一致，或者传输距离过远致使传输线缆阻抗值大而造成网络性能下降。网络瘫痪主要是由于网络中产生广播数据，先在局部网络传输，最后风暴数据逐步蔓延至整个网络，造成全网通信不畅。

3. 解决方法

按照如下顺序测试网络：

（1）测试电信端；

（2）测试企业内部网络；

（3）测试交换机功能，观测交换机数据指示灯；

（4）测试网线。

通过以上测试，工程部网络故障是由于双绞线超长引起数据丢包失，技术部网络故障是因为办公人员把多余线缆连接在两个交换机之间而产生网络环路。

建议与总结：

为避免这种情况发生，要在铺设网线时养成良好的习惯：在网线打上明显的标签，有备用线路的地方要做好标记。当怀疑有此类故障发生时，一般采用分区分段逐步排除的方法。

8.3　项目实战：综合案例

某企业网络拓扑结构和IP地址规划如图8–19和表8–3所示。

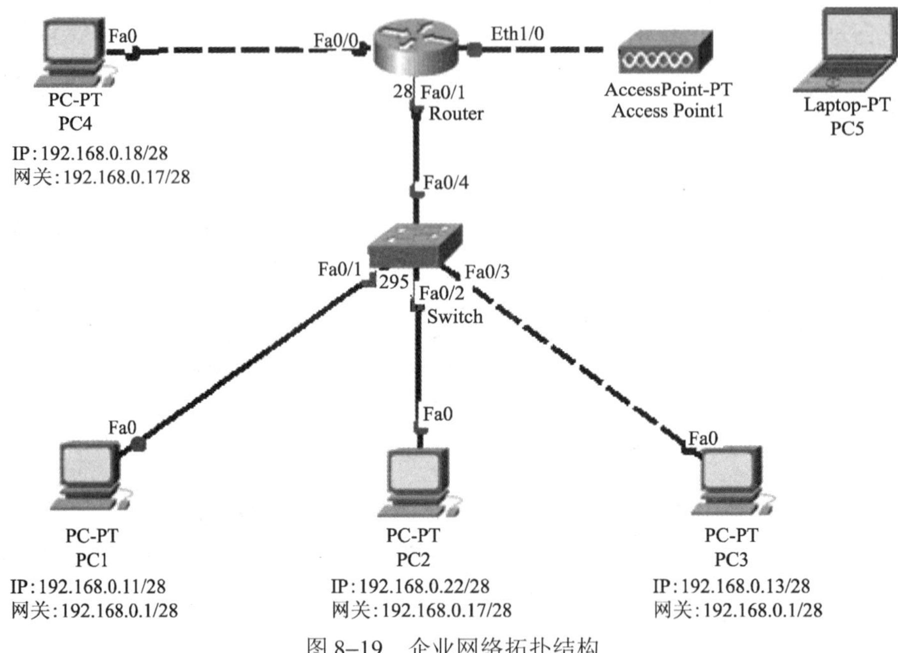

图8–19　企业网络拓扑结构

表8–3　IP地址规划

设备	接口	IP地址	网关
Router	Eth1/0	192.168.0.33/28	
	Fa0/0	192.168.0.17/28	
	Fa0/1	192.168.0.1/28	
PC1	Fa/0	192.168.0.11/28	192.168.0.1/28
PC2	Fa/0	192.168.0.12/28	192.168.0.1/28
PC3	Fa/0	192.168.0.13/28	192.168.0.1/28
PC4	Fa/0	192.168.0.18/28	192.168.0.17/28
PC5	Fa/0	自动获取	

网络故障：企业内部PC1可以和Router可以相互通信，PC2、PC3和其他设备都不能通信，PC4和Router不能通信，PC5和AP之间无法进行无线连接。

项目要求：请分析故障原因，并给出排错方法。

习　题

（1）常见的网络故障有哪些类型？
（2）网络发生故障的原因有哪几种?
（3）造成连接性故障的原因有哪些？
（4）物理层一般会产生哪些故障？
（5）经常使用的硬件检测工具有哪些？各有什么作用？
（6）检测和排除网络故障的一般方法是什么？
（7）简述分层网络结构对网络故障诊断的意义。
（8）结合网络故障案例，分析网络故障诊断步骤及方法的应用。

附录　网络系统集成工程项目投标书范例

本附录给出了一个完整的某学院网络系统集成工程项目投标书范例，以此使读者对网络系统集成工程项目有全面的了解。

一、需求分析与网络建设目标

1. 项目概况

某学院的领导充分认识到21世纪是信息化的时代，为了使学院的教育与管理工作能够适应21世纪的挑战，具备长远的发展后劲，从战略高度提出了建设学院校园网的设想，将现代化数据通信手段和信息技术以及大量高附加值的信息基础设施引进校园，以提高教育水平以及管理效率。

校园网的开通，多媒体教学、办公自动化、信息资源共享和交流手段的实现，尤其是与Internet的互连互通，会极大地提高学院的层次，为今后在激烈的教育市场竞争中取胜打下坚实的基础。

2. 需求分析

1）项目依据

根据学院网络系统建设总目标的要求和经济能力，在充分调研的基础上，结合目前技术的发展状态和发展方向，制定学院校园网的整体设计方案。通过校园网的整体设计，确定校园网的技术框架，未来具体的建设内容可以在整体设计的基础上不断扩展和增加。

2）初步分析

学院校园网信息点与应用分布见附表1。

附表1　学院校园网信息点与应用分布

建筑物	信息点数	主要应用
实验楼	33	微机网络教室、课件制作、实验室、网管中心、Internet服务
综合楼	50	图书馆、电教室、VOD、Internet服务
教学楼	60	教学、教务管理、Internet服务
女生宿舍楼	36	VOD、Internet服务
总务楼	18	后勤管理、Internet服务
家属楼	60	Internet服务
多功能厅	40	教学、会议、VOD、Internet服务

3. 校园网建设的总目标

学院校园网建设的总目标是运用网络信息技术的最新成果，建设高效实用的校园网络信息系统。具体地说，就是以校园网大楼综合布线为基础，建立高速、实用的校园网平台，为学校教师的教学研究、课件制作、教学演示，学生的交互式学习、练习、考试和评价以及信息交流提供良好的网络环境，最终形成一个教育资源中心和先进的计算机远程教育信息网络系统。

1）一期校园网建设目标

将先进的多媒体技术首先运用于教学第一线，充分利用学校现有的基建设施，对其进行改造及优化，把旧的电脑教室改造成为具有影像及声音同步传输、指定控制、示范教学、对话及辅导等现代化多媒体教学功能的教室，而多媒体课件制作系统软件可以使教师自行编辑课件及实现电子备课功能。第一期校园网设计内容包括：

（1）建立学校教学办公的布线及网络系统。

（2）建立多媒体教学资源中心和网络管理中心。

（3）建立多媒体教室广播教学系统和视频点播系统。

（4）实现教师制作课件及备课电子化。

（5）接入 Internet 和 CERnet，利用网上丰富的教学资源。

2）二期校园网建设目标

在一期的基础上实施校园内全面联网，实现基于 Intranet 的校园办公自动化管理，充分利用网络进行课堂教学、教师备课，实现资料共享，集中管理信息发布，逐步实现教、学、考的全面电子化。建立学校网站，设计自己的主页，更方便地向外界展示学校，实现基于 Internet 的授权信息查询，开展远程网上教育和校际交流等。第二期校园网设计内容包括：

（1）校园办公自动化系统。校园网需要运行一个较大型的校务管理系统（MIS），建设几个大型数据库，如教务管理库、学籍管理库、人事管理库、财务管理库、图书情报管理库及多媒体素材库等。这些数据库分布在各个不同部门的服务器上，并和中心服务器一起构成一个完整的分布式系统。MIS 在这个分布式数据库上进行高速数据交换和信息互通。

（2）校园网站。在 Internet 上建立学院自己的主页。

二、网络系统设计策略

1. 网络设计宗旨

关于校园网的建设，需要考虑以下因素：系统的先进程度、稳定性、可扩展性，网络系统的维护成本，应用系统与网络系统的配合度，与外界互联网络的连通性，建设成本的可接受程度。下面提出一些建议。

1）选择高带宽的网络设计

校园网应用的具体要求决定了采取高带宽网络的必然性。多媒体教学课件包含大量的声音、图像和动画信息，需要更强的网络通信能力（网络通信带宽）的支持。

众所周知，早期基于 386 或者 486CPU 处理器的计算机由于其内部的通信总线采用 ISA

技术，与10 MB的网络带宽是相互匹配的，即计算机的处理速度与网络的通信能力是相当的。但是，如果将目前已经成为主流的基于 Pentium Ⅲ技术的计算机或服务器仍然连到 10 MB/s的以太网络环境，Pentium CPU的强大计算能力将受到网络带宽的制约，即网络将成为校园网络系统的瓶颈。这是因为，基于 Pentium CPU 的计算机或服务器，其内部通信总线采用的是先进的PCI技术，只有带宽为100 MB的快速以太网络才能满足采用Pentium CPU的计算机和服务联网的需求。

总结上述分析，校园网络应尽可能地采用最新的高带宽网络技术。对于台式计算机建议采用10/100 MB自适应网卡，因为目前市场上的主流计算机型很大一部分是基于 Pentium Ⅲ CPU的。对于校园网络的主服务器，比如数据库服务器、文件服务器以及Web服务器等，在有条件的情况下最好采用1 000 MB（千兆以太网络技术）的网络连接，以为网络的核心服务器提供更高的网络带宽。

2）选择可扩充的网络架构

校园网络的用户数量、联网的计算机或服务器的数量是逐步增加的，网络技术日新月异，新产品、新技术不断涌现。在资金相对紧张的前提下，建议尽量采用当今最新的网络技术，并且要分步实施，校园网络的建设应该是一个循序渐进的过程。这要求选择具有良好可扩充性能的网络互连设备，这样才能充分保护现有的投资。

3）充分共享网络资源

联网的核心目的是共享计算机资源。通过网络不仅可以实现文件共享、数据共享，还可通过网络实现对一些网络外围设备的共享，比如打印机共享、Internet访问共享、存储设备共享等。比如对于一个多媒体教室的网络应用，完全可以通过有关设备实现网络打印资源共享、Internet访问和电子邮件共享，以及网络存储资源共享。

4）增加网络的可管理性，降低网络运行及维护成本

降低网络运营和维护成本也是在网络设计过程中应该考虑的一个重要环节。只有在网络设计时选用支持网络管理的相关设备，才能为将来降低网络运行及维护成本打下坚实的基础。

5）增加网络系统与应用系统的整合程度

软件系统应建立在网络的基础上，并大量引入 Internet/Intranet 的概念，与硬件平台完美地整合。

6）提高网络建设成本的可接受程度

考虑到目前我国的实际情况，很多学校在校园网建设方面希望成本较低，为此应选用性价比高的网络产品，并根据学校的不同需求定制方案。

2. 网络建设目标

（1）紧密结合实际，以服务教育为中心。学院的主要工作是围绕教育进行的，因此建立校园网就要确立以教育为中心的思想，不仅提供教育、管理所必需的通信支撑，还要开发重点教学应用。

（2）以方便、灵活的可扩展平台为基础。可扩展性是适应未来发展的根本，校园网建设要分期实施，其扩展性主要表现在网络的可扩展性、服务的可扩展性方面。所有这些必须建立在方便、灵活的可扩展平台的基础上。

（3）技术先进，适应发展潮流，遵循业界标准和规范。校园网是一个复杂的多应用的系

统，必须保证技术在一定时期内的先进性，同时遵循严格的标准化规范。

（4）系统易于管理和维护。校园网所面对的是大量的具有不同需求的用户，同时未来校园网将成为学校信息化的基础，因此必须保证网络平台及服务平台上的各种系统安全可靠、易于管理、易于维护。

三、网络设计方案

1. 网络系统集成的内容

1）网络基础平台

网络基础平台是提供计算机网络通信的物理线路基础，应包括骨干光缆、楼内综合布线系统以及拨号线路。

2）网络平台

在网络基础平台的基础上，建设支撑校园网数据传输的计算机网络，这是校园网建设的核心。网络平台应当提供便于扩展、易于管理、可靠性高、性能好、性价比高的网络系统。

3）Internet/Intranet 基础环境

TCP/IP 已经成为未来数据通信的基础技术，而基于 TCP/IP 的 Internet/Intranet 技术成为校园网应用的标准模式，采用这种模式可以为未来应用的可扩展性和可移植性奠定基础。Internet/Intranet 基础环境提供基于 TCP/IP 的整个数据交换的逻辑支撑，它的好坏直接影响管理、使用的方便性，扩展的可行性。

4）应用信息平台

应用信息平台为整个校园网提供统一简便的开发和应用环境、信息交互和搜索平台，如数据库系统、公用的流程管理、数据交换等，这些都是各个不同的专有应用系统的共性。将这些功能抽取出来，不仅减少了软件的重复开发，而且有助于统一管理数据和信息以及利用信息技术逐步推动现代化管理的形成。

统一的应用信息平台是保证校园网长期稳定的重要核心。

5）专有应用系统

专有应用系统包括多媒体教学、办公自动化、视频点播和组播、课件制作管理、图书馆系统等。

6）网络基础平台——综合布线系统

综合布线是信息网络的基础。它主要是针对建筑的计算机与通信的需求设计的，具体是指在建筑物内和各个建筑物之间布设的物理介质传输网络。通过这个网络可实现不同类型的信息传输。国际电子工业协会/电信工业协会及我国标准化组织提出了规范化的布线标准。所有符合这些标准的布线系统不仅完全满足信息通信的需要，而且对未来的发展有极强的灵活性和可扩展性。

计算机网络的应用已经深入社会生活的各个方面。根据统计资料，在计算机网络的诸多环节中，其物理连接有最高的故障率，占整个网络故障的 70%～80%。因此，有效地提高网络连接的可靠性是解决网络安全的一个重要环节。综合布线系统就是针对网络中存在的各种问题设计的。

综合布线系统可以根据设备的应用情况调整内部跳线和互连机制，达到为不同设备服务的目的。网络的星型拓扑结构使一个网络节点的故障不会影响其他节点。综合布线系统以总建筑费用 5%的投资获得未来 50 年的各类信息传输平台的优越投资组合，获得了具有长远战略眼光的各界业主的关注。

2. 网络基础平台

1）综合布线系统的设计思想

为适应校园网的未来发展和需要，校园网的综合布线系统具有如下典型特征：

（1）传输信息类型的完备性。

具有传输语言、数据、图形、视频信号等多种类型信息的能力。

（2）介质传输速率的高效性。

能满足千兆以太网和 100 MB 快速以太网的数据吞吐能力，并且要充分设计冗余。

（3）系统的独立性和开放性。

能满足不同厂商设备的接入要求，能提供一个开放的、兼容性强的系统环境。

（4）系统的灵活性和可扩展性。

系统应采用模块化设计，各个子系统之间均为模块化连接，能够方便而快速地实现系统扩展和应用变更。

（5）系统的可靠性和经济性。

结构化的整体设计保证系统在一定的投资规模下具有最高的利用率，使先进性、实用性、经济性等几方面得到统一；同时，完全执行国际和国家设计标准，为系统的质量提供可靠的保障。

2）综合布线系统设计依据

《TIA/EIA–568 标准》（民用建筑线缆电气标准）；

《TIA/EIA–569 标准》（民用建筑通信通道和空间标准）；

《AMP NETCONNECT OPEN CABLING SYSTEM 设计总则》；

《CECS 72：97 建筑与建筑综合布线系统工程设计规范》；

《CECS 89：97 建筑与建筑综合布线系统工程施工和验收规范》；

《电信网光纤数字传输系统工程实施及验收暂行技术规定》。

3）骨干光缆工程

需要设计并铺设从校园网络中心位置到校园内其他楼宇（共 6 座楼）的骨干光缆系统，要求光缆的数量、类型能够满足目前网络设计的要求，最好能够兼顾到未来可能的发展趋势，留出适当合理的余量。

另外，由于网络技术路线决定采用千兆以太网，那么千兆以太网的规范对骨干光缆工程的材料选择提出了要求：目前千兆以太网都采用光纤连接，有两种类型，分别是 SX 和 LX。SX 采用内径为 62.5 μm 的多模光纤，传输距离为 275 m；LX 采用内径为 62.5 μm 的单模光纤，传输距离为 3 km。如楼宇到校园网络中心的距离超过 275 m，则必须采用单模光缆铺设（单模光缆端口费用高）。同时为了提高网络的可靠性和性能并兼容今后的发展，均采用芯数为 6 的光缆。

另外，为了长久发展，校园网骨干光缆工程还包括道路开挖、管孔建设、人孔/手孔建设、土方回填、光缆牵引/入楼、光缆端接和测试等。

4）楼宇内布线系统

参照国际布线标准，校园网楼宇内布线系统采用星型拓扑结构，即每个工作点通过传输媒介分别直接连入各个区域的管理子系统的配线间，这样可以保证当一个站点出现故障时，不影响整个系统的运行。

（1）楼宇内垂直布线系统。

结合网络设计方案的要求，主要考虑网络系统的速率传输，以及工作站点到交换机的实际路由距离及信息点数量，校园内大多数建筑物可以采用一个配线间，这样就可以省去楼内垂直系统。

（2）楼宇内水平布线系统。

为满足 100 MB/s 以上的传输速度和未来多种应用系统的需要，水平布线系统全部采用超 5 类非屏蔽双绞线。信息插座和接插件选用美国知名原产厂家产品，水平干线铺设在吊顶内，并应在各层的承重墙或楼顶板上进行，不明露的部分采用金属线槽；进入房间的支线采用塑料线槽，管槽安装要符合电信安装标准。

（3）工作区子系统。

工作区子系统提供从水平布线系统的信息插座到用户工作站设备之间的连接。它包括工作站连线、适配器和扩展线等。校园网水平布线系统全部采用双绞线，为了保证质量，最好采用成品线，但为了节约费用，也可以用户自己手工制作 RJ–45 跳线。

3. 网络平台

1）网络平台的设计思想

网络平台为校园网提供数据通信基础，通过实地调研，网络平台设计应当遵循以下原则：

（1）开放性：在网络结构上真正实现开放，基于国际开放式标准，坚持统一规范的原则，从而为未来的业务发展奠定基础。

（2）先进性：采用先进成熟的技术满足当前的业务需求，使业务或生产系统具有较强的运作能力。

（3）投资保护：尽可能保留并延长已有系统的投资，减少在资金与技术投入方面的浪费。

（4）较高的性能价格比：以较高的性能价格比构建系统，使资金的投入产出比达到最大值，能以较低的成本、较少的人员投入维持系统运转，提高效率和生产能力。

（5）灵活性与可扩展性：具有良好的扩展性，能够根据管理要求，方便扩展网络覆盖范围、网络容量和网络各层次节点的功能。提供技术升级、设备更新的灵活性，尤其是能够适应学院部门搬迁等应用环境变化的要求。

（6）高带宽：网络系统应能够支撑其教学、办公系统的应用和 VOD 系统，要求网络具有较高的带宽。同时，高速的网络也是目前网络应用发展趋势的需要。越来越多的应用系统将依赖网络运行，应用系统对网络的要求越来越高，所以网络必须是一个高速的网络。

（7）可靠性：该网络支撑学院的许多关键教学和管理应用的联机运行，因此要求系统具有较高的可靠性。全系统的可靠性主要体现为网络设备的可靠性，尤其是 GBE 主干交换机的可靠性以及线路的可靠性。如果经费支持，可以采用双线路、双模块等方法提高整个系统的冗余性，避免单点故障，以达到提高网络可靠性的目的。

2）网络平台技术路线选择——主干网技术分析比较

如今，以客户机/服务器、浏览器/服务器为模式的分布式计算结构使网络成为信息处理的中枢神经；同时随着CPU处理速度的提高、PCI总线的使用，计算机已具备166 MB/s的传输速度。所有这些都对网络带宽提出了更高的要求，这种需求促进了网络技术的繁荣和飞速发展。有许多100 MB/s以上的传输技术可以选择，如100Base–T、100VG–AnyLAN、FDDI、ATM等。几种主干网技术的特征如下：

（1）FDDI。

FDDI在100 M/s传输技术上最成熟，但其增长最平缓。它的高性能优势被高昂的价格抵消。其优点是：

① 令牌传递模式和一些带宽分配的优先机制使它可以适应一部分多媒体通信的需要。

② 具有双环及双连接等优秀的容错技术。

③ 网络可延伸达200 km，支持500个工作站。

FDDI的弱点如下：

④ 居高不下的价格限制了它走向桌面的应用，无论安装和管理都不简单。

⑤ 基于带宽共享的传输技术从本质上限制了大量多媒体通信同时进行的可能性。

⑥ 交换式产品虽然可以实现，但成本让人无法接受。

（2）交换式快速以太网（100Base–FX）。

其区别于传统以太网的两个特征是：在网络传输速度上由10 MB/s提高到100 MB/s；将传统的采用共享的方案改造成交换传输，在共享型通信中，一个时刻只能有一对机器通信，在交换传输中则可以有多对机器同时进行通信。

这两个方面的改进使以太网的通信能力大大增加，而在技术上的实际改进不大，因为快速交换以太网和传统以太网采用了基本相同的通信标准。

100Base–FX快速以太网技术采用光缆作为传输介质，以其经济和高效的特点成为平滑升级到千兆以太网或ATM结构的较好的过渡方案。它保留了10Base–T的布线规则和CSMD/CD介质访问方式，具有以下特色：

① 从传统10Base–T以太网的升级较容易，投资少，与现有以太网的集成也很简单；

② 工业支持强，竞争激烈，使产品价格相对较低；

③ 安装和配置简单，现有的管理工具依然可用；

④ 支持交换方式，有全双工200 Mb/s方式通信的产品。

其不足在于：

① 多媒体的应用质量不理想。

② 基于碰撞检测原理的总线竞争方式使100 Mb/s的带宽在通信量增大时损失很快。

（3）ATM。

ATM自诞生之日起有过很多名字，如异步分时复用、快速分组交换、宽带ISDN等。其设计目标是单一的网络多种应用，在公用网、广域网、局域网上采用相同的技术。ATM产品可以分为4个领域：一是针对电信服务商的广域网访问；二是广域网主干；三是局域网主干；四是ATM到桌面。ATM用于局域主干和桌面的产品的主要标准都已经建立，各个厂商都推出了相应的产品。

ATM 目前还存在一些不足，如协议较为复杂、部分标准尚在统一和完善之中；另外其价格较高，与传统通信协议如 SNA、DECnet、NetWare 等的互操作能力有限。因此目前 ATM 主要应用在主干网上，工作站与服务器之间的通信通过局域网仿真来实现。目前随着 Internet 的发展，IP 技术已经成为一种事实的工业标准，这已经成为一个公认的事实，但是在 ATM 技术上架构 IP，需要采用 LANE 或 MPOA 技术，这使技术比较复杂，管理非常麻烦，也使 ATM 的效率和性价比下降。

（4）千兆以太网。

1000Base–X 千兆以太网技术继承了传统以太网技术的特性，因此除了传输速率有明显提高外，别的诸如服务的优先级、多媒体支持能力等也都出台了相应的标准，如 IEEE 802.3x、IEEE 802.1p、IEEE 802.1q 等。同时各个厂商的千兆以太网产品逐步形成了许多大型的用户群，在实践中得到了验证。

另外，千兆以太网在技术上与传统以太网相似，与 IP 技术能够很好地融合，在 IP 为主的网络中以太网的劣势几乎变得微不足道，其优势却非常突出，例如容易管理和配置，同时支持 VLAN 的 IEEE 802.1q 标准已经形成。支持 QoS 的 IEEE 802.1p 标准也已形成，使多媒体传输有了保证。另外在三层交换技术的支持下，千兆以太网能够保持很高的效率，目前已经基本上公认为局域网骨干的主要技术。

综上所述，局域网的主干技术的出现与发展也是有时间区别，依出现的先后，局域网主干技术经历了共享以太网（令牌环网）、FDDI、交换以太网、快速以太网、ATM 和千兆以太网。

根据以上对各种网络技术特点的分析以及校园网的特点，设计网络平台主干采用千兆以太网技术。

3）二级网络技术选择

校园网采用两层结构，即只有接入层，没有分布层。设计二级单位网络为“快速以太网络+交换以太网”的结构，各二级网络通过千兆以太网连接骨干核心交换机，向下通过 10 Mb/s 或 100 Mb/s 自适应线路连接各个信息点。

4. 网络设备选型

1）选型策略

（1）尽量选取同一厂家的设备，这样在设备互连性、技术支持、价格等方面都有优势。

（2）在网络的层次结构中，主干设备应预留一定的能力，以便于将来扩展，而低端设备够用即可，因为低端设备更新较快，且易于扩展。

（3）选择的设备要满足用户的需要，主要是要符合整体网络设计的要求以及实际的端口数的要求。

（4）选择行业内有名的设备厂商，以获得性能价格比较高的设备以及较好的售后保证。

如前所述，网络技术路线已经选择千兆以太网。目前，千兆以太网的生产制造厂商很多，如传统的 Cisco、3Com、Bay，新兴的 FoundryNet、Exetrem、Lucent 等。Cisco 公司的产品是所有网络集成商的首选，这是因为 Cisco 技术先进、产品质量可靠，又有过硬的技术支持队伍，但由于费用较高，因此选用性价比较高的 3Com 公司的产品。

2）核心交换机

选用 3Com SuperStack Ⅱ Switch 9300 12 端口 SX（产品号：3C93012）。

3）接入层交换机

对于二级网络的设备，选用 3Com SuperStack Ⅱ Switch 3900 36 端口（3C39036）或 3Com SuperStack Ⅱ Switch3900 24 端口（3C39024），这两款均可提供 1～2 路 1000BASE–SX 光纤链路上联。

5. 网络方案描述

校园网网络方案由骨干网方案和各楼或楼群网络方案组成，下面对这些方案作一些简单的介绍。

1）星型结构骨干网

经过反复论证，骨干网结构设计为星型结构。星型骨干网由 1 台 3Com SuperStack Ⅱ Switch9300 交换机组成，它提供 12 个 GE 接口。各楼配置分层交换机 3Com SuperStack Ⅱ Switch3900，至少有 1 个 SuperStack Ⅱ Switch 3900 1000Base–SX 模块（3C39001），分别连接到核心交换机的 GE 端口上；网络中心配置一台 SuperStack Ⅱ Switch 3900 交换机连接实验楼的 33 个点。核心交换机除连接 6 个楼的分层交换机外，剩下的 6 个 GE 接口既可供将来扩充网络，也可供安装千兆网卡的服务器，以作猝发式高带宽应用（如 VOD）使用。安装百兆网卡的服务器可以连接到网络中心 SuperStack Ⅱ Switch3900 交换机的 10/100 MB 自适应端口。

2）楼宇内接入网络

校园内直接用 GE 连到网络中心（实验楼）的楼宇有：综合楼、教学楼、女生宿舍楼、总务楼、家属楼、多功能厅等。各个楼内根据信息点的数量采用相应规格的 SuperStack Ⅱ Switch 3900 交换机，其中女生宿舍楼使用两套 24 口交换机，多功能厅使用 1 套 24 口交换机，其余使用 2 套 36 口交换机。楼内设备间均采用背板堆叠方式互连。每个交换机提供 24～36 个 10/100 MB 的端口到桌面。

3）远程接入网络

通过 CERnet 的外网光纤接入校园内，今后可考虑直接连接到核心交换机，也可以通过路由器连接，路由器除了提供路由服务，还可控制网络风暴、设置防火墙抵御黑客袭击等。

4）网络管理

校园内网络设备的管理选用 3Com Transcend for NT，运行在 NT 平台上。由于网络设备采用同一厂家的产品，它能够完成几乎所有 LAN 的管理任务，如配置、报警、监控等。

6. 网络应用平台

校园网络应当也必须按照开放式网络互连的应用方式构造，并采用 TCP/IP 协议规划和分割网络，将以教学为核心的应用软件和管理软件建立在统一的 Internet/Intranet 平台基础上。

1）硬件服务器的选择与配置

校园网络必须保证内部与外部的沟通。本方案采用针对 WWW 站点和 E-mail 服务、信息资源共享、文件服务（FTP）以及今后的 VOD 服务来配置服务器的策略，具体配置见附表 2。

附表 2　硬件服务器配置

序号	服务器用途	配　置
1	DB、Web、E-mail、FTP	曙光天阔 PⅢ800CPU，512M RAM，18GHD
2	VOD	曙光天阔 PⅢ800CPU*2，512M RAM，36GHD*3 RAID
3	图书馆服务与业务管理	曙光天阔 PⅢ800CPU，256M RAM，18GHD

2）软件环境配置

软件环境是搭建网络基础应用平台的必备配置，包括服务器操作系统、数据库系统以及 Internet 应用服务器平台等，见附表 3。

附表 3　软件服务配置

序号	服务器软件平台
1	网络操作系统：Microsoft Windows NT Server SP5
2	数据库（DB）管理系统：Microsoft SQL Server 7.0
3	Web 服务：Microsoft Internet Information Server 4.0
4	POP3（E-mail）服务：Microsoft Exchange Server 5.0

7. 网络拓扑结构

网络拓扑结构如附图 1 所示。

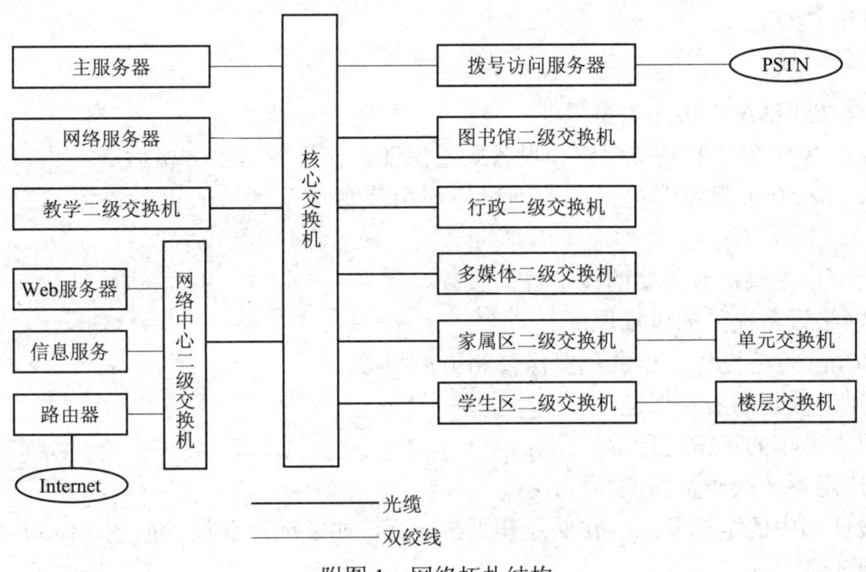

附图 1　网络拓扑结构

四、工程进度

工程进度见附表4。

附表4 工程进度

阶段	工 作 内 容	时间进度
初步调研	用户调查，项目调研，系统规划	1周
需求分析	现状分析，功能需求、性能要求分析，成本/效益分析，需求报告	2周
初步设计	网络规模确定，网络模型建立，初步方案形成	1周
详细调研	用户情况详细调查，系统分析，用户业务分析	2周
系统详细设计	网络协议体系确定，拓扑设计，网络操作系统选择，通信媒体选定，结构化布线设计，详细方案确定	1周
系统集成设计	计算机系统设计，系统软件选择，网络最终方案确定，硬件设备选型和配置，系统集成详细方案确定	2周
应用系统设计	设备订货，软件订货，安装前检查，设备验收，软件安装，网络分调，应用系统开发安装，调试，系统联调，系统验收	6周
系统维护和服务	系统培训，网络培训，应用系统培训，预防性维护，故障问题处理	3周

五、售后服务及培训许诺

本公司负责为学院网络系统提供全面的技术服务和技术培训，对系统竣工后的质量提供完善的保证措施。

1. 质量保证

1）综合布线系统提供的质量保证

（1）提供3年免费的系统保修和设备质量保证。在设备验收合格后3年内，若因质量问题发生故障，乙方负责免费更换；若因用户使用或管理不当造成设备损坏，乙方有偿提供设备备件。

（2）为用户提供扩展需要的技术咨询服务。

2）对网络设备提供的质量保证

所有3Com设备提供1年的免费保修和更换服务。

3）对系统软件的质量保证

保证提供半年的正常运行维护服务。

4）对应用系统的质量保证

达到设计书中的全部要求，并保证其正常运行，如发现存在设计问题，做到48小时内响应，并尽快改进完善。

2. 技术服务

技术服务包括以下几方面内容：

（1）详细分析应用系统需求。
（2）定期举办双方会谈。
（3）管理工程实施动态。
（4）应用软件现场开发调试。
（5）协助整理用户历史数据。
（6）协助建立完善的系统管理制度。
（7）随时提供应用系统的咨询和服务。

3. 技术培训

1）培训内容

本公司在教学网络工程完成过程中及整个网络完工后，将为学院培训 1 名系统管理员和 1 名数据库管理员。培训的主要内容包括：

（1）计算机局域网的基本原理。
（2）计算机多媒体教学网软件的使用。
（3）计算机网络日常管理与维护。
（4）Windows NT 操作系统的使用。
（5）网络基础应用平台的搭建及主要 Internet 服务的开通和管理。

2）培训对象

为保证本项目的顺利实施，以及在项目建设结束后使网络系统充分发挥作用，需要对以下人员进行培训：

（1）对学院的有关领导进行培训，使他们对信息技术发展的最新水平以及该网络系统中所涉及的新技术有所了解，并能利用该网络系统提供的先进手段更有效地掌握有关信息、处理有关问题。

（2）对学院一些部门的技术人员进行有关该网络系统中各软、硬件系统的技术培训。在培训结束后，这些人员应当能够独立完成该网络系统的日常维护操作。

（3）对相关人员提供应用系统的使用培训，确保他们能正确使用所需要的应用软件（除设计书中的软件外，对其他软件的使用也要尽力提供帮助）。

3）培训地点、时间与方式

培训地点初步定在用户现场，用户应提供培训场地，系统集成商将选派富有网络工程经验和培训经验的工程师对有关人员培训。

培训时间应该尽早安排，以确保在有关设备或软件系统的安装工作开始之前相应的培训课程已经结束。各类培训课程的期限需根据具体的课程内容来定。

培训方式可为课堂授课、上机实习，或现场操作指导。

六、设备与费用清单

1. 一期工程报价

1）硬件费用

硬件费用见附表 5。

附表5 硬件费用

设备名称与配置	数量	单价/元	合计/元
交换机：Cisco Catalyst 6000（1×1000 FX+36×100 BASE–T+2个插槽）	1台	35 000	35 000
AMP超5类室内综合布线	100点	850	85 000
网卡：3COM 3C985–SX 10/100 Mbps，PCI，RJ–45	103个	270	27 810
网管高档微机（Pentium Ⅳ1.7 GB/256 MB–PC133/40 GB/CD–ROM/TNT264 MB/17英寸/多媒体）	1台	12 000	12 000
路由器：Cisco 7500	2台	14 000	28 000
打印机：HP LaserJet 2100	2台	3 600	7 200
稳压电源：25 KVA	2台	3 000	6 000
UPS	4台	1 000	4 000
其他	—		5 000
合计			210 010

2）工程费用

工程费用见附表6。

附表6 工程费用

项 目	费用/元
系统集成费（硬件费用的9%～13%）	21 000
合计	21 000
总计	231 010

2. 二期工程报价

1）硬件费用

硬件费用见附表7。

附表7 硬件费用

设备名称与配置	数量	单价/元	合计/元
交换机：SuperStack II Switch 9300（1×1000 FX+36×100 BASE–T+2个插槽）	1台	35 000	35 000
交换机：SuperStack II Switch 33000（24*10/100 Base–TX（3C16980）	2台	13 500	27 000
AMP超5类室内综合布线	200点	850	170 000
光缆：6芯室外光纤	200 m	30	6 000

续表

设备名称与配置	数量	单价/元	合计/元
SC–SC 接口 3 m 尾纤（陶瓷）	1 根	400	400
校园网（DB、Web、E-mail、FTP）主服务器： HP LH 6000 PIII800 CPU，512 MB RAM，18 GB HD*2 SCSI，RAID	1 台	46 700	46 700
视频点播/组播服务器（含专用硬件软件）： 联想万全 2200C PIII800 CPU*2，512 MB RAM，36 GB HD *3 RAID，SCSI	1 台	160 000	160 000
图书馆服务与业务管理系统： 联想万全 2200C PIII 800 CPU×2，512 MB RAM，36 GB HD SCSI	1 台	36 500	36 500
图书馆管理系统	1 套	120 000	120 000
网卡：3COM 3C985–SX 10/100 Mbps，PCI，RJ–45	66 个	270	17 820
合计			619 420

2）工程费用

工程费用见附表 8。

附表 8　工程费用

项　　目	费用/元
系统集成费（硬件费用的 13%）	80 524
合计	80 524
总计	699 944

七、投标单位资质材料

（1）飞腾公司简介（略）。

（2）飞腾公司从事网络工程项目的成功案例（略）。

（3）参与本项目的网络工程技术人员名单（略）。

（4）联系办法（略）。

参 考 文 献

［1］谢希仁. 计算机网络［M］. 第 6 版. 北京：电子工业出版社，2013.

［2］胡道元. 计算机网络［M］. 第 2 版. 北京：清华大学出版社，2009.

［3］程莉. 计算机网络［M］. 北京：科学出版社，2012.

［4］杨云，平寒，薛立强. Windows Server 2003 组网技术与实训［M］. 第 2 版. 北京：人民邮电出版社，2012.

［5］刘四清，龚建萍. 计算机网络技术基础教程［M］. 北京：清华大学出版社，2008.

［6］郝兴伟. 计算机网络原理、技术及应用［M］. 北京：高等教育出版社，2008.